计算机基础课程系列教材

第2版

计算机基础应用教程

刘春燕 吴黎兵 黄 华 主编
熊建强 康 卓 何 宁 黄文斌 高建华 熊素萍 林 莉 参编

机械工业出版社
China Machine Press

本书依照教育部制定的计算机应用基础教学大纲，并参考教育部考试中心最新的《全国计算机等级考试大纲》，结合一线教师的实际教学经验编写而成。本书系统地讲述了计算机的基本工作原理、软硬件构成、信息数字化技术、办公自动化技术、网络基础与Internet应用技术、多媒体技术与应用和信息安全，并重点介绍了操作系统、常用办公软件和Internet的实际应用，旨在从理论和实践两方面加强读者的计算机和信息技术认知水平。

本书注重应用和实践，本着厚基础、重能力、求创新的思路，结合当前信息技术发展的实际情况，能够适应当前高等学校计算机教育改革的需要。本书有配套的实验教程和教学课件，适合作为各类院校计算机公共基础课程的教材或教学辅导书。

图书在版编目（CIP）数据

计算机基础应用教程 第2版 / 刘春燕，吴黎兵，黄华主编. —北京：机械工业出版社，2010.9

（计算机基础课程系列教材）

ISBN 978-7-111-31872-9

Ⅰ. 计…　Ⅱ. ① 刘…　② 吴…　③ 黄…　Ⅲ. 电子计算机－教材　Ⅳ. TP3

中国版本图书馆CIP数据核字（2010）第177007号

机械工业出版社（北京市西城区百万庄大街22号　邮政编码　100037）
责任编辑：郃朝怡
北京京北印刷有限公司印刷
2010年10月第2版第1次印刷
184mm×260mm · 19.25印张
标准书号：ISBN 978-7-111-31872-9
定价：33.00元

凡购本书，如有缺页、倒页、脱页，由本社发行部调换
客服热线：（010）88378991；88361066
购书热线：（010）68326294；88379649；68995259
投稿热线：（010）88379604
读者信箱：hzjsj@hzbook.com

计算机基础课程系列教材

编委会

序言

自20世纪80年代以来，我国计算机基础教育健步发展，已经取得巨大成就。特别是1997年教育部高教司颁发了《加强非计算机专业计算机基础教学工作的几点意见》([1997]155号文件）和2004年发布了《关于进一步加强高校计算机基础教学的意见》的“白皮书”之后，全国高校计算机基础教育走上了规范化的发展道路，正在向纵深发展。

但是，面向高等学校非计算机专业的计算机基础教学既有它的广泛性，也有它的特殊性。一方面，要让学生掌握必要的基础、最新的知识，以适应市场对人才的需求；另一方面，要将计算机基础教学课程的知识性、技能性和应用性相融合，培养学生综合运用知识的能力，将体验与专业应用接轨。随着目前我国高等学校招生规模的日益扩大，按市场需求培养应用型人才是我国今后高等教育办学的主要方向。

大学非计算机专业的学生除了必须具备扎实的相关专业知识外，还必须掌握计算机应用技术，这是信息化时代对人才素质的基本要求。因此，在进行非计算机专业计算机基础教学过程中，应着力培养学生成为既有扎实的专业知识，又熟练掌握计算机应用技术的复合型人才。

为了适应新的形势，更好地满足高等学校非计算机专业计算机基础教学的需求，我们组织编写了这套“计算机基础课程系列教材”。参加编写的人员都是长期从事计算机基础教学第一线的教师，他们在认真总结多年教学经验的基础上，通过到各类学校调研，反复征求各高校教务部门的意见，取得了共识。

本次推出的系列教材包括：《计算机基础应用教程》、《C语言程序设计教程》、《数据库技术应用教程》、《计算机网络教程》、《网页与Web程序设计》、《多媒体技术与应用》、《统计分析系统SASS和SPSS》等，并有配套的实验教程。

本系列教材具有以下特点：

- 选材新颖，构架独特。各书按照应用型人才培养模式进行选材，力求在基础性层面上反映当今最新应用成果，摒弃难点中的沉滞部分，新增或扩充重点中的基础内容；在章节的构架上具有新的特色，便于学生自学和老师教学。
- 实用性强，注重应用能力培养。各书尽量不涉及过多的理论问题，强调内容的实用性，注重培养学生分析问题和解决问题的能力，提高学生的创新思维能力。
- 体现案例教学的全新教学思想。凡是涉及应用性知识的章节，各书均以一个或多个实例为引子，然后通过案例导出知识点加以阐述和讲解。这样，学生对所学的知识更容易理解和掌握，同时通过案例分析达到举一反三的效果。
- 具有完备配套的辅助教学资源。除《统计分析系统SASS和SPSS》和《多媒体技术与应用》外，各书均配有教学实验教程，以提高学生的实践能力和对知识的体验；各书配有电子教案，教师可登录华章网站（www.hzbook.com）免费下载。

本系列教材主要针对大学非计算机专业学生编写，是一套新颖、实用的应用型教材。它体现了作者们为培养应用型人才辛勤劳动、勇于探索的教学改革精神和成果，也凝聚着他们多年丰富的教学经验和心血。

本系列教材得到武汉大学计算中心、武汉大学东湖分校的领导和老师的大力支持，在此表示衷心感谢。

由于计算机技术发展十分迅速，以及非计算机专业计算机基础教学的广泛性和特殊性，而且限于编者水平，书中难免存在不少缺点和不足，敬请广大读者批评指正。

编委会

2010年9月

于武汉大学

前 言

计算机科学技术的发展极大地加快了社会信息化的进程。随着计算机技术广泛应用于社会生活的方方面面，掌握计算机的基础知识以及应用技能已成为人们的迫切需要，同时也是高等学校对学生进行素质教育的重要内容，掌握计算机知识已成为21世纪人才素质培养的基本要素。

本书是根据教育部制定的计算机应用基础教学大纲的要求，并参照教育部考试中心最新的《全国计算机等级考试大纲》，结合教师的实际教学经验编写的。由于计算机技术是一门飞速发展的学科，因此，我们在教材中尽可能地介绍了计算机技术发展的最新成果，在软件版本上选用了目前最新的广泛流行的软件。计算机软硬件更新迅速，新的技术层出不穷，人们对计算机的认知和应用都发生了巨大的变化，因此，必须不断更新教学内容和教学方法，使计算机基础教育真正做到紧跟时代的发展，才能让学生学到实用的新知识和新技能，具备学以致用的能力。

本书共分8章，重点介绍微软Windows XP操作系统、Office 2007办公软件、Internet应用、多媒体应用技术和信息安全。

- 第1章介绍计算机的基础知识，包括计算机的数制和编码、计算机硬件结构和计算机软件组成等。
- 第2章主要介绍Windows XP操作系统的基本概念、环境特点和Windows XP的常用操作。
- 第3章介绍Word 2007字处理软件，包括Word 2007界面的组成以及基本操作，如字体和段落格式设置、图文混排、表格处理、页面布局、文档打印等内容。
- 第4章介绍Excel 2007电子表格处理软件，涉及输入数据与公式、编辑工作表、工作表操作、图表操作、数据排序、筛选与汇总、打印工作表等内容。
- 第5章介绍PowerPoint 2007演示文稿制作软件，通过一个实例，阐述PowerPoint 2007的基本概念、视图、演示文稿创建、演示文稿版式及配色设计、幻灯片放映等内容。
- 第6章介绍计算机网络的基本知识，并着重讲述局域网的应用和常用的Internet服务。
- 第7章介绍基本的多媒体应用技术，包括图像处理技术、数字音频处理技术和数字视频处理技术等。
- 第8章介绍信息安全问题，包括信息安全的概念、特性和出现的原因，并重点介绍了计算机病毒、网络攻击和入侵检测技术、密码技术、防火墙技术以及国家相关的政策法规。

本教材第1章由刘春燕、黄华、林莉编写，第2章由高建华编写，第3章由熊素萍编写，第4章由何宁编写，第5章由黄文斌编写，第6章由吴黎兵编写，第7章由熊建强编写，第8章由康卓编写，附录由吴黎兵整理。全书由刘春燕、吴黎兵、黄华进行策划和统稿，由许云涛教授主审。在本书编写和出版过程中，得到了各级领导和机械工业出版社的大力支持，在此表示衷心的感谢。

由于计算机技术发展迅速以及我们水平有限，加之时间紧迫，书中难免存在错漏之处，恳请广大读者提出宝贵意见，不吝赐教。

为了便于教师教学，我们将为选用本教材的任课教师提供电子教案，请登录华章网站（www.hzbook.com）免费下载或通过电子邮件（wufox@126.com）与我们联系。

作 者

2010年9月

于武汉大学珞珈山

教学建议

在教学过程中，授课教师应全面介绍计算机的基本工作原理、软硬件构成、信息数字化技术、办公自动化技术、网络基础与Internet应用技术和多媒体技术的实际应用；重点讲授操作系统、常用办公软件和Internet的实际应用。要求学生掌握计算机的基本工作原理、常用信息编码与数据处理方法、常用的数制转换和微型计算机的硬件组成；重点掌握Windows XP操作系统的基础知识和基本操作、常用办公软件的功能和基本操作、计算机网络的相关知识和Internet基本服务，以为后续的《计算机网络》课程的学习打下良好的基础；了解多媒体计算机的组成，熟悉常用工具软件的基本操作，以为后续的《多媒体技术与应用》课程的学习起引导作用。

本教材建议课程学分数为3，建议课程学时数为72，其中课堂教学36学时，课内实践（实验）36学时。

1. 课堂教学学时分配

理论课内容	学时
第1章　计算机基础知识	6
第2章　中文Windows XP	6
第3章　字处理软件Word 2007	6
第4章　电子表格软件Excel 2007	4
第5章　演示制作软件PowerPoint 2007	4
第6章　网络基础与Internet应用	6
第7章　多媒体技术基础	2
第8章　信息安全	2
总计	36

2. 课内实践（实验）学时分配

实验内容	学时
标准指法测试	8
Windows基本操作	3
资源管理器、控制面板等的操作	3
Word文档的基本操作	3
图文编辑与排版，长文档的排版	3
Excel电子表格的基本操作	3
PowerPoint演示文稿的基本操作	3
Internet应用	3
多媒体技术应用	3
信息安全	2
复习	2
总计	36

目录

第1章 计算机基础知识

电子计算机（Electronic Computer）又称电脑（Computer），是一种能够存储程序和数据、自动执行程序、自动完成各种数字化信息处理的电子设备，是20世纪最伟大的发明之一。本章主要介绍计算机的基础知识。通过本章的学习，可以了解计算机的应用、发展、特点及用途；了解计算机中使用的数制和各数制之间的转换；了解在计算机中使用的信息编码方法以及信息的表示方法；弄清计算机的主要组成部件及各部件的主要功能；了解计算机产业及其主要产品。并在学习了这些计算机软硬件知识的基础上，能够自己动手组装计算机和安装Windows操作系统。

1.1 计算机概论

1.1.1 计算机的应用

计算机的应用领域已渗透到社会的各行各业，正在改变着人们传统的工作、学习和生活方式，推动着社会的发展。计算机的主要应用领域如下：

1. 科学计算（数值计算）

科学计算是指利用计算机来完成科学研究和工程技术中提出的数学问题的计算。在现代科学技术工作中，科学计算问题是大量的和复杂的。利用计算机的高速计算、大存储容量和连续运算的能力，可以实现人工无法解决的各种科学计算问题。

例如，建筑设计中为了确定构件尺寸，通过弹性力学导出一系列复杂方程，长期以来由于计算方法跟不上而一直无法求解。而计算机不但能求解这类方程，并且引起弹性理论上的一次突破，出现了有限单元法。

2. 数据处理（信息处理）

数据处理是指对各种数据进行收集、存储、整理、分类、统计、加工、利用、传播等一系列活动的统称。据统计，80%以上的计算机主要用于数据处理，这类工作量大面宽，决定了计算机应用的主导方向。

数据处理从简单到复杂经历了三个发展阶段，它们是：

①电子数据处理（Electronic Data Processing, EDP），它是以文件系统为手段，实现一个部门内的单项管理。

②管理信息系统（Management Information System, MIS），它是以数据库技术为工具，实现一个部门的全面管理，以提高工作效率。

③决策支持系统（Decision Support System, DSS），它是以数据库、模型库和方法库为基础，帮助管理决策者提高决策水平，改善运营策略的正确性与有效性。

目前，数据处理已广泛地应用于办公自动化、企事业计算机辅助管理与决策、情报检索、图书管理、电影电视动画设计、会计电算化等各行各业。信息正在形成独立的产业，多媒体技术使信息展现在人们面前的不仅是数字和文字，而且还有声情并茂的声音和图像信息。

3. 辅助技术（计算机辅助设计与制造）

计算机辅助技术包括计算机辅助设计、计算机辅助制造和计算机辅助教学等。

（1）计算机辅助设计（Computer Aided Design, CAD）

计算机辅助设计是利用计算机系统辅助设计人员进行工程或产品设计，以实现最佳设计效果的一种技术。目前，CAD技术已广泛地应用于飞机、汽车、机械、电子、建筑和轻工等领域。例如，在电子计算机的设计过程中，利用CAD技术进行体系结构模拟、逻辑模拟、插件划分、自动布线等，可大大提高设计工作的自动化程度。又如，在建筑设计过程中，可以利用CAD技术进行力学计算、结构计算、绘制建筑图纸等，这样不但提高了设计速度，而且可以大大提高设计质量。

（2）计算机辅助制造（Computer Aided Manufacturing, CAM）

计算机辅助制造是利用计算机系统进行生产设备的管理、控制和操作的过程。例如，在产品的制造过程中，用计算机控制机器的运行，处理生产过程中所需的数据，控制和处理材料的流动以及对产品进行检测等。使用CAM技术可以提高产品质量，降低成本，缩短生产周期，提高生产率以及改善劳动条件。

将CAD和CAM技术集成，实现设计生产自动化，这种技术被称为计算机集成制造系统(CIMS)，它的实现将真正做到无人化工厂（或车间）。

（3）计算机辅助教学（Computer Aided Instruction, CAI）

计算机辅助教学是利用计算机系统使用课件来进行教学。课件可以用制作工具或高级语言来开发制作，它能引导学生循序渐进地学习，使学生可以轻松自如地从课件中学到所需要的知识。CAI的主要特色是交互教育、个别指导和因人施教。

4. 过程控制（实时控制）

过程控制是利用计算机及时采集检测数据，按最优值迅速地对控制对象进行自动调节或自动控制。采用计算机进行过程控制，不仅可以大大提高控制的自动化水平，而且可以提高控制的及时性和准确性，从而改善劳动条件、提高产品质量及合格率。因此，计算机过程控制已在机械、冶金、石油、化工、纺织、水电、航天等部门得到广泛的应用。

例如，在汽车工业方面，利用计算机控制机床和整个装配流水线，不仅可以实现精度要求高、形状复杂的零件加工自动化，而且可以使整个车间或工厂实现自动化。

5. 人工智能（智能模拟）

人工智能（Artificial Intelligence）是计算机模拟人类的智能活动，诸如感知、判断、理解、学习、问题求解和图像识别等。目前人工智能的研究已取得不少成果，有些已开始走向实用阶段。例如，能模拟高水平医学专家进行疾病诊疗的专家系统，具有一定思维能力的智能机器人等。

6. 网络应用

计算机技术与现代通信技术的结合构成了计算机网络。计算机网络的建立，不仅解决了一个单位、一个地区、一个国家中计算机与计算机之间的通信，各种软、硬件资源的共享，也大大促进了国际间的文字、图像、视频和声音等各类数据的传输与处理。

7. 多媒体技术应用

随着电子技术特别是通信和计算机技术的发展，人们已经有能力把文本、音频、视频、动画、图形和图像等各种“媒体”综合起来，构成一种全新的概念——“多媒体”(Multimedia)。多媒体的应用以很快的步伐在医疗、教育、商业、银行、保险、行政管理、军事、工业、广播和出版等领域出现。

随着网络技术的发展，计算机的应用更深入到社会的各行各业，通过高速信息网实现数据与信息的查询；高速通信服务（电子邮件、电视电话、电视会议、文档传输）；电子教育，电子娱乐；电子购物（通过网络选看商品、办理购物手续、质量投诉等）；远程医疗和会诊；交通信息管理等。尤其是万维网（WWW）的出现，使得人们获取信息前所未有的方便，极大地影响着人们的工作与生活。随着计算机的应用渗透到社会领域的方方面面，必将推动信息社会更快地向前发展。

1.1.2 计算机的发展

1. 计算机的发展历程

计算机的发展是人类计算工具不断创新和发展的过程。我国唐朝使用的算盘和17世纪出现的计算尺，是人类最早发明的手动计算工具。

随着文明的发展，人类又发明了机械式计算工具：1642年法国物理学家帕斯卡（Blaise Pascal）创造了第一台能够完成加、减运算的机械计算器。1673年德国数学家莱布尼兹（G. N. Won Leibniz）对机械计算器进行改进，增加了乘、除法运算，使机械计算器能完成算术四则运算。这些基于齿轮技术构造的计算装置，后来被人们称作机械式计算机。机械式计算机在英国数学家查尔斯·巴贝奇（Charles Babbage）的开拓性的研究工作中得到了完善，他在1822年开始了制造一台通用的分析机的设想，用只读存储器（穿孔卡片）存储程序和数据，于1840年基本实现了控制中心（CPU）和存储程序的设想，而且程序可以根据条件进行跳转，能在几秒内做出一般的加法，几分钟内做出乘除法。值得一提的是，这台计算机甚至支持程序设计，英国著名诗人拜伦的女儿爱达曾为这台计算机设计过程序。尽管项目最终因为研制费用昂贵而被迫取消，但她的设计理论却是非常超前的，特别是利用卡片输入程序和数据的设计，为后来建造电子计算机的科学家所借鉴和采用。

第一台真正意义上的数字电子计算机ENIAC则是由莫契利（John W. Mauchly）和埃克特（J. Presper Eckert）负责，于1943年开始研制，1946年2月14日在美国宾夕法尼亚大学诞生。这台数字电子计算机占地170m²，重30 t，由18800个电子管，1500个继电器，7000个电阻组成，耗电150 kW，运算速度为5000次/s，主要用于计算弹道和氢弹的研制。如图1-1所示为世界上第一台计算机ENIAC。

图1-1 世界上第一台计算机ENIAC

ENIAC虽然以世界上第一台电子计算机而被载入史册，但它并不具备存储程序的能力,程序要通过外接电路输入。改变程序必须改接相应的电路板，每种类型的题目都要设计相应的外接插板，导致其实用性不强，同冯·诺依曼（John Von Nouma）早先提出的存储程序的设想还有很大的差距。世界上第一台按照冯·诺依曼所提出的存储程序计算机是EDVAC（电子离散变量自动计算机），研制工作于1947年开始，冯·诺依曼亲自参与了设计方案的制定，于1951年完成，其运算速度是ENIAC的240倍。EDVAC的诞生也标志着存储程序式电子计算机的诞生，冯·诺依曼在其中起到了关键作用。这种存储程序的体系结构设计思想一直沿用到今天，因此现代电子计算机又被人们称为冯·诺依曼型计算机。

自从1946年第一台电子计算机问世以来，计算机科学与技术已成为本世纪发展最快的一门学科，尤其是微型计算机的出现和计算机网络的发展，使计算机的应用渗透到社会的各个领域，有力地推动了信息社会的发展。多年来，人们以计算机物理器件的变革作为标志，把计算机的发展划分为四代。

第一代（1946～1958年）是电子管计算机，计算机使用的主要逻辑元件是电子管，也称电子管时代。主存储器先采用延迟线，后采用磁鼓、磁芯，外存储器使用磁带。软件方面，用机器语言和汇编语言编写程序。这个时期计算机的特点是，体积庞大，运算速度低（一般每秒几千次到几万次），成本高，可靠性差，内存容量小。这个时期的计算机主要用于科学计算和从事军事和科学研究方面的工作。其代表机型有：ENIAC、IBM650（小型机）、IBM709（大型机）等。

第二代（1959～1964年）是晶体管计算机，这个时期计算机使用的主要逻辑元件是晶体管，也称晶体管时代。主存储器采用磁芯，外存储器使用磁带和磁盘。软件方面开始使用管理程序，后期使用操作系统并出现了FORTRAN、COBOL、ALGOL等一系列高级程序设计语言。这个时期计算机的应用扩展到数据处理、自动控制等方面。计算机的运行速度已提高到每秒几十万次，体积已大大减小，可靠性和内存容量也有较大的提高。其代表机型有：IBM7090、IBM7094、CDC7600等。

第三代（1965～1970年）是集成电路计算机。用中小规模集成电路代替了分立元件，用半导体存储器替代了磁芯存储器。外存储器使用磁盘。软件方面，操作系统进一步完善，高级语言数量增多，而且计算机的并行处理、多处理机、虚拟存储系统以及面向用户的应用软件的发展，丰富了计算机软件资源。计算机的运行速度也提高到每秒几十万次到几百万次，可靠性和存储容量进一步提高，外部设备种类繁多，计算机和通信密切结合起来，广泛地应用到科学计算、数据处理、事务管理、工业控制等领域。其代表机型有：IBM360系列、富士通F230系列等。

第四代（1971年以后）是大规模和超大规模集成电路计算机。这个时期的计算机主要逻辑元件是大规模和超大规模集成电路，一般称大规模集成电路时代。存储器采用半导体存储器，外存储器采用大容量的软、硬磁盘，并开始引入光盘。软件方面，操作系统不断发展和完善，同时发展了数据库管理系统、通信软件等。计算机的发展进入了以计算机网络为特征的时代。计算机的运行速度可达到每秒上千万次到万亿次，计算机的存储容量和可靠性又有了很大提高，功能更加完善。这个时期计算机的类型除小型、中型、大型机外，开始向巨型机和微型机（个人计算机）两个方面发展，使计算机开始普遍进入办公室、学校和家庭。

目前新一代计算机正处在设想和研制阶段。新一代计算机是把信息采集、存储处理、通信和人工智能结合在一起的计算机系统，也就是说，新一代计算机由处理数据信息为主，转向处理知识信息为主，如获取知识、表达知识、存储知识及应用知识等，并有推理、联想和学习（如理解能力、适应能力、思维能力等）等人工智能方面的能力，能帮助人类开拓未知的领域和获取新的知识。

计算机的发展日新月异。1983年我国国防科技大学研制成功“银河—I”巨型计算机，运行速度达每秒一亿次。1992年，国防科技大学又研制成功“银河—Ⅱ”巨型计算机，该机运行速度为每秒10亿次，后来又研制成功了“银河—Ⅲ”巨型计算机，运行速度已达到每秒130亿次，其系统的综合技术已达到当时的国际先进水平，填补了我国通用巨型计算机的空白。尤其是2004年，我国第一台每秒运算11万亿次的超级计算机——曙光4000A研制成功，并得到应用，使我国成为继美国、日本之后第三个能研制十万亿次以上商品化高性能计算机的国家。2009年10月，国防科技大学成功研制出的峰值性能为每秒1206万亿次的“天河一号”超级计算机，将计算机的发展又向前推进一步。

2. 微型计算机的发展

(1) 微处理器与微型计算机的发展

随着VLSI大规模集成电路和计算机技术的飞速发展，微处理器的面貌日新月异，从单片集成上升到系统集成，性能价格比不断提高，微处理器字长从4位到8位、16位、32位，直到64位，工作频率也是不断提高。

1981年，美国IBM公司推出了采用8088微处理器开发的个人电脑（Personal Computer，PC），即我们熟悉的IBM PC和IBM PC/XT机。1985年，英特尔（Intel）公司开发出了32位微处理器80386，它是第一个可以同时处理多个任务的微处理器。Intel公司于1989年发布的40486被广泛地应用于个人电脑，集成度高达120万个晶体管，运行频率也比80386快了一倍多，达75MHz。1992年，Intel公司的微处理器又上了一个新台阶，发布了新一代的微处理器Pentium，1997年，Intel公司又发布了Pentium II处理器，集成度达到了惊人的750万个晶体管，主频更高达450MHz。同年，Intel公司的新一代微处理器Pentium III隆重登场。2000年，Intel推出名为Pentium 4的第四代奔腾微处理器。2000年以后，Intel的微处理制造技术到了登峰造极的地步，相继发布了1.4-3.06GHz系列超高速处理器，系统总线更高达400MHz和533MHz。2002年春季，Intel首席执行官贝瑞特在美国的旧金山会展中心宣布：Intel会推出集成20亿个晶体管，运行频率达30GHz的新一代CPU。2005年第二季度伊始，英特尔率先发难，推出了采用双核设计的桌面级处理器，其中最高端型号为Pentium Extreme Edition 840。为了满足一般用户的需要，英特尔同时还推出了Pentium D 820、830、840这三款处理器。2005年4月22日，AMD公司发布了它的双核心Opteron服务器/工作站用处理器，2005年5月31日发布了双核心桌面处理器Athlon 64 X2家族，还发布了FX-60和FX-62高性能桌面处理器，以及Turion 64 X2移动处理器。2006年7月，Intel发布了下一代版本Core 2 Duo，并发代号Conroe。

（2）PC兼容机操作系统的形成和垄断

在微型机以前，计算机操作系统及各种应用软件产品大多都随同硬件产品捆绑发行，而且价格非常昂贵，软件产品的大众化、市场化非常有限。

1981年，IBM公司指定微软（Microsoft）公司为其开发IBM PC机操作系统，微软公司将其命名为DOS（Disk Operating System），最初的版本为1.0，在之后的10年中，微软不断对DOS系统进行版本升级，在其后的2.0至6.22版本中加入新技术和对新硬件的支持，DOS的功能不断完善。微软的DOS系统逐步在PC操作系统的市场中形成了垄断，MS-DOS系统成为PC兼容机的必备软件，其装机数量数以亿计。

1984年，微软成功开发了PC机上的第一个图形化用户界面的操作系统Windows 1.0版本，在随后的几年里，微软公司完善了Windows系统，Windows也因其采用图形化用户界面使PC机的操作变得生动简单而迅速得到普及，在其后的Windows 3.1版本中更是加入了对多媒体技术的支持，多媒体计算机开始走向家庭。随着计算机硬件功能的不断强大，微软公司在1995年推出其全新的32位操作系统Windows 95，该产品一上市，就在微机市场上形成了巨大的影响，因其全新的用户界面和强大的应用软件支持而受到了微机用户的青睐，并迅速得到了业界的广泛支持，尽管IBM随后也推出了优秀的PC图形化操作系统OS/2，但因其与已被广泛使用的DOS和Windows软件的兼容性不好等原因，在业界的支持率不高，在竞争中始终处于下风。时至今日，Windows系列在桌面操作系统一级的市场上已基本达到了全球垄断。微软的Windows操作系统也在不断升级，从16位、32位到64位操作系统，从最初的Windows 1.0到大家熟知的Windows 95、NT、97、98、2000、Me、XP、Server、Vista，直到如今Windows 7等各种版本的持续更新，微软一直尽力于Windows操作系统的开发和完善。

（3）微机相关硬件和软件技术的高速发展

随着微机CPU的主频不断提高，微机整机的性能飞速发展，硬件的更新换代周期不断缩短，在更新换代的过程中，新产品、新技术的开发和应用十分活跃。

内存储器的速度不断提高，集成技术不断进步，价格不断下降，显示技术也得到了飞速发展，尤其是在相应显示标准提出之后，业界不断推出各种规格的显示适配器、显示器，高分辨率、高色度支持的显示卡、显示器被广泛使用。在20世纪80年代后期，多媒体技术开始出现，并在短短的几年内，出现了对声音、影视、动画等多种媒体进行处理的各种相应的硬件产品，多媒体技术迅速成熟。多媒体技术的发展，急需大容量的高速存储设备，因此，大容量的激光存储设备和高速大容量的硬盘产品不断推出。计算机网络技术与信息通信技术的结合，使微型机的应用领域不再局限于单机应用模式，计算机应用的网络化风潮迅速席卷全球，尤其在美国，已建成了全国化的网络“信息高速公路”。随着因特网（Internet）的兴起及相关信息服务的建立，一个全球化的信息网络业已形成。

微机硬件功能的不断强大，软件技术的不断成熟，使微机成为人们主要的数据处理工具，各种应用系统逐步发展起来。

对微机操作系统，可选产品从桌面操作系统至网络操作系统。对微机数据库系统，从单机的小型数据库到大型的网络数据库。对办公处理系统，从简单的字处理系统到非常复杂的群件系统。对多媒体应用，从单一的多媒体处理工具到优良的多媒体集成制作平台。对应用软件开发系统，出现了各种不同风格、采用各种语言的可视化开发工具。在Internet应用领域，也开发出了各种服务系统和应用系统。

3. 计算机产业及其产品

自从ENIAC的诞生和EDVAC方案的发表，美、英、俄、法等国迅速加快了计算机的研制步伐，一批计算机相继推出，于20世纪50年代形成生产规模。在美国，计算机更是实现了由军用扩展到民用，由实验室研制进入工业化生产，从科学计算扩展到数据处理，计算机产业化趋势开始形成。

国际知名的计算机产业公司有IBM公司、Intel公司、AMD公司等。

（1）IBM公司及其产品简介

世界经济不断发展，现代科技日新月异，IBM 始终以超前的技术、出色的管理和独树一帜的产品领导着全球信息工业的发展。IBM 为计算机产业长期的领导者，在大型/小型机和便携机（ThinkPad）方面的成就最为瞩目。其创立的个人计算机（PC）标准，至今仍被不断地沿用和发展。另外，IBM还在大型机、超级计算机（主要代表有深蓝和蓝色基因）、UNIX、服务器方面领先业界。

软件方面，IBM软件部（Software Group）整合了五大软件品牌，包括Lotus、WebSphere、IOD、Rational和Tivoli，它们在各自领域都是软件界的领先者或强有力的竞争者。1999年以后，微软的总体规模才超过IBM软件部。截至目前，IBM软件部还是世界第二大软件实体。

IBM在材料、化学、物理等科学领域也有很大造诣。硬盘技术即为IBM所发明，扫描隧道显微镜（STM）、铜布线技术、原子蚀刻技术也为IBM研究院发明。

IBM公司的网址为：http://www.ibm.com。

（2）Intel公司及其产品简介

Intel公司创建于1968年，如今，取得了令世人瞩目的成就。近期，Intel更是成为信息产业领域发展最快、影响深远、广受赞誉的公司之一。

20世纪80年代，IBM推出了采用Intel生产的16位微处理器8088开发的全球第一台IBM PC机。1985年，Intel推出了其标志产品32位微处理器Intel 80386，并从此主宰着微机微处理器的市场，其CPU在市场上的份额始终在70%以上。推出Intel 80386以后，Intel公司不断创新，接连推出高档的32位微处理器，产品包括Intel 80486、Pentium、Pentium Pro、Pentium MMX、Pentium II、Pentium III、Pentium 4等。从2005年至今，Intel公司又推出Intel Core处理器、Intel QX9770四核至强45nm处理器、Core i7处理器。2009年第四季度，Intel推出了LGA1156接口，双核心四线程。

Intel公司不断创新的精神，使其一直领导着世界潮流，始终推动着微处理器的更新换代。

Intel公司的网址为：http://www.intel.com。

(3) AMD公司及产品简介

作为全球第二大微处理器芯片的供应商，AMD公司多年来一直是Intel的主要竞争对手。1995年以前，AMD公司只有Intel 80486等级的产品，所以在同Intel的对抗中一直处于下风。1995年，在Intel的Pentium芯片价格不断下调，并宣称立即推出其第六代CPU Intel Pentium Pro的严峻形势下，AMD公司收购了规模小，但领先Intel设计出功能更强的686芯片的NexGen公司。AMD公司迅速推出其Pentium级产品K5芯片、Pentium II级的K6芯片和Pentium III级的K6、K7芯片，赢得了部分市场，并对Intel的霸主地位形成了一定的威胁。

AMD公司的网址为：http://www.amd.com。

(4) Cyrix公司及产品简介

作为全球第三大微处理器供应商的Cyrix公司，在微机CPU的市场上也一直占一定的份额。Cyrix公司早期开发的486级的CPU，因其价格低廉，在486微机市场上占据过一定的位置。但随着Intel新产品的不断推出，Cyrix的新产品开发一直迟缓，且其各阶段的产品都围绕Intel的已有产品来开发，未能形成自身的风格，因此不能对Intel产生实质性的威胁。不过，Cyrix产品低廉的价位，对低档次的微机应用仍具有一定的吸引力。目前，Cyrix在市场上推出的产品包括Cyrix 586系列及M2系列等。

Cyrix公司的网址为：http://www.cyrix.com。

(5) Microsoft公司及其软件产品简介

Microsoft（微软）公司是PC机软件开发的先导，比尔·盖茨长期以来担任着微软公司的总裁和首席业务领导人。

1975年，19岁的盖茨从哈佛大学退学，和他的高中校友保罗·艾伦一起卖Basic语言程序编写本。后来，他们在阿尔伯克基的一家旅馆房间里创建了微软公司。1977年，微软公司搬到西雅图，在那里开发PC机编程软件。1980年，IBM公司选中微软公司，为其IBM PC机编写关键的操作系统，成为微软公司发展中的一个重大转折点。微软公司以5万美元从当地一位程序员手中买下了一个操作系统软件的使用权，并将其改写为公司的磁盘操作系统软件，MS-DOS 1.0版就这样诞生了。IBM PC机的迅速普及使MS-DOS取得了巨大的成功，并在20世纪80年代成为PC机的标准操作系统。

在MS-DOS取得成功之后，微软公司一边进行MS-DOS系统的升级换代，同时开始将其开发工作中心转移到对用户更加友好的图形用户界面的操作系统中来，终于在1984年成功开发了Windows系列软件的第一个版本Windows 1.0，该软件在很短的时间内就得到了众多PC机厂商的支持。

1991年，IBM和Apple公司感到Microsoft公司已成为其竞争对手，于是同微软公司解除了合作关系。微软公司继续完善Windows产品，于1991～1995年间推出了其很有影响力的Windows 3.1，于是在全球PC机界掀起了Windows热潮。

1995年，微软推出了Windows 95桌面操作系统，由于Windows 95是32位操作系统，是DOS系列16位操作系统的更新换代产品，因此在Windows 95投放市场不久，就取得了空前的成功。比尔·盖茨也从此成为世界首富。

2001年，微软结合Windows 98和Windows 2000系列的优点，推出了Windows XP操作系统，XP的意思是“体验”。

2007年，微软正式推出Windows Vista操作系统，Vista有“展望”之意。

2008年6月底，微软发布Silver Light 2.0 beta，在2008年北京奥运会时，NBC网站都使用Silver Light 2.0来进行奥运会的网上全程直播和点播。

2009年10月22日，微软在全球发布了Windows 7操作系统。

微软公司1992年还买进了FOX软件公司，着手发展数据库软件市场。目前，微软的软件产品有以下几个系列：

• 操作系统：DOS系列和XENIX、Windows系列。
• 办公系统：MS Office系列。
• 数据库系统：Foxpro系列、Access系列、SQL Server（大型网络数据库）系列。
• 开发工具系统：Visual Studio系列，包括VB、VC、VJ等。
• 网络系统：Back Office系列，包括Exchange、IIS、Transaction Server等。

微软公司的网址为：http://www.microsoft.com。

（6）Borland公司

Borland公司全名为Borland International，现已更名为Inprise公司。其产品Turbo C、Turbo Pascal、Borland C系列已成为PC界全球流行的高级程序设计语言工具，Borland的名字也因此广为流传。Borland公司始创于1983年，在这二十几年来，其发展为应用软件产业的巨头之一，位列全美软件业的前十名。

Borland公司在编译工具、应用开发工具的研制上非常有实力，其开发工具产品同微软的相应开发工具相比，不落下风。Borland公司还发展了自己的数据库产品Paradox，现已成为微机单机数据库的流行选择之一。Borland在兼并了dBASE公司之后，推出了Windows下的dBASE数据库。

Borland公司现已置身于Intranet应用支持工具的开发，并将公司改名为Inprise。Borland公司的主要产品有：Borland C++、Borland Pascal for Object、Paradox、dBASE for Windows。新公司Inprise近几年的成果显著，推出的开发工具包括Delphi、C++ Builder、Java Builder等，受到全球程序开发人员的青睐。

Borland公司的网址为：http://www.inprise.com。

（7）Oracle与Sybase公司

Oracle公司和Sybase公司是当今数据库领域非常有影响力的软件公司。随着应用领域的不断深入和发展，数据的存储支持系统显得越来越不可或缺，Oracle是在UNIX系统上得到广泛应用的大型关系数据库系统，发展比较早，技术和性能也十分成熟，对应用领域的开发也提供了完整的支持工具，是大型应用系统（如银行、电信）首选的数据平台。Sybase数据库系统是企业级的数据库系统，主要应用于中小型企业的管理信息系统。Sybase收购了Power Soft公司之后，推出强大的数据库开发工具Power Builder。Power Builder和Sybase紧密结合，使应用领域的设计与开发变得非常轻松，深受数据库系统开发人员欢迎。

Oracle公司的网址为：http://www.oracle.com。Sybase公司的网址为：http://www.sybase.com。

（8）世界品牌机厂商简介

IBM公司自1981年推出IBM PC微型计算机以来，在微机市场上一直占有重要位置，IBM的微机产品也被评为世界品牌。Compaq（康柏）公司位于美国休斯敦，目前是世界上IBM PC兼容机的首要供应商，Compaq系列微机的市场定位非常全面，可选择面广，整机性能稳定可靠，也是世界上首屈一指的PC品牌。HP（惠普）公司，位于美国的硅谷，也是PC机品牌及工作站的主要供应商。DEC公司是美国最早的计算机公司之一，在PC机出现之前，它推出的VAX系列的小型机对计算机行业的影响巨大，后因PC工业的竞争，公司开始不断衰弱，不过DEC公司所开发的RISC（精简指令系统）芯片a-RISC，是目前最快的处理器芯片。Apple（苹果）公司位于美国硅谷，是世界第二大PC机制造商，但所生产的计算机同IBM PC机不兼容，Apple公司的畅销产品Macintosh计算机因最早使用图形用户界面的操作系统而著名，在美国有为数不少的用户。SUN公司，以生产高性能的UNIX工作站而著称，SUN公司开发的RISC芯片SPARC微处理器为其工作站提供动力，现已成为工作站产品的领先厂家。在PC制造行业，还有其他比较知名的品牌，如DELL、AST等，都是微机信息产业的先驱者。

(9) 其他知名计算机公司简介

BAY公司、Cisco公司、3COM公司，都是全球著名的网络设备生产厂家，产品从简单的网络接口卡到各种先进的网络交换设备，应用广泛，Cisco公司尤以路由器产品闻名于世。

Creative（创通）公司位于新加坡，是率先设计和推出微机多媒体产品的公司，产品包括声卡、影视卡、光驱等，其产品为多媒体提供了规范，其余厂家生产的产品大多与其兼容。

Asus（华硕）公司位于台湾，是一家专业生产计算机板卡类产品的厂商，并为多家知名品牌计算机厂家提供OEM支持。

WD（西部数据）、Seagate（希捷）、Quantum（昆腾）、Maxter（钻石）硬盘，是现今硬盘设备的知名品牌。

Epson（爱普生）、Canon（佳能）、HP（惠普）、Xerox（施乐）公司，是生产打印机的知名厂家。

我国对计算机科学的研究，起步于1978年以后，基础比较薄弱，目前仍主要处于对国外，尤其是对西方国家计算机技术进行跟踪学习和吸收的阶段。经过30年不断的艰苦努力，我国的计算机产业也逐渐成长起来。国内主要的计算机产业公司有联想集团、方正集团、金山软件公司等。

①联想（Lenovo）集团

联想集团是中国计算机界最具活力和创新精神的企业，是目前中国最大的PC机生产厂家。联想微机业已成为中国国产微机的第一品牌。

联想集团公司成立于1984年，是由中国科学院计算技术研究所的11位技术人员在极其艰苦的条件下创办的，如今已发展成为中国最具影响力的高科技公司之一。联想集团在北京、上海、成都等地设有地区总部，在海外设有21间分支机构。

联想集团自创业以来就一直坚持“贸、工、科”的崭新发展思路，即首先代理经销世界著名产品，积累规模销售经验；在成功贸易中根据市场有的放矢地进行商品的制造；在成功制造的基础上，开发、研制新产品。正是凭借“贸、工、科”的发展战略，联想集团逐步跃居中国计算机行业的首位。

联想集团于2005年5月收购IBM全球PC业务，合并后的新联想以130 亿美元的年销售额一跃成为全球第三大PC制造商。联想集团为中国高技术企业的成长探索了一条发展捷径。

联想集团公司的网址为：http://www.lenovo.com.cn/。

②方正（Founder）集团

方正集团公司是北京大学创建的高新技术企业，历经20多年的发展，现已成为一家业务多元化的国际性公司，是“中国500家最大工业企业”、“国家试点企业集团”和首批国家技术创新试点企业之一，其微机在国产品牌微机中处于前三位。方正集团所属的方正技术研究院设有国家级企业技术中心。方正集团控股的方正（香港）有限公司是中国香港上市公司。方正集团还拥有全国庞大的销售支持服务网络，同时在日本、马来西亚、新加坡、加拿大和美国设有分支机构。在计算机及信息领域中，凭借着强大的技术开发实力和与众多国际著名厂商的广泛合作，方正集团在中文电子出版系统、计算机应用软件开发、计算机硬件设备制造、信息系统集成及指纹自动识别等领域取得了辉煌的成就，是中国信息产业综合实力最强的骨干企业之一。

方正集团公司的网址为：http://www.founder.com/。

③金山软件（Kingsoft）公司

金山公司是目前中国最大的软件公司，成立于1994年，创始人是“中国第一程序员”求伯君。早在1989年，求伯君在相当艰苦的情况下，独立开发了中国第一套PC机DOS版中文文字处理软件WPS。1994年，求伯君在珠海成立了珠海金山电脑公司，自任董事长兼总经理，并开始着手开发Windows版的WPS 97，整个开发耗费了四年的时间，在开发过程中求伯君克服了种种困难，WPS

97终于在1997年完成。WPS是金山公司的品牌，在全国计算机用户中有深远的影响，1999年，金山公司又将WPS 97升级为WPS 2000，功能更加强大。

多年来，金山软件一直不断地为客户带来创新性的技术和产品，树立了中国软件产业耀眼的品牌。目前，金山产品线覆盖了桌面办公、信息安全、实用工具、网络游戏、无线娱乐和行业应用等诸多领域，自主研发了适用于个人用户和企业级用户的WPS Office、金山词霸、金山毒霸、剑侠情缘等系列知名产品。

金山公司的网址为：http://www.kingsoft.com/。

④腾讯（Tencent）公司

腾讯公司于1998年11月在深圳成立，是中国最早也是目前中国市场上最大的互联网即时通信软件开发商。1999年2月，腾讯正式推出第一个即时通信软件——“腾讯QQ”，并于2004年6月16日在香港联交所主板上市。

成立十年多以来，腾讯一直以追求卓越的技术为导向，始终处于稳健、高速发展的状态。QQ超过4.3亿注册账户的庞大受众群，体现了腾讯对强负载大流量网络应用和各类即时通信应用的技术实力。

腾讯已经初步完成了面向在线生活产业模式的业务布局，构建了QQ、QQ.com、QQ游戏以及拍拍网这四大网络平台，分别形成了规模巨大的网络社区。通过QQ.com门户、QQ即时通讯工具以及2006年初收购的Foxmail电子邮件，满足用户信息传递与知识获取的需求。为方便用户群体交流和资源共享，腾讯推出的个人博客Q-zone与访问量极大的论坛、聊天室、QQ群相互协同。另外，腾讯拥有非常成功的虚拟形象产品QQShow、QQPet（宠物）、QQGame（游戏）和QQMusic/Radio/LiveTV（音乐/电台/电视直播）产品，满足用户个性展示和娱乐服务的需求。在满足用户的交易需求方面，专门为腾讯用户所设计开发的C2C电子商务平台拍拍网已经上线，并和整个社区平台无缝整合。

腾讯公司的网址为：http://www.tencent.com/。

1.1.3 计算机的特点

计算机作为一种通用的信息处理工具，它具有极高的处理速度，很强的存储能力，精确的计算和逻辑判断能力。

1. 运算速度快

当今计算机系统的运算速度已达到每秒10万亿次，微机也可达每秒亿次以上，这使大量复杂的科学计算问题得以解决。例如：卫星轨道的计算、大型水坝的计算、24小时天气预报的计算等。过去人工计算需要几年、几十年完成的工作，而现在用计算机只需几小时甚至几分钟就可完成。

2. 计算精确度高

科学技术的发展特别是尖端科学技术的发展，需要高度精确的计算。计算机控制导弹，之所以能准确地击中预定的目标，是与计算机的精确计算分不开的。一般计算机可以有十几位甚至几十位（二进制）有效数字，计算精度可由千分之几到百万分之几，是任何计算工具所望尘莫及的。

3. 具有记忆和逻辑判断能力

随着计算机存储容量的不断增大，可存储记忆的信息越来越多。计算机不仅能进行计算，而且能把参加运算的数据、程序以及中间结果和最后结果保存起来，以供用户随时调用；计算机还可以对各种信息（如语言、文字、图形、图像、音乐等）通过编码技术使其进行算术运算和逻辑运算，还可以进行推理和证明。

4. 具有自动控制能力

计算机内部操作是根据人们事先编好的程序自动控制进行的。用户根据解题需要，事先设计好运行步骤与程序，计算机十分严格地按程序规定的步骤操作，整个过程不需人工干预。

5. 自动执行程序

计算机是由内部程序控制和操作的，只要将事先编好的应用程序输入计算机，计算机就能自动按照程序规定的步骤完成预定的处理任务。计算机自动执行程序的能力很强，可以大大提高诸如自动化生产线等系统的自动化程度。

6. 可靠性高，通用性强

由于计算机具有相当快的运算速度，有一定的存储容量，带有通用的外部设备，配备各种系统软件、应用软件等功能，所以已广泛应用于工业生产和信息处理等各个领域，成为现代人工作、生活、学习、娱乐必不可少的工具。

1.1.4 计算机的分类

计算机一般可按照功能或综合性能指标分类。

按计算机的功能，计算机分为专用计算机和通用计算机。专用计算机配有解决特定问题的软件和硬件，因此专用计算机在特定用途下最有效，但功能单一。通用计算机功能齐全，通用性强，但其效率、速度和经济相对专用机要低一些。目前所说的计算机都是指通用计算机。

按计算机的综合性能指标（运算速度、存储容量、输入输出能力、规模大小、软件配置），计算机分为巨型机、大型机、小型机、微型机和工作站五大类。巨型机也称超级计算机。它采用大规模并行处理的体系结构使其运算速度快、存储容量大、有极强的运算处理能力。大型机有极强的综合处理能力，它的运算速度和存储容量次于巨型机。小型机规模较小，结构简单、操作简便、维护容易、成本较低。微型机也称个人计算机。它采用微处理器，半导体存储器和输入输出接口组装。微型计算机以其体积小、灵活性好、价格便宜、使用方便、可靠性强等优势很快遍及社会各领域，真正成为人们信息处理的工具。工作站实际就是一台高档微机，它配有大容量主存，具有高速运算能力和很强的图形处理功能以及较强的网络通信能力。

1.1.5 计算机的发展趋势

1. 发展趋势

计算机技术正朝着微型化、巨型化、网络化、智能化的趋势发展。

微型化指的是随着大规模和超大规模的集成电路技术的发展，微型计算机已从台式机发展到便携机、掌上机、膝上机。目前微型计算机的标志是应用集成电路技术将运算器和控制器集成在一块电路芯片上。今后会逐步发展到将存储器、图形卡、声卡等集成，再将系统软件固化，最后达到整个微机系统的集成。

巨型化指的是指进一步提高计算机系统的存储容量、系统运算速度、外设功能，获取更强劲的处理能力和处理速度。现在巨型机的运行速度已达每秒50万亿次，存储容量已超过万亿字节。

网络化指的是发展计算机网络通信技术和多媒体应用技术结合，把分散在不同地点的计算机互联起来，按照网络协议相互通信，以达到软、硬件资源和数据资源共享的目的，同时计算机网络将成为人们工作与生活的基础设施，用户可随时随地在全世界范围拨打可视电话或收看任意国家的电影、电视。

智能化指的是使计算机能模拟人的思维功能和感观并具有人类的智能，即让计算机具有识别声音、图像的能力，有推理、联想学习的功能。人工智能的研究，从本质上拓宽了计算机的能力范围，并越来越广泛地应用于我们的工作、生活和学习中。

2. 未来新一代的计算机

现代计算机是构建在半导体电子元器件基础上的，由于半导体器件所固有的性质决定了在运算速度上发展的极限。科学家已经开始寻求突破传统计算机极限的新技术方案，比较有代表性的有量子计算机、光子计算机、生物计算机和模糊计算机。

（1）量子计算机

量子计算机是一类遵循量子力学规律进行高速数学和逻辑运算、存储及处理量子信息的物理装置。当某个装置处理和计算的是量子信息，运行的是量子算法时，它就是量子计算机。在经典计算机中，基本信息单位为比特，运算对象是各种比特序列。在量子计算机中，基本信息单位是量子比特，运算对象是量子比特序列。量子计算机可进行并行计算，这是经典计算机无法胜任的，传统超级计算机要计算100亿年的并行问题（如大数因子分解问题），在量子计算机上可能只要30秒即可以解决。量子并行计算利用了量子相干性，但遗憾的是，在实际系统中量子相干性很难保持，它会与外部环境发生相互作用，导致量子相干性的衰减。因此，要使量子计算成为现实，一个核心问题就是克服抵消相干。迄今为止，世界上还没有真正意义上的量子计算机。但是，世界各地的许多实验室正在以巨大的热情追寻着梦想。

（2）光子计算机

光子计算机是一种由光信号进行数字运算、逻辑操作、信息存储和处理的新型计算机。光子计算机的基本组成部件是集成光路，要有激光器、透镜和核镜。由于光子比电子速度快，光子计算机的运行速度可高达每秒1万亿次，它的存储量是现代计算机的几万倍。光子计算机与电子计算机相比，具有超高速的运算速度；超大规模的信息存储容量；能量消耗小，散发热量低等特点。许多国家都投入巨资进行光子计算机的研究。随着现代光学与计算机技术、微电子技术相结合，在不久的将来，光子计算机将成为人类普遍的工具。目前，光子计算机的许多关键技术，如光存储技术、光互连技术、光电子集成电路等都已经获得突破，最大幅度地提高光子计算机的运算能力是当前科研工作面临的攻关课题。光子计算机的问世和进一步研制、完善，将为人类跨向更加美好的明天提供无穷的力量。

（3）生物计算机

科学家通过对生物组织体研究，发现组织体是由无数的细胞组成，细胞由水、盐、蛋白质和核酸等有机物组成，而有些有机物中的蛋白质分子像开关一样，具有“开”与“关”的功能。因此，人类可以利用遗传工程技术，仿制出这种蛋白质分子，用来作为元件制成计算机，这种计算机叫做生物计算机。生物计算机的体积小，功效高。在1平方毫米的面积上，可容纳几亿个电路，比目前的集成电路小得多，用它制成的计算机，体积比电子计算机要小得多；生物计算机内部芯片出现故障时，不需要人工修理，能自我修复，具有永久性和很高的可靠性；生物计算机的元件是由有机分子组成的生物化学元件，它们是利用化学反应工作的，只需要很少的能量就可以工作了，不仅非常节能，而且电路间也没有信号干扰。1983年，美国公布了研制生物计算机的设想之后，立即激起了发达国家的研制热潮。美国、日本、德国和俄罗斯的科学家正在积极开展生物芯片的开发研究。目前，生物芯片仍处于研制阶段，但在生物元件，特别是在生物传感器的研制方面已取得不少实际成果。这将会促使计算机、电子工程和生物工程这三个学科的专家通力合作，加快研究开发生物芯片。一旦研制成功，生物计算机可能会在计算机领域内引起一场划时代的革命。

（4）模糊计算机

1956年，英国人查德创立了模糊信息理论。依照模糊理论，判断问题不是以是、非两种绝对的值或0与1两种数字来表示，而是取许多值，如接近、几乎、差不多及差得远等模糊值来表示。用这种模糊的、不确切的判断进行工程处理的计算机就是模糊计算机，或称模糊电脑。1985年，第一个模糊逻辑片设计制造成功，它1秒钟内能进行八万次模糊逻辑推理。目前，人类正在制造1秒钟内能进行64.5万次模糊推理的逻辑片。用模糊逻辑片和电路组合在一起，就制成了模糊计算机。

日本科学家把模糊计算机应用在地铁管理上：日本东京以北320千米的仙台市地铁列车，在模糊计算机控制下，自1986年以来，一直安全、平稳地行驶着。车上的乘客可以不必攀扶拉手吊带。因为，在列车行进中，模糊逻辑“司机”判断行车情况的错误，几乎比人类司机要少70%。1990年，日本松下公司把模糊计算机装在洗衣机里，能根据衣服的肮脏程度、衣服的质料调节洗衣程序。我国有些品牌的洗衣机也装上了模糊逻辑片。人们又把模糊计算机装在吸尘器里，可以根据灰尘量以及地毯的厚实程度调整吸尘器功率。模糊计算机还能用于地震灾情判断、疾病医疗诊断、发酵工程控制、海空导航巡视等方面。

1.2 计算机常用的数制及其转换

数制也称计数制，是指用一组固定的符号和统一的规则来表示数值的方法。编码是采用少量的基本符号，选用一定的组合原则，以表示大量复杂多样的信息的技术。计算机是信息处理的工具，任何信息必须转换成二进制形式数据后才能由计算机进行处理、存储和传输。

1.2.1 引例

我们最熟悉的是十进制的数据，但在计算机里存储的是二进制的数据。那么，二进制的数据怎么表示呢？数据是否还有其他进制的表示方式？十进制的数据怎么才能转换成二进制的数据呢？

以下各小节就围绕上述问题展开讨论。

1.2.2 进制

1. 二进制数的表示

我们习惯使用的十进制数是由0、1、2、3、4、5、6、7、8、9十个不同的符号组成，每一个符号处于十进制数中不同的位置时，它所代表的实际数值是不一样的。例如，1999年可表示成

$$1 \times 1000 + 9 \times 100 + 9 \times 10 + 9 \times 1$$
$$=1 \times 10^3 + 9 \times 10^2 + 9 \times 10^1 + 9 \times 10^0$$

式中每个数字符号的位置不同，它所代表的数值也不同，这就是经常所说的个位、十位、百位、千位……的意思。二进制数和十进制数一样，也是一种进位计数制，但它的基数是2。数中0和1的位置不同，它所代表的数值也不同。例如，二进制数1101表示十进制数13。

$$(1101)_2 = 1 \times 2^3+1 \times 2^2+0 \times 2^1+1 \times 2^0$$
$$= 8+4+0+1=13$$

一个二进制数具有下列两个基本特点：

• 两个不同的数字符号，即0和1

• 逢二进一

一般我们用（　）$_{角标}$表示不同进制的数。例如，十进制用（　）$_{10}$表示，二进制数用（　）$_2$表示。

在微机中，一般在数字的后面，用特定字母表示该数的进制。例如：

B——二进制　D——十进制（D可省略）　O——八进制　H——十六进制

2. 其他进制数的表示

在进位计数制中有数位、基数和位权三个要素。数位是指数码在一个数中所处的位置；基数是指在某种进位计数制中，每个数位上所能使用的数码的个数。例如：二进制数基数是2，每个数位上所能使用的数码为0和1两个数码。在数制中有一个规则，如是N进制数必须是逢N进1。对于多位数，处在某一位上的“1”所表示的数值的大小，称为该位的位权。例如，二进制第2位的位权为2，第3位的位权为4。一般情况下，对于N进制数，整数部分第i位的位权为N^{i-1}，而小数部分第j位的位权为N^{-j}。

下面主要介绍与计算机有关的常用的几种进位计数制。

(1) 十进制（十进位计数制）

具有十个不同的数码符号0、1、2、3、4、5、6、7、8、9，其基数为10；十进制数的特点是逢十进一。例如：

$$(1011)_{10} = 1 \times 10^3+0 \times 10^2+1 \times 10^1+1 \times 10^0$$

(2) 八进制（八进位计数制）

具有八个不同的数码符号0、1、2、3、4、5、6、7，其基数为8；八进制数的特点是逢八进一。例如：

$$(1011)_8 = 1 \times 8^3+0 \times 8^2+1 \times 8^1+1 \times 8^0 = (521)_{10}$$

(3) 十六进制（十六进位计数制）

具有十六个不同的数码符号0、1、2、3、4、5、6、7、8、9、A、B、C、D、E、F，其基数为16，十六进制数的特点是逢十六进一。例如：

$$(1011)_{16} = 1 \times 16^3+0 \times 16^2+1 \times 16^1+1 \times 16^0 = (4113)_{10}$$

如表1-1所示为四位二进制数与其他数制的对应关系。

表1-1 四位二进制数与其他数制的对应表

二进制	十进制	八进制	十六进制
0000	0	0	0
0001	1	1	1
0010	2	2	2
0011	3	3	3
0100	4	4	4
0101	5	5	5
0110	6	6	6
0111	7	7	7
1000	8	10	8
1001	9	11	9
1010	10	12	A
1011	11	13	B
1100	12	14	C
1101	13	15	D
1110	14	16	E
1111	15	17	F

1.2.3 不同进制数之间的转换

用计算机处理十进制数，必须先把它转化成二进制数才能被计算机所接受，同理，计算结果应将二进制数转换成人们习惯的十进制数。这就产生了不同进制数之间的转换问题。

1. 十进制数与二进制数之间的转换

(1) 十进制整数转换成二进制整数

一个十进制整数转换为二进制整数的方法如下：

把被转换的十进制整数反复地除以2，直到商为0，所得的余数（从末位读起）就是这个数的二进制表示。简单地说就是“除2取余法”。

例如，将十进制整数$(215)_{10}$转换成二进制整数的方法如下：

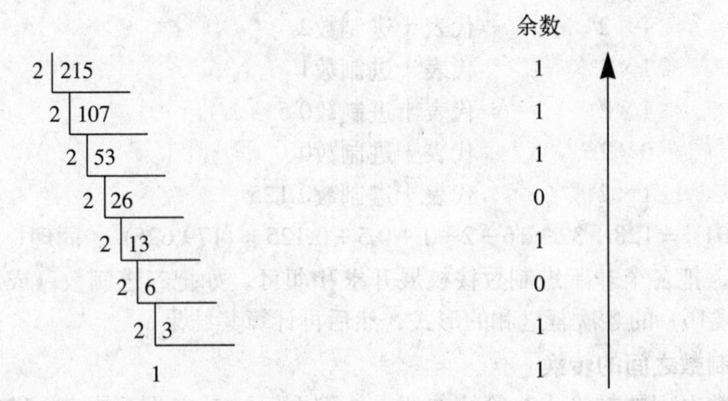

于是$(215)_{10} = (11010111)_2$

十进制整数转换成二进制整数的方法清楚以后，那么，十进制整数转换成八进制或十六进制就很容易了。十进制整数转换成八进制整数的方法是“除8取余法”，十进制整数转换成十六进制整数的方法是“除16取余法”。

（2）十进制小数转换成二进制小数

十进制小数转换成二进制小数是将十进制小数连续乘以2，选取进位整数，直到满足精度要求为止。简称“乘2取整法”。

例如，将十进制小数$(0.6875)_{10}$转换成二进制小数。

将十进制小数0.6875连续乘以2，把每次所进位的整数，按从上往下的顺序写出。

```
      0.6875
×)         2
────────────
      1.3750    整数＝1
      0.3750
×)         2
────────────
      0.7500    整数＝0
×)         2
────────────
      1.5000    整数＝1
      0.5000
×)         2
────────────
      1.0       整数＝1
```

于是$(0.6875)_{10} = (0.1011)_2$

十进制小数转换成二进制小数的方法清楚以后，那么，十进制小数转换成八进制小数或十六进制小数就很容易了。十进制小数转换成八进制小数的方法是“乘8取整法”，十进制小数转换成十六进制小数的方法是“乘16取整法”。

（3）二进制数转换成十进制数

把二进制数转换为十进制数的方法是：将二进制数按权展开求和即可。

例如，将$(10110011.101)_2$转换成十进制数。

1×2^7	代表十进制数128
0×2^6	代表十进制数0
1×2^5	代表十进制数32
1×2^4	代表十进制数16
0×2^3	代表十进制数0
0×2^2	代表十进制数0

1×2^{1}　　代表十进制数2

1×2^{0}　　代表十进制数1

1×2^{-1}　　代表十进制数0.5

0×2^{-2}　　代表十进制数0

1×2^{-3}　　代表十进制数0.125

于是，$(10110011.101)_2 = 128+32+16+2+1+0.5+0.125 = (179.625)_{10}$。同理，非十进制数转换成十进制数的方法是，把各个非十进制数按权展开求和即可。如把二进制数（或八进制数或十六进制数）写成2（或8或16）的各次幂之和的形式，然后再计算其结果。

2. 二进制数与八进制数之间的转换

二进制数与八进制数之间的转换十分简捷方便，他们之间的对应关系是：八进制数的每一位对应二进制数的三位。

（1）二进制数转换成八进制数

由于二进制数和八进制数之间存在特殊关系，即$8^1=2^3$，因此转换方法比较容易，具体转换方法是：将二进制数从小数点开始，整数部分从右向左3位一组，小数部分从左向右3位一组，不足三位用0补足即可。

例如，将$(10110101110.11011)_2$化为八进制数。

解：010　110　101　110 . 110　110

↓　↓　↓　↓　↓　↓

2　6　5　6 . 6　6

于是$(10110101110.11011)_2 = (2656.66)_8$。

（2）八进制数转换成二进制数。

方法：以小数点为界，向左或向右每一位八进制数用相应的三位二进制数取代，然后将其连在一起即可。

例如，将$(6237.431)_8$转换为二进制数。

解：6　2　3　7 . 4　3　1

↓　↓　↓　↓　↓　↓　↓

110 010 011 111 . 100 011 001

于是 $(6237.431)_8 = (110010011111.100011001)_2$。

3. 二进制数与十六进制数之间的转换

（1）二进制数转换成十六进制数

二进制数的每四位，刚好对应于十六进制数的一位（$16^1=2^4$），其转换方法是：将二进制数从小数点开始，整数部分从右向左4位一组，小数部分从左向右4位一组，不足四位用0补足，每组对应一位十六进制数即可得到十六进制数。

例1：将二进制数$(101001010111.110110101)_2$转换为十六进制数。

解：1010　0101　0111 . 1101　1010　1000

↓　↓　↓　↓　↓　↓

A　5　7 . D　A　8

于是 $(101001010111)_2 = (A57.DA8)_{16}$。

例2：将二进制数$(100101101011111)_2$转换为十六进制数。

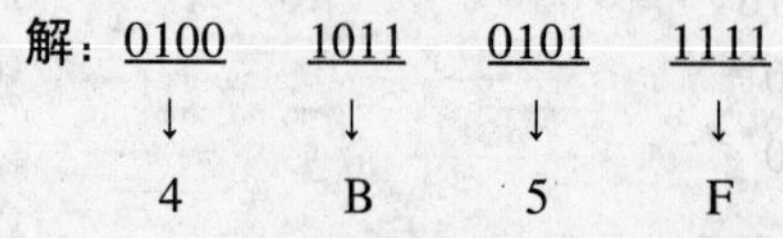

解：0100　1011　0101　1111

↓　↓　↓　↓

4　B　5　F

于是 $(100101101011111)_2 = (4B5F)_{16}$。

(2) 十六进制数转换成二进制数

方法：以小数点为界，向左或向右每一位十六进制数用相应的四位二进制数取代，然后将其连在一起即可。

例如，将$(3AB.11)_{16}$转换成二进制数。

解：3　A　B　.　1　1

↓　↓　↓　↓　↓

0011 1010　1011 . 0001 0001

于是 $(3AB.11)_{16} = (1110101011.00010001)_2$。

1.3 计算机系统的组成

1.3.1 引例

学生想自己去配置一台计算机以在大学学习使用，首先要弄清楚计算机系统的基本结构，以及计算机运行时需要哪些硬件系统和软件系统。

以下各小节结合上述问题进行了讨论。

1.3.2 计算机系统

完整的计算机系统包括两大部分，即硬件系统和软件系统。所谓硬件，是指构成计算机的物理设备，即由机械、电子器件构成的具有输入、存储、计算、控制和输出功能的实体部件。软件也称为“软设备”，广义地说是指系统中的程序以及开发、使用和维护程序所需的所有文档的集合。我们平时讲到“计算机”一词，都是指含有硬件和软件的计算机系统。计算机系统的组成如图1-2所示，计算机系统的层次如图1-3所示。

1.3.3 计算机的基本结构

为了清楚计算机的基本结构，有必要了解美国数学家冯·诺依曼所提出的重要的存储程序设计思想。其设计思想可概括为：计算机由运算器、控制器、存储器、输入设备、输出设备5部分组成；机器以运算器为中心，输入/输出设备与存储器之间的数据传送都通过运算器；指令在存储器中按顺序存放，由指令计数器指明要执行的指令所在单元地址，一般按顺序递增，也可按运算结果或外界条件而改变；计算机采用存储程序的方式，即程序和数据放在同一个存储器中，按地址寻址取出存储的内容进行译码，并按照译码结果进行计算，从而实现了计算机工作的自动化。计算机的五个基本部分也称计算机的五大部件，其结构如图1-4所示。

当前大部分计算机，特别是微型计算机各部件之间用总线（BUS）相连接。这里所说的总线是指系统总线。系统总线指CPU、存储器与各类I/O设备之间相互交换信息的总线。计算机的总线结构如图1-5所示。

各部件之间传输的信息可分为三种类型：数据（包括指令）、地址和控制信号。在总线中负责部件之间传输数据的一组信号称数据线；负责指出数据的存储位置的一组信号线称为地址线；在传输信息时起控制作用的一组控制信号线称为控制线。因此系统总线有三类信号：数据信号、地址信号和控制信号。

总线涉及各部件之间的接口和信号交换规程，它与计算机系统对硬件结构的扩展和各类外部设备的增加有着密切的关系。因此总线在计算机的组成与发展过程中起着重要的重要。

1. 运算器

运算器又称算术逻辑单元（Arithmetic Logic Unit, ALU），它是计算机对数据进行加工处理的部件，主要功能是对二进制数码进行加、减、乘、除等算术运算和与、或、非等基本逻辑运算，实现逻辑判断。运算器在控制器的控制下实现其功能，运算结果由控制器指挥送到内存储器中。

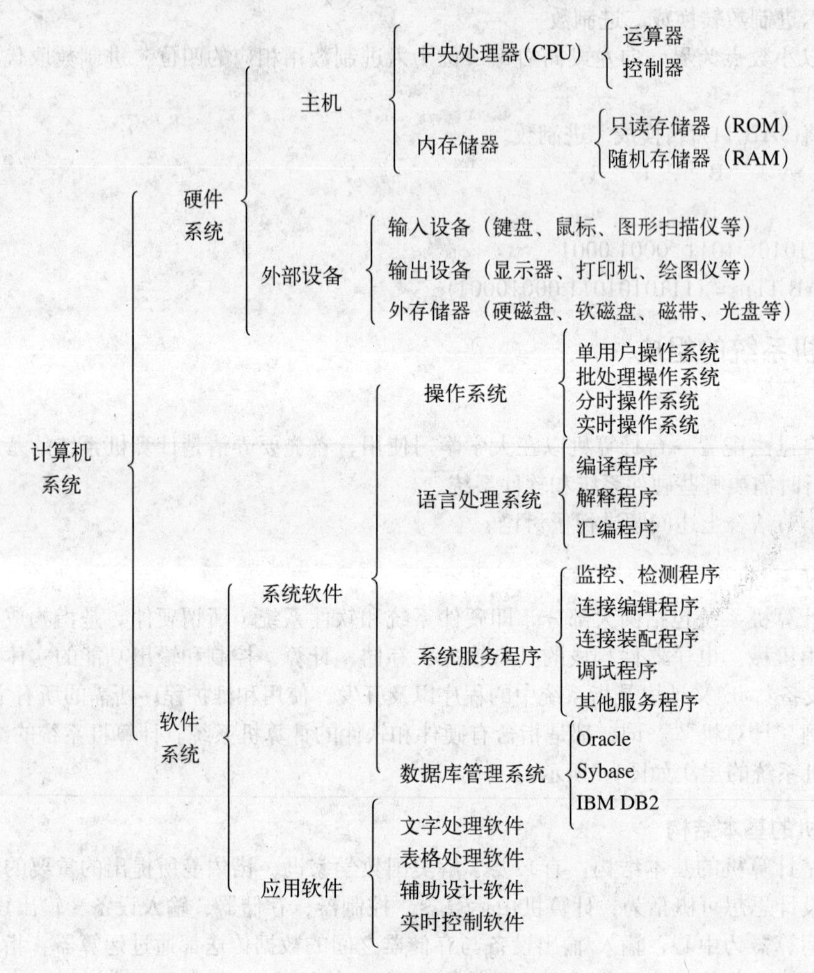

图1-2 计算机系统层次图

图1-3 计算机系统层次图

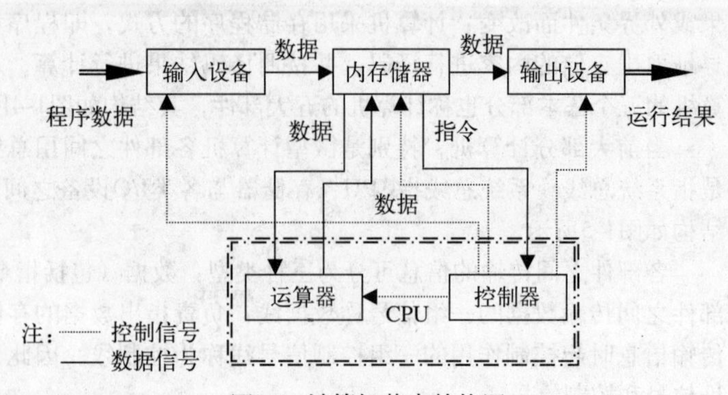

图1-4 计算机基本结构图

2. 控制器

控制器主要由指令寄存器、译码器、程序计数器和操作控制器等组成，用来控制计算机各部件协调工作，并使整个处理过程有条不紊地进行。它的基本功能就是从内存中取指令和执行指令，即控制器按程序计数器指出的指令地址从内存中取出指令进行译码，然后根据该指令功能向有关部件发出控制命令，执行该指令。另外，控制器在工作过程中，还要接受各部件反馈回来的信息。

3. 存储器

存储器具有记忆功能，用来保存信息，如数据、指令和运算结果等。

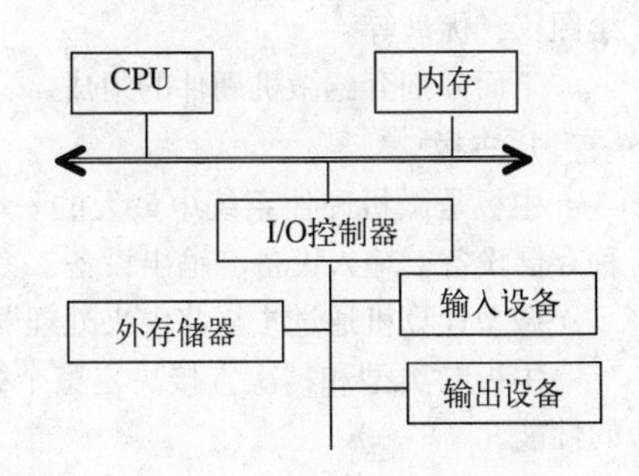

图1-5 计算机的总线结构图

存储器可分为两种：

（1）内存存储器（简称内存或主存）

内存储器也称主存储器（简称主存），它直接与CPU相连接，存储容量较小，但速度快，用来存放当前运行程序的指令和数据，并直接与CPU交换信息。内存储器由许多存储单元组成，每个单元能存放一个二进制数，或一条由二进制编码表示的指令。

存储器的存储容量以字节为基本单位，每个字节都有自己的编号，称为“地址”，如果要访问存储器中的某个信息，就必须知道它的地址，然后再按地址存入或取出信息。

1024个字节称为1K字节，1024K个字节称1兆字节（1MB），1024M个字节称为1G字节（1GB），1024G字节称为IT字节（1TB）。现在，微型计算机主存容量大多数在G字节以上。

计算机处理数据时，一次可以运算的数据长度称为一个“字”（Word）。字的长度称为字长。一个字可以是一个字节，也可以是多个字节。常用的字长有8位、16位、32位、64位等。如某一类计算机的字由4个字节组成，则字的长度为32位，相应的计算机称为32位机。

（2）外存储器（简称外存或辅存）

外存储器又称辅助存储器（简称辅存），它是内存的扩充。外存存贮容量大，价格低，但存储速度较慢，一般用来存放大量暂时不用的程序、数据和中间结果，需要时，可成批地和内存储器进行信息交换。外存只能与内存交换信息，不能被计算机系统的其他部件直接访问。常用的外存有磁盘、磁带、光盘等。

4. 输入/输出设备

输入/输出设备简称I/O（Input/Output）设备。用户通过输入设备将程序和数据输入计算机，输出设备将计算机处理的结果（如数字、字母、符号和图形）显示或打印出来。常用的输入设备有键盘、鼠标、扫描仪、数字化仪等。常用的输出设备有显示器、打印机、绘图仪等。

人们通常把内存储器、运算器和控制器合称为计算机主机。而把运算器、控制器做在一个大规模集成电路块上，称为中央处理器，又称CPU（Central Processing Unit）。也可以说，主机是由CPU与内存储器组成，而主机以外的装置称为外部设备，外部设备包括输入、输出设备，外存储器等。

1.3.4 微型计算机的硬件构成

微型计算机是计算机的一种，它的硬件资源是指计算机系统中看得见、摸得着的物理装置，即机械器件、电子线路等设备。微型计算机的硬件构成如图1-6所示。

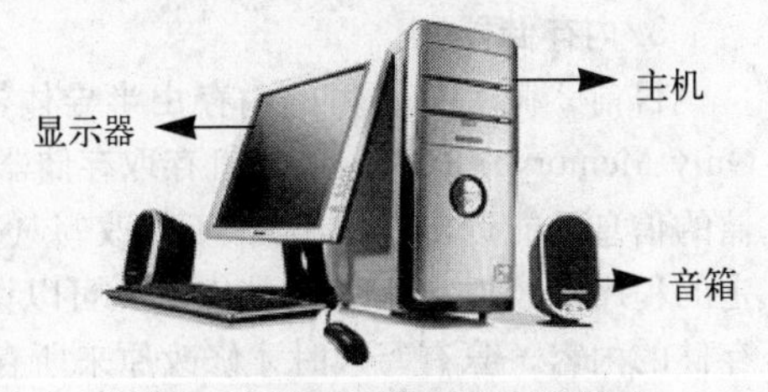

图1-6 微型计算机的硬件组成

微型计算机的硬件由主机和外部设备两部分组成。主机为一铁箱（称主机箱）。主机箱通常有卧式和竖式两种。无论是卧式还是竖式，在外部都向用户提供了必需的设备：指示灯、按钮与开关、I/O插座、插入槽或插入盒（插入软盘、光盘等盘片）等。主机箱内有主板、中央处理器、内存储器、显卡、声卡、内置式调制解调器（Modem）/网卡、外部存储器（硬盘驱动器、软盘驱动器、光盘驱动器）

等。外部设备有键盘、鼠标、显示器、外置式调制解调器、打印机、扫描仪、刻录机、数码相机、绘图仪、优盘等。

下面分别介绍微机硬件的组成。

1. 主板

主板是微机硬件系统中最大的一块电路板。主板上布满了各种电子元件、插槽和接口，为各种存储设备、输入设备、输出设备、多媒体设备、通信设备提供接口。

微型计算机通过主板将中央处理器和各种设备有机结合，组成一个完整的系统。

主板的类型和档次直接决定整个微机系统的类型和档次；主板的性能直接影响整个微机系统的性能。

2. 微处理器

微型计算机的中央处理器（CPU）习惯上称为微处理器（Microprocessor），它是微型计算机的核心，由运算器和控制器两部分组成。运算器（也称执行单元）是微机的运算部件；控制器是微机的指挥控制中心。

表征微机运算速度的指标是微机CPU的主频，主频是CPU的时钟频率，主频的单位是Hz（赫兹），目前微机CPU主频已达到几个GHz或更高。主频越高，微机的运算速度越快。

随着大规模集成电路的出现，微处理器的所有组成部分都可以集成在一块半导体芯片上。在桌面平台方面，有Intel面向主流桌面市场的Pentium II、Pentium III和Pentium 4，以及面向低端桌面市场的Celeron系列（包括俗称的I/II/III/IV代）；而AMD方面，则有面向主流桌面市场的Athlon、Athlon XP以及面向低端桌面市场的Duron和Sempron等。

目前，CPU的系列型号更是被进一步细分为高中低三种类型。以台式机CPU而言，Intel方面，高端的是双核心的Pentium EE以及单核心的Pentium 4 EE，中端的是双核心的Pentium D和单核心的Pentium 4，低端的则是Celeron D以及已经被淘汰的Celeron（即俗称的Celeron IV）；而AMD方面，高端的是Athlon 64 FX（包括单核心和双核心），中端的则是双核心的Athlon 64 X2和单核心的Athlon 64，低端的就是Sempron。以笔记本CPU而言，Intel方面，高端的是Core Duo，中端的是Core Solo和即将被淘汰的Pentium M，低端的则是Celeron M；而AMD方面，高端的是Turion 64，中端的是Mobile Athlon 64，低端的则是Mobile Sempron。

目前，Intel推出的双核心处理器有Pentium D和Pentium Extreme Edition，同时推出945/955芯片组来支持新推出的双核心处理器，采用90nm工艺生产的这两款新推出的双核心处理器使用的是没有针脚的LGA 775接口，但处理器底部的贴片电容数目有所增加，排列方式也有所不同。AMD推出的双核心处理器分别是双核心的Opteron系列和全新的Athlon 64 X2系列处理器。其中，Athlon 64 X2是用以抗衡Pentium D和Pentium Extreme Edition的桌面双核心处理器系列。

3. 内存储器

目前，微型计算机的内存由半导体器件构成。内存按功能可分为两种：只读存储器（Read Only Memory，ROM）和随机存取存储器（Random Access Memory，RAM）。ROM的特点是：存储的信息只能读出（取出），不能改写（存入），断电后信息不会丢失。一般用来存放专用的或固定的程序和数据。RAM的特点是：可以读出，也可以改写，又称读写存储器。读取时不损坏原有存储的内容，只有写入时才修改原来所存储的内容。断电后，存储的内容立即消失。内存通常是按字节为单位编址的，一个字节由8个二进制位组成。目前微机内存一般有1GB、2GB、4GB甚至更多。

微机CPU工作频率不断提高，而RAM的读写速度相对较慢，为解决内存速度与CPU速度不匹配，从而影响系统运行速度的问题，在CPU与内存之间设计了一个容量较小（相对主存）但速度较快的高速缓冲存储器（Cache），简称快存。CPU访问指令和数据时，先访问Cache，如果目标内容已在Cache中（这种情况称为命中），CPU则直接从Cache中读取信息，否则（为非命中），CPU就从主存中读取，同时将读取的内容存于Cache中。Cache可看成是主存中面向CPU的一组高速暂存存储器。这种技术早期在大型计算机中使用，现在应用在微机中，使微机的性能大幅度提高。

Cache是为了提高CPU和内存之间的数据交换速度而设计的，也就是平常见到的一级缓存、二级缓存、三级缓存等。主流通用处理器的一级缓存容量一般是指令缓存、数据缓存各32KB或64KB，二级缓存一般不区分指令、数据，容量从1MB到6MB不等，这跟Architecture与面向平台有关，比如，AMD私有二级缓存，其有些Version有三级缓存的，容量较小；Intel共享二级缓存容量较大，面向Desktop或Embedded平台的二级缓存较小，面向Server的二级缓存较大。很多CPU的二级缓存并不是最后一级，还有三级缓存甚至四级缓存，最新的Power7处理器采用了Dram Cache，片内三级缓存容量高达32MB。

4. 外存储器

外存储器主要由磁表面存储器和光盘存储器等设备组成。磁表面存储器可分为磁盘、磁带两大类。

（1）硬磁盘存储器

硬磁盘存储器（Hard Disk）简称硬盘，由涂有磁性材料的合金圆盘组成，是微机系统的主要外存储器（或称辅存）。硬盘按盘径大小可分为3.5英寸、2.5英寸、1.8英寸等。目前大多数微机上使用的硬盘是3.5英寸的。

硬盘有一个重要的性能指标是存取速度。影响存取速度的因素有平均寻道时间、数据传输率、盘片的旋转速度和缓冲存储器容量等。一般来说，转速越高的硬盘寻道的时间越短，数据传输率也越高。

一个硬盘一般由多个盘片组成，盘片的每一面都有一个读写磁头。硬盘在使用时，要对盘片格式化成若干个磁道（称为柱面），每个磁道再划分为若干个扇区。硬盘磁道及扇区示意图如图1-7所示。

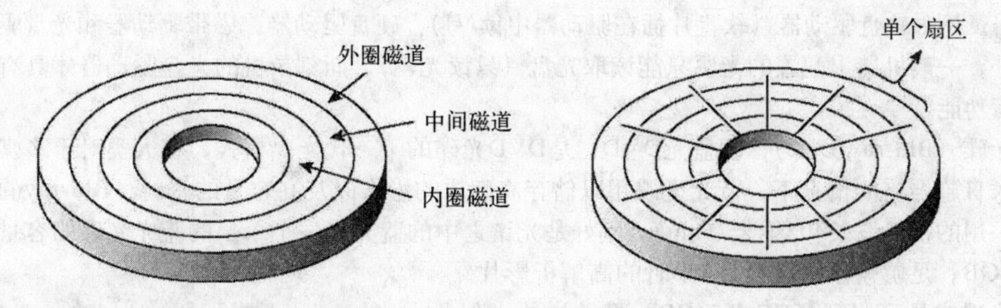

图1-7 硬盘磁道及扇区示意图

硬盘的存储容量计算公式为：

存储容量 = 磁头数 × 柱面数 × 扇区数 × 每扇区字节数（512B）

现在常见硬盘的存储容量有500GB、640GB、750GB、1TB、1.5TB、2TB等。

（2）磁带存储器

磁带存储器也称为顺序存取存储器（Sequential Access Memory, SAM），即磁带上的文件依次存放。磁带存储器存储容量很大，但查找速度慢，在微型计算机上一般用做后备存储装置，以便在硬盘发生故障时恢复系统和数据。计算机系统使用的磁带机有三种类型：盘式磁带机（过去大量用于大型主机或小型机）、数据流磁带机（目前主要用于微型机或小型机）和螺旋扫描磁带机（原来主要用于录像机，最近也开始用于计算机）。

(3) 光盘存储器

光盘（Optical Disk）存储器是一种利用激光技术存储信息的装置，如图1-8所示。目前用于计算机系统的光盘有三类：只读型光盘、一次写入型光盘和可抹型（可擦写型）光盘。

只读型光盘

CD-ROM（Compact Disk-Read Only Memory）是一种小型光盘只读存储器。它的特点是只能写一次，而且是在制造时由厂家用冲压设备把信息写入的。写好后的信息将永久保存在光盘上，用户只能读取，不能修改和写入。CD-ROM最大的特点是存储容量大，一张CD-ROM光盘的容量为650MB左右，主要用于视频盘和数字化唱盘以及各种多媒体出版物。

图1-8 光盘

计算机上用的CD-ROM有一个数据传输速率的指标：倍速。一倍速的数据传输速率是150Kbit/s，24倍速的数据传输速率是150Kbit/s × 24 = 3.6Mbit/s。CD-ROM适合存储容量固定、信息量庞大的内容。

一次写入型光盘

一次写入型光盘（Write Once Read Memory, WORM）简称WO。WORM可由用户写入数据，但只能写一次，写入后不能擦除修改。一次写入多次读出的WORM适用于用户存储允许随意更改文档，可用于资料永久性保存，也可用于自制多媒体光盘或光盘复制。

可擦写光盘

可擦写光盘（Magneto Optical, MO），是能够重写的光盘，它的操作完全和硬盘相同，故称磁光盘。MO可反复使用一万次并可保存50年以上。MO磁光盘具有可换性、高容量和随机存取等优点，但速度较慢，一次投资较高。

以上介绍的外存的存储介质，都必须通过机电装置才能进行信息的存取操作，这些机电装置称为驱动器。例如软盘驱动器（软盘片插在驱动器中读/写）、硬盘驱动器、磁带驱动器和光盘驱动器等。另外，一般机器上配置的光驱只能读取光盘（只读光驱），而刻录机的光盘驱动器才具有对光盘的读写功能。

蓝光光碟（Blu-ray Disc），即蓝光DVD，是DVD光碟的下一代光碟格式。在人类对于多媒体的品质要求日趋严格的情况下，蓝光光碟用以储存高画质的影音以及高容量的资料。Blu-ray的命名来自其采用的雷射波长405纳米（nm），刚好是光谱之中的蓝光。一个单层的蓝光光碟的容量为25GB或27GB，足够烧录一个长达4小时的高解析影片。双层蓝光光碟容量可达到46GB或54GB，足够烧录一个长达8小时的高解析影片。而容量为100GB或200GB的蓝光光碟，分别为4层和8层。

(4) USB闪存盘

USB闪存盘也称U盘（优盘），是一种读写速度快、掉电后仍能保留信息的移动存储设备，如图1-9所示。

图1-9 U盘

USB闪存盘的特点如下：

- 容量大、通用性强。USB闪存盘的容量可达2GB、4GB、8GB、16GB、32GB，读写速度快，约为软盘的15～30倍。通用性强，可靠性好，一般可反复擦写100万次。
- 无需驱动程序、无需外接电源。USB闪存盘采用标准的USB接口，从采用的USB接口总线取电。它使用简单，兼容性好，是真正的即插即用设备。

• 体积小，轻巧美观，携带方便。

• 抗震防潮，耐高低温，使用写保护开关，安全可靠。

1.3.5 基本输入输出设备及其他外部设备

1. 基本输入输出设备

计算机输入设备有键盘、鼠标、打印机、扫描仪等，如图1-10所示。

用于向计算机发出指令的设备

击键设备

输入设备

键盘

鼠标

扫描仪

指针设备

数字化文本、图形和图片；修复损坏的照片

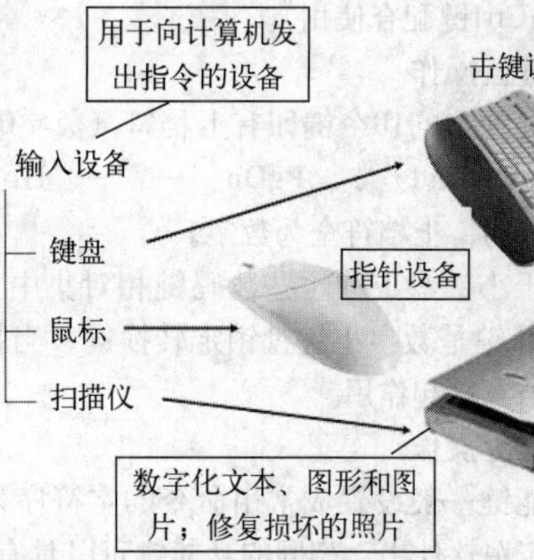

图1-10 计算机输入设备

（1）键盘

键盘（Keyboard）是用户与计算机进行交流的主要工具，是计算机最重要的输入设备，也是微型计算机必不可少的外部设备。

键盘结构

键盘通常由三部分组成：主键盘、小键盘、功能键，如图1-11所示。

主键盘即通常的英文打字机用键，位于键盘中部；小键盘即数字键组，位于键盘右侧，与计算器类似；功能键组是键盘上部标F1～F12的部分。

注意，这些键一般都是触发键，应一触即放，不要按下不放。

主键盘操作

主键盘一般与通常的英文打字机键盘相似。它包括字母键、数字键及符号键和控制键等。

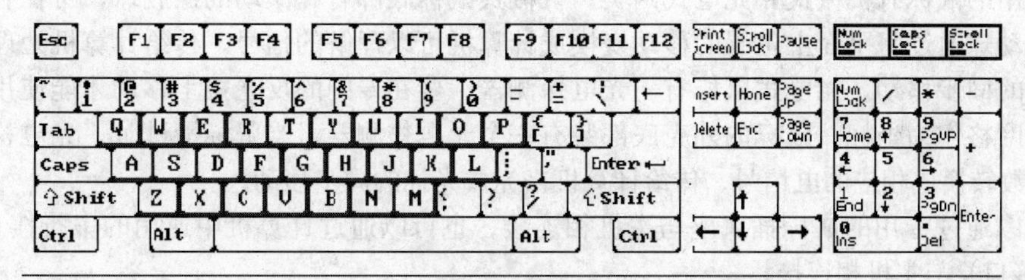

图1-11 键盘结构

• 字母键。字母键上印着对应的英文字母，虽然只有一个字母，但亦有上档和下档字符之分。

• 数字键。数字键的下档字符为数字，上档字符为符号。

• Shift（↑）键。这是一个换档键（上档键），用来选择某键的上档字符。操作方法是先按住本键不放，再按具有上下档符号的键，则输入该键的上档字符，否则输入该键的下档字符。

• CapsLock键。这是大小写字母锁定转换键，若原输入的字母为小写（或大写），按一下此键后，再输入的字母为大写（或小写）。

• Enter（↵或Return键）。这是回车键，按此键表示一命令行结束。每输入完一行程序、数据或一条命令，均需按此键通知计算机。

• Backspace（←）键。这是退格键，每按一下此键，光标向左回退一个字符位置并把所经过的字符擦去。

• SPACE键。这是空格键，每按一次产生一个空格。

• PrtSc（或Print Screen）键。这是屏幕复制键，利用此键可以实现将屏幕上的内容在打印机上输出。方法是：把打印机电源打开并与主机相连，再按本键即可。

• Ctrl和Alt键。这是两个功能键，它们一般和其他键搭配使用才能起特殊的作用。

• Esc键。这是一个功能键，一般用于退出某一环境或废除错误操作。在各个软件应用中，它都有特殊作用。

- Pause/Break键。这是一个暂停键。一般用于暂停某项操作，或中断命令或程序的运行（一般与Ctrl键配合使用）。

小键盘操作

小键盘上的10个键印有上档符（数字0、1、2、3、4、5、6、7、8、9及小数点）和相应的下档符（Ins、End、↓、PgDn、←、→、Home、↑、PgUp 、Del)。下档符用于控制全屏幕编辑时的光标移动，上档符全为数字。

由于小键盘上的这些数码键相对集中，所以用户需要大量输入数字时，锁定数字键更方便。NumLock键是数字小键盘锁定转换键，当指示灯亮时，上档字符即数字字符起作用；当指示灯灭时，下档字符起作用。

功能键操作

功能键一般设置成常用命令的字符序列，即按某个键就是执行某条命令或完成某个功能。在不同的应用软件中，相同的功能键可以具有不同的功能。

例如，在Basic语言中，F1代表LIST命令；在FoxBASE中，F1代表寻求命令；在WPS中，F2代表文件存盘退出命令（^KD)。

(2) 鼠标

鼠标（Mouse）又称为鼠标器，也是微机上的一种常用的输入设备，是控制显示屏上光标移动位置的一种指点式设备。在软件支持下，通过单击鼠标器的键，向计算机发出输入命令，或完成某种特殊的操作。

目前常用的鼠标有机械式和光电式两类。机械式鼠标底部有一滚动的橡胶球，可在普通桌面上使用，滚动球通过将平面上位置的移动变换成计算机可以理解的信号，传给计算机处理后，即可完成光标的同步移动。光电式鼠标有一光电探测器，要在专门的反光板上移动才能使用。平板上有精细的网格作为坐标。鼠标的外壳底部装有一个光电检测器，当鼠标滑过时，光电检测根据移动的网格数转换成相应的电信号，传给计算机来完成光标的同步移动。

鼠标可以通过专用的鼠标插头座与主机相连接，也可以通过计算机中通用的串行接口（RS-232-C标准接口）与主机相连接。

(3) 显示器

显示器（Monitor）是微型计算机不可缺少的输出设备。用户可以通过显示器方便地观察输入和输出的信息。

显示器是用光栅来显示输出内容，光栅的像素应越小越好，光栅的密度越高，即单位面积的像素越多，分辨率越高，显示的字符或图形也就越清晰细腻。常用的分辨率有：1024×768、1280×1024、1440×1050、1600×1200、2048×1536等。像素色度的浓淡变化称为灰度。

显示器按输出色彩可分为单色显示器和彩色显示器两大类；按其显示器件可分为阴极射线管（CRT）显示器和液晶（LCD）显示器；按其显示器屏幕的对角线尺寸可分为14英寸、15英寸、17英寸和21英寸等几种。目前，微型机上使用彩色CRT显示器，便携机上使用LCD显示器。

分辨率、彩色数目及屏幕尺寸是显示器的主要指标。

显示器必须配置正确的适配器（显示卡)，才能构成完整的显示系统。

常见的显示卡类型有：

- VGA（Video Graphics Array)：视频图形阵列显示卡，显示图形分辨率为640×480，文本方式下分辨率为720×400，可支持16色。
- SVGA（Super VGA)：超级VGA卡，分辨率提高到800×600、1024×768，而且支持16.7M种颜色，称为“真彩色”。

• AGP（Accelerate Graphics Porter）：图形加速显示卡，在保持了SVGA的显示特性的基础上，采用了全新设计的速度更快的AGP显示接口，显示性能更加优良，是目前最常用的显示卡。

• nVIDIA系列：nVIDIA推出了多面手型的Geforce GO系列显示芯片。而Geforce GO搭配的显存有SDRAM和DDR两种，最多支持64/128位64M显存，最大带宽为2.6GB/s。

（4）打印机

打印机（Printer）是计算机产生硬拷贝输出的一种设备，供用户保存计算机处理的结果。打印机的种类很多，按工作原理可粗分为击打式打印机和非击打式打印机。目前，微机系统中常用的针式打印机（又称点阵打印机）属于击打式打印机；喷墨打印机和激光打印机属于非击打式打印机。

点阵式打印机

点阵式打印机打印的字符和图形是以点阵的形式构成的。它的打印头由若干根打印针和驱动电磁铁组成。打印时使相应的针头接触色带击打纸面来完成。目前使用较多的是24针打印机。

针式打印机的主要特点是价格便宜，使用方便，但打印速度较慢，噪音大。

喷墨打印机

喷墨打印机是直接将墨水喷到纸上来实现打印。喷墨打印机价格低廉、打印效果较好，较受用户欢迎，但喷墨打印机使用的纸张要求较高，墨盒消耗较快。

激光打印机

激光打印机是激光技术和电子照相技术的复合产物。激光打印机的技术来源于复印机，但复印机的光源是用灯光，而激光打印机的光源是激光。由于激光光束能聚焦成很细的光点，因此激光打印机能输出分辨率很高的色彩好的图形。

激光打印机正以速度快、分辨率高、无噪音等优势逐步进入微机外设市场，但价格稍高。

2. 其他外部设备

（1）扫描仪

扫描仪是一种常用的纸面输入设备，它可以迅速地将图形、图像、照片、文本等从外部环境输入到计算机，进行编辑、加工处理。

根据扫描仪的工作原理，扫描仪可分为以下四种类型：手持式扫描仪，扫描头较窄，一般用于扫描商品的条形码；滚筒式扫描仪，处理幅面大，一般用于大幅面（A2～A0）工程扫描；平板式扫描仪，扫描幅面为A4～A3不等，是当前市场的主流扫描仪；专用胶片扫描仪，一般用于医院、高档影楼、科研单位等。

扫描仪的技术指标有分辨率（即每英寸扫描的点数（dpi），一般为600～2000dpi）、色彩深度（即色彩位数，一般有24b、30b、32b、36b几种，较高的色彩深度位数可以保证扫描反映的图像色彩与真实色彩一致）、扫描幅度（即对原稿尺寸的要求）、扫描速度（一般在3～30ms的范围内）。

使用扫描仪扫描文字或其他黑白图文信息时，应选择黑白扫描方式，这样既节省时间又节省空间；而扫描彩色图像时，要设定分辨率和颜色两项参数。分辨率越高，像素越多，图像就越清晰；而颜色位数越多，扫描所反映的色彩越丰富，图像效果越真实。

（2）数码相机

数码相机是一种能够拍照并能浏览和存储照片，同时能将得到的景物转换成数字格式图像文件的特殊照相机。

数码相机可分为专业和民用两类。专业数码相机一般用于影楼、公安、科研等单位，像素在1800万左右；民用相机可分高、中、低三档，适合家庭使用，像素在1000万左右。

数码相机的主要技术指标有以下几项：

①CCD（像素值）是衡量数码相机质量的主要标准（一般称多少万像素）。CCD越高，相机的分辨率就越高，捕捉的画面越精细，一般制作网页、发电子邮件使用350万像素CCD的数码相机即

可。如打印输出，需根据打印机的情况以及打印图片的大小来决定数码相机的像素需求。

②色彩位数能反映数码相机记录色调的多少。色彩位数值越高，越能反映物体的真实色彩。

③感光度，直接影响拍摄图像的效果。不同数码相机CCD对光线的灵敏度不同，称为“相当感光度”，从理论上讲，相当感光度越高，相机的适应范围越广。

④存储介质，数码相机的图片存储介质有CF卡和SM卡，存储方式类似于普通的软盘、优盘等。另外，相机指标中的光圈范围、快门速度、对焦距离、焦距范围等都要进行选择。

由于数码相机操作简单、功能丰富、图像处理快捷、拍摄成本低，因此广泛用于多媒体技术和通信技术中。

(3) 光盘刻录机

光盘刻录机在外观上和光驱几乎一样，同光驱不同的是，光盘刻录机可以完成向一次性写入光盘存储器或反复可擦写光盘存储器刻录信息。另外，光盘刻录机也可以像光驱一样读取光盘的数据，因此可以不必再安装光驱了。

光盘刻录机分为VCD刻录机和DVD刻录机。VCD刻录机出现的时间比较早，主要针对CD-R和CD-RW进行刻录，支持的CD-R或CD-RW盘片一般容量在650MB左右。DVD刻录机在功能上和VCD刻录机是相似的，但DVD刻录机除了可以完全支持VCD的刻录光盘外，还支持DVD格式的可刻录盘片，也有一次性写入和可反复擦写的两种，其容量都在3.5GB以上，是CD-R（W）容量的5～8倍。

光盘刻录机的主要性能体现在以下方面：

- 读写速度。包括数据读取和写入速度。其中写入速度（Write Speed）是最重要的指标，而且几乎和价格成正比。刻录机的写入速度还可细分为刻录速度和擦写速度。刻录机写入数据的速度一般以kB/s表示。理论上讲写入速度越快则性能越好，但由于技术的限制，刻录机的写入速度远比它的读取速度低得多。刻录机读取光盘数据时的传输速率（Read Speed）也是以kB/s来表示的，理论上也是愈快愈好，可是实际上为了延长刻录机的寿命，很少用刻录机读取数据。
- 放置方式。刻录机按安装方式可以分为外置式和内置式两种。内置式（Internal）刻录机一般安装在5.25英寸驱动器托架上，使用主机的电源；外置式产品则配有独立的机壳与电源。一般来说，外置式产品可移动使用，比较方便。
- 缓存容量。刻录机缓存的大小是衡量刻录机性能的重要技术指标之一。数据缓存是刻录机用来存放待写入光盘的数据的地方。光盘刻录机的缓存容量一般在512KB～2MB范围内。一般来说，缓存容量较大的刻录机，刻录响应速度快。
- 支持的数据格式。对各种光盘格式的支持也是衡量一台刻录机性能的重要方面。
- 平均无故障时间和数据的完整性。平均无故障时间主要用来衡量机器是否耐用，现在的刻录机的平均无故障时间差不多都在10万小时以上。数据完整性是衡量光盘刻录机刻录数据是否安全可靠的一个性能指标。目前的刻录机基本上都可使数据错误率控制在10～12以下。

(4) 声卡

声卡（Sound Card）是多媒体电脑的最基本配置之一，是实现声波/数字信号相互转换的硬件。声卡分为模数转换电路和数模转换电路两部分，模数转换电路负责将麦克风等声音输入设备采集到的模拟声音信号转换为电脑能处理的数字信号；而数模转换电路负责将电脑使用的数字声音信号转换为喇叭等功放设备能使用的模拟信号。

声卡的主要性能指标有以下几项：

- 多声道输出功能。声卡芯片可最大限度地支持输出的声道数量。声道越多，声音的定位效果也就越好。目前市场上主流的声卡芯片一般都支持两个以上的声道，不少芯片已经提供了6

个声道的支持。

• MIDI回放效果。MIDI是Musical Instrument Digital Interface的缩写，即乐器数字接口，它在电脑游戏的背景音乐制作中有着广泛的应用。MIDI的播放效果很大程度上取决于声卡在回放时所使用的MIDI合成器。不同声卡的MIDI效果有很大的不同。
• 复音数量。指的是声卡能够同时发出多少种声音。复音数越大，音色就越纯美，好的MIDI合成效果取决于声卡上波表合成芯片支持的最大复音数。
• 采用位数。是将声音从模拟信号转化为数字信号的二进制位数，即进行A/D、D/A转换时的精度。目前有8位、12位和16位3种。采用位数越多，采样精度越高，声音越逼真。
• 采样频率。指每秒采集的声音样本数量。采样频率越高，所记录的声音的波形也就越准确，保真度也就越高，当然采样所得的数据量也会越大。
• CPU占用率。CPU占用率也是衡量一块声卡的一项重要的技术指标。CPU占用率越低，说明声卡在设计上的缓冲考虑越充分。

(5) 网卡

随着网络的发展，几乎每台计算机都要连接到Internet，这时就需要网卡了。网卡（网络适配器）是计算机与网络缆线之间的物理接口。网卡一般安装在计算机主板的扩展槽上，通过网卡的电缆插头，将计算机与网络电缆连接，从而将计算机连接到网络上。

根据网卡所支持的总线接口划分，网卡可分为ISA网卡、EISA网卡、PCI网卡和USB网卡适配器等。ISA网卡的带宽一般为10Mb/s，PCI网卡的带宽从10Mb/s～1000Mb/s，常见的10M/100Mb/s自适应网卡是主流产品。

根据安装方式划分，网卡可分为内置式网卡和外置式网卡，ISA总线、EISA总线和PCI总线网卡都是内置式的，USB接口的网卡是外置式的。

网卡的主要性能指标是传输速率。常用网卡的传输速率有10Mb/s和1000Mb/s两种。

(6) 调制解调器

调制解调器（Modem）是通过电话线拨号上网不可缺少的设备。所谓调制，就是把数字信号转换成电话线上传输的模拟信号；解调，即把模拟信号转换成数字信号。因此将这种既可调制又可调解的设备称为调制解调器。

根据安装形式划分，调制解调器可分为外置式调制解调器和内置式调制解调器。外置式调制解调器放置于机箱外，通过计算机的一个串行端口与计算机相连。外置式调制解调器方便灵活、易于安装，但需使用额外的电源与电缆。内置式调制解调器一般是安装在计算机主板的扩展槽上。内置式调制解调器安装较为繁琐（拆开机箱）但无需额外的电源与电缆，价格比外置式调制解调器便宜。

调制解调器主要性能指标为传输速率，单位为Kb/s。目前主要有14.4Kb/s、33.6Kb/s、56Kb/s等几种传输速率的调制解调器产品。

ADSL（Asymmetric Digital Subscriber Line，非对称数字用户环路）是一种新的数据传输方式。由于它上行和下行带宽不对称，因此称为非对称数字用户线环路。ADSL采用频分复用技术把普通的电话线分为电话、上行和下行三个相对独立的信道，从而避免了相互之间的干扰。即使边打电话边上网，也不会发生上网速率和通话质量下降的情况。通常，ADSL在不影响正常电话通信的情况下，可以提供最高3.5Mbit/s的上行速度和最高24Mbit/s的下行速度。

1.3.6 微型计算机的软件配置

软件是计算机系统必不可少的组成部分。微型计算机系统的软件分为系统软件和应用软件两类。系统软件一般包括操作系统、语言编译程序、数据库管理系统。应用软件是指计算机用户为某一特定应用而开发的软件。例如文字处理软件、表格处理软件、绘图软件、财务软件、过程控制软件等。下面简单介绍微机软件的基本配置。

1. 操作系统

操作系统（Operating System, OS）是最基本、最重要的系统软件。它负责管理计算机系统的全部软件资源和硬件资源，合理地组织计算机各部分协调工作，为用户提供操作和编程界面。

随着计算机技术的迅速发展和计算机的广泛应用，用户对操作系统的功能、应用环境、使用方式不断提出新的要求，因而逐步形成了不同类型的操作系统。根据操作系统的功能和使用环境，大致可分为以下几类。

（1）单用户操作系统

计算机系统在单用户、单任务操作系统的控制下，只能串行地执行用户程序，个人独占计算机的全部资源，CPU运行效率低。

DOS操作系统属于单用户、单任务操作系统。

现在大多数的个人计算机操作系统是单用户、多任务操作系统，允许多个程序或多个作业同时存在和运行。常用的操作系统中，Windows 3.x是基于图形界面的16位单用户、多任务操作系统；Windows XP或Windows Vista是32位单用户、多任务操作系统。

（2）批处理操作系统

批处理操作系统是以作业为处理对象，连续处理在计算机系统运行的作业流。这类操作系统的特点是：作业的运行完全由系统自动控制，系统的吞吐量大，资源的利用率高。

（3）分时操作系统

分时操作系统使多个用户同时在各自的终端上联机地使用同一台计算机，CPU按优先级分配各个终端的时间片，轮流为各个终端服务，对用户而言，有“独占”这一台计算机的感觉。分时操作系统侧重于及时性和交互性，使用户的请求尽量能在较短的时间内得到响应。常用的分时操作系统有UNIX、VMS等。

（4）实时操作系统

实时操作系统是对随机发生的外部事件在限定时间范围内作出响应并对其进行处理的系统。外部事件一般指来自与计算机系统相联系的设备的服务要求和数据采集。实时操作系统广泛用于工业生产过程的控制和事务数据处理中。常用的系统有RDOS等。

（5）网络操作系统

为计算机网络配置的操作系统称为网络操作系统。它负责网络管理、网络通信、资源共享和系统安全等工作。常用的网络操作系统有 NetWare、Windows、UNIX、Linux等。其中，微软的网络操作系统主要有Windows NT 4.0 Serve、Windows 2000 Server/Advance Server，以及最新的Windows 2003 Server/ Advance Server、Windows Server 2008等。

（6）分布式操作系统

分布式操作系统是用于分布式计算机系统的操作系统。分布式计算机系统是由多个并行工作的处理机组成的系统，提供高度的并行性和有效的同步算法和通信机制，自动实行全系统范围的任务分配并自动调节各处理机的工作负载。如MDS、CDCS等。

2. 语言编译程序

人和计算机交流信息使用的语言称为计算机语言或程序设计语言。计算机语言通常分为机器语言、汇编语言和高级语言三类。

（1）机器语言

机器语言（Machine Language）是一种用二进制代码“0”和“1”形式表示的，能被计算机直接识别和执行的语言。用机器语言编写的程序，称为计算机机器语言程序。它是一种低级语言，不便于记忆、阅读和书写。通常不用机器语言直接编写程序。

（2）汇编语言

汇编语言（Assemble Language）是一种用助记符表示的面向机器的程序设计语言。汇编语言的每条指令对应一条机器语言代码，不同类型的计算机系统一般有不同的汇编语言。用汇编语言编制的程序称为汇编语言程序，机器不能直接识别和执行，必须由“汇编程序”（或汇编系统）翻译成机器语言程序才能运行。这种“汇编程序”就是汇编语言的翻译程序。

汇编语言适用于编写直接控制机器操作的低层程序，它与机器密切相关，不容易使用。

（3）高级语言

高级语言（High Level Language）是一种比较接近自然语言和数学表达式的计算机程序设计语言。一般将高级语言编写的程序称为“源程序”，计算机不能识别和执行，要把用高级语言编写的源程序翻译成机器指令，通常有编译和解释两种方式。

编译方式是将源程序整个编译成目标程序，然后通过链接程序将目标程序链接成可执行程序。

解释方式是将源程序逐句翻译，翻译一句执行一句，边翻译边执行，不产生目标程序。由计算机执行解释程序自动完成。如Basic语言和Perl语言。

常用的高级语言程序有以下几种：

Basic语言是一种简单易学的计算机高级语言。尤其是Visual Basic语言，具有很强的可视化设计功能，给用户在Windows 环境下开发软件带来了方便，是重要的多媒体编程工具语言。

Fortran是一种适合科学和工程设计计算的语言，它具有大量的工程设计计算程序库。

Pascal语言是结构化程序设计语言，适用于教学、科学计算、数据处理和系统软件的开发。

C语言是一种具有很高灵活性的高级语言，适用于系统软件、数值计算、数据处理等。使用非常广泛。

Java语言是近几年发展起来的一种新型的高级语言。它简单、安全、可移植性强。Java适用于网络环境的编程，多用于交互式多媒体应用。

3. 数据库管理系统

数据库管理系统（DataBase Management System, DBMS）的作用是管理数据库。数据库管理系统是有效地进行数据存储、共享和处理的工具。目前，微机系统常用的单机数据库管理系统有DBASE、FoxBase、Visual FoxPro等，适合于网络环境的大型数据库管理系统有Sybase、Oracle、DB2、SQL Server等。

数据库管理系统主要用于档案管理、财务管理、图书资料管理、仓库管理、人事管理等数据处理。

4. 联网及通信软件

网络上的信息和资料管理比单机上要复杂得多。因此出现了许多专门用于联网和网络管理的系统软件。例如，局域网操作系统有Novell NetWare、Microsoft Windows NT；通信软件有Internet浏览器软件，如Netscape公司的Navigator、Microsoft公司的IE、傲游浏览器和360浏览器等。

5. 应用软件

（1）文字处理软件

文字处理软件主要用于用户对输入到计算机的文字进行编辑，并能将输入的文字以多种字形、字体及格式打印出来。目前常用的文字处理软件有Microsoft Word、WPS等。

（2）表格处理软件

表格处理软件可以根据用户的要求处理各式各样的表格并存盘打印出来。目前常用的表格处理软件有Microsoft Excel等。

（3）实时控制软件

用于生产过程自动控制的计算机一般都是实时控制的。它对计算机的速度要求不高但可靠性要求很高。用于控制的计算机，其输入信息往往是电压、温度、压力、流量等模拟量，将模拟量转换成数字量后计算机才能进行处理或计算。这类软件一般统称为SCADA（Supervisory Control And Data Acquisition，监察控制和数据采集）软件。目前PC机上流行的SCADA软件有FIX、INTOUCH、LOOKOUT等。

1.4 计算机常用信息编码与数据处理方法

人类的生产和生活离不开各种各样的信息，计算机的出现，使得人类高速而便捷的表达和处理信息的愿望变成了现实。在早期，计算机主要用于科学计算，进入80年代之后，开始主要用于信息处理。据统计资料显示，现在计算机用于信息处理的时间已经达到了80%以上。掌握计算机中信息表示形式以及常用处理方法，对于我们学习和理解大量应用的各种信息处理工具和技术具有重要作用。

1.4.1 引例

在1.2节中，学生了解了计算机中常用的数制表示方式及其他们之间的转换。那么，对于其他的信息，计算机是如何来表示的呢？比如，刚入校时学生的基本信息怎么表示和存储？我国历史悠久的文字在计算机中如何表示和存储呢？另外，在数据中，计算机如何来存储常见的小数呢？

下面就围绕上述问题展开讨论。

1.4.2 编码与信息数字化基础

信息是事物运动的状态和变化的方式，它可以脱离实际事物本身而被表示、传递和处理。信息是人类生产、生活必不可少的条件之一。计算机通过各种信息编码方法，实现了信息的存储、传递和利用，成为人们工作与生活不可或缺的工具。

1. 计算机中信息表示单位

在计算机中任何信息都是通过转化为一个或多个二进制位来表示的，二进制位是计算机表示信息的基本单位，称为比特（bit），简称b。一个比特能够表示的仅仅是“0”或“1”两个数字。但计算机的存储所能够区分的最小单位并不是比特，而是字节（Byte），简称B，每个字节规定为8个比特。因此，信息在计算机中的存储所用的二进制位数会大于等于实际的二进制位数。例如，十进制数7，转换为二进制数表示为111，只需要3个比特就可以表示，但实际上存储到计算机中至少要分配1个字节，即8个比特。

2. 计算机编码的概念与常用形式

日常生活中，编码现象非常普遍，如产品、学生、国家、货币、文件、部件等都需要进行编码来标识和区分。抽象地说，编码是某种人为制定的转换规则，用于对事物进行标识、变换与模拟。人们使用编码后的数字或号码，可以准确地同事物对照起来。

同样，任何信息通过采用一定的编码规则也可以转换为相应的二进制编码，从而在计算机中进行表示。这些用于将信息转换为二进制编码的编码规则，称为计算机信息编码。计算机信息编码的常见形式包括约定码表法、并置码法、采样编码法等，每一种不同的编码方法可适合于某种信息的数字化。

约定码表法是一种对元素个数固定不变的符号集合，通过定义一维或二维的表格将符号对应安排到表格中，以序号来代替表示的方法。如西文、中文字符的数字化编码。

并置码法是一种对可分解为若干个小项，且小项之间无层次关系的，将其各个小项组合后完成信息编码的方法。如数值的表示、颜色的三基色合成编码等。

采样编码法则是对于在空间上或在时间上连续的物理量（模拟信号），以一定的密度或频度对其进行分割，分割出多个小样本后，在每个小样本中选取一个特征值作为代表，然后对所有这些离散的特征值进行统一编码，从而实现信息的数字化。采样编码的过程一般也称为模/数转换。如对图像、声音、视频等多媒体信息的数字化。

3. 信息媒体与信息数字化

人们对于信息的表示和传递总是借助于一定的表现形式进行的，这些表现形式可以概括为数值（整数与小数）、文字、图形、图像、声音、动画、视频等。每种表现形式，我们称之为一种信息媒体。信息可以是单一媒体形式的，也可以是组合媒体形式的。每一种信息媒体都可以通过特定的信息编码转换为二进制形式在计算机中表示和存储。

信息在计算机中的完整表示可以分解为两步完成。第一步是通过对事物的自然属性和社会属性的认识和分析，将信息分解为多个独立的可以由信息媒体表达的属性，这个过程属于人类的概念活动，比较灵活，难度也比较大。第二步则是将这些属性对应的信息媒体通过计算机信息编码转化为二进制形式，在计算机中表示和存储，这个过程属于计算机技术的范畴，比较标准，相对容易些。

在此以学生对象为例，说明学生信息在计算机中的表示过程。第一步，确定学生信息的属性，从理论上说属性是无法穷举的，因此只要从要解决的实际问题出发，抽象出相关的属性即可。这里假定抽象的学生信息属性包括：姓名、年龄、照片、综合成绩、问候视频、问候语音，分别对应的信息媒体是文字、数值、图像、数值、视频、声音。第二步，将学生信息属性通过信息编码转化为二进制编码，技术上已经解决，因此，通过这两个步骤，学生信息即可完整地在计算机中进行了表示和存储。学生信息在计算机中的表示过程如图1-12所示。

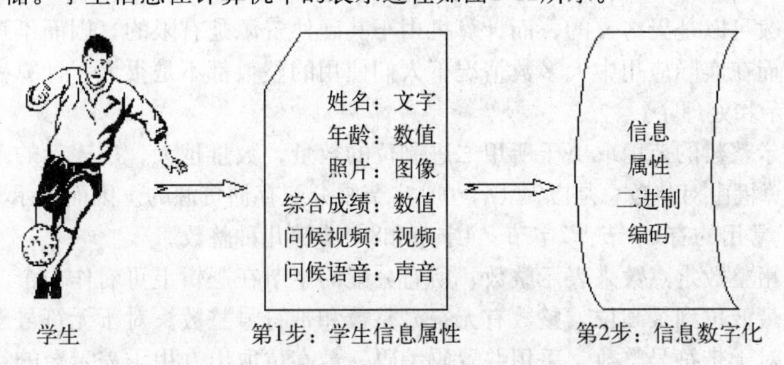

图1-12 学生信息在计算机中的表示过程

信息转换为二进制形式数据在计算机中表示的过程被称为信息数字化。各种信息在数字化后，形式上达到了统一。

1.4.3 计算机常用信息编码

信息是通过各种信息媒体组合表示的。因此，解决信息数字化的问题最终是解决各种信息媒体的二进制编码问题，即解决数值、文字、图形、图像、声音、动画、视频的二进制编码问题。

1. 数值编码

数值通常指的是十进制数，根据日常应用的需要，分为整数与小数。小数表示的范围要广泛些，由小数点分割为整数部分与小数部分。整数是小数的特例，其小数部分是0。

计算机只能区分出“0”、“1”两个数字，故计算机内只能采用二进制位来表示信息。通常数值是十进制的，且存在正负以及小数点，这些都需要在计算机中表示出来。因此在计算机中，数值需要经过特定的编码进行转换才可以表示。

任何十进制小数都可以经过数制转换变成二进制数，经过转换的二进制数可以用±bbb…bb.bb…bb来表示，其中b表示二进制数的1个位。小数点前的部分为整数部分，小数点后的是小数部分。由于数值在两种数制下是等价的，而显然二进制形式更容易表示，因此只需研究二进制小数在计算机中的表示问题。

由于正负号表示的只有正、负两种状态，计算机中仅使用1个比特来表示，“0”表示正，“1”表示负。而二进制数的每一位则直接可以用一个二进制位表示。真正困难的是如何对小数点进行表示，直接对小数点是否出现表示为“0”或“1”，表面看是可行的，但实际上，由于小数点的位置不固定，与二进制数位混合后将无法区分，因而不可用。为了对小数点进行表示，在计算机中采用了定点数与浮点数的办法。

(1) 定点数与浮点数

为了对小数点进行表示，计算机中采用了定点表示法。所谓定点表示法，是指在计算机中所有数的小数点的位置人为约定固定不变。这样，小数点的位置就不必用任何符号表示出来了。

理论上，小数点可约定固定在任何数位之后，但实际只使用两种格式。小数点在数字的右端所有数位之后时，用来表示整数，称为整数定点数；在数字的左端所有数位之前时，用来表达纯小数（整数部分为0的小数），称为纯小数定点数。定点数是整数定点数与纯小数定点数的统称。

除整数和纯小数之外的小数都含有非0的整数部分与小数部分，因其小数点位置随着数值的变化而浮动，称为浮点数。浮点数在计算机中通过转化为定点数表示。任何无符号二进制小数f = hhh…hh. tt…tt，假定其整数部分有N位，则通过将小数点左移可以等价表示为f = 0.hhh…hhtt…tt × 2^N，其中0.hhh…hhtt…tt为纯小数，而N为整数，两者分别用定点数表示，就得到了浮点数的表示法。

(2) 整数编码

数学中的整数可以是无穷大的，而计算机由于其硬件资源是有限的，因而不可能表达数学中所有的整数。幸而在实际应用中大多数情况下人们使用的整数都不是很大，计算机只要分配不多的资源就可以表示和处理了。

计算机中表示整数的范围取决于所用二进制位的数量，数量越大，所表示的范围就越大。出于实际需要，计算机中对整数总是以2^n（$n \geqslant 0$）字节来分配存储资源的。因而表示整数的二进制位数总是8的倍数。常用的有1字节、2字节、4字节和8字节等几种整数。

在计算机中用整数定点数来表示整数，所有分配的字节在逻辑上可看作一个二进制位串，自右至左分别表示最低位到最高位。整数有无符号整数和带符号整数。对于无符号整数，所有位全部用于表示数。对于带符号整数，采用并置码编码，最高位取出专用于表示数的符号，称为符号位，剩余的位数全部用于表示数。当表示的整数不足全部数位时，高位空闲的数位补0。

以下以8位定点整数为例，说明整数的表示方法。无符号十进制数10的表示方法，如图1-13(a)所示。带符号十进制数−10的表示方法，如图1-13(b)所示。

图1-13 8位定点整数表示方法示意图

根据定点整数的表示方法，整数表示数的范围如表1-2所示。当要表示的数超过能够表示的范围时，会导致最高位的丢失，从而导致错误，这种现象叫做“溢出”，溢出多在两个整数相加或相乘时发生。

整数主要的运算是加法、减法、乘法和除法。为了使运算器的硬件设计尽可能地简单，计算机中实际表示负数时使用补码。使用补码后，两个正整数的减法转变为被减数同减数补码的加法运算。同时，乘法和除法也可以分解为移位与加法运算。所有的运算只通过加法运算就可以完成。实际上运算器也是如此，只执行加法运算，因此也称加法器。

表1-2　定点整数位数与表示范围对照表

存储量（B）	表示位数（b）	无符号数范围	带符号数范围
1	8	0~255	−128~+127
2	16	0~65 535	−32 768~+32 767
m	$n(=8\times m)$	$0\sim2^{n}-1$	$-2^{n-1}\sim+2^{n-1}-1$

同补码相关的有原码和反码。原码就是基础的定点整数编码。正整数的反码与补码，同原码是一致的，不变化。负数的反码，是保持符号位不变其余各位全部翻转（为0则变为1，为1则变为0）产生的新码。而补码则是在反码的基础上在末位加1求得的新码。例如，十进制数−10，在8位定点数表示下的原码、反码与补码分别为10001010、11110101、11110110。

（3）小数编码

小数对应数学中的实数，同整数一样，计算机中表示的小数也只是实数集合的一个子集。在我们日常的工作和生活中使用的实数都不是很大，因此在计算机中也只要分配不多的资源就足以表示。

在计算机中，小数采用浮点数表示，小数通用的二进制标准表示形式为$f=\pm m\times b^{e}$。在式中m是一个纯小数，b代表二进制基数2，e代表指数，称为阶（整数）。浮点数对小数的表示采用了并置码编码，编码由四个独立的部分组合而成，格式如下：

阶符	阶 码	数符	尾 数

其中阶符、阶码属于整数定点数，表示标准式中的e；数符则表示标准式中的“±”；尾数属于纯小数定点数，表示标准式中的m。假定阶码的二进制位数为x，尾数的位数为y，则浮点数所占的二进制位总长度为x+y+2。x决定了浮点数的表示范围，y则决定了浮点数的表示精度。在总长度一定情况下，x增加，则能够表示的数的范围扩大，但同时y的位数减少，精度下降；y增加，则能够表示的数的精度增加，但同时x减少，表示数的范围缩小。因此，阶码和尾数是一组矛盾的共同体，在具体决定x和y时，要兼顾表示范围和精度的需要。

同一小数，用浮点数表示，可能由于其尾数的有效数字出现的位置不同而表达成多种形式，如二进制小数101.11，可表示为$0.10111\times b^{11}$，也可以表示为$0.0010111\times b^{101}$，这样对于二进制数的计算和比较都带来不便。为实现相同浮点数表示的唯一性，计算机中对所有浮点数采用规格化表示。浮点数f的规格化表示规定m的表示符合1.tt…tt格式，则所有的二进制小数在规格化下只有一种表示方法。在实际应用中，因为规格化后的m第1位总为1，故默认其存在，尾数只表示后面的小数部分，使得尾数表示的精度增加一位。

计算机中常用的浮点数是32位和64位的。32位的称为单精度浮点数，64位的称为双精度浮点数，美国电气及电子工程师学会（IEEE）制定的浮点数格式被计算机程序设计语言广泛采用，也是实际上表示小数的标准。在此我们以IEEE单精度32位浮点数为例，了解小数在计算机中的实际表示过程。

IEEE单精度32位浮点数的格式如图1-14所示。

其中，数符在第31位，代表数的符号，占1个比特，“0”表示正，“1”表示负。阶码e在第30～23位，占8个比特，实际的阶数 = e − 127。而尾数则对应规格化后的小数部分。例如小数10.25，规格化表示为$1.01001\times b^{11}$，各部分的表示如下：

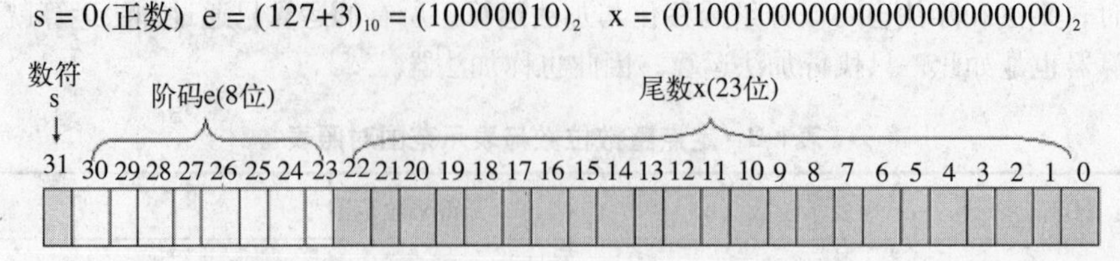

图1-14 IEEE单精度32位浮点数格式示意图

对应的完整形式为0100,0001,0010,0100,0000,0000,0000,0000。而小数−10.25，只有s = 1不同，其余部分相同，完整表示为1100,0001,0010,0100,0000,0000,0000,0000。

浮点数的基础运算是加、减、乘、除运算，每次运算的结果，仍以规格化浮点数的形式进行存储。早期的微型机CPU没有支持浮点运算的硬件部件，浮点运算都通过软件方法实现。目前，Intel和AMD的CPU都内置了浮点运算部件，在进行图像处理等涉及大量浮点运算的应用中非常重要。

2. 语言文字编码

语言文字是使用最多、最主要的信息媒体，也是计算机信息处理的主要对象。语言文字在计算机中进行表示和处理，需要解决输入、存储和显示输出等基本问题。其中，语言文字的表示和在计算机中的存储是首要解决的问题。基于存储，文字的输入与显示问题都可以得到解决。

（1）编码与存储

文字的基本单位是字符，语言所使用的全部字符称为语言的字符集。各个国家使用的语言差别很大，但从信息处理角度却有着共同特征：各种字符集所含字符个数是固定的，每个字符都是规则的图形符号。基于这些特征，计算机对各种不同的语言文字在编码方法上具有一致性。由于字符是图形符号，不是数字，为了能够在计算机中进行表示，根据各种语言的字符集个数固定的特点，各种语言文字都采用了约定码表法对字符进行编码。约定码表法的基本思想是，制定一个一维或者二维的表格，将所有字符填写在表格的特定位置上，使用每个字符在表格中的位置编号来代表字符，就得到了字符的数字化表示形式。将得到的编号在计算机中直接或变换后存储到计算机中，就形成了字符的存储码，或称机内码。

在国内普遍使用的西文和中文都采用了约定码表法进行信息编码，这些常用的信息编码标准及其在计算机中的存储表示方法构成了语言文字信息化的基础。

ASCII码

ASCII码是美国标准信息交换码（American Standard Code for Information Interchange）的简写，现已成为一种固定习惯用语。ASCII码原是由美国国家标准局（ANSI）制定的国家标准，后被国际标准化组织（ISO）接纳为国际标准。ASCII码适用于所有拉丁文字，在我国ASCII码用于对英文编码。

ASCII码的编码规则是通过ASCII码表（见附录A）确定的，ASCII码是一种约定顺序码，每个字符在ASCII码表中的顺序编号称为字符的ASCII值。ASCII码表有两种形式，一种包含128个字符，另一种包含256个字符。包含128个字符的ASCII码表，ASCII值范围是0～127，计算机中使用7个二进制位就可以表示，因此称为7位ASCII码。包含256个字符的ASCII码表，在7位ASCII码的基础上，增加了对128个特殊字符的支持，ASCII值是0～255，称为8位ASCII码，又被称为扩展ASCII码表。国际上7位ASCII码有广泛的支持，对8位ASCII码支持程度较弱，尤其在中文环境下因为同汉字的存储编码冲突，8位ASCII码不被支持。

在7位ASCII码字符集中，字符总体上分为两大类：控制字符和可显示字符。控制字符用于显示、打印、警告或传输过程中的控制和解释，在屏幕上不显示，其ASCII值的范围是0～31及127。可显示字符则同英文中出现的各种字母与符号相对应，涵盖了英文所需要的所有文字符号，其

ASCII值范围是32～126，可细分为以下几类：英文符号，ASCII值范围是32～47、58～64、91～96及123～126；数字字符，ASCII值范围是48～57；大写英文字母，ASCII值范围是65～90；小写英文字母，ASCII值范围是97～122。ASCII码分类如表1-3所示。

表1-3　ASCII码字符分类表

字符类型		ASCII值范围			
		十进制		十六进制	
控制字符（非显示字符）			0～31 127		00H～1FH 7FH
可显示字符	英文符号（分隔符、标点、数学运算符等）	32～126	32～47 58～64 91～96 123～126	20H～7EH	20H～2FH 3AH～40H 5BH～60H 7BH～7EH
	数字字符		48～57		30H～39H
	大写字母		65～90		41H～5AH
	小写字母		97～122		61H～7AH

西文字符的存储码直接采用其ASCII值，7位的ASCII码取值范围在0～127之间，每个字符只用7个位就可以表示，由于计算机中最基本的存储单元是字节（8位），故西文字符在计算机中统一采用1个字节来存储，前7个位对应ASCII码值，高位的第8个位总是0。例如，字符“A”的ASCII码值为65，在计算机中的存储方式为：

0	1	0	0	0	0	0	1

- GB 2312

ASCII码的提出有效地解决了西文文字的信息化问题，但对于汉字字符却完全不适用。为了满足国内在计算机中使用汉字的需要，中国国家标准总局发布了一系列的汉字字符集国家标准编码，统称为GB码或国标码。其中最有影响的是于1980年发布的《信息交换用汉字编码字符集 基本集》，标准号为GB 2312-1980，因其使用非常普遍，也常被通称为国标码。GB 2312编码通行于我国内地；新加坡等地也采用此编码。几乎所有的中文系统和国际化的软件都支持GB 2312。

GB 2312是一个简体中文字符集，由6763个常用汉字和682个全角的非汉字字符组成。其中汉字根据使用的频率分为两级。一级汉字3755个，二级汉字3008个。由于字符数量比较大，GB 2312采用了二维矩阵编码法对所有字符进行编码。首先构造一个94行94列的方阵，对每一行称为一个“区”，每一列称为一个“位”，然后将所有字符依照下表的规律填写到方阵中。这样所有的字符在方阵中都有一个唯一的位置，这个位置可以用区号、位号合成表示，称为字符的区位码。如第一个汉字“啊”出现在第16区的第1位上，其区位码为1601。因为区位码同字符的位置是完全对应的，因此区位码同字符之间也是一一对应的。这样所有的字符都可通过其区位码转换为数字编码信息。GB 2312字符的排列分布情况如表1-4所示。

表1-4　GB 2312字符编码分布表

分区范围	符号类型
第01区	中文标点、数学符号以及一些特殊字符
第02区	各种各样的数学序号
第03区	全角西文字符

（续）

分区范围	符号类型
第04区	日文平假名
第05区	日文片假名
第06区	希腊字母表
第07区	俄文字母表
第08区	中文拼音字母表
第09区	制表符号
第10～15区	无字符
第16～55区	一级汉字（以拼音字母排序）
第56～87区	二级汉字（以部首笔画排序）
第88～94区	无字符

GB 2312字符在计算机中存储是以其区位码为基础的，其中汉字的区码和位码分别占一个存储单元，每个汉字占两个存储单元。由于区码和位码的取值范围都是在1～94之间，这样的范围同西文的存储表示冲突。例如，汉字“珀”在GB 2312中的区位码为7174，其两字节表示形式为71,74；而两个西文字符“GJ”的存储码也是71,74。这种冲突将导致在解释编码时将无法判断到底表示的是一个汉字还是两个西文字符。

为避免同西文的存储发生冲突，GB 2312字符在进行存储时，通过将原来的每个字节第8位设置为1，同西文加以区别，如果第8位为0，则表示西文字符，否则表示GB 2312中的字符。实际存储时，采用了将区位码的每个字节分别加上A0H（160）的方法转换为存储码。例如，汉字“啊”的区位码为1601，其存储码为B0A1H，其转换过程为：

区位码	区码转换	位码转换	存储码
1001H	10H+A0H=B0H	01H+A0H=A1H	B0A1H

- Big5

在中国台湾、中国香港与中国澳门地区使用的是繁体中文字符集，而1980年发布的GB 2312面向简体中文字符集，并不支持繁体汉字。在这些使用繁体中文字符集的地区，一度出现过很多不同厂商提出的字符集编码，这些编码彼此互不兼容，造成了信息交流的困难。为统一繁体字符集编码，1984年，台湾五大厂商宏基、神通、佳佳、零壹以及大众一同制定了一种繁体中文编码方案，因其来源被称为五大码，英文写作Big5，后来按英文翻译回汉字后，普遍被称为大五码。

大五码是一种繁体中文汉字字符集，其中繁体汉字13053个，808个标点符号、希腊字母及特殊符号。大五码的编码码表直接针对存储而设计，每个字符统一使用两个字节存储表示。第1字节范围81H～FEH，避开了同ASCII码的冲突，第2字节范围是40H～7EH和A1H～FEH。因为Big5的字符编码范围同GB 2312字符的存储码范围存在冲突，所以在同一正文不能对两种字符集的字符同时支持。

Big5编码的分布如表1-5所示，Big5字符主要部分集中在三个段内：标点符号、希腊字母及特殊符号；常用汉字；非常用汉字。其余部分保留给其他厂商支持。

表1-5 Big5字符编码分布表

编码范围	符号类别
8140H～A0FEH	保留（用作造字区）
A140H～A3BFH	标点符号、希腊字母及特殊符号

（续）

编码范围	符号类别
A3C0H～A3FEH	保留（未开放用于造字区）
A440H～C67EH	常用汉字（先按笔画，再按部首排序）
C6A1H～C8FEH	保留（用作造字区）
C940H～F9D5H	非常用汉字（先按笔画，再按部首排序）
F9D6H～FEFEH	保留（用作造字区）

Big5编码推出后，得到了繁体中文软件厂商的广泛支持，在使用繁体汉字的地区迅速普及使用。目前，Big5编码在中国台湾、中国香港、中国澳门及其他海外华人中普遍使用，成为繁体中文编码的事实标准。在互联网中检索繁体中文网站时，所打开的网页中，大多都是通过Big5编码产生的文档。

其他中文编码

由于GB 2312－1980字符集仅仅收录了6763个汉字，还有不少的汉字（如人名与地名等）以及繁体字、日语及朝鲜语中的汉字不被支持，对中文的信息交流造成了一定的困难。因此，中文软件厂商、中国国家标准总局和ISO组织为扩展和改进GB 2312编码提出了多种后续方案。

ISO 10646是国际标准化组织ISO公布的一个编码标准，1993年，国家标准委以GB 13000国家标准的形式予以认可。GB 13000（或ISO 10646）支持的汉字字符集称为CJK统一汉字（其中C代表中国，J代表日本，K代表朝鲜），汉字总数为20 902个。GB 13000字符集包括了GB 2312和Big5中的所有标准汉字，但因为其采用的是通用多八位编码，同GB 2312编码不兼容，所以国内尚未广泛推广使用。

GBK编码是在微软公司中文Windows 95系统中开始支持的一种对GB 2312的扩展编码方案，它收录了GB 13000中的全部 CJK 汉字和符号，并有所补充。GBK利用GB 2312中未使用的编码空间，对GB 2312字符集之外的汉字、字符进行了扩充，支持的汉字总数达到21003个。GBK保持了同GB 2312的完全兼容，GB 2312编码之下的文本不需要转换编码就可以在支持GBK的中文系统下显示。GBK不是国家正式标准，但中文Windows系统在国内使用广泛，国家标准委和有关部门将其作为一种技术规范指导性文件发布。GBK仍然沿用了双字节的存储格式，其编码范围在GB 2312之上进行了扩充，首字节在81H～FEH之间，尾字节在40H～FEH之间，其码表一共可以容纳23940个字符。GBK字符编码目前在中文Windows系列操作系统中广泛支持。

由于GBK仅仅是行业规范，缺乏足够的强制力，而GB 13000的实现又太过缓慢，信息化建设迫切需要大型汉字编码字符集标准的出台。在此背景下，国家标准委于2000年发布了GB 18030，全称为《信息交换用汉字编码字符集基本集的扩充》。GB 18030是目前最新的国家内码字符集编码标准，其编码表完全采用内码进行构造，在编码体系上统一了内码和交换码的表示。GB 18030采用可变长字符编码方案，用一个字节同ASCII码保持对应，两字节同GBK编码一致，四字节用于编码扩充，可用于支持收录我国少数民族文字。GB 18030建立的编码体系提供了超过150万个编码位置的编码空间，为未来增补汉字做了充分准备。GB 18030作为强制性国家标准，在Windows系统中已经逐步得到支持，也是其他中文软件系统对中文编码体系支持的方向。

Unicode编码

随着全球互联网的迅速发展，国际间的信息交流越来越频繁，多种语言共存的文档不断增多，然而单靠某一种国家编码已很难解决这些问题，不同的编码体系开始成为国际信息交换的障碍，迫切需要一种能统一支持全球各种语言文字的大字符集的编码标准。

尝试创立国际统一字符集的组织主要有两个：国际标准化组织（ISO）和多语言软件制造商组成的协会组织（unicode.org）。1991年前后，两个项目的参与者都认识到，世界不需要产生两个不兼容的字符集。于是，两个组织开始合并其工作成果，并为创立一个单一编码表而协同工作。Unicode编码就是在这种合作之下产生的统一编码字符集。

Unicode在国内有几种译名，统一码、万国码、单一码，简称UCS。Unicode在1994年正式公布，后经过多个版本的演变和扩充。Unicode标准面世以来得到了全球各软件厂商的支持，在各种操作系统及软件开发语言和平台中得到广泛应用，在十多年的时间里得到普及。

Unicode编码表先后出现过两种格式：UCS－2和UCS－4。UCS－2是目前实际使用的格式，编码表支持码位总数在2^{16}以内，所有字符编码都采用两个字节表示，故被称为UCS－2。UCS－4则是最新制定的，但尚未推广的格式，在UCS－2支持的基本集基础上扩充了更多的编码空间，每个字符被定义为标准的32位编码（4个字节），故称为UCS－4。UCS－4在理论上最多能表示2^{31}个字符，完全可以涵盖一切语言所用的符号。

UCS是一种字符集编码方法，主要用于计算机程序和操作系统内部。在存储和传输中，往往不直接使用UCS编码，而是通过一定的转换编码来实现。这些转换编码最通用的是utf－8和utf－16。由于大量使用的ASCII码在UCS下都需要多个（两个以上）字节重新编码，导致实际存储和传输中资源大量的浪费，为与ASCII字符兼容所提出的UCS的一种实现就是utf－8。utf－8使用可变长度字节存储Unicode字符，对ASCII字母，采用同ASCII码一致的1字节方案，而其他的符号则采用2～4字节的多字节方案。utf－8采用变长字节表示一个字符，尽管有节约存储和传输资源的好处，但也同时导致软件实现的困难。因此提出了另一种以固定长度的字节数（2字节）来存储字符的实现方案，称为utf－16。utf－16保持了对UCS－2的完全支持，同时也有对UCS－4的映射，但不兼容ASCII编码，没有像utf－8节约ASCII码存储空间的好处。

（2）输入编码与字符输入

国内使用的键盘是西文键盘。西文键盘针对ASCII码字符集设计，所有ASCII码表中的可显示字符在键盘上都有对应键位。每个字符的键位在按键后都会由键盘向计算机输入唯一的键位扫描码，经驱动程序转换为ASCII值，对应到字符的机内码。

汉字数量很多，在西文键盘上，每个汉字字符无法直接对应到键盘键位，因此汉字在键盘上总是通过多个ASCII字符组合间接输入的。用于输入某个汉字的ASCII码组合序列称为该汉字的输入码。汉字的ASCII输入码同汉字字符（机内码）的转换关系通过编制一张表格明确定义下来，构成汉字的输入编码。为了提高汉字词组的输入效率，在汉字的输入编码中往往也对汉字词组的输入码与其机内码的转换关系进行定义。

在计算机系统中完成汉字输入码到机内码转换的是汉字输入法软件。目前已经发明了多种汉字及特殊字符的输入法，如常用的区位码输入法、拼音输入法、五笔字型输入法等。每种输入法都有对应的输入编码，体现其特定的编码原理和组合规则。输入法软件支持汉字字符输入的过程是：从键盘接收ASCII字符序列形式的输入码，然后在预先存储的输入编码中检索到输入码对应的汉字机内码，再将机内码自动或经过选择后输出。

（3）字形码与字符显示

人们总是通过字形信息来认识和使用文字，因此计算机处理文字必须解决字符的显示问题。计算机的显示器屏幕是由分布在横向与纵向的像素（点）构成的平面区域，区域中像素的数量由屏幕的分辨率决定，分辨率M×N的屏幕，在横向划分为M个像素，纵向划分为N个像素，像素的总数为M×N。屏幕上的每个像素可以独立设置颜色，如白色、红色等。字符在屏幕上的显示方法简单说来就是在字符所占屏幕区域内，将字符的字形所通过的像素设置为前景色，不通过的像素设置为背景色，因为像素之间的距离用眼睛无法分辨，在屏幕上看到的就是完整的字符了。

字符在屏幕区域中通过哪些像素，不通过哪些像素，是由字符的字形信息控制的。对每个字符的字形信息进行编码，可以产生二进制形式的字形码。将字符集中所有字符的字形码汇集在一起保存到一个文件，称为该字符集的字形信息库，简称字库。对于同一个字符集，由于字体不同，相同字符的字形会有差异，因此针对不同字体，往往有不同的字库。

对字符的字形信息进行编码，有两种常用的方法：点阵编码法和矢量编码法。用点阵编码法产生的字形码称为点阵字形码，形成点阵字库；用矢量编码法产生的字形码称为矢量字形码，形成矢量字库。

点阵编码法

将字符写入一个M×N的空白方格表格中，对表格中每个方格用1个比特（1bit）来表示，字符通过的方格用“1”表示，未通过的方格用“0”表示，这样将每个方格的值按照从左到右、从上至下的顺序写下来，就形成了字符的点阵字形码。显示汉字时，则执行相反的过程，对于点阵字形码中为“0”的比特，在屏幕中像素显示为背景色，而为“1”的比特，则显示为前景色。点阵字形码编码过程和显示控制过程如图1-15所示。

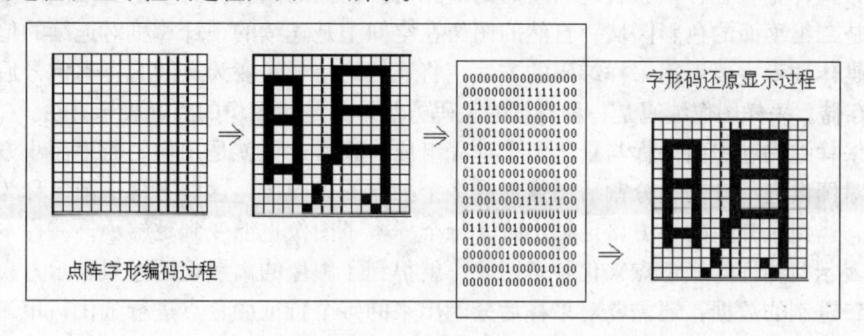

图1-15 点阵字形码编码和显示过程示意图

根据点阵编码时使用的表格的大小，常用的汉字点阵字库一般分为16点阵（16×16）、24点阵（24×24）、32点阵（32×32）等格式。每个汉字字形码占（M×N）/8个字节数，例如，16点阵字符的字形码占（16×16）/8=32字节。

点阵字形码显示汉字的速度很快，但在进行放大时由于使用字块填充，会出现明显的锯齿边缘。因此点阵字库一般不用于图形环境，常用在字符操作界面中。

矢量编码法

文字字符的字形信息都是由多个笔画子图形组成的，矢量编码法将组成字符的每一笔画用一组直线和曲线勾画轮廓，然后按一定顺序对各个笔画的轮廓以一组矢量折线结合其几何特征加以描述。字符经矢量编码得到的矢量描述信息，称为矢量字形码。显示汉字时，首先从矢量字库中检索出汉字对应的矢量字形码，通过在字符所在屏幕区域中进行计算，描绘每一笔画外轮廓像素，并填充笔画的内部区域像素，完成显示复原。矢量字形码编码过程和显示控制过程如图1-16所示。

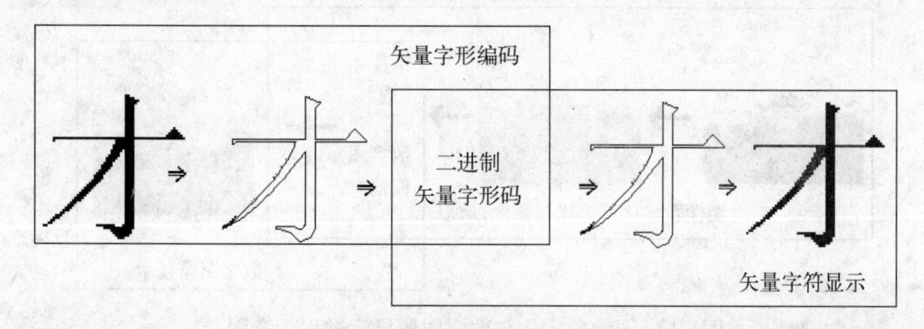

图1-16 矢量字形码编码和显示过程示意图

矢量字形码所占存储空间的字节数是不固定的，取决于字符本身的复杂度。一般来讲，所含笔画越多，笔画越复杂的字符，字形码所占空间越大。

矢量字符在显示时，需要进行大量的矢量计算，耗费时间要长一些。但矢量字形方法是以几何方法精确勾画轮廓的，因此具有无级缩放的优点。目前，矢量字形广泛应用在各种图形用户界面的系统以及文本的打印输出环境。

3. 图像编码

人类获取客观世界的信息，绝大部分依赖于视觉。为了记录和传递视觉的直观景象，人类经过了漫长的探索。在探索的早期阶段，发明并掌握了绘画技巧来描绘客观的景象；然而直到照相技术、复印技术的发明，对直观景象的获取变得非常简单和真实，这种探索才取得了真正的成果。这些包括由手工绘制、照相机拍摄、印刷复制所产生的各种直观的景象，就是人们通常所说的图像。

图像作为信息的一种重要载体，在计算机中进行表示，可以极大地改善人们使用计算机进行信息交流的方式，克服各种抽象表达引发的沟通障碍。图像的内容尽管多是三维空间的景象，但图像本身却是二维平面的色彩区域。自然的图像在空间上是连续的，计算机对连续的信号无法进行存储，多媒体技术主要采用采样编码的方法，将连续的信号转变为离散的样本信号后，实现图像的数字化存储。采样图像编码是一种有损的编码方法，只是对图像的逼近表示方法。

图像的采样编码过程由采样与量化两个过程组成。采样过程就是用均匀的平面小方格区域在横向与纵向对图像进行分割，分割后图像形成多个独立的子图像，这些方格子图像称为图像的一个样本区域，当用于分隔的小方格足够小时，每个样本子图像也缩变到足够小。在样本子图像中取一个最能表示其特征的颜色点来代替子图像，就得到了图像的离散化的近似表示方式。为了将图像转化为二进制的数据，还需要对采样后分割出来的每个特征颜色点进行量化，用二进制数值进行表示。根据颜色的三基色原理，自然界的任何一种颜色都可以由红（R）、绿（G）、蓝（B）三种颜色按照不同的比例混合而成，同样也可以分解为红、绿、蓝三种颜色，这三种颜色被称为RGB三基色。依据RGB三基色原理，对采样特征点的量化通过将其颜色分解为三种基色，对每种分解出来的基色向预先制定好的基色采样区间表进行索引，得到的索引值就是量化的结果。因此，每个特征点的颜色可以用三个基色的索引值进行表示。通常对每个基色，将其基色采样区间划分为256个级别，这样，可以表达的颜色种类数量达到了256^3=16 777 216种，远远超过了视觉对颜色的分辨度，所以这样的表示方法又被称为RGB真彩色。在RGB真彩色模式下，颜色分解的一种基色被量化为一个字节，每种颜色用三个字节可以表示。每个采样特征点转换为三个字节的二进制数据进行表示。

数字化图像是对图像的所有采样特征点按照自左至右、自上而下的顺序进行量化并存储得到的。数字化图像的显示是图像编码的逆过程，依次从数字图像中读取每个点的三基色值，输出到显示区域中对应位置的像素。图像数字化与数字图像的显示如图1-17所示。

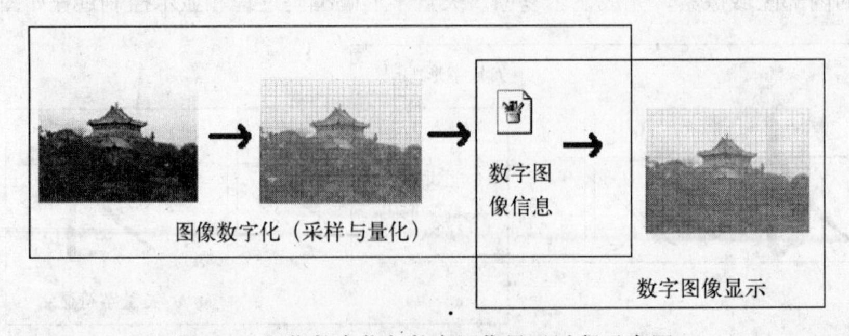

图1-17 图像数字化与数字图像显示过程示意图

经过采样过程产生的数字化图像，称为位图或光栅图。位图中颜色使用的是真彩色，基本保证了色彩的真实度，位图的质量主要取决于采样点的密度，采样点的密度一般通过参数PPI（每英寸点数）来表征，也可以用最大分辨率（一定面积下的最大像素量）来表征，两者表达的含义是一致的。PPI或分辨率越大，图像就越真实。由于采样数字化过程和图像的内容无关，位图对所有图像的数字化存储都可以通用，但位图在放大和缩小的过程中会由于采样的不连续性导致失真，且占用的磁盘空间也比较大，所以主要用于存储内容复杂的图像或实景照片。

矢量图是计算机中支持的另外一种数字化的图像。矢量图存储的不是图像的所有细节，而是通过对图像中的信息进行分析，然后用数学矢量进行轮廓描述，并存储参数产生的。矢量图适合于对内容规则、边界清晰、颜色分明的图像进行数字化表示，这些类型的图像由于总是由点、线、面（区域）组成的，因此也称为图形，是图像中比较简单的一种常见形式。矢量图在显示时，需要执行大量复杂的分析计算，因此显示速度比较慢，但由于矢量的特点是支持无级放大的，所以在放缩时不会失真，同时存储时占用的空间也比较小。矢量图适合于表示各种几何图形、表格、地理地形图等。

4. 声音编码

自然界的各种声音都是由物体的振动产生的（如演奏乐器、拍击桌面），物体的振动带动了相邻的空气分子有节奏的振动，从而使周围的空气产生了疏密变化，形成疏密相间的纵波，也就形成了声波，当振动消失，空气分子很快恢复平衡状态，声波就消失了。在声波冲击到人耳的鼓膜时，通过神经系统的作用，从而产生了声音。

声波本身由于环境限制，无法直接实现记录和远距离传播，需要转换为电信号来模拟表示。通过转换的电信号，很好地保持了同声波特征的一致性，并可以最终还原出声波。转换后的电信号被称为声音信号，由于它模拟了声音的变化，又被称为模拟信号。声音信号本身是复合信号，由多种单一频率的分量信号所合成。声音信号在时间和幅度上都是连续的。在时间上的连续，表明声音信号在一段时间内具有不间断性；在幅度上的连续性表明振幅的无跳变性。声音信号的连续性特征为声音信号的数字化提供了基础。

由于计算机无法存储连续信号，声音信号需要通过采样编码转化为非连续（离散）的数字信息，在计算机中得以存储。采样编码由采样和量化两个过程组成。采样过程就是对声音信号每隔一个固定的时间间隔取一个幅度的样本值。物理学的相关理论已经证明，当采样的频率不低于分量信号中最高频率的两倍时，采样出来的离散数字信号就可以完全还原出原来的声音信号。在现实中还原出的声音信号只要控制在一定的质量范围内就能满足要求了，这时不一定需要两倍的采样频率。采样样本的幅度值，需要再经过量化过程才能在计算机中完成存储。量化的过程也可以看作一种在幅度范围上的采样过程，将幅度的最大值和最小值之间划分出若干等份，每一份都由一个数字进行表示，称为量化值，所有采样得到的数字信号就可以使用其量化值表示，量化值在计算机中可以方便地进行存储。

经过采样和量化后，声音信号就可以由一组量化的二进制数据进行表示了，这样的过程被称为A/D（模/数）转换。声音信号的还原则是声音编码的逆过程，通过将量化的数值还原出相应数字信号的幅度值，通过数学方法将离散的数字信号构造出连续的声音信号，这个过程被称为D/A（数/模）转换。D/A还原出来的声音信号，再经过一定的装置，对应产生出声波，就可以听到一定质量的声音了。声音的编码和还原的过程如图1-18所示。

由于采样编码并不区分声音信号本身的内容，因此可以用于对所有的声音信号进行数字化。但采样编码生成的文件比较大，对一些特殊的有规则的声音（如乐音）则浪费了大量的空间。因此，对于乐音等有规律的声音，还可以利用预先制定的波表采用参数编码进行数字化，这种编码产生的数字声音占用的空间非常小。

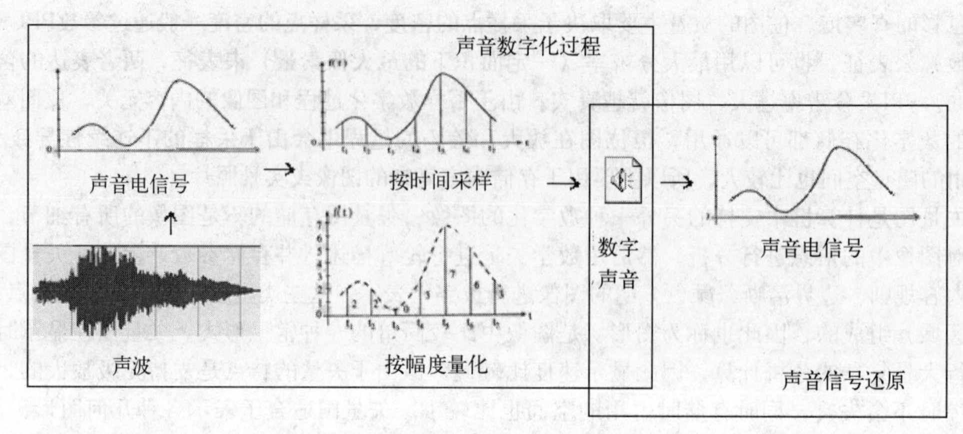

图1-18 声音的编码和还原过程示意图

5. **动画与视频编码**

图像反映的仅是外界景物在某一时刻的景象，故被称为静态图像。而现实的世界总是处在不断的运动和变化中的，只有刻画和记录视觉上感受到的运动和变化过程，才能更真实地反映外部世界的本来面目。外界景物的运动和变化是连续不中断的，从信号上来说，也就是一种连续信号。目前，还无法实现对这种连续信号进行完全记录，技术上还是使用采样方法通过获取信号在各个时刻的静态图像来逼近表示。当采样的时间间隔足够短时，信号的细节获取得就足够充分，复原后就越接近原来的信号。由于采样得到的静态图像集合刻画了外界景物的运动与变化过程，故称为动态图像，在动态图像中的静态图像称为帧。

动态图像有两种形式，动画与视频。当组成动态图像的每帧图像是由人工或计算机产生的静态图像时，我们称之为动画。动画制作时一般采用每秒钟12～20帧的帧速进行静态图像的生成。当组成动态图像的每帧图像是摄取的外界景物的静态照片时，我们称之为影像视频，简称视频。视频在摄制时一般采用每秒钟24～30帧的帧速进行静态图像的拍照。

动态图像，无论动画与视频，显示原理都是一样的。将组成动态图像的连续渐变的每帧静态图像，按照顺序对指定输出区域进行连续播放显示，由于人的视觉有暂留的特征（帧图像消失后，其残影在视网膜上仍持续保留一段较短的时间，一般在0.1～0.4秒之间），在帧率足够大，两帧之间的切换时间小于视觉的暂留时间的情况下，静态图片的播放过程就变得连续起来，在大脑的加工下，动态图像就变得平滑流畅起来。动态图像的播放采用同制作或摄制时一致的帧速度可以保持足够的真实感；当播放速度小于原始帧速度时，产生慢镜头感觉；当大于原始帧速度时，产生快镜头感觉。

根据动态图像的构成规则，动态图像可以分解为连续的每一帧静态图像表示。因此，动态图像的数字化编码方法也按照统一的方式构造。通过按时间先后顺序对每一帧静态图像进行数字化，然后一帧帧地保存起来，就构成了数字化的动态图像。动态图像及其数字化过程的示意图如图1-19所示。

人类在获取信息时，视觉信息通常与声音信息同步接收。因此，数字动态图像也常常与数字声音合成在一起，组成有声的动画与影视。尽管在播放时统一，但实质上还是对独立的两种类型的信号分别处理的过程。有声的动画与影视在合成制作与播放时，要保证图像信号与声音信号在时间上的连续性与一致性。

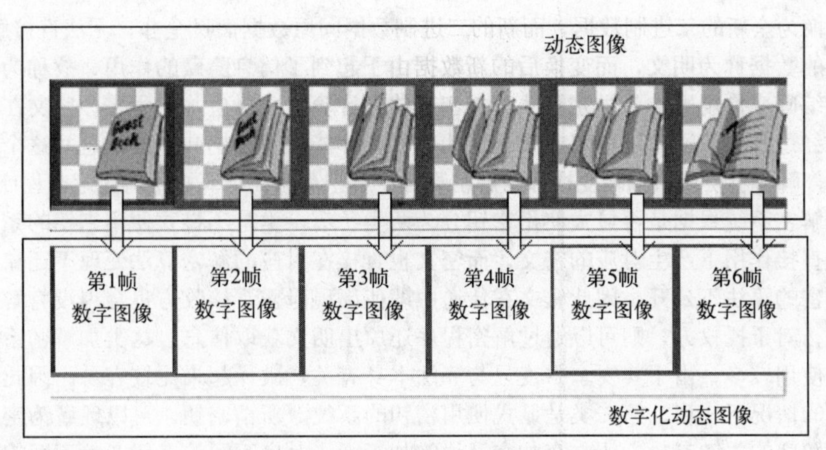

图1-19 动态图像数字化过程示意图

1.4.4 数据的常用处理方法

信息经过编码后，转换为一个二进制的字节序列，称为二进制数据，简称数据。通常在应用中，数据存在冗余、不安全等问题，这些问题促进了数据再处理技术的发展。数据的压缩与还原、加密与解密是使用最多的数据再处理技术。

1. 数据压缩与解压

通过数字化过程产生的数据往往存在大量的冗余。比如，文本中往往存在同一个词多次出现的情况；图像中背景往往是同一种颜色，数字化后的像素具有相同的字节表示等。根据冗余产生的不同特征，冗余主要分为统计冗余、信息编码冗余、结构冗余、知识冗余、视觉冗余等。在实际应用中，各种类型的冗余在数据中常常同时存在。

数据压缩处理就是在对数据进行冗余分析的基础上，利用各种数学方法消除无效信息，保留有用信息的过程。数据经过压缩可以减少其存储量，使得数据管理，尤其是数据传输变得更容易、更快捷。

数据压缩需要采用数据压缩算法，数据压缩算法实质上也是一种数据编码方法。数据在压缩后形成新的编码数据，称为压缩数据。经过压缩处理的数据如果不损失任何信息，则可以再经过解压处理完全复原，这样的压缩处理过程称为无损压缩处理。图像与声音数据中存在大量无法为视觉和听觉感知的信号，而这些信号的存在往往具有很大的数据量，形成大量的冗余，在不影响应用的情况下，通过压缩算法消除这些信号，可以大大减少数据量，但消除掉的信号由于在压缩数据中已经损失掉，无法再经过解压过程完全还原，这样的压缩处理过程称为有损压缩。

数据压缩后的数据量同压缩前的数据量之比称为数据压缩率，通常所说的压缩率实际上指的是平均压缩率。压缩率是表征数据压缩算法优劣的主要指标，压缩率越高，说明压缩算法就越有效。无损压缩具有数据压缩可完全复原的优点，但其压缩率不高，一般在1:2～1:5之间，主要用于文字、程序等精确信息的压缩上。而对于图像、声音与视频等多媒体数据，往往数据量巨大，单纯无损压缩处理的数据压缩率完全不能满足实际应用的需要，所以主要采用有损压缩处理。有损压缩的压缩率可以达到1:10以上，也可以根据实际的质量要求，进一步提高到1:100或更高。

2. 数据的加密与解密

有些信息对于个人或者团体具有特殊的重要价值，这些信息不希望被无关的甚至是别有用心的他人所获取，对这些涉密信息必须加以严格的控制。在计算机中，数据是物化了的信息，信息安全问题首要是数据安全问题。数据安全主要通过对数据进行加密处理来实现。

数据加密处理是对数据进行的一种特殊编码变换，在该变换的作用下，数据由原先的一组二进制数据转换为全新的二进制数据，而新的二进制数据同原数据面目全非，无法直接解读出信息。通常把原先的数据称为明文，而变换后的新数据由于起到了信息隐藏的作用，故称为密文。用于数据加密的编码变换规则称为加密算法。加密算法在计算机中对应加密程序。密文在传递到接收方后，必须经过加密的逆向过程将密文还原为明文，才能够解读出其中的信息，这个过程称为数据解密处理，解密所使用的编码变换称为解密算法。解密算法在计算机中对应解密程序。

数据加解密系统根据是否显式使用密钥分为两类。第一类是不显式使用密钥的系统。明文在加密程序的直接作用下产生对应的密文，而密文也直接在对应的解密算法处理下还原为明文。由于加密和解密的算法不公开，因此密文在传递中即使出现泄露，接收方也会因没有解密程序而无法得到明文，对于授权方，则可以通过解密程序还原出明文获取信息。这类加解密系统在密码学发展的早期使用较多，由于其安全强度只与算法本身有关，破译起来比较容易，因此只在信息安全要求不高的情况下使用。第二类是显式使用密钥的系统。所谓密钥，可以理解为密码，是参与数据加密和解密的关键参数，明文在加密算法的加工下，对应不同的密钥产生不同的密文，解密时密钥不正确将无法得到明文。此类加解密系统将密钥作为运行时的一个控制参数，数据安全强度依赖于密钥的安全，而不依赖于算法本身，甚至算法就是公开的。系统所使用的算法在理论上被证明只要密钥是安全的，即使掌握解密算法，信息也无法被破译。采用密钥的数据加解密系统，如果加密与解密使用的密钥相同，则称为对称密钥系统，不同时，则称为非对称密钥系统。对于对称密钥系统，由于通信双方在加密前或加密后需要协商密钥，在此期间容易造成密钥泄漏，因而仍然存在安全隐患。而对于非对称密钥系统，则很好地解决了对称密钥的隐患问题。非对称密钥系统在通信双方使用两个不同密钥，全都由接收方产生，一个用于加密，称为加密密钥，另一个用于解密，称为解密密钥。在加密前，接收方将加密密钥传递到发送方，用于控制原文加密，而解密密钥则始终由接收方保留，不传递。在加密密钥传递过程中，即使泄漏，因实际解密时并不使用，因而无法破译。只有真正掌握解密密钥的实际接收方，才能准确地还原出明文。非对称密钥系统具有很好的安全强度，但同时算法也更复杂些，加解密速度比较慢。

目前，随着网络上各种应用与服务的发展，数据安全已经成为网络基础设施。如网上购物、网上银行、电子商务、电子政务等系统平台，都不同程度地采用了对称密钥或非对称密钥的加密解密系统。

1.4.5 Windows XP操作系统中的信息表示

Windows XP是目前微机中使用最多的操作系统，除了赏心悦目的操作界面之外，能够对各种信息媒体提供很好的支持也是其成功的一个重要方面。了解Windows XP中常用的信息媒体表示和处理方法，对于我们理解与使用Windows XP是非常必要的。

1. Windows XP中的语言与文字

在Unicode出现之前，Windows的早期版本为了能在使用不同语言的地区应用，都是在英文版本基础上，通过使用本地化字符编码二次开发实现的。例如，在使用简体中文的地区，重新在字符集GB 2312上开发，而对于使用繁体中文的地区，则重新在字符集Big5上开发。但同时支持多个字符集是很困难的，这个问题在Windows XP中已彻底解决了。

（1）Windows XP支持的字符集与编码

Windows XP的内核全部使用Unicode编码，因为Unicode可以同时支持所有语言，因此Windows XP可以用于任何语言环境。国内使用的汉字编码标准是GB码（所有GB系列汉字编码），而GB码下字符产生的内码同Unicode下的内码不一致，这必然导致Windows XP识别字符时产生乱码现象。事实上，我们使用Windows XP并没有出现这种现象，这是因为Windows XP仅仅在内核使用Unicode，在外部使用代码页来支持各种本地化字符编码（代码页其实代表的就是一种字符编码），由Windows XP操作系统在内部实现两层之间的编码转换。我们可以在Windows XP系统控制面板的“区域与语言选项”中“高级”的页面中选择支持的代码页。选择后的代码页称为默认代码页，所有字符按默认代码页的解释。简体中文版安装后默认的代码页为“中文（中国）”，其对应的就是GB字符集（GB 18030）。当需要使用同Big5兼容的字符编码时，可以选择“中文（台湾）”。

（2）Windows XP中文字的存储表示

Windows XP的默认代码页为语言工作环境，在“中文（中国）”代码页下，其字符存储编码同GB 18030一致。西文字符占一个字节，其存储内码就是其ASCII值。中文则占两个字节，其存储内码就是GB 18030中的字符编码。

如“Computer是计算机”，在XP中内码存储用16进制表示为：“43 6F 6D 70 75 74 85 72 CA C7 BC C6 CB E3 BB FA”。

在Windows XP文本文件中的西文与汉字，存储的就是所有字符的内码，主要的文本文件包括*.TXT与*.HTM。

Windows XP中对文本文件可以通过记事本打开，然后存储为Unicode、utf-8或utf-16格式。这样转换后的文件，存储时有特殊的格式，可以直接被Windows XP内核识别，即使默认代码页不同的Windows系统，也可以浏览而不会出现乱码。因此，在发布信息时具有最好的兼容特性。

如果我们接收到的文本不同于当前系统默认的代码页支持的字符编码，则打开查看时将由于解释不同而出现乱码。这时我们可以使用IE浏览器来帮助识别。在Windows XP的IE浏览器中内置了对多个字符编码的切换显示功能，当切换字符编码能够显示所有文本而无乱码时，就可以确定其字符的编码格式以及存储格式了。

（3）Windows XP中文字的输入

Windows XP的“中文（中国）”代码页支持GB 18030编码标准，可以同时支持所有的简体和繁体汉字的处理。输入汉字需要中文输入法支持，安装Windows XP简体中文版本后，可选择的简体汉字输入方法有“微软全拼输入法”、“智能ABC输入法”、“全拼”、“郑码”和“内码”输入法。但这些输入法目前还不支持GB 18030编码的所有符号输入，主要支持两个汉字编码字符集，其中，“微软全拼输入法”、“智能ABC输入法”仅支持GB 2312编码，很多生僻汉字和所有的繁体字无法输入。“全拼”、“郑码”和“内码”输入法的码表则可以支持GBK编码。“内码”输入法还可以支持对Unicode字符集的输入。另外，输入繁体汉字时，还可以使用台湾地区的繁体输入法，比如“仓颉”，“注音”等。不过，输入的繁体汉字并非产生Big5编码，而是自动转换到GBK编码。当默认代码页为“中文（台湾）”时，由于使用的字符集是Big5字符集，尽管输入法支持输入简体汉字，但因为其字符集无法表示汉字，故不能正确保存，但可以保存到通用的Unicode格式。

Windows XP自备的输入法非常有限，不过它提供了开放的输入法挂接接口，支持软件厂商开发的各种输入法。现在，国内实际使用的输入法已经有几十种了，随着版本的升级，也都支持GBK大字符集的字符输入了。

（4）Windows XP中文字的显示

文字的显示离不开字库，在Windows XP中自备了两种格式的字库：点阵字库和矢量字库。这些字库对应的文件存放在Windows XP安装后目录的Fonts子目录中，也可以通过控制面板中的“字体”来查看。文件有三种类型名，其中*.fon是点阵字库，而*.ttf、*.ttc是矢量字库。点阵字库用于字符界面（DOS命令窗口），而矢量字库则主要用于图形界面。Windows XP中有几种字体的汉字矢量字库，支持GBK汉字的字形显示。

Windows XP自带的字库字体比较少，不能符合出版印刷的需要，因此，Windows XP提供了开放的字体扩充办法，现在国内已经有多种GBK字符集的商业字库可供选购，装选购的字库安装后，同自备的字库一样，可以完全融入Windows XP中使用，从而显示出各种各样的字体。

2. Windows XP中的图像

Windows XP中支持的图像有两种形式：点阵图像与矢量图像。点阵图像可以通过数码相机拍照或扫描仪扫描产生，属于图像的采样编码过程，也可以在计算机软件的支持下手工制作。Windows XP中，点阵图像的主要格式有BMP、PIC、GIF、JPG等。其中基本格式是BMP，在Windows XP中称为位图。位图有非压缩位图和压缩位图两种，其中，真彩色的非压缩位图是按照数据图像点阵顺序存储产生的，因此占用的空间比较多。对非压缩位图进行无损压缩后，按不同的格式存储可产生压缩位图和PIC、GIF等几种点阵图像。而JPG则是对非压缩位图进行有损压缩后存储的点阵图像，压缩比一般达到1:30，主要用于互联网上。矢量图像主要通过手工绘制，在Windows中使用的主要是WMF格式，它具有缩放不变形的优点，一般充当创作素材，在Word文档中或演示文稿中作为剪贴画使用。现在，计算机中各种格式的数字图像非常多，但其原理都是相似的。

3. Windows XP中的数字声音

Windows XP中支持的数字声音有两种形式：波形声音与乐音。波形声音一般通过麦克风采录并数字化产生，属于声音的采样编码过程。在Windows XP中的格式主要是WAV格式。WAV格式的数字声音分为非压缩与压缩两种。非压缩的WAV文件是按照声音采样点数据顺序存储产生的，占用空间较多。将非压缩的WAV数据进行有损压缩处理后，再次按照WAV文件格式生成，得到压缩的WAV文件在空间上要小一些，但会损失一些质量。Windows XP还支持一种外来的数字声音MP3，它也是对非压缩的数字语音进行有损压缩后产生的，目前已在网络与生活中广泛应用。乐音不同于波形声音，采用的是参数编码，一般通过外接数字乐器或者在电脑软件的支持下生成，占用的空间非常小，在Windows中主要支持MIDI格式，文件类型是MID。

4. Windows XP中的动画与视频

Windows XP没有直接支持的动画格式，不过支持外来的动画格式，最主要的动画格式是由Macromedia公司开发的Flash动画，文件格式是SWF，是在Flash软件平台支持下通过帧动画方法生成的，相对转化为视频来说，占用的空间比较小。

Windows XP支持的视频格式主要有AVI和WMV。AVI一般通过数字摄像机摄录并数字化产生，分为非压缩与压缩两种。非压缩的AVI是按照动态图像采样后直接存储产生的，占用空间非常大。在应用中，一般通过有损压缩对AVI进行压缩处理，处理后生成压缩的AVI格式或者用另外的支持网络传输的新格式WMV。视频总是和音频混合在一起的，AVI和WMV格式都是带声音的视频文件，对应的文件类型就是AVI和WMV。目前常用的视频格式还有很多种，不过在表示方式上都是相似的。

本章小结

本章主要介绍计算机基础知识，包括计算机概述、计算机的系统组成、计算机常用的数制及其转换及计算机常用的信息编码与数据处理方法。通过本章的学习，我们可以了解计算机的应用、发展、特点、分类及未来发展趋势；理解计算机的主要组成部件及各部件的主要功能；了解计算机中数制的使用及各数制间的转换；了解计算机中常用的信息编码及信息的表示方法。通过计算机软硬件知识的学习，达到动手组装计算机的目的。

思考题

1. 计算机的应用领域有哪些？
2. 什么是计算机信息编码？信息编码的常见形式是什么？
3. 信息在计算机中是如何表示的？

4. 什么是ASCII码？请查出“B”、“a”、“O”的ASCII值。
5. 什么是GB 2312码？
6. Unicode编码有什么重要意义？
7. 静态图像、声音、动态图像的采样编码原理分别是什么？
8. 在Windows XP中找到各种信息媒体常用的格式文件。
9. 计算机五大功能部件是什么？它们是如何工作的？
10. 什么是编译方式？什么是解释方式？

第2章　中文Windows XP

计算机由硬件和软件两个部分组成，操作系统是现代计算机系统最关键、最核心的软件系统。它负责计算机的全部软、硬件资源的分配、调度工作，并且为用户提供友好的交互界面，使用户能容易地实现对计算机的各种操作。

Windows操作系统是目前应用最为广泛的一种图形用户界面操作系统。Windows XP是Microsoft公司于2001年推出的产品，它采用Windows NT平台的核心技术，使软件运行更为稳定有效。Windows XP 的多媒体性能被大大增强了，并增加了许多网络的新技术和新功能，用户在Windows XP 环境下能够轻松地完成各种管理操作，体验更多的娱乐内容。

2.1　Windows XP概述

2.1.1　Windows XP的发展历史

1981年，IBM公司推出了个人电脑（Personal Computer，PC），它选择了Intel公司的8088/8086作为PC机的微处理器，并选择DOS作为PC机的操作系统。DOS是在CP/M-86操作系统的基础上发展起来的，其设计促进了PC机的软件开发。PC机的广泛应用，使计算机从只能由少数专业技术人员使用，发展到服务于各行各业、千家万户，这与DOS的简单易用是有很大关系的。

DOS是一个基于字符的操作系统，为了使用户可以在轻松自如的环境下操作和控制计算机，微软公司开始致力于图形操作界面的操作系统的开发。1983年11月，微软公司推出了Windows 1.0，并在1987年11月推出了Windows 2.0，这两个版本由于存在许多技术缺陷而没有广泛流行。1992年4月，微软公司又推出了Windows 3.1。该版本支持虚拟内存、对象链接和嵌入、支持TrueType字体，并加入多媒体功能。

微软公司自从推出Windows 95获得了巨大成功之后，在近几年又陆续推出了Windows Me、Windows 2000以及Windows XP三种用于PC机的操作系统。微软公司于2001年推出了其最新的操作系统——中文版Windows XP，XP是英文Experience（体验）的缩写，它希望这款操作系统能够在全新技术和功能的引导下，给Windows 的广大用户带来全新的操作系统体验。根据用户对象的不同，中文版Windows XP可以分为家庭版的Windows XP Home Edition和办公扩展专业版的Windows XP Professional。

2.1.2　Windows XP的特点

Windows XP采用的是Windows NT的核心技术，具有运行可靠、稳定而且速度快的特点，这将为用户的计算机的安全正常高效运行提供保障。

Windows XP外观设计焕然一新，桌面风格清新明快、优雅大方，用鲜艳的色彩取代以往版本的灰色基调。界面设计更为合理，如在用户登录界面直接单击用户图标就可以登录到系统；在首次登录时，桌面只有回收站的图标和中文版Windows XP 的标志，用户可以改变显示属性来恢复桌面上原有的图标；任务栏属性设置中增加了“分组相似任务栏按钮”的功能；“开始”菜单的左侧添加用户最常用程序的快捷方式，以便于用户随时再次使用这些程序；在“控制面板”窗口中新增了分类视图，在这个视图中将原有的选项进行分类。

Windows XP 有强大的网络功能，可以用它来组建一个家庭网络或小型办公网络，即使用户不具有太多的网络知识，也可以使用“网络安装向导”轻松地完成网络的设置。当完成网络设置后，可以使多台计算机相连的网络共享Internet连接，共享网络中的文件、文件夹以及打印机等资源，而设置Internet连接防火墙，可以避免未经授权的人随意访问用户的计算机或家庭网络，从而限制或阻止来自Internet的各种破坏。

Windows XP 系统大大增强了多媒体性能，新的“Windows Media Player”是一个功能强大的数字媒体播放器，它可以播放CD、VCD、DVD 等格式的音频、视频文件。Windows XP 中提供了对CD-RW、CD-R、扫描仪、照相机和摄像机等的支持。新增的“Windows Movie Maker”程序可用于视频影片的编辑。

2.1.3 Windows XP的运行环境和安装

1. Windows XP的运行环境

要正常运行Windows XP，必须保证计算机满足以下最低系统要求。

- CPU：Pentium II 233 MHz或兼容的微处理器，建议使用更快的微处理器。
- 内存：最低要求64MB，建议使用128MB以上内存。
- 硬盘：硬盘分区要大于1GB，操作系统本身至少需要650MB的空间。
- 显卡：标准V G A卡或更高分辨率的图形卡。
- 软驱、光驱、彩色显示器、键盘以及鼠标。

2. Windows XP的安装

中文版Windows XP 的安装可以通过多种方式进行，通常使用升级安装、全新安装、双系统共存安装三种方式：

1）升级安装：如果用户的计算机上安装了Microsoft 公司其他版本的Windows 操作系统，可以覆盖原有的系统而升级到Windows XP 版本。中文版的核心代码是基于Windows 2000 的，所以从Windows NT 4.0/2000 上进行升级安装是非常方便的。

2）全新安装：如果用户新购买的计算机还未安装操作系统，或者机器上原有的操作系统已格式化，可以采用这种方式进行安装。在安装时需要在DOS 状态下进行，用户可先运行Windows XP 的安装光盘，找到相应的安装文件，然后在DOS 命令行下执行Setup 安装命令，在安装系统向导提示下完成相关的操作。

3）双系统共存安装：如果用户的计算机上已经安装了操作系统，也可以在保留现有系统的基础上安装Windows XP，新安装的Windows XP 将被放置在一个独立的分区中，与原有的系统共同存在，但不会互相影响。当这样的双操作系统安装完成后，重新启动计算机，在显示屏上会出现系统选择菜单，用户可以选择所要使用的操作系统。这种安装方式适合于原有操作系统为非中文版的用户，如果要安装中文版Windows XP，由于语言版本不同，不能从非中文版直接升级到中文版，可以选择双系统共存安装。

2.1.4 Windows XP的启动和退出

1. Windows XP的启动

打开计算机电源稍稍等待后，Windows XP就会启动，如果系统设置了多个用户，启动过程中将需要选择登录用户，否则系统就会直接进入如图2-1所示的Windows XP桌面。

2. Windows XP 的退出

当用户要结束对计算机的操作时，一定要先退出Windows XP系统，否则会丢失文件或破坏程序，如果用户在没有退出Windows 系统的情况下就关机，系统将认为是非法关机，当下次再开机时，系统会自动执行自检程序。

(1) Windows XP的注销

由于中文版Windows XP 是一个支持多用户的操作系统，当登录系统时，只需要在登录界面上单击用户名前的图标，即可实现多用户登录，各个用户可以进行个性化设置而互不影响。

图2-1 Windows XP桌面

为了便于不同的用户快速登录来使用计算机，中文版Windows XP 提供了注销的功能，应用注销功能，用户不必重新启动计算机就可以实现多用户登录，这样既快捷方便，又减少了对硬件的损耗。

当用户需要注销时，可单击“开始”按钮，在“开始”菜单中单击“注销”按钮，这时桌面上会出现一个对话框，如图2-2所示。

- 注销：保存设置关闭当前登录用户。
- 切换用户：在不关闭当前登录用户的情况下而切换到另一个用户，用户可以不关闭正在运行的程序，而当再次返回时系统会保留原来的状态。

(2) 关闭计算机

当用户不再使用计算机时，可单击“开始”按钮，在“开始”菜单中选择“关闭计算机”命令按钮，这时系统会弹出一个“关闭计算机”对话框，用户可在此做出选择，如图2-3所示。

图2-2 “注销Windows”对话框

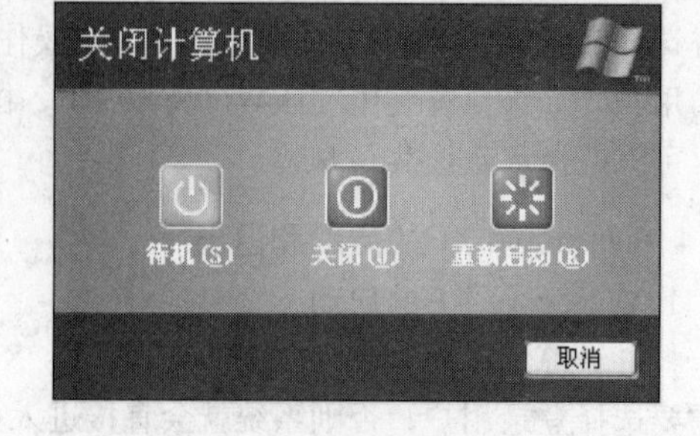

图2-3 “关闭计算机”对话框

- 待机：当用户选择“待机”选项后，系统将保持当前的运行，计算机转入低功耗状态，当用户再次使用计算机时，在桌面上移动鼠标即可以恢复原来的状态。此项通常在用户暂时不使用计算机，而又不希望其他人在自己的计算机上任意操作时使用。
- 关闭：选择此项后，系统将停止运行，保存设置退出，并且会自动关闭电源。用户不再使用计算机时选择该项可以安全关机。

• 重新启动：此选项将关闭并重新启动计算机。

用户也可以在关机前关闭所有的程序，然后使用Alt+F4 组合键快速调出“关闭计算机”对话框进行关机。

2.2 Windows XP的基本知识和基本操作

2.2.1 引例

学习了电脑的组成原理和基本软硬件知识后，小王兴冲冲跑到电脑城DIY回来了自己的第一台电脑，准备“触一下电”，可是打开电源启动后，面对漂亮的界面，小王不知道下一步该如何操作。朋友告诉他，这个是Windows操作系统的界面，要操作计算机要先了解操作系统，下面我们就通过以下知识的介绍来认识一下Windows XP系统。

• 鼠标的操作。
• 认识桌面、窗口等Windows对象。
• 如何启动和退出程序。
• 用任务管理器管理启动的程序。

2.2.2 鼠标的使用

Windows是一个图形用户界面的操作系统，鼠标是至关重要的输入设备。

1. 鼠标指针的形状

当用户握住鼠标并移动时，桌面上的鼠标指针就会随之移动。正常情况下，鼠标指针的形状是一个小箭头。但是，在某些特殊场合下，如鼠标指针位于窗口边沿时，鼠标指针的形状会发生变化。图2-4列出了Windows XP默认方式下最常见的几种鼠标指针形状。

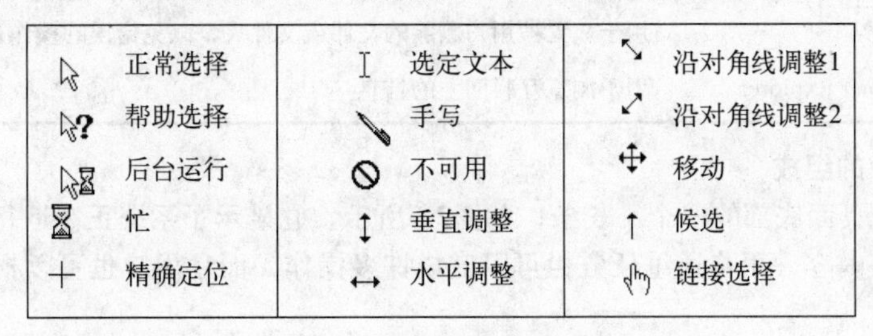

图2-4 鼠标指针的形状

2. 鼠标的基本操作

最基本的鼠标操作有以下几种。

• 指向：将鼠标指针移动到某一项上。
• 单击左键（简称单击）：按下和释放鼠标左键。一般用来选择某个对象。
• 单击右键（简称右击）：按下和释放鼠标右键。可以弹出快捷菜单。
• 双击：快速按下、释放、按下和释放鼠标左键，即连续两次单击。可以打开文件。
• 拖动：按住鼠标左键并移动鼠标到目的地，释放鼠标。

2.2.3 桌面简介

当用户安装好中文版Windows XP，并第一次登录系统后，可以看到一个非常简洁的画面，称为桌面。在桌面的右下角只有一个回收站的图标，并标明了Windows XP 的标志及版本号，如图2-1所示。用户向系统发出的各种操作命令都是通过桌面来接收和处理的。

Windows XP的屏幕可以分为两部分：桌面和任务栏。其中桌面上放置的是常用的工具或应用程序的快捷图标。

1. 桌面上的图标说明

用户安装好中文版Windows XP后，桌面只有一个回收站的图标，如果用户想恢复系统默认的图标，可执行下列操作。

1）右击桌面，在弹出的快捷菜单中选择“属性”命令。

2）在打开的“显示属性”对话框中选择“桌面”选项卡。

3）单击“自定义”按钮，这时会打开“桌面项目”对话框。

4）在“桌面图标”选项组中选中“我的电脑”、“网上邻居”等复选框，单击“确定”按钮返回到“显示属性”对话框中。

5）单击“确定”按钮，然后关闭该对话框，这时用户就可以看到系统默认的图标。

“图标”是指在桌面上排列的小图像，它包含图形、说明文字两部分，如果用户把鼠标放在图标上停留片刻，桌面上会出现对图标所表示内容的说明或者是文件存放的路径，双击图标就可以打开相应的内容。表2-1列出了Windows XP系统默认的图标以及其相应的功能。当然，用户在今后的使用过程中还可以不断地在桌面中添加或删除快捷图标。关于快捷图标的添加方式将在后面章节中详细介绍。

表2-1 Windows XP桌面默认图标说明

图　标	名　称	功　能
	我的文档	用于存放和管理用户个人的文档文件的文件夹
	我的电脑	用于管理用户的电脑资源，进行软、硬件操作
	网上邻居	用于连接网络上用户并进行相互之间的交流
	回收站	用于放置被用户删除的文件或文件夹，以免错误的操作造成不必要的损失
	Internet Explorer	用于浏览互联网上的信息

2. “任务栏”的组成

任务栏是位于桌面底部的一个小长条，如图2-5所示，它显示了系统正在运行的程序和打开的窗口、当前时间等内容，用户通过任务栏可以完成许多操作，而且用户也可以根据自己的需要设置任务栏。

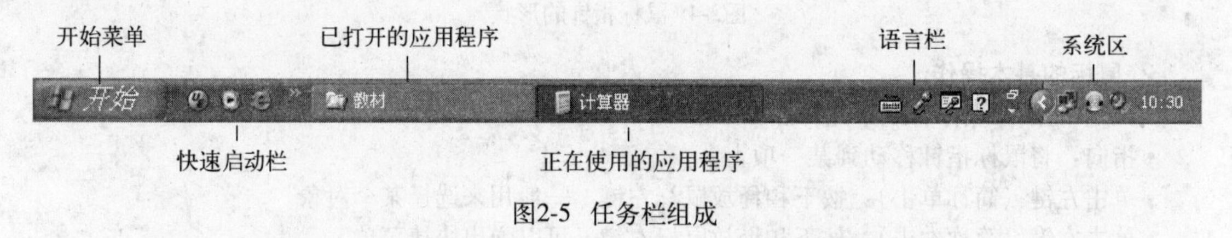

图2-5 任务栏组成

“任务栏”各项的名称和功能如表2-2所示。

表2-2 “任务栏”各项说明

部　件	功　能
“开始”按钮	用于打开“开始”菜单，执行Windows的各项命令
快速启动栏	用于一些常用工具的快速启动
任务栏按钮	用于多个任务之间的切换
语言栏	选择中文输入法或中、英文输入状态切换
系统区	开机状态下常驻内存的一些项目，如系统时钟、音量等

2.2.4 启动和退出应用程序

1. 具体运行方式

在Windows XP下，用户可以用多种方式运行应用程序，具体使用何种运行方式，可以根据用户自己的爱好和习惯而定。启动应用程序主要有以下三类方式：

1）通过运行指向应用程序的快捷方式来启动应用程序。

- 从“开始”菜单中选择应用程序的快捷方式运行。
- 使用桌面上的快捷方式运行程序。
- 使用快速启动栏上的快捷方式运行程序。
- 将应用程序的快捷图标加入“开始”菜单中的“启动”文件夹，Windows XP启动时自动执行“启动”文件夹中的程序。

2）直接运行应用程序。

- 在桌面上的“我的电脑”窗口或Windows 资源管理器窗口中双击要运行的程序。
- 先在桌面上的“我的电脑”窗口或Windows资源管理器窗口中选定要运行的程序，从“文件”菜单中单击“打开”项，运行应用程序。
- 从开始菜单中选择“运行”项，然后输入应用程序的可执行文件路径和名称。
- 在MS-DOS方式窗口的命令行中输入应用程序名并按下回车键。

3）打开与应用程序相关的文档或数据文件。由于已经建立了关联，当打开这类文档或数据文件时，系统自动运行与之关联的应用程序。

2. 退出应用程序

运行多个程序，会占用大量的系统资源，使系统性能下降。当不需要一个应用程序运行时，应该退出这个应用程序，具体方式主要有如下几种：

1）一般情况下，应用程序本身都有退出的选项。大多数应用程序含有“文件”菜单，该菜单中有一个“退出”项。还有一些应用程序含有“退出”按钮。单击“退出”按钮或“文件” 菜单的“退出”项，就能退出应用程序。

2）可以通过关闭应用程序的主窗口来退出应用程序。

3）如果应用程序没有响应，可以用任务管理器选定要退出的应用程序，按下“结束任务”按钮关闭该应用程序。

3. 应用程序间的切换

当用户同时打开多个程序以后，可以随时调用自己所需要的程序，但在同一个时间内只有一个程序窗口是活动的。当一个程序窗口为活动窗口时，我们称该程序处于前台，而其他的程序都处于后台。前台窗口的标题栏是蓝色的，后台窗口的标题栏是灰色的。如果后台窗口是可见的，单击该窗口则成为前台窗口。

如果后台运行的程序窗口无法看到，可以采用下列两种切换方法：

1）使用任务栏按钮。

2）使用Alt + Tab键。

2.2.5 窗口和对话框

1. 窗口组成

Windows XP中窗口有统一的组成部分，这就简化了用户对窗口的操作。窗口的主要组成部分如图2-6所示。

- 标题栏：位于窗口的顶部。标题栏上的文字是窗口的名称，左边是控制菜单图标，右边是三个控制按钮，从左至右分别是“最小化”、“最大化”和“关闭”。

- 菜单栏：位于标题栏的下面，它由多个菜单构成，每个菜单含有多个菜单选项，分别用于执行相应的命令。
- 工具栏：提供一些与菜单命令功能相同的按钮。单击按钮将执行相应命令。
- 状态栏：位于窗口的底部，显示的是窗口状态信息。

2. 窗口的操作

- 窗口的移动：把鼠标指针移动到一个打开的窗口的标题栏上，按下鼠标左键不放，拖曳鼠标，将窗口移动到要放置的位置，松开鼠标按钮。
- 窗口的缩放：把鼠标指针移动到窗口的边框或窗口角上，鼠标光标会变为双箭头光标。按下鼠标左键不放，拖曳鼠标使该边框到新位置，当窗口大小满足要求时，释放鼠标按钮。
- 窗口的关闭、最大化、最小化：单击窗口右上角的相应的按钮，如图2-6所示，会执行该操作。此外，窗口的操作也可以通过窗口的控制菜单来完成。激活窗口的控制菜单的方法是用鼠标单击标题栏左上角的图标，如图2-7所示，选择要执行的菜单项。关闭当前窗口的快捷键是Alt＋F4。

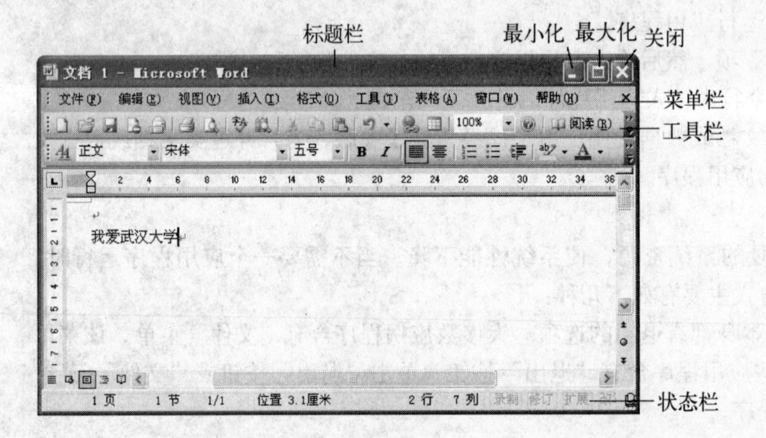

图2-6 窗口的组成

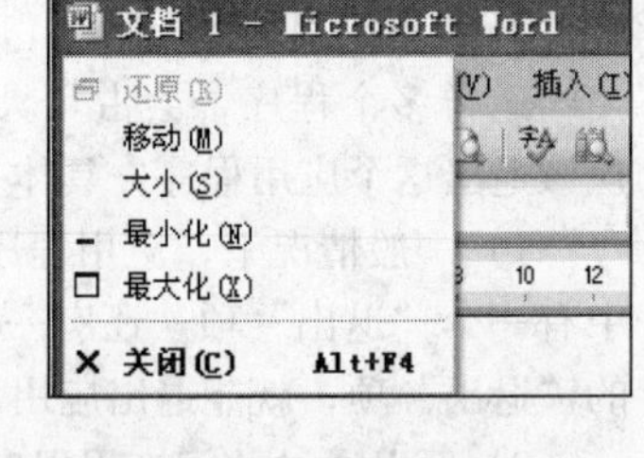

图2-7 窗口控制菜单图

3. 对话框

对话框是系统和用户之间交互的界面，用户通过对话框向应用程序输入信息。图2-8是一个对话框的实例，其中包含了7种对话框元素。

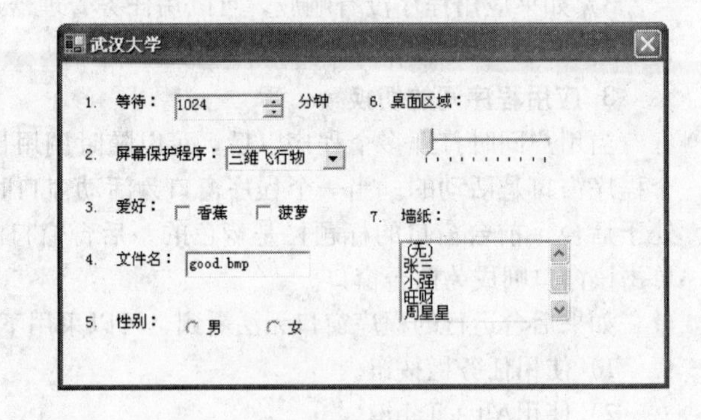

图2-8 在对话框中出现的各种元素

对话框中的各元素的使用方法和功能如下：

1）数值选择框：单击其中的小箭头按钮，可以更改框中的数字值，或从键盘输入数值。

2）下拉式列表框：单击箭头按钮可以查看选项列表，再单击要选择的选项。

3）复选框：单击标题，复选框中出现“✓”符号，选项就被选中。可选择多个选项。

4）文本输入框：可以在其中输入文本内容。

5）单选框：单选框有多个选项，同一时间只能选择其中一项。

6）滑块：用鼠标拖动滑块设置可连续变化的量。

7）列表选择框：单击滚动箭头，可以滚动显示列表。然后用鼠标单击其中的项目。

4. 菜单

(1) 打开和关闭菜单

菜单栏只有一行，位于标题栏的下面。

• 打开：将鼠标指针移到菜单栏上的某个菜单选项，单击可打开菜单。也可以按Alt键和方向键。

• 关闭：在菜单外面的任何地方单击鼠标，可以取消菜单显示。也可以按Alt键或Esc键。

(2) 菜单中命令项

系统对于菜单中的命令常常有一些特殊的约定，如图2-9所示。

• 暗淡的：表示该选项当前不可使用。

• 后带省略号（...）：表示选择这样一个命令时，在屏幕上会显示出一个对话框，要求输入必需的信息。

• 前有复选标记（√）：出现在命令前的复选标记指出这是个开关式的切换命令，在每次选取了它时，它在打开和关闭之间交替改变。有“√”表示“打开状态”(Active)。

• 前带点（•）：表示当前选项是多个相关选项中的排它性的选项，该点表示了当前的选中设置。

• 后带三角形（▶）：表示该命令有一个级联菜单，单击则会出现子菜单。

• 带下划线（_）：表示该命令的快捷键。

• 后带有快捷键：表示命令可以不打开菜单而直接用快捷键执行。如图2-9中“撤销删除”后的Ctrl + Z。

(3) 快捷菜单

快捷菜单用于执行与鼠标指针所指位置相关的操作。右击桌面的不同对象，将弹出不同的快捷菜单，快捷菜单是Windows XP中无处不在的一种上下文相关特性。要显示一个快捷菜单，可将鼠标指针指向对象并单击鼠标右键。例如，在图2-10所示桌面“我的电脑”图标上右击鼠标出现其快捷菜单，其中的“属性”选项用来完成该对象的设置工作。

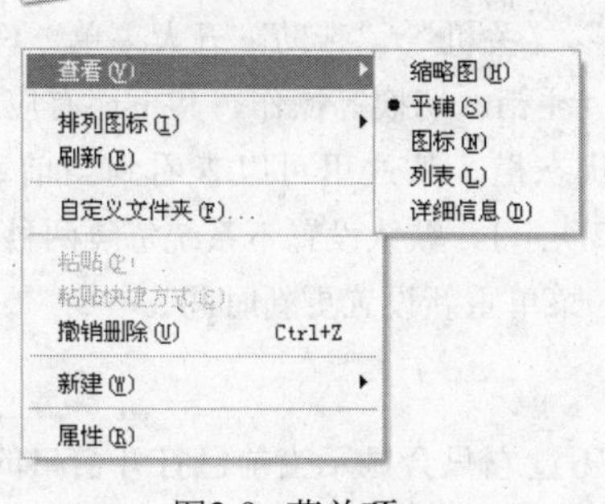

图2-9 菜单项

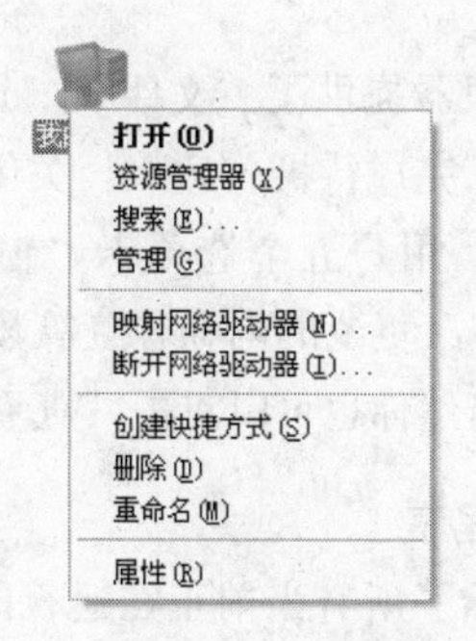

图2-10 快捷菜单

5. 工具栏

工具栏是为了方便用户使用应用程序而设计的。用鼠标直接单击图标按钮可以执行相应的菜单命令，免去频繁查找菜单中的命令的麻烦。在工具栏上右击鼠标，可以在出现的快捷菜单中进行菜单的设置。

2.2.6 剪贴板

剪贴板是Windows系统为了传递信息而在内存中开辟的临时存储区，通过它可以实现Windows环境下运行的应用程序之间的数据共享。

1. 通过剪贴板在应用程序间或应用程序内传递信息

首先须将信息从源文档复制到剪贴板，然后再将剪贴板中的信息粘贴到目标文档中，操作的步骤如下：

1）选择要复制或剪切的信息。选择文本信息方法是移动鼠标指针到要选定区域的左上角，按下鼠标左键不放，移动鼠标指针到右下角，放开鼠标。系统将改变选择部分的颜色以表示所选中的区域。

2）打开应用程序的“编辑”菜单，选择“复制”或“剪切”菜单项。“复制”命令是将选定的信息送到剪贴板，原位置信息不受影响。“剪切”命令是将选定的信息移动到剪贴板，原位置信息消失。

3）将光标定位到目标文档需要插入的位置。

4）打开“编辑”菜单，然后选择“粘贴”命令。“粘贴”命令是将剪贴板的信息复制到当前光标位置。

默认情况下，复制的快捷键为Ctrl + C，剪切的快捷键为Ctrl + X，粘贴的快捷键为Ctrl + V。

2. 将整个屏幕复制到剪贴板

Windows可以将屏幕画面复制到剪贴板，用于图形处理程序的粘贴加工。要复制整个屏幕，按Print Screen键。要复制活动窗口，按Alt + Print Screen键。

2.2.7 任务管理器

Windows的任务管理器提供了有关计算机性能的信息，并显示了计算机上所运行的程序和进程的详细信息，可以显示最常用的度量进程性能的单位；如果连接到网络，那么还可以查看网络状态并迅速了解网络是如何工作的。它是监控系统的好帮手。

要显示任务管理器，可同时按下“Ctrl+Alt+Del”组合键，或者按下“Ctrl+Shift+Esc”组合键，也可以右键单击任务栏的空白处，然后单击选择“任务管理器”命令。任务管理器界面如图2-11所示。

任务管理器提供了“文件”、“选项”、“查看”、“关机”、“帮助”五大菜单。例如，利用“关机”菜单可以完成待机、休眠、关闭、重新启动、注销、切换等操作，其下还有应用程序、进程、性能、联网、用户五个选项卡，窗口底部则是状态栏，从这里可以查看到当前系统的进程数、CPU使用比率、更改的内存容量等数据（如图2-12所示），默认设置下系统每隔两秒对数据进行1次自动更新，当然你也可以点击“查看→更新速度”菜单重新设置更新时间。

1. 应用程序

这里显示了所有当前正在运行的应用程序，不过它只会显示当前已打开窗口的应用程序，而QQ、MSN Messenger等最小化至系统托盘区的应用程序则并不会显示出来。你可以在这里点击“结束任务”按钮直接关闭某个应用程序。如果需要同时结束多个任务，可以按住Ctrl键复选；点击“新任务”按钮，可以直接打开相应的程序、文件夹、文档或Internet资源，如果不知道程序的名称，可以点击“浏览”按钮进行搜索，其实“新任务”按钮的功能类似于“开始”菜单中的运行命令。

2. 进程

这里显示了所有当前正在运行的进程，包括应用程序、后台服务等，那些隐藏在系统底层深处运行的病毒程序或木马程序都可以在这里找到，当然前提是你要知道它的名称。找到需要结束的进程名，然后执行右键菜单中的“结束进程”命令，就可以强行终止进行。不过这种方式将丢失未保存的数据，而且如果结束的是系统服务，则系统的某些功能可能无法正常使用。

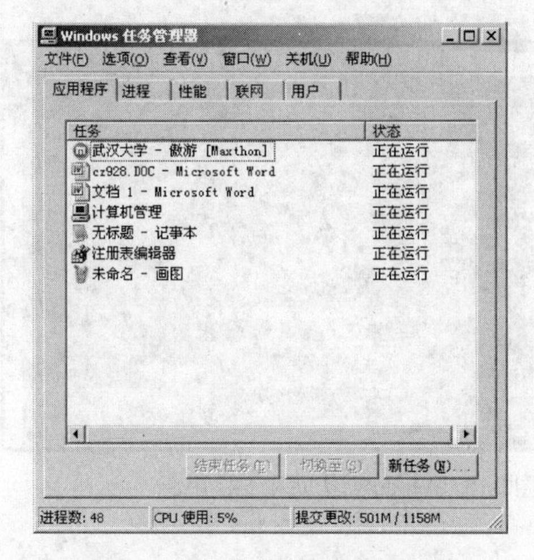

图2-11 任务管理器图–应用程序

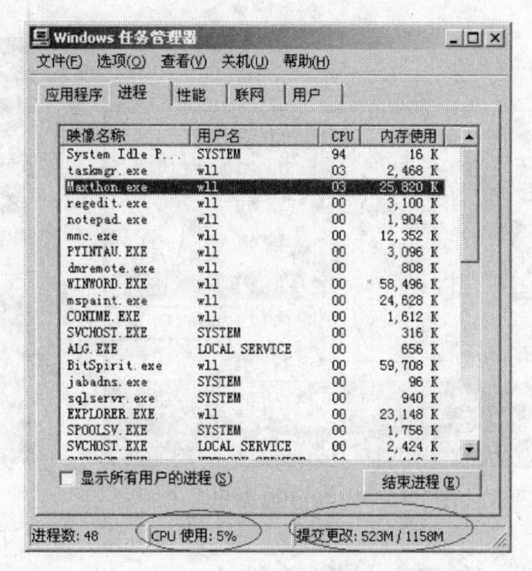

图2-12 任务管理器–进程

3. 性能

这里显示了计算机性能的动态概念，例如CPU和各种内存的使用情况。

4. 联网

这里显示了本地计算机所连接的网络通信量的指示，使用多个网络连接时，我们可以在这里比较每个连接的通信量，当然只有安装网卡后才会显示该选项。

5. 用户

这里显示了当前已登录和连接到本机的用户数、标识(标识该计算机上的会话的数字ID)、活动状态(正在运行、已断开)、客户端名，可以点击“注销”按钮重新登录，或者通过“断开”按钮连接与本机的连接，如果是局域网用户，还可以向其他用户发送消息。

2.2.8 帮助系统

在使用计算机的过程中，有时会遇到很多不懂的地方，例如有的术语不明白，有的功能没有掌握等，特别对于一些较新的软件更是如此。通过使用帮助系统就可以很快获得需要的信息。

1. 使用说明信息

在使用计算机的过程中，用户需要一些简洁快速的显示或对某个术语的解释。Windows XP中就为用户提供了这种功能。此时用户只需要将鼠标移到打开的窗口中相应的项目上，在鼠标的旁边就会自动显示与该鼠标所指项目有关的快捷帮助信息，如图2-13所示。

图2-13 快捷帮助

2. 使用帮助窗口

当用户要了解详细的帮助资料时，可以使用帮助窗口。具体的操作方法是单击“开始”按钮，打开“开始”菜单，单击菜单中的“帮助和支持”命令，如图2-14所示，即可显示“帮助和支持中心”窗口，如图2-15所示。还可以通过按F1键来激活帮助窗口。

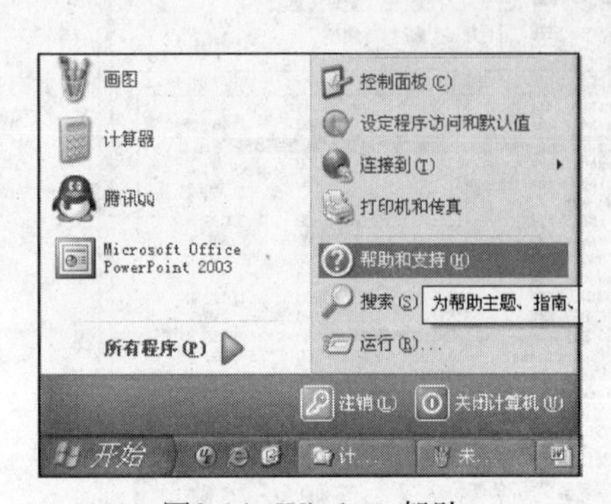

图2-14 Windows帮助

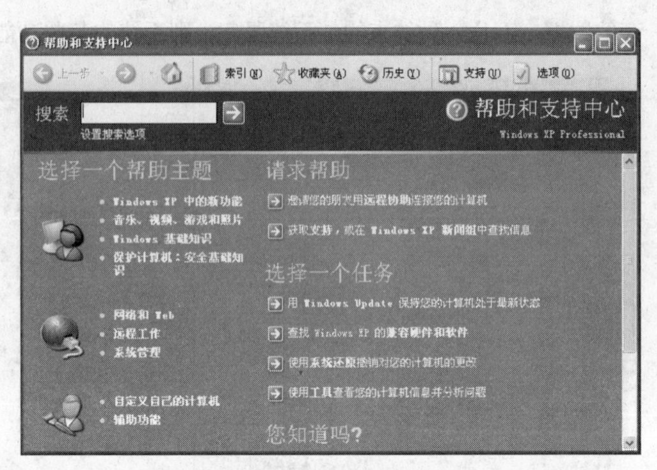

图2-15 Windows帮助和支持中心

2.3 管理文件和文件夹

文件系统是指在计算机上命名、存储和安排文件的方法。Windows XP支持FAT32和NTFS这两种文件系统类型。在Windows XP中，可以利用“我的电脑”或“资源管理器”进行文件管理。

2.3.1 引例

小王接到了老板的任务，把老板计算机上“我的文档”中的所有文件整理一下，按年度和文件类别分类存放，并把其中下载的电影文件删除。而且老板上个星期接收的一个重要的照片文件不知道存哪去了，要把它找出来。小王要完成的任务涉及的知识如下：

- 创建文件和文件夹。
- 文件的排序、复制、删除和查找等操作。

2.3.2 文件和文件夹

在计算机中，需长时间保存的信息都应存储到外存储器上。按一定格式建立在外存储器上的信息集合称为文件。

1. 文件的命名规则

在Windows中，系统允许用户使用几乎所有的字符来命名文件，不允许使用的字符仅有如下的几个：\、/、:、*、?、<、>、"、|。

Windows XP系统支持长文件名(最多可以有256个字符)。每个文件都必须有一个名字，而且在同一目录下的文件不能同名。文件名一般由主文件名和文件扩展名组成，它们之间用圆点分隔。

格式为：<主文件名>.[扩展文件名]

2. 文件类型和相应的图标

文件的扩展名用于说明文件的类型，某些扩展名系统有特殊的规定，用户不能随意乱用和更改。Windows XP系统中常用的文件类型及其图标见表2-3。

3. 文件夹

文件夹是存放文件的区域。文件夹还可以含有文件或下一级文件夹，从而构成树状层次结构，如图2-16所示。

文件的存储位置称为文件路径。在Windows系统中，描述路径时用“\”作为文件夹的分隔符号。路径有两种：相对路径和绝对路径。绝对路径就是从根文件夹开始到文件所在目录的路线上的各级文件夹名与分隔符“\”所组成的字符串，例如图中，add.xls的绝对路径就是“F:\2004工作备份\教学\学生成绩\2004web成绩”。相对路径从当前位置（也可某个特定位置）开始标定，则称相对路径，图中，add.xls如果从“F:\2004工作备份\”开始标定，则其相对路径为“教学\学生成绩\2004web成绩”。

表2-3 Windows XP中的扩展名及其代表的文件类型

扩 展 名	文件类型	扩 展 名	文件类型
bat	批处理命令文件	wav	波形声音文件
com	命令文件	mid	音频文件
exe	可执行文件	avi	视频文件
dll	应用程序扩展	mp3	mp3音乐文件
txt	文本文件	swf	Flash文件
hlp	帮助文件	mpg	电影剪辑
scr	屏幕保护文件	bmp	图片文件
fon	字库文件	doc	Word文档
htm	网页文件	rar	Winrar压缩文件

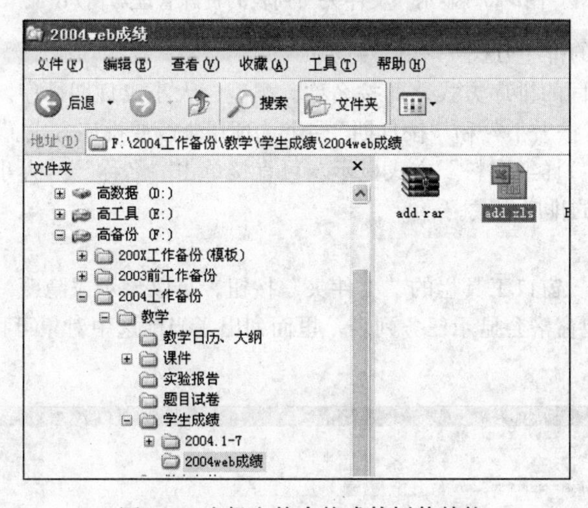

图2-16 多级文件夹构成的树状结构

2.3.3 “资源管理器”窗口

1. 资源管理器的启动

可以通过在“开始”按钮或“我的电脑”图标上单击右键由快捷菜单选择“资源管理器”进入。或者打开“我的电脑”，单击工具栏“文件夹”按钮进入。“资源管理器”的界面如图2-17所示。

2. 资源管理器简介

(1) 资源管理器的组成

“资源管理器”的窗口分为两部分，左边的小窗格称为“文件夹”窗格，它以树型结构表示了“桌面”上的所有对象。右边的小窗格称为“文件列表”窗格，它显示左边小窗格被选中文件夹的内容。可以用鼠标调整左右窗格之间的分界线的位置，从而调整左右窗格的大小。

(2) 资源管理器的显示方式

右窗格有5种方式显示文件列表，即缩略图、大图标、小图标、列表、详细信息。图2-17以大图标方式表示。用户可以在资源管理器的“查看”菜单中设置显示方式。

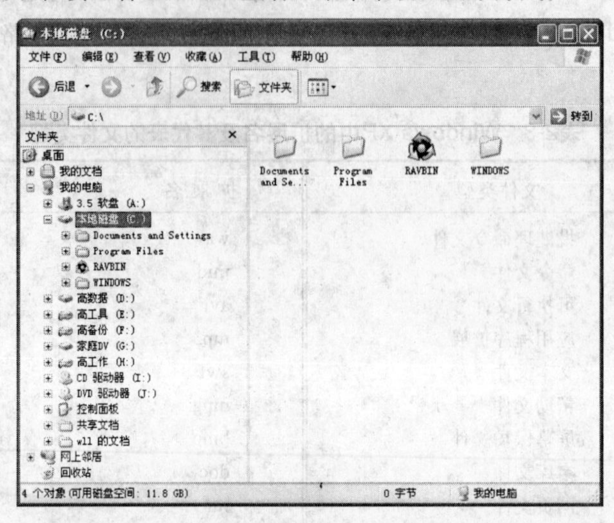

图2-17 显示“文件夹”列表的资源管理器窗口

(3) 改变文件列表的排序方式

文件列表有四种不同的排序方式，即按名称、类型、大小或日期排序。在“查看”菜单下有“按名称”、“按类型”、“按大小”和“按日期” 4个选项用来改变排序方式。

如果文件列表是以“详细资料”方式显示，可直接单击“名称”、“大小”、“类型”或“修改时间”按钮来改变图标的排序方式。

(4) 任务列表

单击“资源管理器”窗口工具栏的“文件夹”按钮，可以显示或隐藏“文件夹”窗格。隐藏“文件夹”窗格时，左边窗格会显示任务列表，里面列出了当前选中对象可执行的操作。如图2-18所示。

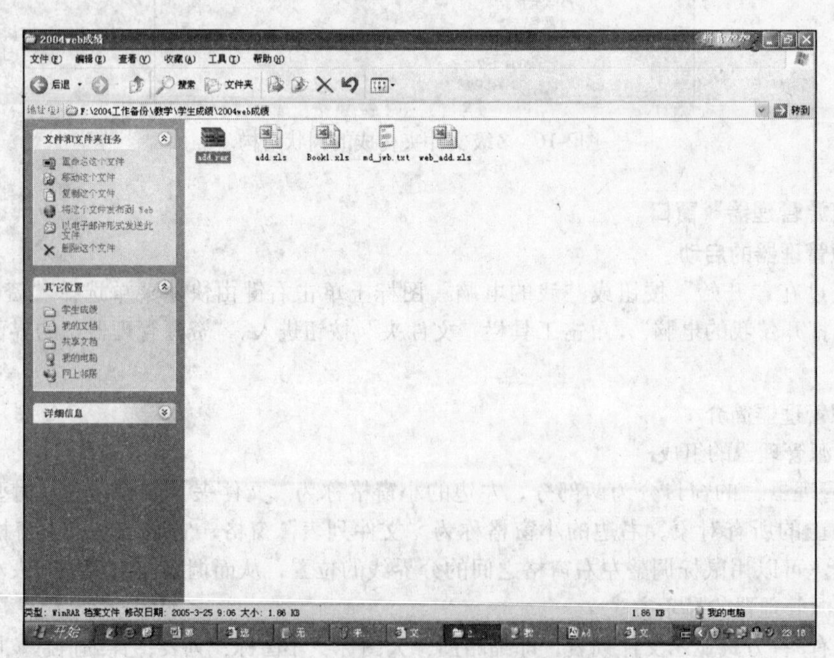

图2-18 显示“任务”列表的资源管理器窗口

2.3.4 文件和文件夹的管理

1. 选定驱动器、文件夹和文件

对文件或文件夹操作之前，通常要先选定它们。

- 选定某个驱动器、文件夹或文件的方法很简单，只需用鼠标单击要选定的目标。
- 选定一组连续排列的对象。在要选择的文件组的第一个文件名上单击，然后把鼠标指向该文件组的最后一个文件，按下Shift键并同时单击鼠标。
- 选定一组非连续排列的对象在按下Ctrl键的同时，用鼠标单击每一个要选择的文件或文件夹。
- 选定多组不连续排列的文件先选定第一组文件。对于其他各组文件，按Ctrl键并单击某组第一个文件，再按Ctrl＋Shift，单击该组最后一个文件。

2. 创建新文件夹

新建文件夹的步骤如下：

1）在“资源管理器”左边的“文件夹”窗格中单击要在其中创建新文件夹的驱动器或文件夹。

2）右击右边窗格的空白处，从弹出的快捷菜单中选取“新建”子菜单下的“文件夹”选项。如图2-19所示。这时右边窗格的底部将出现一个名为“新建文件夹”的文件夹图标。

3）键入新文件夹的名字，按回车键或用鼠标点击其他地方确认。

3. 创建新文件

创建新的空文件的方法是：

1）在“资源管理器”左边的“文件夹”窗格中选中要在其中创建新文件的驱动器或文件夹。

2）右击右边窗格的空白处，从弹出的快捷菜单中选取“新建”子菜单中选择文件类型，如果想创建一个文本文件，就选取“文本文件”选项，如图2-19所示。这时右边窗格的底部将出现一个名为“新建文本文件”的文本文件图标。

3）键入新的文件名，按回车键或用鼠标点击其他地方确认。

4. 移动/复制文件或文件夹

移动与复制的不同在于：移动时文件或文件夹从原位置被删除并被放到新位置，而复制时文件或文件夹在原位置仍然保留，仅仅是将副本放到新位置。移动/复制文件或文件夹的方法是：

（1）用鼠标右键移动和复制文件或文件夹

1）在“资源管理器”的右窗格中选定要移动或复制的文件或文件夹。

2）用鼠标右键将它们拖放到“资源管理器”左窗格的目标文件夹上，这时出现如图2-20所示的快捷菜单。

3）移动操作选择“移动到当前位置”菜单选项。复制操作选择“复制到当前位置”菜单选项。

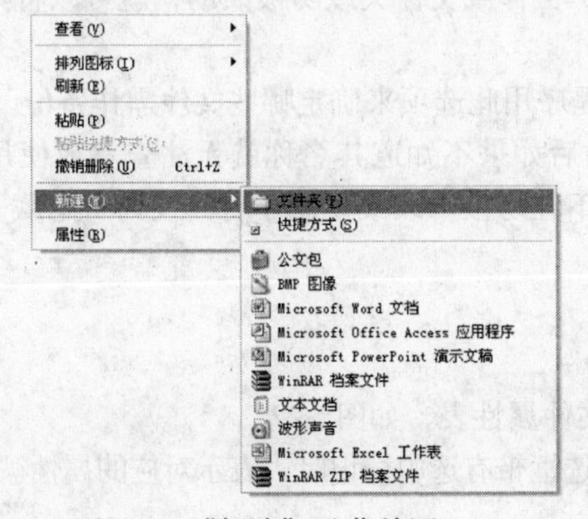

图2-19 “新建”子菜单图

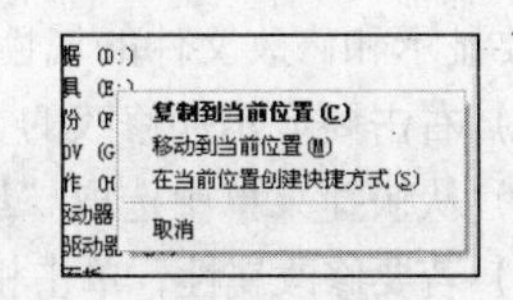

图2-20 快捷菜单

(2) 用鼠标左键移动和复制文件或文件夹

1) 在“资源管理器”的右窗格中选定要操作的文件或文件夹。

2) 用鼠标左键将它们拖放到“资源管理器”左窗格的目标文件夹上。

系统判断是执行移动操作还是复制操作的规则如下。

- 先检查用户拖动鼠标的同时是否按下了Ctrl或Shift键，按下Ctrl键则执行复制操作，按下Shift键执行移动操作。
- 如果用户没有按键，再判断目标文件夹和被拖动对象是否在同一驱动器上，若不在就执行复制操作。
- 若用户没有按键，并且目标文件夹和被拖动对象在同一驱动器上，再判断对象是否全部为类型是COM或EXE的文件，若是，系统将在目标文件夹上为所有的被拖动对象创建其快捷方式(快捷方式将在后面作详细介绍)，否则系统将移动被拖动对象。若是复制操作，在拖动对象时图标的左下角有一个“+”号图形。

(3) 用剪贴板移动和复制文件或文件夹

1) 在“资源管理器”的右窗格中选定要操作的文件或文件夹。右击鼠标，要复制文件或文件夹则在快捷菜单上选择“复制”，要移动文件或文件夹选择快捷菜单上的“剪切”。

2) 在目标驱动器或文件夹上右击鼠标，在弹出的快捷菜单上选择“粘贴”。

(4) 复制文件和文件夹到软盘

1) 选择要复制的对象。

2) 用鼠标右击选定的对象，在快捷菜单中单击“发送到”菜单下的“3.5英寸软盘”。

5. 删除文件

选定删除的文件，在选定的文件上右击鼠标，在弹出的快捷菜单上选择“删除”命令或按Del键，如图2-21所示。出现确认窗口，如果确定要删除，选择“是”，否则选择“否”。需要说明的是，这里的删除并没有把该文件真正删除掉，它只是将文件移到了“回收站”中，这种删除是可恢复的。

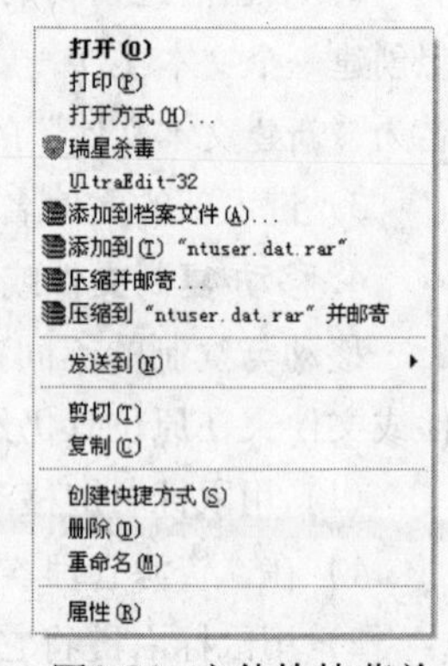

图2-21 文件快捷菜单

6. 文件的更名

选定要更名的文件，单击其文件名或者从选择快捷菜单中的“重命名”命令，这时文件名呈可修改状态，输入新的文件名，按回车键或用鼠标点击其他地方确认。

7. 显示和修改文件属性

文件的属性有4种：只读、隐藏、档案和系统。

- 只读：只能查看其内容，不能修改。如果要保护文件或文件夹以防被改动，就可以将其标记为“只读”。
- 存档：表示是否已存档该文件或文件夹。某些程序用此选项来确定哪些文件需作备份。
- 隐藏：表示该文件或文件夹是否被隐藏，隐藏后如果不知道其名称就无法查看或使用此文件或文件夹。通常为了保护某些文件或文件夹不轻易被修改或复制才将其设为“隐藏”。
- 系统：系统文件。系统文件是自动隐藏的。

要显示和修改文件的属性，具体操作如下：

1) 右击要显示和修改的文件。

2) 从快捷菜单中选取“属性”命令，这时出现文件属性表，如图2-22。

3) 若要修改属性，单击相应的属性复选框。当复选框带有选中标记时，表示对应的属性被选中。

4) 单击“确定”按钮。

8. 显示或隐藏系统文件及隐藏文件

如果文件或文件夹具有“系统”或“隐藏”属性，那么浏览文件夹时要看到这类文件或文件夹需要进行以下设置：

1）打开“文件夹选项”有两个方法。一个方法是打开“资源管理器”，选择“工具”菜单下的“文件夹选项”；另一个方法是单击“开始”按钮，选择“开始”菜单|“控制面板”|“文件夹选项”。

2）切换到“查看”选项卡（如图2-23所示）。

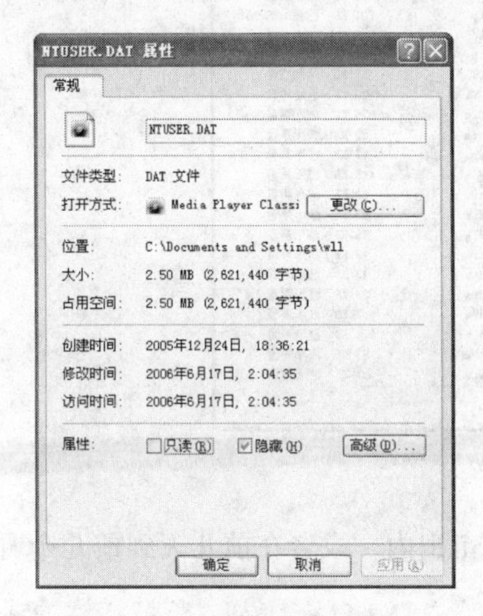

图2-22 设置文件的属性

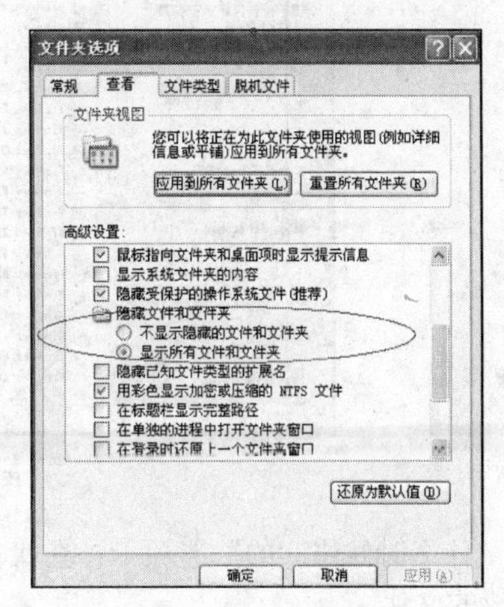

图2-23 “查看”选项卡

3）如果要看到被隐藏的文件，请选中“显示所有文件”单选钮。

4）单击“确定”按钮。

9. 搜索文件或文件夹

在使用计算机的过程中，用户会不断创建新的文件或文件夹。当文件或文件夹越来越多时，有时很难准确知道某个文件或文件夹到底存放在磁盘的哪个地方。因此，利用工具来查找某个文件或文件夹就显得十分必要。Windows XP 内置有功能强大的查找工具，可以帮助用户查找文件、文件夹、计算机甚至Web站点。

在Windows XP 中，可以按以下几种方法来执行“搜索”命令。

- 选择“开始”菜单|“搜索”，输入要查找的对象。
- 从“Windows 资源管理器”中，单击“工具”菜单，选择“查找”菜单项，输入要查找的对象。
- 如果想在文件夹中查找某个文件，从“我的电脑”或“资源管理器”中右击文件夹，然后从弹出的快捷菜单中选择“搜索”命令，输入要查找的对象。选择查找文件或文件夹时，Windows XP会弹出“搜索结果”窗口，如图2-24所示。

1）可以在“全部或部分文件名”文本框中键入待查找文件的名称。

如果不知道文件的全称，或者想查找所有类似名称的文件，那么可以使用通配符(*和?)。其中，“*”通配多个字符，如“win*s”，可以找到“winabcs”和“windows”等文件；而“?”通配一个字符，如“Doc?”只能找到“Doc1”、“Doca”和“Doc5”等文件。

如果要查找包含某些内容的文件，可以在“文件中的一个字符或词组”文本框中键入文件包含的文字。

“在这里搜索”文本框用来确定查找的范围。单击右边的向下箭头可以从下拉列表中选择在哪个磁盘或文件夹中查找。如果要指定一个特殊的文件夹，单击“浏览”按钮，然后从弹出的对话框中指定一个文件夹。若不想在磁盘或文件夹下的所有子文件夹中查找，将“包含子文件夹”复选框取消选中。

图2-24　搜索窗口

2）“什么时候修改的”选项卡：查找在一个指定日期范围内，或者在前几天到前几个月中创建或修改的文件。

3）“大小是”选项卡：根据文件大小范围来查找文件。

4）“高级”选项卡：根据文件其他更复杂的条件来查找文件。设置查找条件后，单击“搜索”按钮即开始查找。搜索结束后，将在窗口中显示所有与条件符合的文件或文件夹。

2.3.5　“回收站”的使用

从Windows XP中删除文件或文件夹时，所有被删除的文件或文件夹并没真正删除。而是临时存放在“回收站”中。利用“回收站”，可以对偶然误删除的文件或文件夹进行恢复。要打开“回收站”窗口（如图2-25所示），双击桌面上的“回收站”图标。

1. 恢复文件或文件夹

要恢复文件或文件夹，方法为：

1）从“回收站”窗口中找到要恢复的文件或文件夹，选中它们。

2）选择“文件”菜单中的“还原”命令，文件或文件夹就恢复到原来的位置。

2. 清空“回收站”

如果要永久性删除所有的文件或文件夹，请选择“文件”菜单的“清空回收站”命令。还可以选择某个或某些文件，然后选择“文件”菜单的“删除”命令来加以删除。文件被永久性删除后，就不可能再恢复。

3. 改变“回收站”大小

要改变“回收站”的大小，请右击桌面上的“回收站”图标，从弹出的快捷菜单中选择“属性”命令。出现如图2-26所示的对话框。可以通过拖动滑块改变“回收站”空间的大小。

2.3.6　快捷方式

快捷方式使得用户可以快速启动程序和打开文档。在Windows XP中，许多地方都可以创建快捷方式，例如桌面上或文件夹中。快捷方式图标和应用程序图标几乎是一样的，只是左下角有一个小箭头。快捷方式可以指向任何对象，如程序、文件、文件夹、打印机或磁盘等。灵活掌握快捷方式是熟练掌握Windows XP 的诀窍之一。

图2-25 回收站窗口

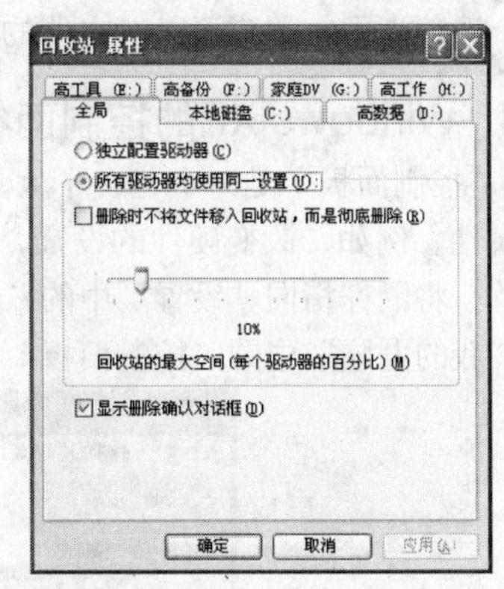

图2-26 "回收站属性"对话框

创建快捷方式的方法有以下几种：

1）右击对象，再从快捷菜单中选择"创建快捷方式"命令，此时会在对象的当前位置创建一个快捷方式，如图2-27所示。如果选择快捷菜单中的"发送到"|"桌面快捷方式"命令，则将快捷方式创建在桌面上。

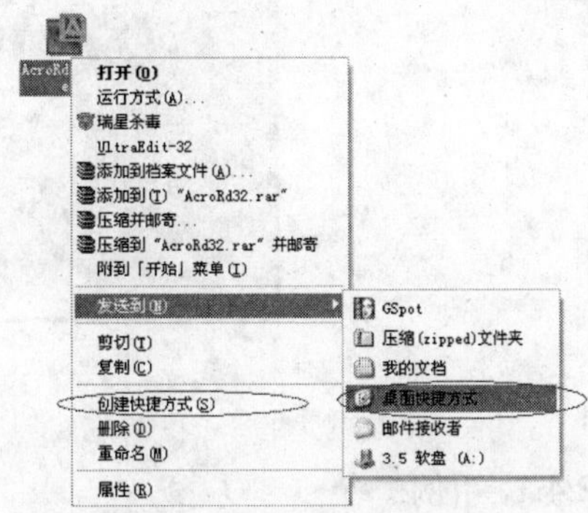

图2-27 快捷菜单中的创建快捷方式命令

2）使用拖放的方法。例如，要在桌面上创建指向"控制面板"的快捷方式，先打开"我的电脑"窗口，用鼠标右键点中"控制面板"图标不放，拖动鼠标到桌面上，释放鼠标右键，然后在快捷菜单中单击"在当前位置创建快捷方式"命令。

3）用"创建快捷方式"向导。这种方法只能创建程序或文件的快捷方式，对于文件夹等其他对象不合适。例如，要在桌面上创建一个快捷方式，在桌面的空白处右击鼠标，在弹出的快捷菜单中选择"新建"|"快捷方式"命令，再根据向导的提示完成创建工作。快捷方式可以被删除和更名，方法与一般文件相同。

2.3.7 文件和应用程序相关联

Windows XP打开文件时，使用扩展名来识别文件类型，并建立与之关联的程序。

1. 新建文件与应用程序的关联

如果某个文件没有与之关联的应用程序，双击打开它时则会出现"打开方式"对话框（如图2-28所示）。"选择您想用来打开此文件的程序"列表框中列出了所有已经在系统中注册的应用程序，可以在列表框中选择用来打开该文件的应用程序。如果想每次都使用该程序打开这类文件，可以选择"始终使用选择的程序打开这种文件"复选框。这样这类文件和该程序建立了关联。

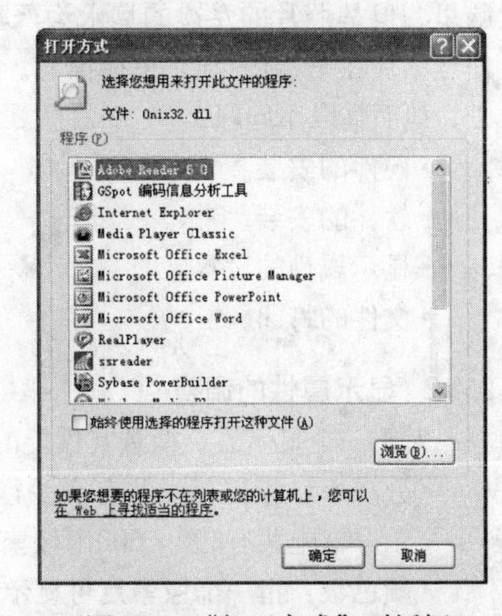

图2-28 "打开方式"对话框

2. 修改文件与应用程序的关联

打开资源管理器“查看”菜单中的“选项”，在出现的对话框中单击“文件类型”选项卡，在这个选项卡中，用户可以对文件的关联进行删除、修改和添加等操作。

2.4 Windows XP的控制面板

“控制面板”是一个包含了大量工具的文件夹。用户可以用其中的工具来调整和设置系统的各种属性。例如，改变硬件的设置，安装新的软件和硬件，调整时间、日期的设置等。打开“开始”菜单，将鼠标指向“设置”中的“控制面板”，单击后便进入了“控制面板” 窗口。用户也可以通过“我的电脑”中的“控制面板”图标进入，如图2-29所示。

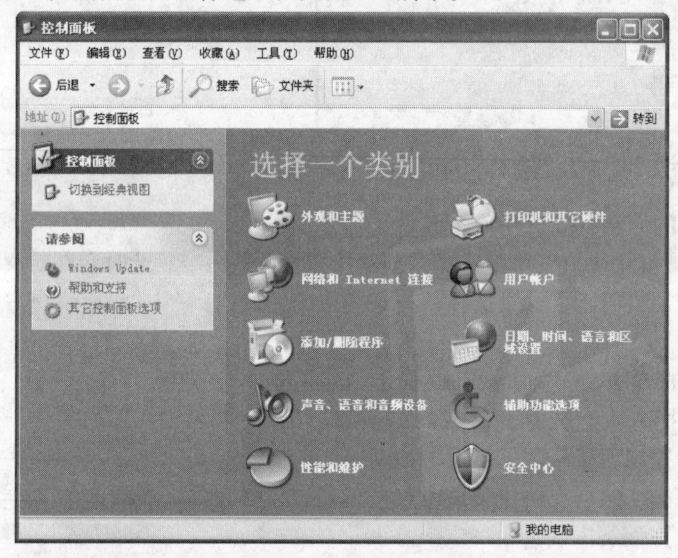

图2-29 控制面板

2.4.1 引例

小王靠勤工俭学买回了一个扫描仪，小王想把自己的一张5岁时候的珍贵旧照片扫描保存到电脑里。但是照片的左边的臭水沟严重影响了小王的光辉形象，小王需要装个图像处理软件（如何处理图片在第7章介绍）来擦掉它。处理好后还把这张照片设置为屏幕背景并打印。要实现以上计划，他面临以下问题：

- 硬件的安装。
- 软件的安装。
- 显示属性的设置。
- 文件的打印。

2.4.2 显示属性的调整

对于一个显示器，衡量其性能的主要的技术标准有：

- 分辨率：指屏幕上共有多少行扫描线、每行有多少个像素点。例如分辨率为800×600， 表示屏幕上共有800×600个像素点，分辨率越高，图像的质量越好。
- 颜色数：指一个像素点可显示成多少种颜色。颜色数越多，图像越逼真。
- 刷新率：CRT显示器是通过电子束射向屏幕，从而使屏幕内磷光体发光。电子束扫过之后，发光亮度在几十毫秒后就会消失。为了使图像在屏幕上保持稳定，就必须在图像消失之前使电子束不断地重复扫描整个屏幕，这个过程称为刷新。刷新率就是指屏幕刷新的频率。例如，刷新率为75Hz（赫兹），则每秒钟可以进行75次的刷新。刷新率越高，屏幕看起来晃动的感觉越不明显。

显示属性的调整中可以设置屏幕墙纸、屏幕外观、屏幕保护等，要打开“显示属性”对话框有两种方法：

• 在桌面上的空白区域右击鼠标，从弹出的快捷菜单中选择“属性”项。

• 双击“控制面板”窗口中的“显示”图标。

1. 背景

“背景”列表框（如图2-30所示）主要设置Windows桌面的墙纸。在Windows中墙纸是用来装饰桌面用的。墙纸文件可以是图像文件或HTML文件。从“墙纸”列表框中选择一种墙纸。当在列表框中单击任一种墙纸名称，该墙纸的预览效果立即显示在列表上面的监视器图形中。

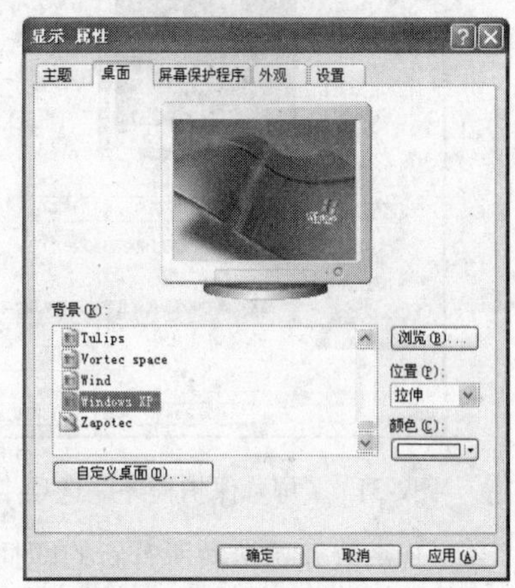

图2-30 “背景”选项卡

“浏览”按钮：从计算机中查找图像文件或HTML文件作为墙纸。

“图案”按钮：选择一种图案填充墙纸周围的剩余空间。

还可以设定墙纸的显示方式，“平铺”选项将图像重复排列，“居中”选项将图像放在桌面的中央。

2. 屏幕保护程序

屏幕保护程序有两个作用，一是防止屏幕长期显示同一个画面，造成显像管老化。二是屏幕保护程序显示一些运动的图像，隐藏计算机屏幕上显示的信息。当用户在一定时间没有按键盘或移动鼠标后，屏幕保护程序会自动运行。“屏幕保护程序”选项卡如图2-31所示。

“屏幕保护程序”下拉列表中提供了各种风格的屏幕保护程序。

单击“等待”数值选择框右端的上下箭头，改变其中的等待时间。如果在等待时间内没有鼠标或键盘操作，Windows XP就自动启动屏幕保护程序。用户可以为屏幕保护程序设置密码。先选中“密码保护”复选框，然后单击其右边的“更改”按钮，在打开的“更改密码”对话框中输入密码。

3. 显示器设置

“设置”选项卡（如图2-32所示）可以对显示器显示的颜色数、分辨率等进行设置。选择增强16位的颜色数表示每一个像素点可有216种颜色。

2.4.3 添加新硬件

Windows XP支持PnP（即插即用），对于即插即用的设备其安装是自动完成的，只要根据生产商的说明将设备连接到计算机上，然后打开计算机并启动Windows，Windows将自动检测新的“即插即用”设备，并安装所需的软件，必要时插入含有相应驱动程序的软盘或CD-ROM光盘就可以了。对于非即插即用的设备安装也很简单，可以通过使用控制面板中的“添加新硬件”工具。

添加新硬件步骤如下：

1）关闭电源，装上新硬件。

2）启动Windows XP，双击“控制面板”中“添加硬件”图标。屏幕上出现“添加硬件向导”对话框。

3）根据提示，单击“下一步”。

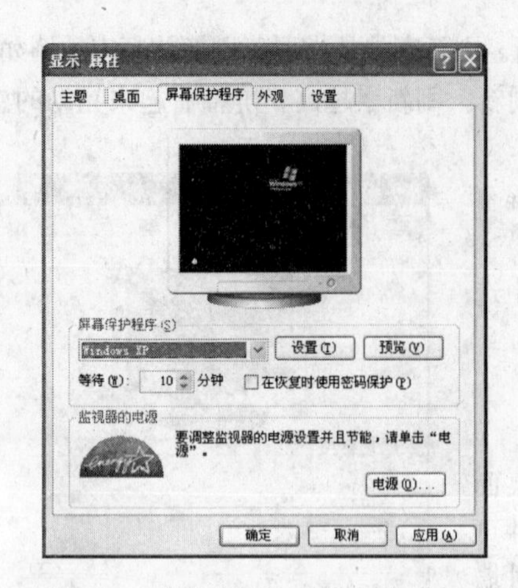

图2-31 “屏幕保护程序”选项卡

图2-32 “设置”选项卡

4）系统开始搜索所有新的即插即用型设备。若找到，将列表显示所有找到的设备，单击“下一步”按钮，然后按向导的提示完成安装即可。若没找到则出现如图2-33所示的窗口。

5）一般选择系统推荐的选项，让系统检测即插即用兼容的设备。

6）如果找到新硬件，系统会显示检测到的新设备，再进行安装。

7）如果检测不到新的硬件设备，则必须手工安装，需要用户选择硬件类型、产品厂商和型号，如图2-34和图2-35所示。

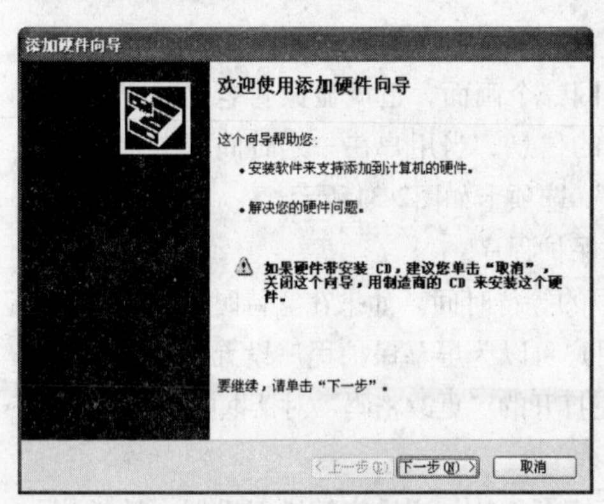

图2-33 添加新硬件对话框

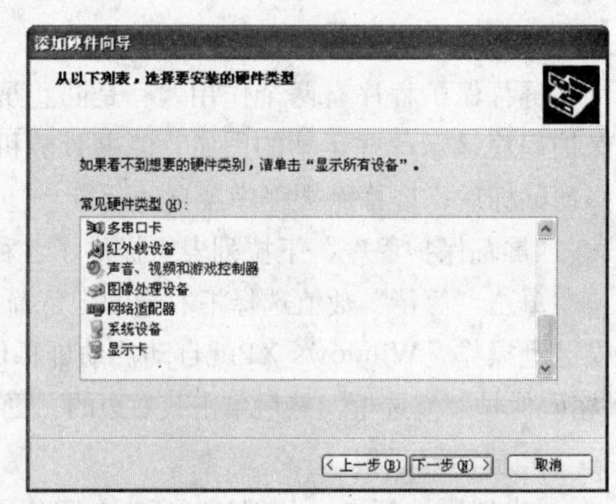

图2-34 “添加硬件向导”中选择硬件类型

8）将该设备的驱动程序的软盘插入软驱，安装硬件的驱动程序。

2.4.4 系统

使用“系统属性”对话框可以随便更改系统配置。要显示系统属性，可在“控制面板”中双击“系统”图标，或者选择“我的电脑”右键菜单的“属性”命令，出现如图2-36所示的对话框。在“系统属性”对话框中查看修改计算机硬件设置，查看设备属性及硬件配置文件。

在“系统属性”窗口中有下述选项卡：

• 常规。这里给出了机器中装的是什么系统，

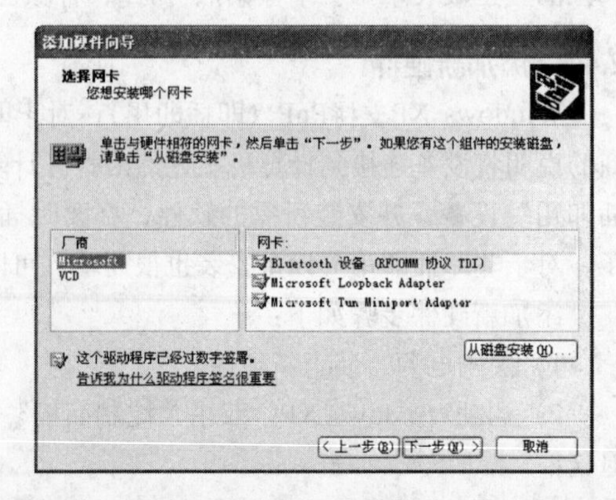

图2-35 “添加硬件向导”中选择产品厂商和型号

计算机是什么类型等信息。

• 计算机名。这里可维护计算机的名称、描述和所在的工作组。

• 硬件。用户通过“设备管理器”按钮维护硬件。如图2-37、图2-38所示。

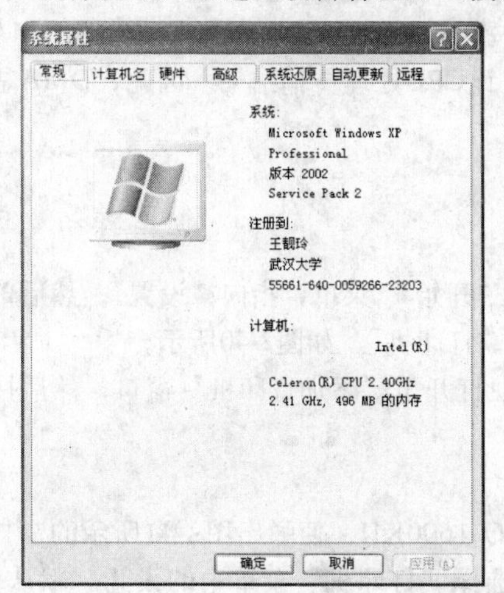

图2-36 “常规”选项卡

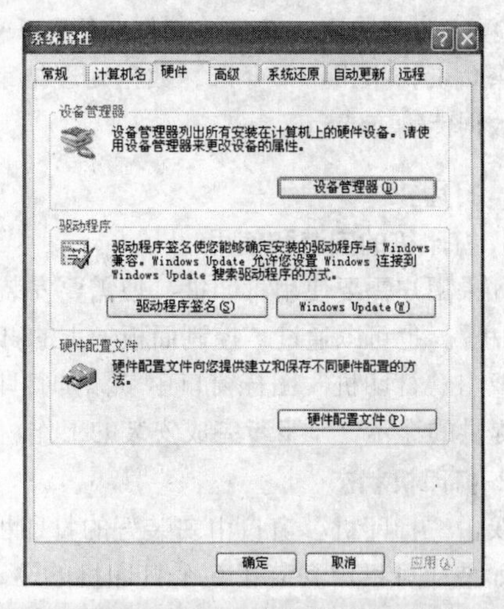

图2-37 “硬件”选项卡

• 高级。在这里可以看到系统的视觉效果、处理器计划、配置文件、虚拟内存等信息。

在“设备管理器”窗口的设备列表中，如果某个设备上有黄色感叹号，则表明发生了资源冲突等配置问题。如果设备种类中有一个用问号图标标识的，表明其中的设备没有安装设备驱动程序或其他问题。如果某个设备图标上有一红色的叉号，则表明该设备无效。用户如果要配置某个设备，应选定该设备，再选择右键菜单“属性”命令，打开“设备属性”，如图2-39所示。

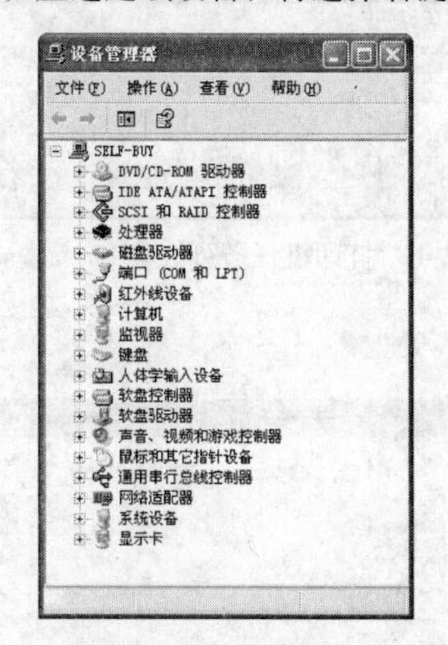

图2-38 设备管理器

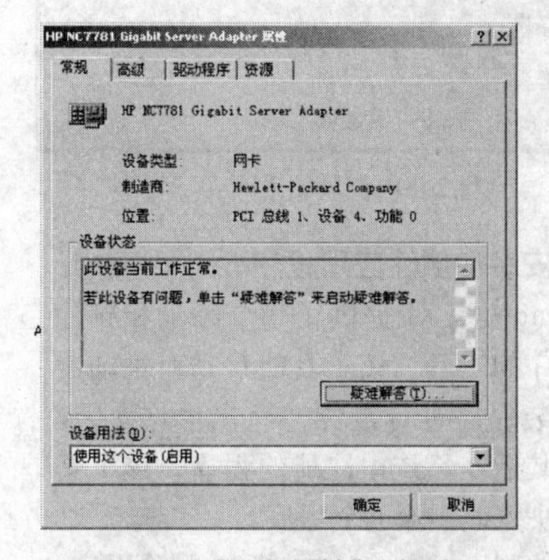

图2-39 “设备属性”对话框

资源冲突是因为几乎所有的设备都要占用计算机的中断请求（IRQ）、I/O（输入/输出）地址与DMA（直接内存访问）通道等硬件资源，但是硬件资源是有限的，如果不同的设备占用相同的资源就会发生冲突。

I/O地址：I/O地址（设备地址或者端口地址）是一种专用编码。外部设备或控制卡与CPU之间的连接是通过I/O地址来实现的。有些设备有固定的地址，而有些则有多种可选的I/O地址。

中断请求（IRQ）：中断请求实际上是由外部设备送给CPU的一个信号，CPU接到这个信号后，就暂时停止正在处理的工作，而转去处理外部设备的请求。做完后再继续处理未完的工作。每个设备都使用自己的中断号。

直接内存访问（DMA）：外部设备与计算机之间的数据传输通常有两种方式：一是通过CPU将数据从存储器/外部设备读出来或写数据到存储器/外部设备；一是利用专门的DMA控制器。CPU启动DMA控制器后，就将控制权交给DMA控制器，存储器与外部设备之间的数据传输由DMA控制器来负责，不用CPU介入。数据处理结束后告诉CPU，让CPU处理传输结果。因此，DMA是高速的数据传输方式。

2.4.5 打印机

1. 打印机的安装和使用

如果用户需要使用打印机，便需要安装打印机。单击“开始” 菜单，指向“设置”，然后单击“打印机”。也可以通过“控制面板”上的打印机图标进入“打印机”，如图2-40所示。

双击“打印机”图标窗口中“添加打印机” 图标，便打开了“添加打印机”窗口，然后按照向导提供的提示，一步步完成安装的工作。

2. 打印机状态

双击“打印机”窗口中安装好的打印机的图标，如LQ-1600KII，便弹出图2-41所示的窗口。

如果计算机中安装了多个打印机的驱动程序，可以选择“打印机”菜单中的设为“默认值”项，将此打印机的设置，作为系统的当前设置。通过图2-41所示的窗口，用户可以观察打印作业的队列，对于不想打印的作业可以从打印作业队列中清除掉，也可以将某个打印机作业暂停打印。

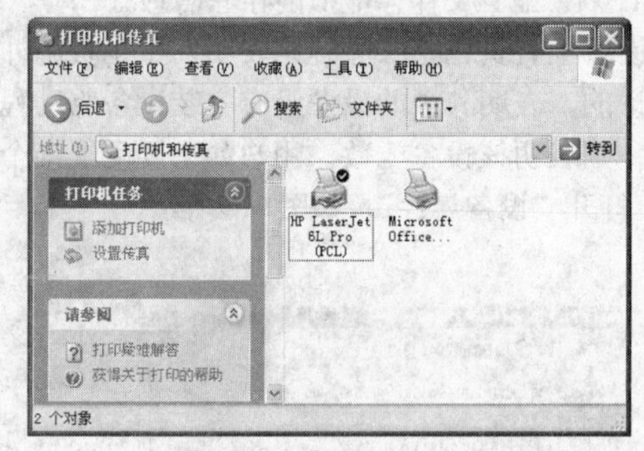

图2-40 打印机和传真

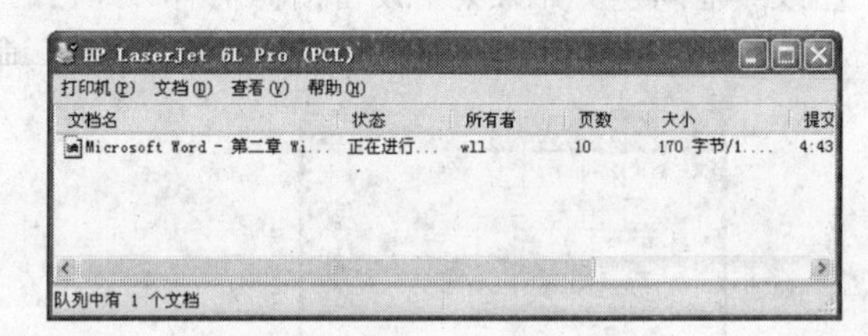

图2-41 打印机任务列表窗口

2.4.6 安装和删除应用程序

Windows XP提供了一个添加和删除应用程序的工具。该工具能自动对驱动器中的安装程序进行定位，简化用户安装。对于安装后在系统中注册的程序，该工具能彻底快捷地删除这个程序。

在控制面板中，双击“添加/删除程序”图标，就会弹出如图2-42所示的对话框，默认选项卡是“安装/卸载”。

1. 安装应用程序

安装应用程序的步骤如下：

1）在“添加/删除程序属性”对话框中，选择“安装/卸载”选项卡。

2）单击“安装”按钮。

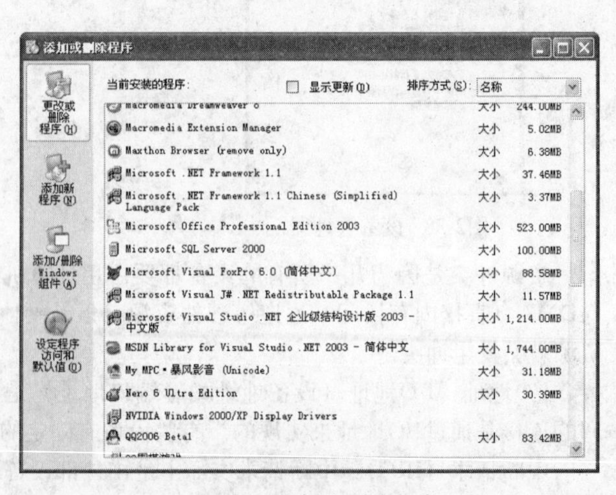

图2-42 添加和删除程序

3）插入含有安装程序的软盘或CD - ROM，然后选择“下一步”按钮，安装程序将自动检测各个驱动器，对安装盘进行定位。

4）如果自动定位不成功，将弹出“运行安装程序”对话框。此时，既可以在“安装程序的命令行”文本输入框中输入安装程序的路径和名称，也可以单击“浏览”按钮定位安装程序。选定安装程序后，单击“完成”按钮，就开始应用程序的安装。

5）安装结束后，单击“确定”按钮退出。

2. 删除应用程序

删除应用程序的方法是：选择“安装/卸载”选项卡。在程序列表框中选择要删除的应用程序，然后单击“添加/删除”按钮，Windows开始自动删除该应用程序。

3. 添加/删除Windows组件

Windows XP 提供了丰富的组件。在安装Windows XP 的过程中，因为用户的需求和其他限制条件，往往没有把组件一次性安装完全。在使用过程中，用户可以根据需求再来安装某些组件。同样，当某些组件不再需要时，可以删除这些组件。

添加/删除Windows组件步骤如下：

1）选中“添加/删除Windows组件”选项卡，如图2-43所示。

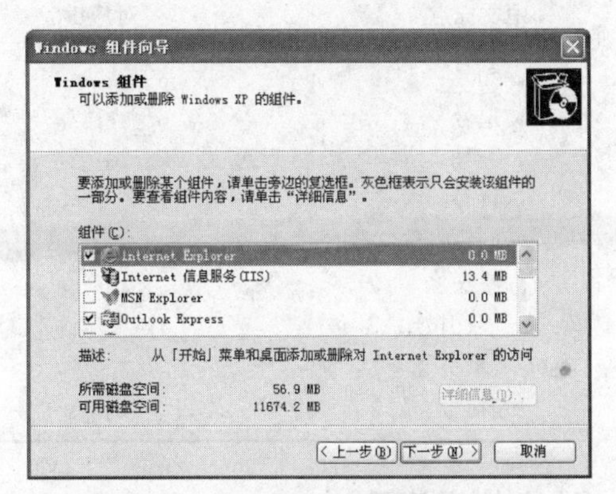

图2-43 “Windows 组件向导”对话框

2）在组件列表框中，选定要安装的组件复选框，或者清除要删除的组件复选框。如果要添加或删除一个组件的一部分程序，则先选定该组件，然后单击“详细资料”按钮，选择添加的部分的组件复选框或清除要删除部分的组件复选框即可。

3）选择“确定”按钮，开始安装或删除组件。

2.5 中文操作处理

2.5.1 引例

只会拼音输入的小王需要快速录入一份企划书。要完成任务，他需要掌握以下知识：

- 安装口碑最好的输入法。
- 掌握简单易学的快速输入方法。

2.5.2 打开和关闭汉字输入法

要在中文Windows XP中输入汉字，先要选择一种汉字输入法，再根据相应的编码方案来输入汉字。在Windows XP中使用Ctrl + Space键来启动或关闭中文输入法。用户也可以使用Ctrl + Shift键在英文及各种中文输入法之间进行切换。

使用鼠标进行操作的步骤为：

1）单击“任务栏”上的“语言栏”(屏幕右下角的键盘图标)。

2）在弹出的“语言”菜单窗口中，单击要选用的输入法，如图2-44所示。

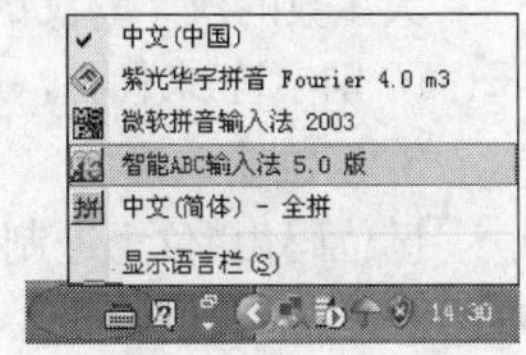

图2-44 输入法选择

2.5.3 操作说明

1. 中/英标点和全/半角

图2-45显示了中文输入时的标点、全角/半角等信息，用鼠标点击图中的标识可以实现全角/半角，中文标点/英文标点的转换。英文字母、数字字符和键盘上出现的其他非控制字符有全角和半

角之分。

全角字符占用一个汉字的宽度，半角字符只占用一个汉字的一半宽度。

图2-45 输入法状态转换

2. 中文符号

在中文标点状态下，中文标点符号与键盘的对应关系如表2-4所示。

表2-4 中文标点符号与键盘的对应关系

中文标点	对应键	中文标点	对应键
。句号	.	）右括号	)
，逗号	,	〈《单双书名号	<
；分号	;	〉》单双书名号	>
：冒号	:	……省略号	^
？问号	?	——破折号	_
！感叹号	!	、顿号	\
“”双引号	“	·间隔号	@
‘’单引号	‘	—连接号	&
(左括号	(	￥人民币符号	$

2.5.4 输入法简介

Windows XP为用户提供了多种中文输入法，用户可以使用Windows XP默认的输入法，如全拼、双拼、智能ABC、微软拼音、郑码输入法和表形码输入法，也可选用支持汉字扩展内码规范——GBK的拼音加加、紫光输入法等。

1. 全拼输入法

全拼输入法是一种完全按照标准的汉语拼音方案，逐个输入汉字的全部拼音字母来输入汉字和词汇的一种汉字输入法。汉语拼音中ü的对应键盘上的v键。另外，在词组输入时，例如要输入“西安”这个词，应键入“xi'an”，如果键入“xian”，就会输入“先”字。输入的字重码率较高时，按“+”、“-”键上下翻页。

2. 双拼输入法

大多数的汉字的汉语拼音都由声母和韵母组成。为了简化操作,规定各个声母和韵母各用一个字母(或个别字符)来代替，这就是双拼双音法。例如，“中”字拼音的韵母ong用字母s来代替。

3. 区位输入法

区位码由4位十进制数组成，分为区码和位码，它们的取值范围都是01～94。例如，“啊”字在第16区，第1位，其区位码为1601。

4. GBK汉字输入

在GB2312-80码中，只包括了6000多个汉字。在中文Windows XP中，GB扩展码中包含了比GB码更多的汉字。

5. 智能ABC输入法

智能ABC有两种汉字输入方式：标准和双打。

标准方式：既可以全拼输入，也可以简拼输入，甚至混拼输入。举例说明见表2-5。

表2-5 智能ABC输入法标准方式汉字输入

汉 字	全 拼	简 拼	混 拼
中国	zhongguo	zhg或zg	zhong、zguo或zhguo
计算机	jisuanji	jsj	jsuanji、jisji或jisuanj
长城	changcheng	cc、cch、chc或chch	changch、chcheng或changc

双打方式：一个汉字在双打方式下，输入方法就是双拼输入法。

2.5.5 输入法设置

双击“控制面板”中“输入法”图标，出现输入法属性对话框，如图2-46所示。

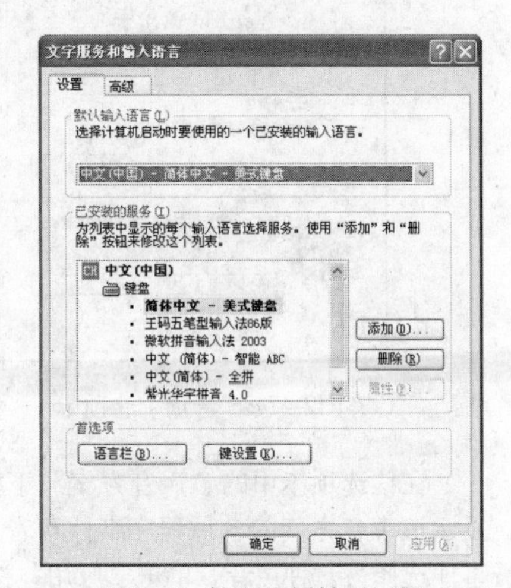

图2-46 输入法属性对话框

1. 添加输入法

点击图2-46中“添加”按钮，在弹出的对话框中有一个“输入法”列表框，选择输入法，最后选择“确定”按钮。

如果要安装非Windows提供的输入法，可以直接运行这种输入法的安装程序，并按提示完成安装。

2. 删除输入法

在输入方法列表中选择需删除的输入法，单击“删除”按钮，即删除选中的输入法。

2.6 多媒体

多媒体实际上是文字、声音、图像、视频动画等多种媒体的集合。计算机技术的不断发展，使其本身从提供文字和简单图形，发展到提供声音、图像和视频等多种媒体，增加了人机界面的友好性。

要使用Windows XP的多媒体特性，用户的计算机中一般应安装声卡和CD-ROM驱动器。用户还可以根据自己的需要配置DVD、数字相机、数字摄像机、视频捕捉卡等多媒体设备。

2.6.1 引例

小王很爱学英语，他想把学校广播台的每期英语广播剧都录制到电脑里，有空的时候再放出来听。要实现以上计划，他需要掌握以下知识：

- 多媒体属性的设置。
- 录音机软件的使用。
- 媒体播放器的使用。

2.6.2 多媒体属性设置

多媒体使电脑具有了听觉、视觉和发音的能力，使其变得更加亲切自然、更具人性化，赢得了大多数用户的喜爱。要想充分发挥Windows XP 的多媒体功能，用户就需要先对各种多媒体设备进行设置，使其可以发挥最佳的性能。

1. 设置声音和音频设备

设置声音和音频设备的音频、语声、声音及硬件等，可执行以下操作：

1）单击“开始”按钮，选择“控制面板”命令，打开“控制面板”对话框。

2）双击“声音和音频设备”图标，打开“声音和音频设备属性”对话框，选择“音量”选项卡，如图2-47所示。

在该选项卡中，用户可在“设备音量”选项组中拖动滑块调整音频设备的音量。若选中“静音”复选框，则不输出声音；若选中“将音量图标放入任务栏”复选框，则在任务栏的通知区域中将出现“音量”图标，单击该图标可弹出音量调整框，拖动滑块可调整输出的音量。在“扬声器设置”选项组中单击“扬声器音量”按钮，可打开“扬声器音量”对话框，调整扬声器的音量。

3）选择“声音”选项卡，如图2-48所示。

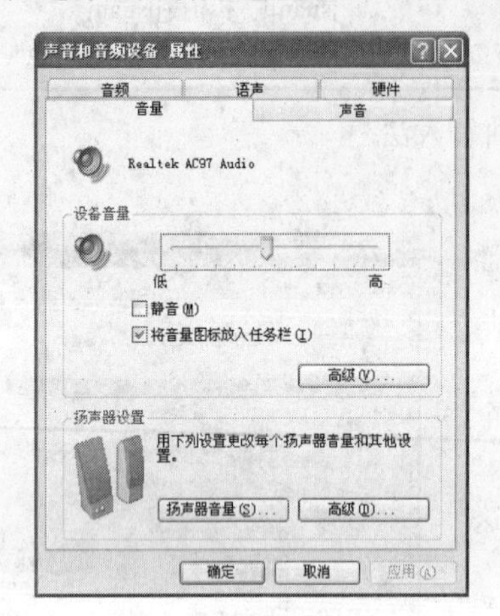

图2-47　“音量”选项卡

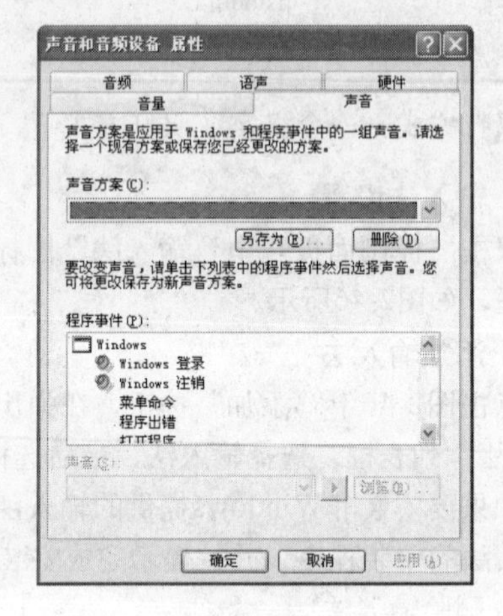

图2-48　“声音”选项卡

在该选项卡中的“声音方案”下拉列表中可选择一种声音方案。在“程序事件”列表框中将显示该声音方案的各种程序事件声音。选择一种程序事件声音，单击“浏览”按钮，可为该程序事件选择另一种声音。单击“应用”按钮，即可应用设置。

4）选择“音频”选项卡，如图2-49所示。

在该选项卡中的“声音播放”选项组中的“默认设备”下拉列表中可选择播放声音的设备；在“录音”选项组中的“默认设备”下拉列表中可选择录音的设备；在“MIDI 音乐播放”选项组中的默认设备下拉列表中可选择播放MIDI 音乐的设备。设置完毕后，单击“确定”按钮即可应用设置。

5）选择“语声”选项卡，如图2-50所示。

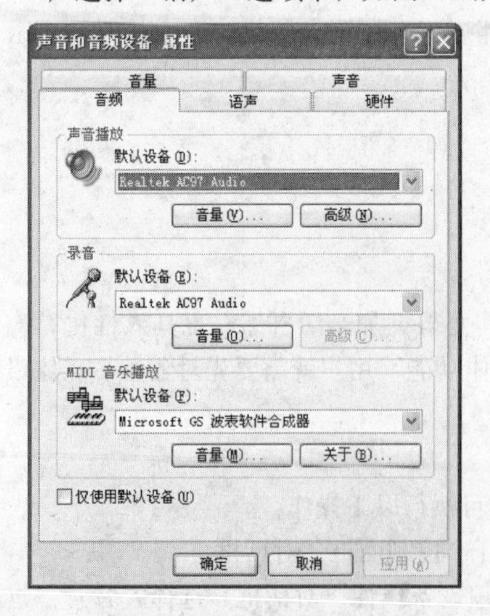

图2-49　“音频”选项卡

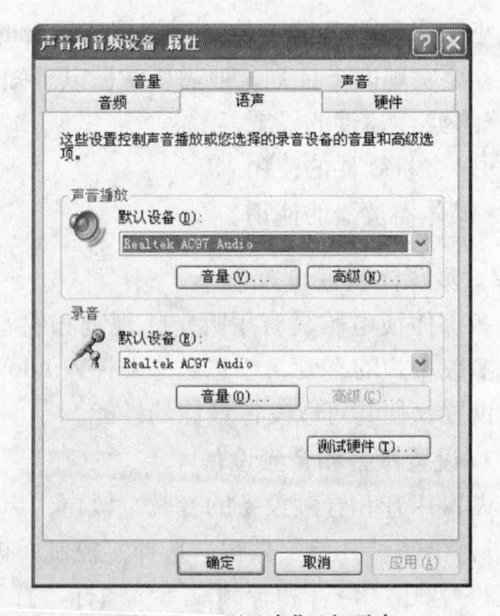

图2-50　“语声”选项卡

在该选项卡中的“声音播放”选项组中的“默认设备”下拉列表中可选择播音的默认设备；在“录音”选项组中的“默认设备”下拉列表中可选择录音的默认设备。单击“测试硬件”按钮，可在弹出的“声音硬件测试向导”对话框中进行录音及播音的测试。

6）选择“硬件”选项卡，如图2-51所示。

在该选项卡中的“设备”列表框中显示了所有声音和音频设备的名称和类型。单击一种声音和音频设备，可在“设备属性”选项组中看到该设备的详细信息。单击“属性”按钮，可查看该设备的属性及详细信息、驱动程序等。单击“应用”和“确定”按钮即可。

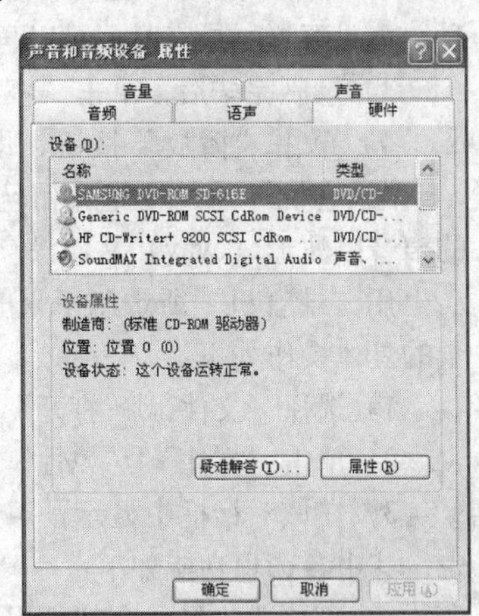

图2-51　“硬件”选项卡

2. 控制音量及录音控制

控制音量及录音控制的具体步骤如下：

1）双击任务栏通知区域中的“音量”图标。

2）打开“音量控制”对话框，如图2-52所示。

3）在该对话框中的“音量控制”选项组中可调整音量控制的平衡、音量；在“波形”、“软件合成器”、“CD唱机”、“路线输入”等选项组中可分别调整其平衡及音量。

4）单击“选项”|“属性”命令，可弹出“属性”对话框，如图2-53所示。

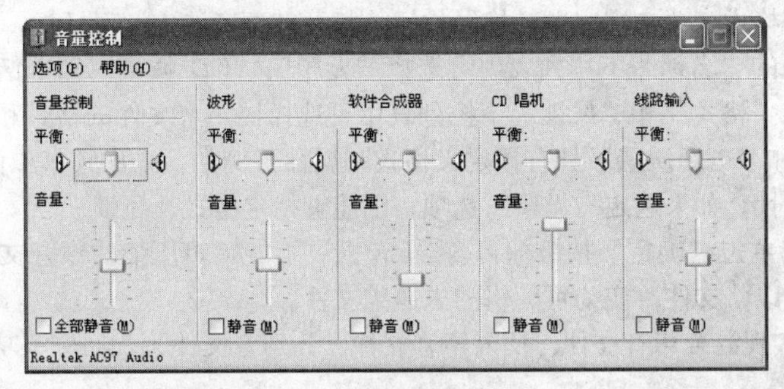

图2-52　“音量控制”对话框

5）在该对话框中的“混音器”下拉列表中可选择混音器。在“调节音量”选项组中选择“播放”选项，出现控制播放音量的“主输出”对话框；若选择“录音”选项，则弹出“录音控制”对话框。

6）在该对话框中可调整录音的各种音频效果的平衡及音量。

7）在“属性”对话框中的“显示下列音量控制”列表框中选中各选项前的复选框，单击“确定”按钮，即可在“音量控制”或“录音控制”对话框中显示该选项。

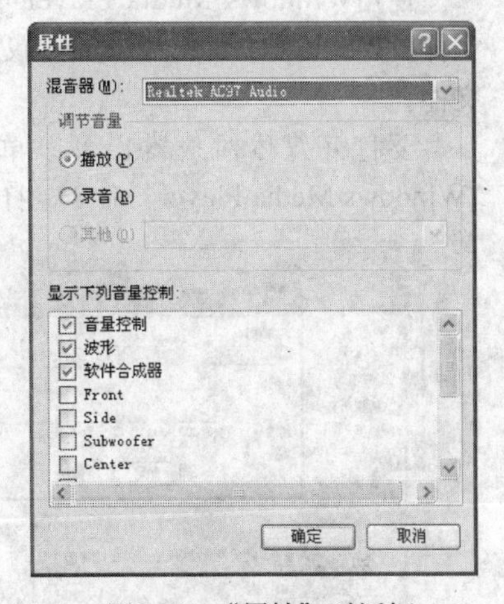

图2-53　“属性”对话框

2.6.3　多媒体附件程序

1. 录音机

使用“录音机”可以录制、混合、播放和编辑声音文件(.wav 文件)，也可以将声音文件链接或插入到另一文档中。

使用“录音机”进行录音的操作如下：

1）单击“开始”按钮，选择“更多程序”|“附件”|“娱乐”|“录音机”命令，打开“声音-录音机”窗口，如图2-54所示。

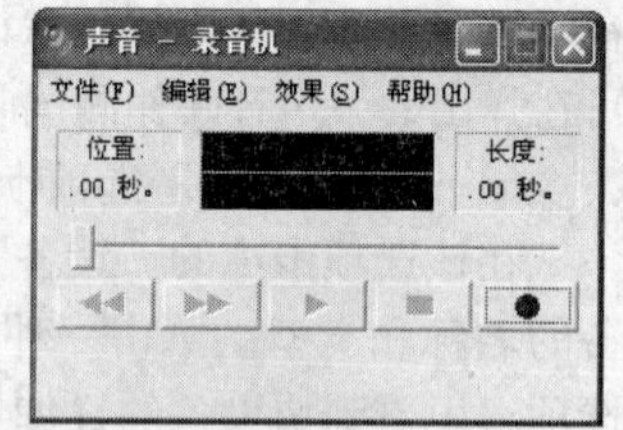

图2-54 “声音-录音机”窗口

2）单击“录音”按钮，即可开始录音。最多录音长度为60秒，如果要增加录音时间可以再次单击“录音”按钮。

3）录制完毕后，单击“停止”按钮即可。

4）单击“播放”按钮，即可播放所录制的声音文件。

“录音机”通过麦克风和已安装的声卡来记录声音。所录制的声音以波形（.wav）文件保存。

用“录音机”所录制下来的声音文件，用户还可以调整其声音文件的质量。调整声音文件质量的具体操作如下：

1）选择“文件”|“打开”命令，双击要进行调整的声音文件。

2）单击“文件”|“属性”命令，打开“声音文件属性”对话框。

3）在该对话框中显示了声音文件的具体信息，在“格式转换”选项组中单击“选自”下拉列表，其中各选项功能如下：

- 全部格式：显示全部可用的格式。
- 播放格式：显示声卡支持的所有可能的播放格式。
- 录音格式：显示声卡支持的所有可能的录音格式。
- 选择一种所需格式，单击“立即转换”按钮，打开“声音选定”对话框，如图2-55所示。
- 在该对话框中的“名称”下拉列表中可选择“无题”、“CD 质量”、“电话质量”和“收音质量”选项。在“格式”和“属性”下拉列表中可选择该声音文件的格式和属性。“CD质量”、“收音质量”和“电话质量”具有预定义格式和属性（例如，采样频率和信道数量），无法指定其格式及属性。如果选定“无题”选项，则能够指定格式及属性。
- 调整完毕后，单击“确定”按钮即可。“录音机”不能编辑压缩的声音文件。更改压缩声音文件的格式可以将文件改变为可编辑的未压缩文件。

录音机还可以实现混合声音文件、插入声音文件、为声音文件添加回音等功能。

2. 媒体播放器

使用Windows Media Player可以播放、编辑和嵌入多种多媒体文件，包括视频、音频和动画文件。Windows Media Player不仅可以播放本地的多媒体文件，还可以播放来自Internet 的流媒体文件。

要打开媒体播放器，可以单击“开始”按钮，选择“更多程序”|“附件”|“娱乐”|“Windows Media Player”命令，打开“Windows Media Player”窗口，如图2-56 所示。

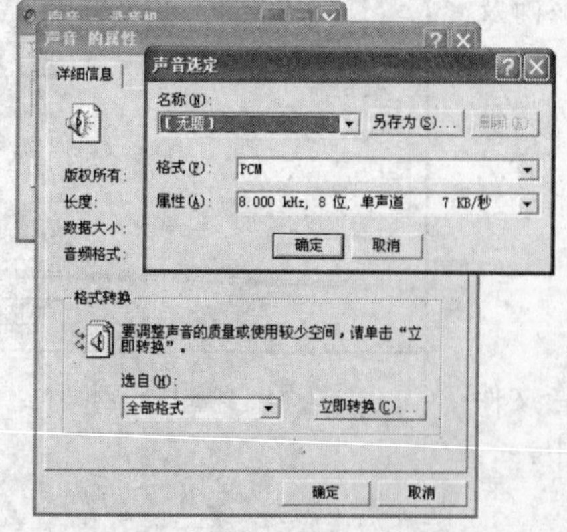

图2-55 “声音选定”对话框

图2-56 媒体播放器

（1）播放多媒体文件、CD唱片

使用Windows Media Player播放多媒体文件、CD 唱片的操作步骤如下：

- 若要播放本地磁盘上的多媒体文件，可选择“文件”|“打开”命令，选中该文件，单击“打开”按钮或双击即可播放。
- 若要播放CD唱片，可先将CD唱片放入CD-ROM驱动器中，单击“CD音频”按钮，再单击“播放”按钮即可。

（2）更换Windows Media Player面板

Windows Media Player提供了多种不同风格的面板供用户选择。要更换Windows Media Player面板，可执行以下操作：

- 打开Windows Media Player 窗口。
- 单击“外观选择器”按钮。
- 在“面板清单”列表框中可选择一种面板，在预览框中即可看到该面板的效果。单击“应用外观”按钮，即可应用该面板。单击“更多外观”按钮，可在网络上下载更多的面板。

（3）复制CD 音乐到媒体库中

利用Windows Media Player 复制CD 音乐到本地磁盘中，可执行以下操作：

- 将要复制的音乐CD 盘放入CD-ROM 中。
- 单击“CD 音频”按钮，打开该CD 的曲目库。
- 清除不需要复制的曲目库的复选标记。
- 单击“复制音乐”按钮，即可开始进行复制。
- 复制完毕后，单击“媒体库”按钮，即可看到所复制的曲目及其详细信息。
- 选择一个曲目，单击“播放”按钮或单击右键在弹出的快捷菜单中选择播放即可播放该曲目，也可在弹出的快捷菜单中选择将其添加到播放列表中，或将其删除。

3. Windows Movie Maker

Windows Movie Maker 是Windows XP新增的一个进行多媒体的录制、组织、编辑等操作的应用程序。使用该应用程序，用户可以自己当导演，制作出具有个人风格的多媒体，并且可以将自己制作的多媒体通过网络传给朋友共同分享。

打开Windows Movie Maker 应用程序，可执行以下步骤：

单击“开始”按钮，选择“所有程序”|“Windows Movie Maker”命令，即可打开Windows Movie Maker 窗口，如图2-57所示。

在该窗口中各项的功能如下：

- 菜单栏：包含了所有的Windows Movie Maker 命令。
- 工具栏：包含了一些经常使用的命令的按钮。
- 收藏目录区：存放了所有打开或导入的多媒体文件。
- 拍摄剪辑|时间表工具栏：拍摄剪辑|时间表的命令按钮。
- 状态栏：显示了当前的状态。
- 拍摄剪辑|时间表：显示剪辑的多媒体文件的剪辑片断或时间表。
- 媒体显示区：在该显示区中可播放选取的多媒体文件。

（1）录制多媒体

制作个性化多媒体的前提是录制了可供加工的多媒体文件素材。录制多媒体文件可执行以下操作：

1）选择“文件”|“录制”命令，或单击工具栏上的“录制”按钮。

2）打开“录制”对话框。

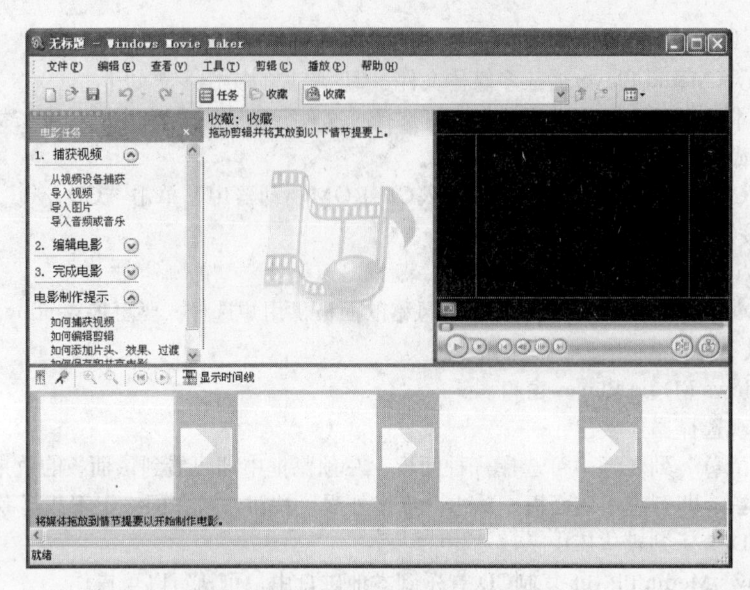

图2-57 Windows Movie Maker 窗口

3）在该对话框中的“录制”下拉列表中可选择“视频和音频”、“只限视频”或“只限音频”选项。若选择“视频和音频”选项，可同时进行视频和音频的录制；若选择“只限视频”或“只限音频”选项，则只可录制视频或音频。

4）在“视频设备”和“音频设备”中显示了所使用的视频和音频设备。单击“更改设备”按钮，可进行更改或配置设备。

5）选定“录制时限”复选框，在其后的文本框中可设定录制的时间；选定“创建剪辑”复选框，可为录制的多媒体文件创建剪辑。

6）在“设置”下拉列表中可选择“低质量”、“中等质量”、“高质量”或“其他”选项，设定录制的视频品质。

7）设置完毕后，单击“录制”按钮，即可开始进行录制。这时“录制”按钮会变成“停止”按钮，单击可停止录制。

8）若想在录制中间撷取影像，可单击“拍照”按钮，将其存储成图片文件。

9）结束录制后，会弹出“保存Windows 媒体文件”对话框。

10）在“文件名”文本框中输入要保存的文件名，单击“保存”按钮即可。

（2）分割剪辑

打开、导入或录制的多媒体文件及导入的图片、录制的声音文件等，还需要进行分割剪辑，以使其可以配合影像的播放。分隔剪辑的具体操作如下：

1）打开要进行分割剪辑的文件。

2）拖动“媒体显示区”中的时间表滑块到要建立分割点的位置，单击“分割剪辑”按钮，即可建立分割点，按该步骤将文件分割为若干个剪辑。

3）选择所需要的剪辑及要和多媒体剪辑文件同时播放的声音文件，单击“剪辑”|“添加到情节提要时间线”命令，将需要的剪辑和声音文件添加到“拍摄剪辑栏时间表”中。

4）调整多媒体文件剪辑和声音文件的长度，使其可以同步。

2.7 磁盘管理

Windows XP中有关磁盘格式化、复制和重命名等操作都可以通过“我的电脑”或“资源管理器”完成，如图2-58所示。

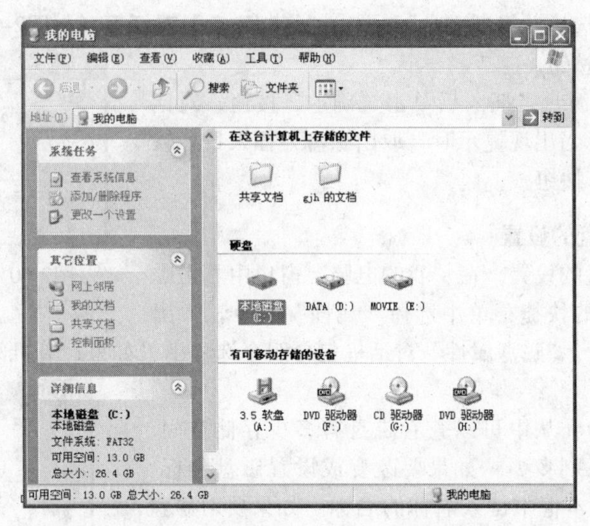

图2-58 “我的电脑”中的磁盘图标

2.7.1 引例

小王要把老师的课件复制回去，可是他不知道自己的U盘有没有足够的剩余空间。小李想把硬盘格式化。要完成上面的任务，他们需要掌握以下知识：

- 磁盘属性的浏览。
- 磁盘格式化。

2.7.2 磁盘格式化

通常，新磁盘在使用前必须先格式化(当然有些磁盘出售前已被格式化过了)。格式化磁盘是对磁盘的存储区域进行一定的规划，以便计算机能够准确地在磁盘上记录或提取信息。格式化磁盘还可以发现磁盘中损坏的扇区，并标识出来，避免计算机向这些坏扇区上记录数据。

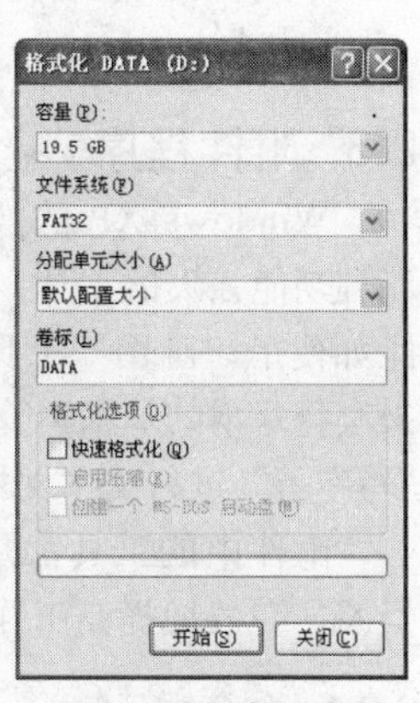

图2-59 磁盘格式化

格式化磁盘的步骤如下：

1）从桌面上打开“我的电脑”窗口。

2）右击要格式化的磁盘（如A盘）。

3）从快捷菜单中选择“格式化”命令，弹出如图2-59所示的对话框。

4）从“容量”下拉选单中选择要格式化的软盘大小。

5）从“格式化选项”中选择要格式化的类型。格式化类型有以下几种：

- 快速格式化：不对磁盘坏扇区进行扫描的情况下格式化磁盘，主要是为了加快格式化的速度，执行的操作类似于把磁盘中的文件全部删除。这种方法不能用于未被格式化过的磁盘。
- 压缩：可以压缩磁盘，或使用磁盘的可用空间创建新的压缩驱动器。

6）如果要命名驱动器，在“卷标”文本输入框中输入驱动器名称。

7）选择磁盘的文件系统。

8）单击“开始”按钮，系统开始进行磁盘格式化。

2.7.3 软盘复制

要为软盘做备份或者与他人共享数据，那么必须复制软盘，方法为：

1）从桌面上打开“我的电脑”窗口。

2）右击要复制的软盘。

3）从快捷菜单中选择“复制磁盘”，弹出“复制磁盘”对话框（如图2-60所示）。

4）单击“开始”按钮。

5）系统提示插入源盘。插入后单击“确定”按钮，对话框下会显示复制进度。当出现提示时，取出源盘并插入目标软盘，然后单击“确定”按钮。

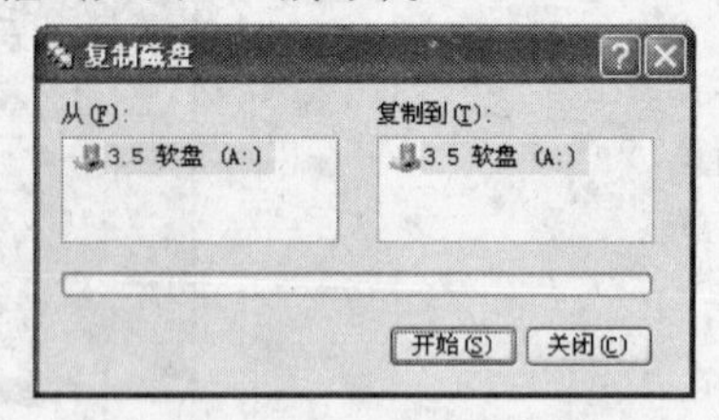

图2-60 “复制软盘”对话框

2.7.4 浏览和改变磁盘的设置

要浏览和改变磁盘的设置，在“我的电脑”窗口中右击磁盘（如C盘），从弹出的快捷菜单中选择“属性”命令，弹出如图2-61所示的对话框。“磁盘属性”对话框包含四个选项卡（如果计算机没有安装网卡，将没有“共享”选项卡）：

- “常规”选项卡：从中可以查看磁盘有多少存储空间，用了多少以及还剩多少。如果要改变或设置磁盘卷标，请从“卷标”文本框中键入卷标的名称。如果要对磁盘进行整理，请单击“磁盘清理”按钮。
- “工具”选项卡：从中可以进行磁盘的诊断检查、备份文件或整理磁盘碎片以提高访问速度。
- “硬件”选项卡：可以设置或察看磁盘硬件属性。
- “共享”选项卡：设置磁盘、文件夹在网络中的共享方式。

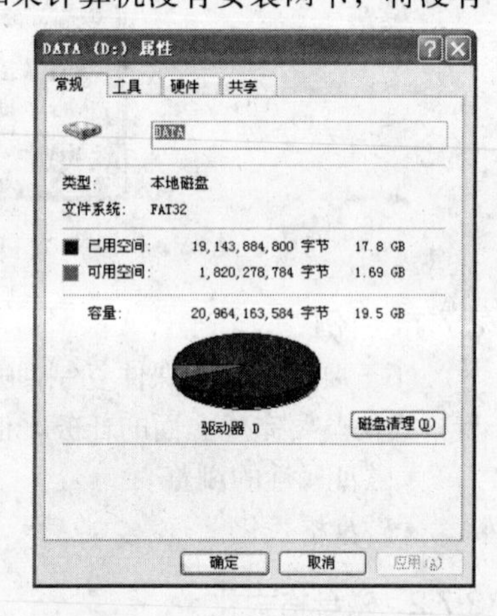

图2-61 “磁盘属性”对话框

2.8 附件程序

Windows XP 的“附件”程序为用户提供了许多使用方便而且功能强大的工具，当用户要处理一些要求不是很高的工作时，可以利用附件中的工具来完成，比如使用“画图”工具可以创建和编辑图画，以及显示和编辑扫描获得的图片；使用“计算器”来进行基本的算术运算，如果在“查看”菜单中选择“科学型”，还可以进行二进制的运算；使用“写字板”进行文本文档的创建和编辑工作。

附件中的工具都是非常小的程序，运行速度比较快，这样用户可以节省很多的时间和系统资源，有效地提高工作效率。可以从“开始”菜单|“所有程序”|“附件”中运行这些程序。

2.8.1 命令提示符

Windows图形界面的诞生，大大地增加了操作计算机的直观性和趣味性，使人们摆脱了DOS命令行的枯燥工作方式。但围绕DOS操作系统已经开发了数量巨大的应用程序，其中不乏优秀之作，如何继续使这些程序充分利用，是微软公司开发Windows类产品时必须考虑的问题。Windows XP提供了对DOS程序的完美支持。“命令提示符”也就是Windows 95/98 下的“MS-DOS 方式”。

要启动“命令提示符”窗口，既可以从附件菜单进入，也可以打开“开始”菜单，单击“运行”命令，在弹出的“运行”对话框中输入 “cmd” 命令，如图2-62所示。此时就弹出如图2-63所示的“命令提示符”窗口。可以看到其中的命令行中有闪烁的光标，用户可以直接输入各种命令。关闭一个“命令提示符”窗口，只要“命令提示符”窗口中直接输入“exit”命令并按下回车键就关闭了。在窗口模式下还可以按关闭程序窗口的方法退出“命令提示符”窗口。

可以通过按下“Alt＋Enter”快捷键在会话窗口和全屏幕显示方式间切换。在“命令提示符”窗口可以输入各种系统命令，也可以运行程序。

图2-62 运行窗口

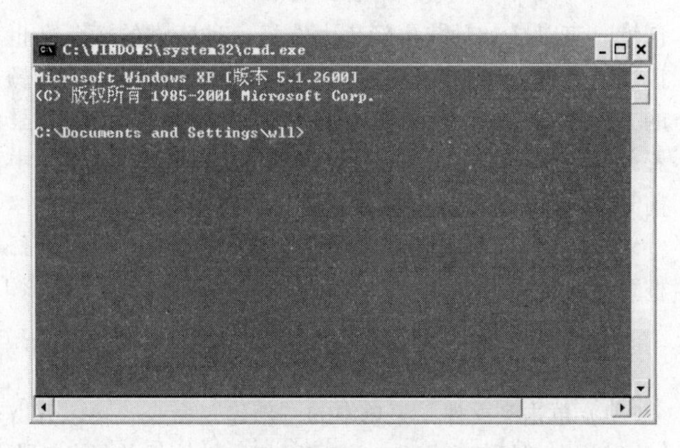

图2-63 CMD窗口

2.8.2 画图程序

“画图”程序是中文Windows XP 中的一个图形处理应用程序，它除了有很强的图形生成和编辑功能外，还具有一定的文字处理能力。

1. 启动“画图”程序

启动“画图”程序的步骤为：单击“开始”按钮，将指针依次指向“程序” | “附件”，然后单击“画图”。“画图”程序的窗口如图2-64所示。

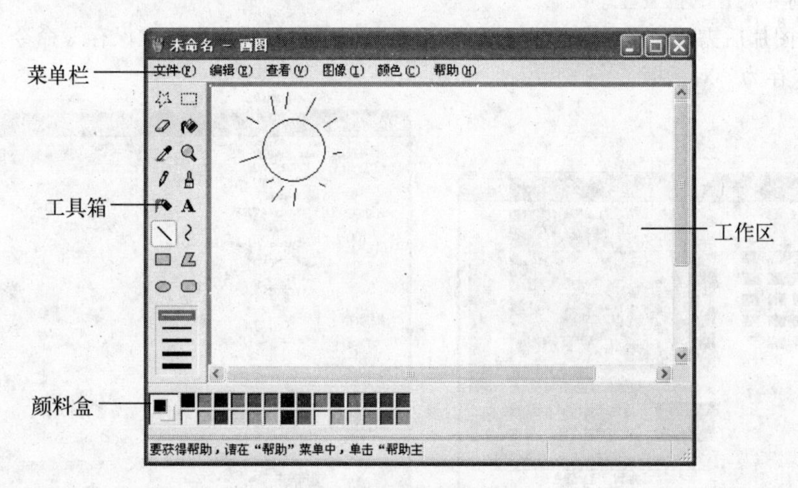

图2-64 “画图”程序窗口

2. “画图”程序功能简介

同其他应用程序窗口一样，“画图”程序窗口的最上面为标题栏，标题栏的下面为菜单栏，菜单栏中包含了完成画图工作所需的所有命令。在窗口的最下面为“状态栏”，“状态栏”提供当前操作的帮助信息。

窗口中间的空白部分为“工作区”，是进行绘画的地方。工作区边上有大小调整控制点，将鼠标指针指向该位置，当光标变成双箭头时，按住鼠标左键拖动可以改变工作区的大小。当工作区很大，“画图”窗口不能完全显示时，“画图”窗口的下边和右边就显示水平和垂直滚动条。可以拖动滚动条来浏览看不见的区域。

工作区的下面是“颜料盒”，颜料盒包含了各种颜色。如果对提供的颜色不满意，还可以更改其中的颜色。方法是：用鼠标左键双击想要改变的颜色，这时出现如图2-65所示的“编辑颜色”对话框。可以从48种基本颜色中选择一种所需的颜色。也可以单击“规定自定义颜色”按钮，通过设置“色调”、“饱和度”、“亮度”的值自己设定一种颜色。颜料盒的左侧有两个小方框，左上面的方框显示当前的前景色，右下面的方框为当前的背景色。在绘图时，可以随时根据绘图需要设置前景色和背景色。方法是：将鼠标指针指向颜料盒中需要的颜色上，单击鼠标左键将其设置为前景色；单击鼠标右键将其设置为背景色。

“工具箱”包含“画图”程序提供的各种工具。将鼠标指针指向工具盒中的某个工具，等待1秒钟左右将会出现该工具的中文名称，这样可以了解该工具的功能。

3. 创建图片

创建一幅图片的步骤举例说明如下：

1）单击“文件”菜单中的“新建”命令，可以开辟一个空白的工作区。

2）在“颜料盒”中，使用鼠标左键选择前景色，右键选择背景色。

3）在“工具盒”中，选择绘图工具，例如，要画直线，单击“直线”工具，然后在工具盒下面的工具属性框中选择直线的宽度。

4）在“工作区”中，单击鼠标左键不放并移动，就画了一条直线。

5）如果要复制图片的某一部分，先使用“工具箱”中的“裁剪”或“选定”工具来选定要复制部分，单击“编辑”菜单中的“复制”命令，将选定的图片复制到剪贴板中，然后单击“编辑”菜单中的“粘贴”命令，将它粘贴到“画图”中，被粘贴的图片显示在工作区的左上角，可以使用鼠标将它拖到要放置的位置上。

6）创建好图片后需要将图片保存到磁盘上，单击“文件”菜单中的“保存”命令，出现如图2-66所示的“保存为”对话框。

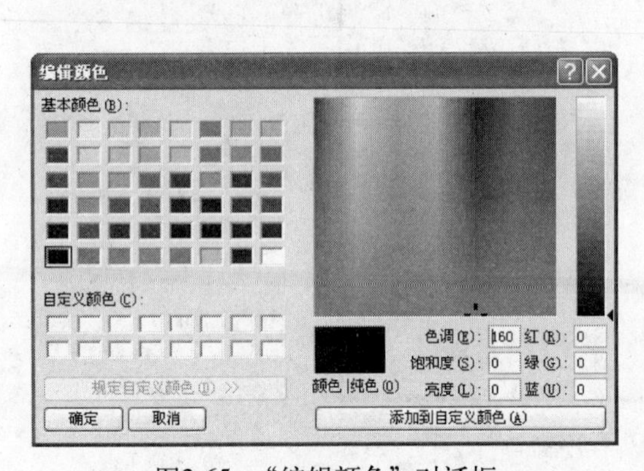

图2-65 “编辑颜色”对话框

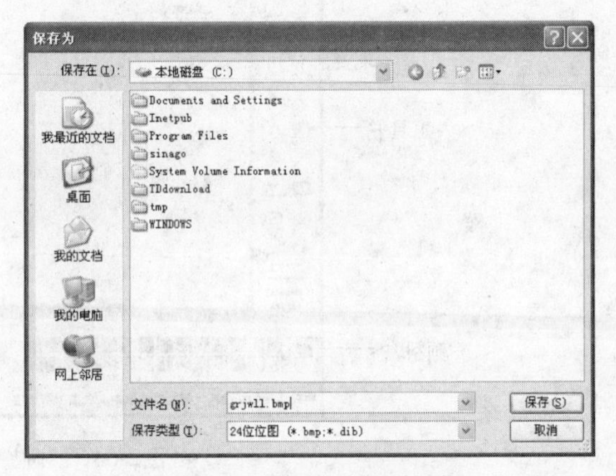

图2-66 “保存为”对话框

7）在“保存在”下拉式列表框中选择图片保存在哪个磁盘上，再在中间的列表框中指定文件夹；在“文件名”框中，输入图片的名称；在“保存类型”框中，根据图片包含颜色多少选择一种文件类型。

8）单击“保存”按钮，保存创建的图片。

对于一个已有的位图文件，可以通过单击“文件”菜单的“打开”命令打开它，然后对它进行编辑。

2.9 Windows 7新特征

微软新一代操作系统Windows 7于2009年10月22日正式在全球发售，以取代于2006年11月8日开发完成的，但生不逢时的Windows Vista。与Windows Vista相比，Windows 7在界面、兼容性和安全性等方面都有了很大的提升。

2.9.1 任务栏

Windows 7的任务栏（如图2-67所示）给人最直观的变化就是，“显示桌面”放到了任务栏的最右边，而且取消了Windows XP的快速启动栏。Windows 7的整个任务栏就是一个快速启动栏，我们可以把常用的程序像用别针一样别在任务栏上，想用时，只需在任务栏点击图标就可以启动了。将程序图标锁定到任务栏的方法是：右击任务栏上的程序图标，或者右击资源管理器中的程序文件图标，在弹出的快捷菜单中选择“将此程序锁定到任务栏”命令即可。

图2-67　Windows 7的桌面和任务栏

Windows 7的任务栏依然可以移动到桌面任意一边，而且微软专门针对竖版进行了优化，以方便宽屏用户对竖版的使用。Windows 7的系统托盘支持定制，如果插入了U盘，没有在托盘显示状态，可以通过托盘的自定义设置显示其图标。

在Windows 7中，用户可以把窗口粘到桌面边上，当我们把窗口拖动到桌面顶部时，窗口会自动进行最大化。尤其当我们对比文档时，就会发现这个功能很实用，将其中一个窗口拖到屏幕最左侧，再将另外一个窗口拖动到屏幕最右侧，即可进行对比。

2.9.2 资源管理器窗口

Windows 7中，对文件夹窗口布局进行了全新设计，例如：①用户可以通过滑块自由选择图标大小；②用户可以以标签形式显示文件路径等，更加方便在不同级文件夹之间切换；③用户可以直接在资源管理器窗口中对当前位置进行快速搜索。如图2-68所示。

图2-68　资源管理器窗口

2.9.3 个性化设置

在桌面上右击鼠标，在弹出的快捷菜单中选择“个性化”命令，弹出如图2-69所示的“个性化”窗口。在Windows 7中可以同时设置多个背景，定时切换。

图2-69 个性化设置窗口

2.9.4 设置家长控制账户

首先，我们要给计算机管理员账户设置密码保护，否则一切设置将形同虚设。

用管理员账户登录计算机，打开控制面板，选择“用户账户和家庭安全”|“添加或删除用户账户”，新建一个被家长控制的账户，该账户只能是标准账户。然后，选择“用户账户和家庭安全”|“家长控制”，选择需要被控制的账号，如图2-70所示。将家长控制设置为“启用”状态。家长控制主要包括3方面的详细内容：“时间限制”、“游戏”和“允许和阻止特定程序”。

- 时间限制：可设置要阻止或允许玩计算机的时间。
- 游戏：可以按游戏分级设置游戏允许情况，但因为国内目前没有游戏分级规定，所以如果某些游戏无法设置分级阻止，可以使用特定游戏阻止方式。
- 允许和阻止特定程序：只允许运行指定的程序。

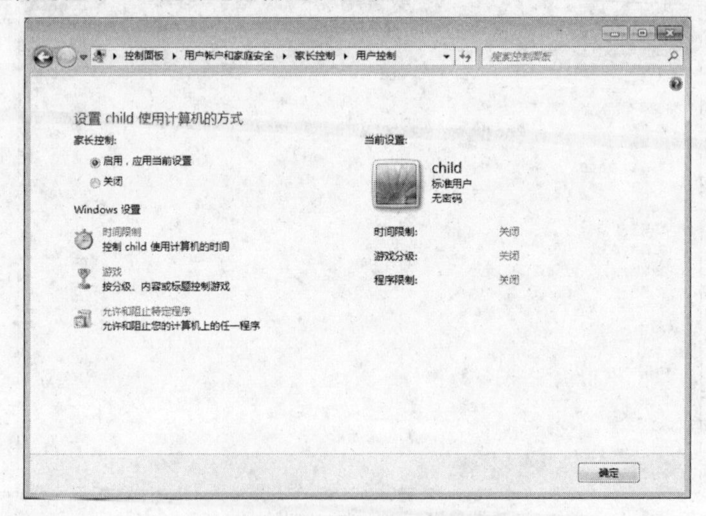

图2-70 家长控制窗口

2.9.5 日期和时间设置

打开控制面板，选择“时钟、语言和区域”|“更改时间、日期或数字格式”。选择“格式”选项卡，在“日期和时间格式”组中分别对时间、日期的格式进行修改，如图2-71所示。若要进行详

细的修改，可以单击下方的“其他设置”按钮。

单击计算机右下角任务栏中的时间，在弹出的日期和时间框中单击“更改日期和时间设置”按钮，弹出“日期和时间”对话框。选择“Internet时间”标签，如图2-72所示，单击“更改设置”按钮，在弹出的对话框中勾选“与Internet 时间服务器同步”复选框，即可自动对时。

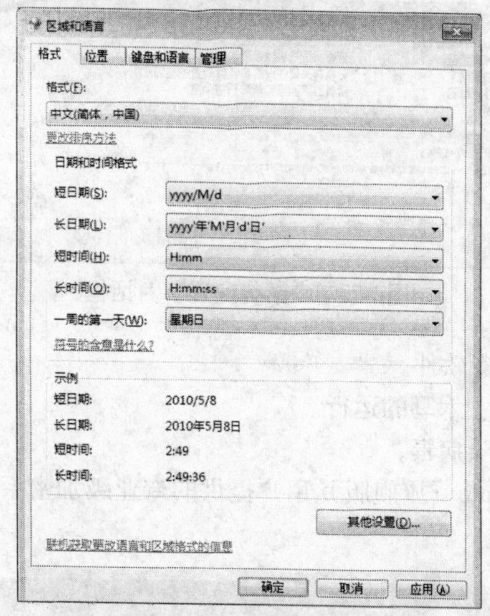

图2-71 “区域和语言”对话框

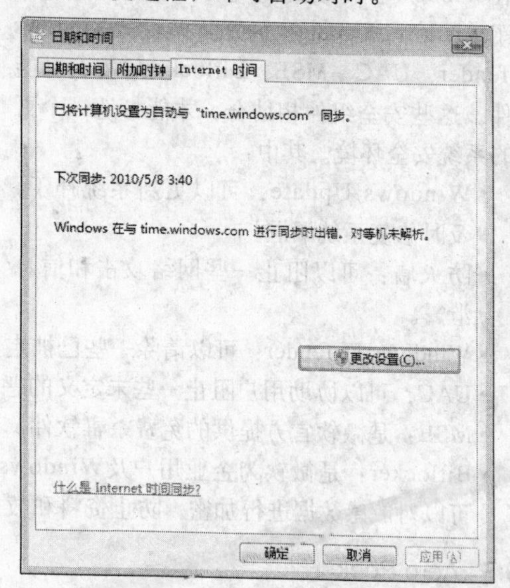

图2-72 “日期和时间”对话框

2.9.6 用户账户控制

用户账户控制（User Account Control, UAC）是微软在Windows Vista和Windows 7中引用的新技术，它的主要功能是当程序进行一些影响系统安全的操作时，会自动触发UAC，用户确认后才能执行此操作。这样做可防止大部分的恶意软件、木马病毒和广告插件等进入计算机。

能够触发UAC的操作包括以下几项：

- 修改Windows Update配置。
- 增加或删除用户账户。
- 改变用户的账户类型。
- 改变UAC设置。
- 安装ActiveX。
- 安装或卸载程序。
- 安装设备驱动程序。
- 修改和设置家长控制。
- 增加或修改注册表。
- 将文件移动或复制到Program Files或Windows目录中。
- 访问其他用户目录。

微软从Windows Vista开始加入了UAC，但这也成了用户对Vista不满的原因之一，用户对这种动不动就弹出来，同时还会锁定屏幕的方式很厌恶。所以微软在Windows 7中加入了UAC的等级设置功能。要更改UAC设置，可打开控制面板，选择“系统和安全”|“管理工具”|“系统配置”选项，弹出如图2-73所示的“系统配置”对话框。单击“工具”标签，选择“更改UAC设置”选项，再单击右下角的“启动”按钮，在弹出的对话框中拖动滑块即可进行设置。如果用户不喜欢UAC功能，可以选择“从不通知”选项来关闭UAC功能。

虽然UAC对经常安装软件的用户来说很烦，但UAC的作用却不容小觑。在木马病毒变种越来越多、越来越快的今天，我们越来越需要一些全方位的系统防护软件对计算机进行保护。微软在Windows 7中更好地完善了安全机制，提供了Windows Update、内置防火墙、Windows Defender、UAC、MSE、Bitlocker等安全功能组件。这些安全组件相结合，才能打造一个更好的系统安全环境。其中：

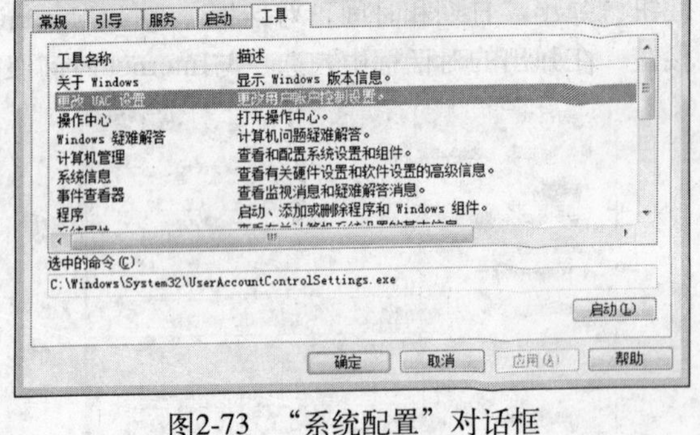

图2-73 “系统配置”对话框

- Windows Update：可以更新系统补丁，及时修复系统漏洞。
- 防火墙：可以阻止一些网络攻击和信息泄露。
- Windows Defender：可以清除一些已被定义的恶意软件。
- UAC：可以协助用户阻止一些未定义的恶意软件、木马的运行。
- MSE：是微软官方提供的免费杀毒软件，可以清除病毒。
- Bitlocker：是微软为企业用户及Windows Ultimate（旗舰版）用户提供的专业级加密系统，可以对敏感数据进行加密，防止资料和数据外泄。

2.9.7 Aero Peek

Aero Peek是Windows 7中Aero桌面提升的一部分，通过Aero Peek，用户可以透过所有窗口查看桌面。当鼠标移到任务栏的“显示桌面”上时，所有打开的窗口都将变得透明，只剩一个框架。这样一来，用户就可以轻松看到桌面了。如图2-74所示。

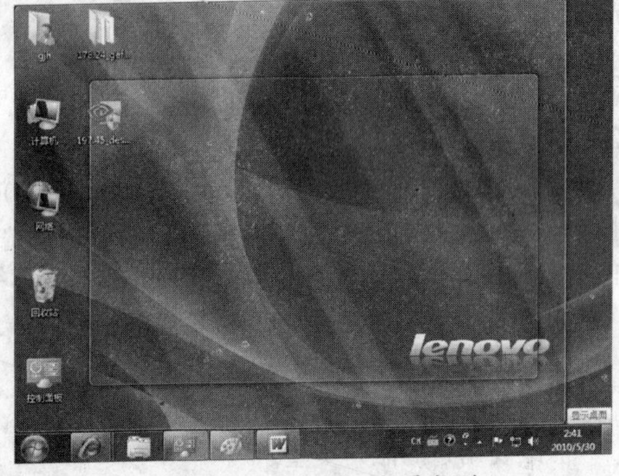

图2-74 Aero Peek查看桌面

要打开或关闭Aero Peek功能，可在任务栏空白处右击鼠标，在弹出的快捷菜单中选择“属性”选项。然后在打开的对话框中进入“任务栏”选项卡，勾选或取消“使用Aero Peek预览桌面”复选框即可。

2.9.8 新工具

1. 问题步骤记录器

Windows 7有一个安全检查工具——问题步骤记录器（PSR），运行“PSR”命令可将其打开。问题步骤记录器是一款记录所有行动的截屏软件，包括按键和鼠标单击等，甚至用户浏览保存网页的先后顺序都可以记录，同时用户可以添加问题描述的注释，如图2-75所示。

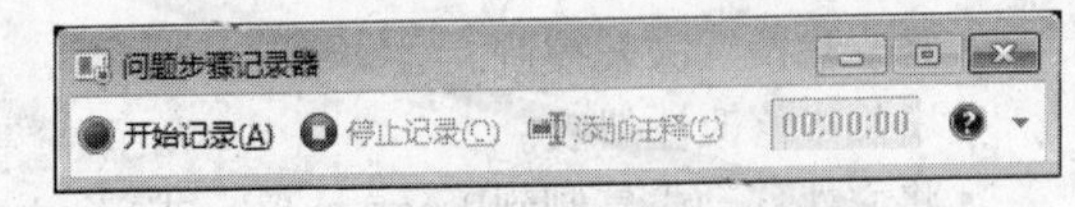

图2-75 问题步骤记录器

2. 光盘镜像刻录机

ISO镜像文件是一种经常被用作软件发布的光盘镜像文件。在Windows 7中，现在无需下载第三方软件就可以进行ISO镜像文件刻录了。刻录过程很简单，双击要刻录的ISO文件，Windows 7即可自动打开刻录光盘镜像的对话框，如图2-76所示。

3. 投影仪切换

使用该工具，用户在使用投影时，即可快速地更改桌面展示屏幕。只需按下“Win + P”快捷键，就会弹出如图2-77所示的窗口，这时不要松开“Win”键，根据自身的需求间断性地按下“P”键，切换到希望显示的项就可以了。

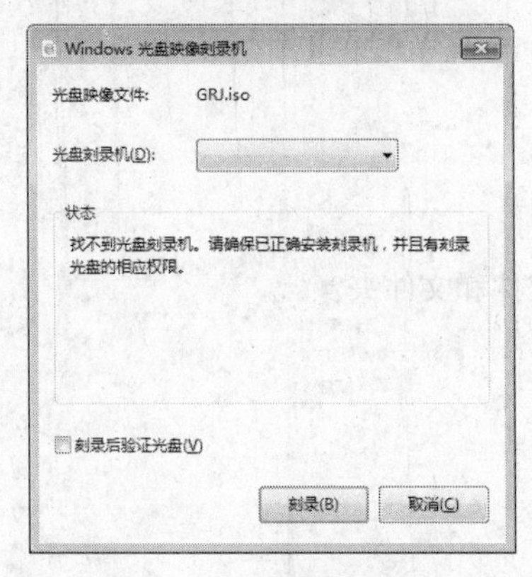

图2-76 光盘镜像刻录机

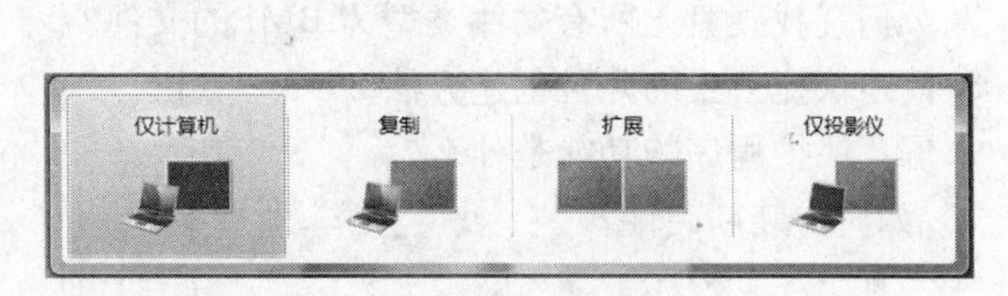

图2-77 投影仪切换

其中，第一项是默认设置，仅计算机显示；第二项为复制，使投影仪展示和计算机屏幕同样的内容；第三项为扩展设置，可以将计算机扩展为两个屏幕；第四项为仅投影仪显示。

4. Clear Type文本调谐器

用户如果每天需要用大量时间看显示器，那么显示文本的设置就非常重要。Windows 7提供了Clear Type文本调谐器来帮助用户设置屏幕显示参数。

打开控制面板，选择“外观和个性化”中的“调整Clear Type文本”，或者直接运行“cttune.exe”命令，打开如图2-78所示的窗口。

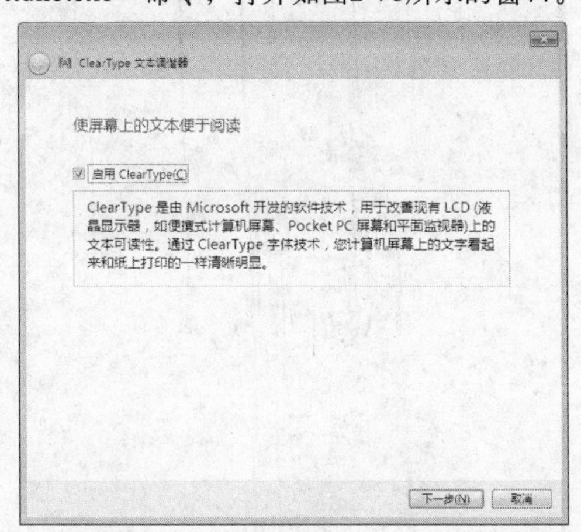

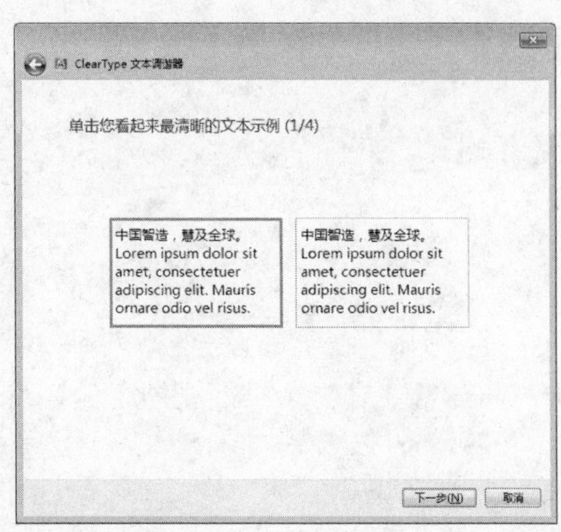

图2-78 “Clear Type”文本调节

使用Clear Type文本调谐器，用户可以根据自己的体验选择最佳的文本显示效果。

本章小结

本章介绍了使用Windows XP操作系统的主要内容，从基本知识、管理文件和文件夹、控制面板、中文操作处理、多媒体、磁盘管理和附件程序等多个方面进行了详细的讲解。另外，还介绍了微软最新版本操作系统Windows 7的主要新特征。通过对本章的学习，用户能熟练地掌握流行的

Windows XP和Windows 7系统的使用，了解操作系统的有关概念，为以后各章的学习打下良好的基础。

思考题

1. 简述Windows XP的特点。
2. 如何退出Windows XP，为什么不能直接关闭电源？
3. 简述任务栏上的各个组成元素及其功能。
4. 简述窗口和对话框的组成元素。
5. 在Windows XP中有哪几种运行应用程序的方法？
6. 如何在“资源管理器”中复制、删除、移动、重命名文件和文件夹？
7. 如何查找硬盘上所有文件类型为.BMP的文件？
8. 简述快捷方式的几种创建方法。
9. 屏幕保护程序的功能是什么？
10. 如何安装新硬件？

第3章　字处理软件Word 2007

计算机作为信息处理的工具已经广泛应用于社会的各个领域，文字处理是计算机应用最普及的功能之一，字处理软件Word 2007是微软公司Office 2007系统的一个组件，深受广大计算机用户的喜爱。

本章将详细介绍如何创建、保存一个Word 2007文档，如何编辑文档，如何美化文档以及如何打印文档等基本编辑操作。

3.1　Word 2007概述

Word是微软公司推出的Windows系统下的字处理软件，其版本从最初的Word 5.0、Word 6.0发展到现在的Word 2007、Word 2010。Word 2007和Word 2010的界面与以前版本的界面差别很大，在功能上也更完善、更丰富。

3.1.1　Word 2007的特点

除了具备文字处理软件的基本功能外，Word 2007还有以下特点。

1. 全新的界面

在Word 2007用户界面中，传统的菜单和工具栏被功能区所取代。功能区是一种将组织后的命令呈现在一组选项卡中的设计。功能区上的选项卡显示与应用程序中每个任务区最相关的命令。由于功能区对功能加以组织和呈现，与人们的工作方式直接对应，因而可以方便、轻松地查找所需的功能。简化的屏幕布局和面向结果的动态库使用户能够把更多精力放在工作上。

此外，根据工作状态出现的上下文选项卡，使工作区环境简洁、明了，用户能够将更多的时间和精力放在文档处理上。

2. 实时预览

不同的格式设置会有不同的显示效果，以前想要查看哪一种效果最好，需要一个一个地分别设置。如今，当鼠标指针移到相关选项上时，“实时预览”功能就会启动，直接在文档中动态地显示对应的效果。看到理想的预览结果后，再单击鼠标，即可应用适合的样式，节省了时间和精力。

3. 新的文件格式

在Word 2007、Excel 2007和PowerPoint 2007中引入了新的文件格式，新的格式提高了文件的安全性，减小了文件损坏的可能性，同时减小了文件大小。由于Word 2007文档完全支持XML格式，因此文件也可直接发送至博客或Wiki（百科全书）中。

4. 图示库

借助全新的图示库（SmartArt）图形和图表功能，用户可以在短时间内快速创建具有视觉冲击力效果的文档，不仅专业，而且精美。SmartArt图示库中的各种图示是按类型进行划分的，用户可以轻松找到并创建需要的样式，也可以将已有的SmartArt直接转换为一个新的样式。应用了某个样式后，还可以自定义其颜色、动画、效果（例如阴影、棱台和发光等）等。

5. 共享文档

Word 2007还提供了多种与他人共享文档的方法，用户可以在没有第三方工具的情况下将Word文档转换成PDF或XPS格式的文件。

3.1.2 Word 2007的启动与退出

1. 启动Word 2007

Word 2007是一个典型的Windows应用程序，其启动方法与启动其他应用程序的方法相同，这里简要介绍三种常用的方法：

方法一：单击“开始”按钮，在“开始”菜单中选择“程序”中的Microsoft Word 2007选项。

方法二：双击桌面上的Word 2007快捷图标。

方法三：双击一个已经存在的Word 2007文档。

2. 退出Word 2007

退出（关闭）Word 2007的方法同退出其他应用程序的方法是一样的，请查看第2章的有关内容，这里简要介绍三种常用的方法：

方法一：单击Word 2007窗口右上角的“关闭”按钮。

方法二：单击Word 2007窗口左上角的Office按钮，在打开的下拉菜单中选择“关闭”选项。如图3-1所示。

方法三：在Office按钮下拉菜单中单击“退出Word”按钮。

注意，在Office按钮下拉菜单中选择“关闭”选项，将关闭当前的Word文档；单击“退出Word”按钮，可关闭所有打开的Word文档。

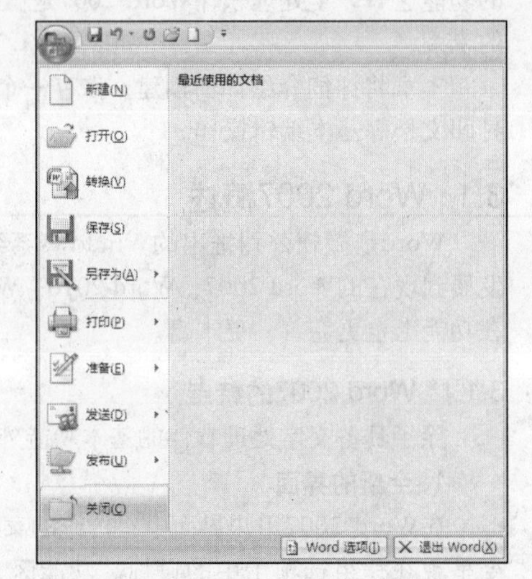

图3-1 Office按钮下拉菜单

3.1.3 Word 2007界面

启动Word 2007后，屏幕上显示Word 2007界面，如图3-2所示。Word 2007界面由Office按钮、标题栏、功能区、快速访问工具栏、编辑区、标尺、滚动条和状态栏组成。

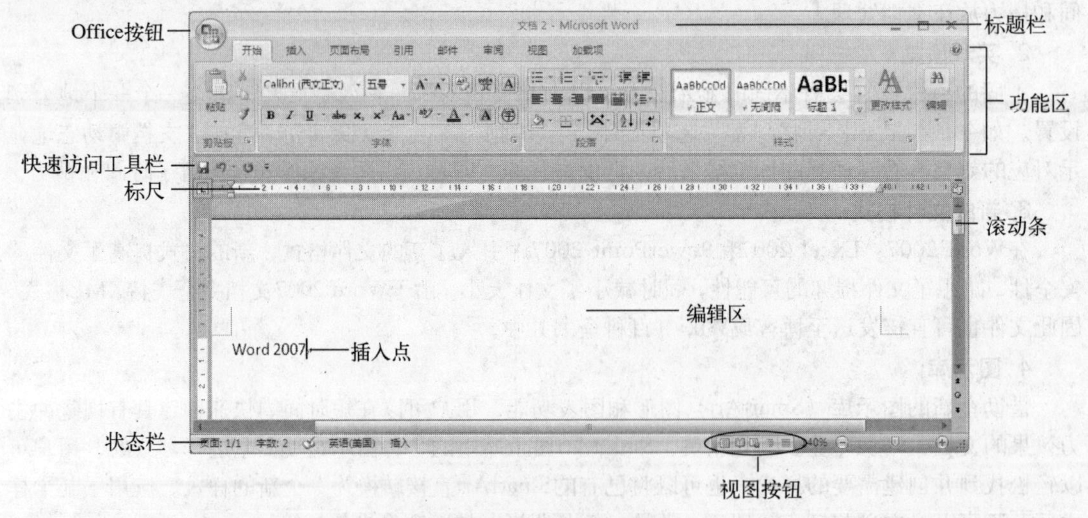

图3-2 Word 2007界面

（1）标题栏

标题栏位于界面的最顶部，显示正在编辑的文档名和应用程序名（Microsoft Word）。

（2）Office按钮

Office按钮位于Word 2007窗口界面的左上角。单击Office按钮将显示Office菜单，其中集合了“新建”、“打开”、“保存”、“另存为”和“打印”等常用命令，还可以显示最近使用的文档列表。

（3）快速访问工具栏

第一次使用Word 2007时，快速访问工具栏显示在Office按钮的右侧，其默认命令按钮有“保存”、“撤销”和“恢复”。如图3-3所示。

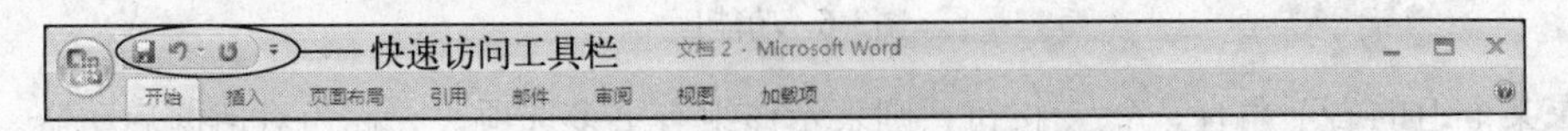

图3-3　快速访问工具栏

快速访问工具栏上显示的命令始终可见，所以使用很方便，在工作中经常使用的命令都可以添加到快速访问工具栏上。例如，使用Word 2007时，经常要“新建”一个文档，如果不习惯每次都单击Office按钮，再单击“新建”命令，可以将“新建”命令添加到快速访问工具栏上。具体步骤是：单击Office按钮显示出Office菜单后，右键单击“新建”选项，在弹出的快捷菜单中单击“添加到快速访问工具栏”选项。如图3-4所示。

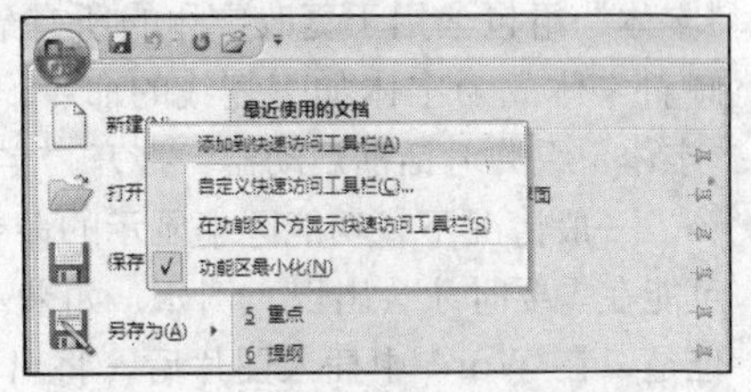

图3-4　添加“新建”按钮到快速访问工具栏

如果要删除快速访问工具栏上的某个按钮，可右键单击该按钮，然后在弹出的快捷菜单中单击“从快速访问工具栏删除”选项。

单击快速访问工具栏右侧的▾按钮，弹出“自定义快速访问工具栏”，如图3-5所示，“自定义快速访问工具栏”中“保存”、“撤销”、“恢复”命令前面有选中标志，表示这些命令已经显示在快速访问工具栏中了，如果需要将其他的命令添加到快速访问工具栏中，只需要单击相应的命令即可。

如果单击“在功能区下方显示”选项，可将快速访问工具栏放到功能区的下方。如图3-2所示，快速访问工具栏就显示在功能区的下方。

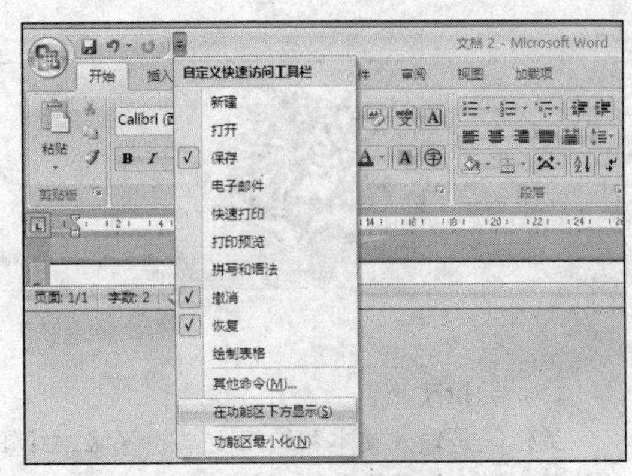

图3-5　自定义快速访问工具栏

（4）功能区

功能区由选项卡、组和命令3个基本部分组成。

选项卡横跨在功能区的顶部。Word 2007中有“开始”、“插入”、“页面布局”等选项卡，如图3-6所示。每个选项卡都代表着一组核心任务。双击活动选项卡，组就会隐藏，编辑区的范围就会更大，可以在屏幕上显示更多的文档内容；如果需要再次使用组中的命令，则双击选项卡，组就会重新显示。

组显示在选项卡上，是相关命令的集合，它将执行某种任务的所有命令汇集在一起，并保持显示状态且易于使用。

命令是按组来排列的，它可以是按钮、菜单或者输入信息的框。

例如，Word 2007中的第一个选项卡是“开始”选项卡，其次是“插入”选项卡、“页面布局”选项卡等。Word的主要任务是撰写文档，因此，“开始”选项卡上的命令是用户在撰写文档时最常用的那些命令，“字体”组中中包含字体格式设置命令，“段落”组中包含段落格式设置命令，“样式”组中包含了不同的文本样式。

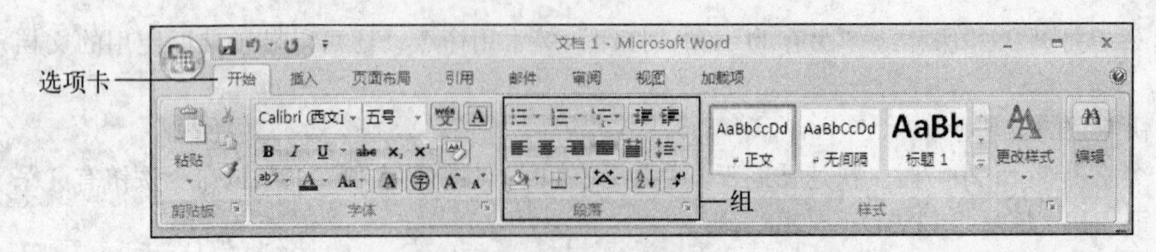

图3-6 功能区

如果某个组的右下角有一个 按钮，则表示该组有更多选项，它称为对话框启动器。单击该按钮，将弹出一个带有更多命令的对话框或任务窗格。例如，在Word 2007中的“开始”选项卡上，“字体”组包含用于更改字体的所有最常用命令，如更改字体和字体大小的命令，以及加粗字体、倾斜字体或为字体加下划线的命令。但是，如果要使用不太常用的选项，例如着重号，则单击“字体”组的对话框启动器，打开“字体”对话框，它包含了着重号和其他与字体相关的选项。

一般情况下，功能区中显示的命令都是最常用的命令，易于用户使用。那些不太常用的命令，可能在需要时才会出现。例如，如果一个Word文档中没有图片，则并不需要用于处理图片的命令。但是，在 Word 中插入图片后，将出现“图片工具”|“格式”选项卡，它包含了用于处理图片所需的命令，如图3-7所示。当完成对图片的处理（没有图片被选中）后，“图片工具”选项卡将会消失。如果想再次处理图片，只需单击图片，“图片工具”|“格式”选项卡会再次出现。

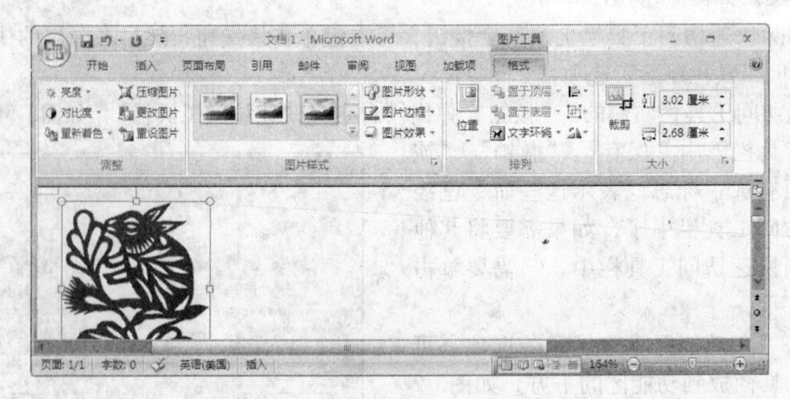

图3-7 图片工具

(5) 编辑区

编辑区是输入文本和编辑文本的区域。编辑区中闪烁的光标称为“插入点”，它表示输入文字的位置。插入点只能在活动窗口中看到。

(6) 标尺

标尺位于编辑区的上方（水平标尺）和左侧（垂直标尺）。利用标尺可以查看或设置页边距、表格的行高和列宽及插入点所在的段落缩进等。

(7) 滚动条和滚动按钮

滚动条有水平方向和垂直方向两组。通过滚动条滚动文档，可以将那些未出现在编辑区中的内容显示出来。

(8) 状态栏和视图栏

状态栏位于Word 2007窗口底部，用于显示当前文档的各种状态以及相应的提示信息。状态栏上显示插入点当前所在的页数及文档总页数、文档总字数、输入法状态、文字输入方式等。在状态栏上单击鼠标右键，将弹出“自定义状态栏”菜单，用户可以自定义状态栏上显示的状态信息。

状态栏的右侧是视图栏，包括视图按钮、当前显示比例和调整显示比例滑块。如图3-8所示。

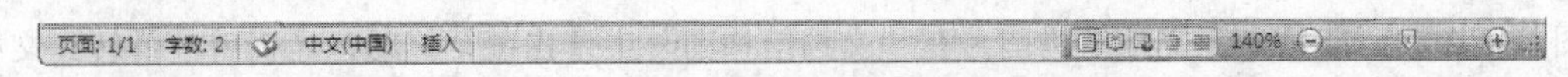

图3-8 状态栏和视图栏

Excel 2007和PowerPoint 2007与Word 2007一样，拥有全新的界面，如Office按钮、快速访问工具栏、功能区、上下文选项卡等，且操作方法相同。在本书相关章节中对此内容不再赘述。

3.1.4 Word文档的视图

视图是指文档在屏幕上的不同显示方式。在不同的视图下，用户可以把注意力集中到文档的不同方面，从而高效快捷地查看、编辑文档。Word 2007提供的视图查看方式有：页面视图、阅读版式视图、Web版式视图、大纲视图和普通视图。

1. 页面视图

页面视图是Word 2007默认的视图，启动Word 2007后，文档的显示方式就是页面视图方式。页面视图可以显示整个页面的分布情况和文档中的所有元素，例如正文、页眉、页脚、脚注、页码、图形、表格、图文框等，并能对它们进行编辑。在页面视图方式下，显示效果反映了打印后的真实效果，即“所见即所得”。

2. 阅读版式视图

阅读版式视图适合于阅读。在这种视图方式下，文档中不再显示选项卡、功能区、状态栏和滚动条，整个屏幕都用于显示文档的内容。

3. Web版式视图

Web版式视图是为了利用Word来制作Web 页面而设计的，用户可以编辑文档，并将文档保存为HTML文件。Web版式视图下的显示效果与在 Web 或 Internet 上发布时的效果一致。

4. 大纲视图

大纲视图用于创建、显示或修改文档的大纲。大纲是文档的组织结构，当编辑多层次的长文档时，大纲视图是最好的视图方式。在大纲视图中，可以折叠文档，只查看主标题，或者扩展文档，查看整个文档。

5. 普通视图

正在编辑的文档可以以普通视图方式显示，这种方式的好处是文档的内容从头到尾连贯显示，以一条长的虚线表示分页，处理文档速度快，节省时间。在普通视图方式下，不显示页眉和页脚，也看不到段落分栏效果。普通视图使用户的注意力集中在文字上。

页面视图、阅读版式视图、Web版式视图、大纲视图和普通视图之间可以方便地转换。单击“视图”选项卡中相应的命令按钮转，可换到对应的视图，如图3-9所示。也可以单击状态栏右侧的视图按钮切换到相应的视图方式，如图3-10所示。

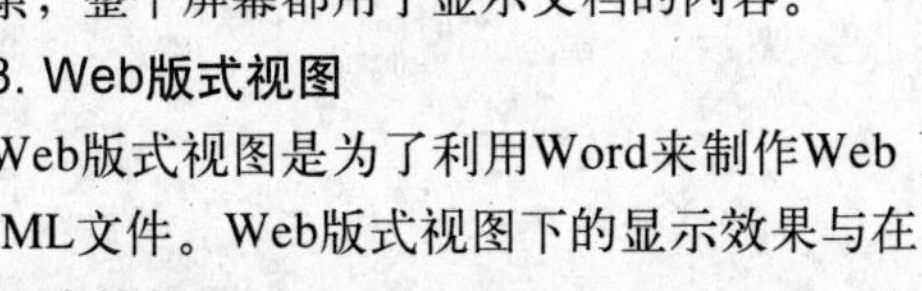

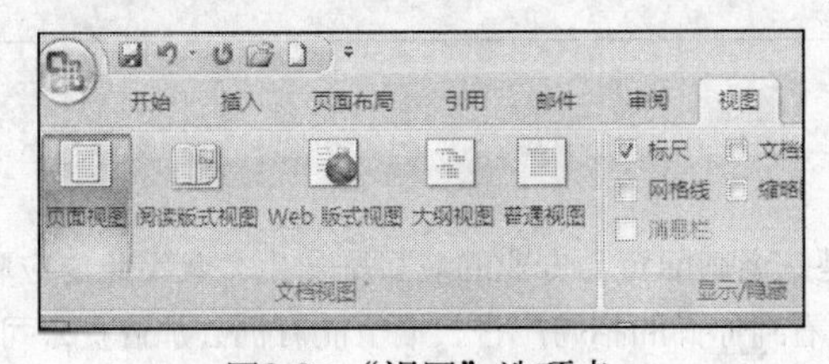

图3-9 “视图”选项卡

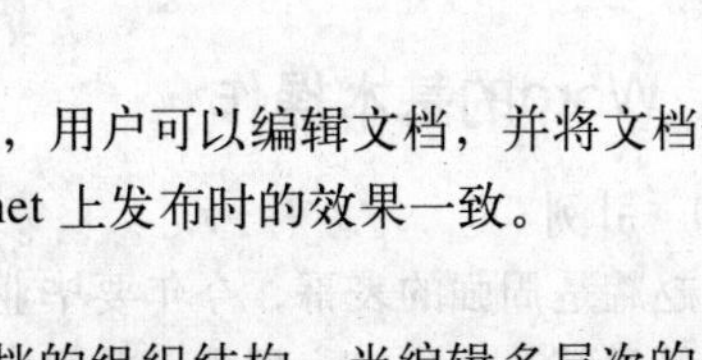

页面视图
Web版式视图
普通视图
大纲视图
阅读版式视图

图3-10 视图按钮

6. 文档结构图

文档结构图是一个可调整大小的独立窗格，显示文档的标题列表，一般显示在窗口的左侧。文档结构图中显示的标题是正文中设置了标题样式的文字。如图3-11所示。

在窗口中显示文档结构图的方法：单击“视图”选项卡，在“显示/隐藏”组中选中“文件结构图”复选框，即可显示文档结构图。在“文档结构图”中单击某个标题，光标就会跳转到文档中的相应标题并将其显示在编辑区中。

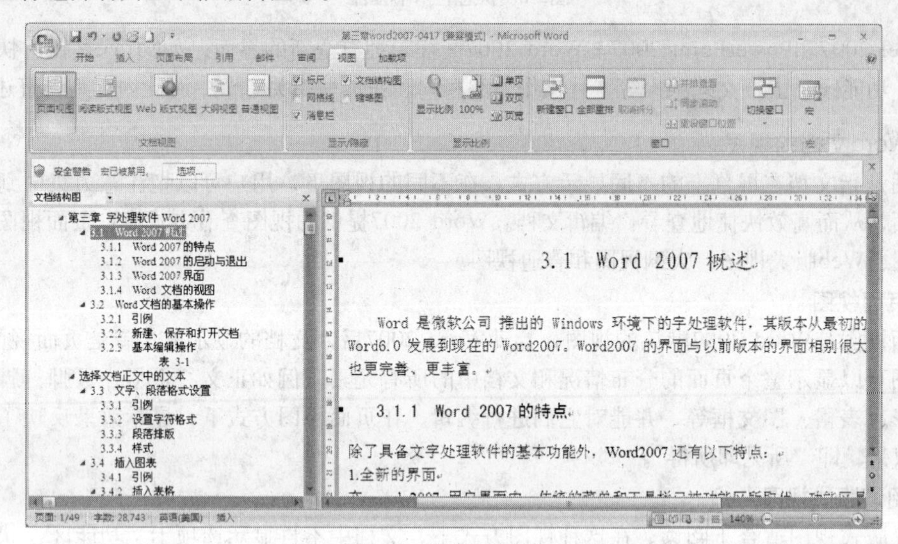

图3-11 文档结构图

3.2 Word的基本操作

3.2.1 引例

赵耀是周强的表哥，今年要毕业了，现在正忙着找工作。找工作第一步当然是准备求职信和个人简历等基本资料，周强以前很少接触计算机，看到表哥自己制作的精美的求职资料，他也想学学。表哥告诉他，由Word生成的文件称为Word文档，简称文档。编辑Word文档一般包括以下几个基本步骤：

1）建立文档：新建或打开一个文档，输入文字。

2）编辑文档：利用插入、删除、查找、替换、拼写检查等功能对文档进行修改。

3）文档排版：对文档中的文字、段落、页面等进行格式设置，这样可以使文档的内容清晰，层次分明，重点突出，版面美观大方。

4）保存文档：将文档保存在计算机中，以便今后查看。

5）打印文档：通过打印机将文档打印在纸上，打印前可以借助预览功能查看打印效果。

以下是赵耀同学求职信的文本：

求职信

尊敬的人事部门领导：

您好！

感谢您在百忙之中拨冗阅读我的求职信。我是一名国际贸易专业的应届毕业生，我写此信应聘贵公司招聘的经理助理职位。我很高兴在招聘网站看到你们的招聘广告，期望能有机会加盟贵公司，与贵单位的同事们携手并肩，共创事业辉煌。

我在校期间学到了许多专业知识，如国际贸易、国际贸易实务、国际商务谈判、国际贸易法、外经贸英语等，并获得2008年度学院单项奖学金，英语达到国家六级水平，通过全国计算机二级考试。

我曾在暑假就职于一家外贸公司，从事市场助理工作，主要是协助经理制订工作计划，组织一些外联工作以及管理文件、档案等。我具备一定的管理和策划能力，熟悉各种办公软件的操作，英语熟练，略懂日语。我深信可以胜任贵公司经理助理一职。

现将个人简历及相关材料一并附上，希望能尽快收到贵公司面试通知。

殷切希望得到您的回音！

此致

敬礼

赵耀

2010年3月10日

将以上文本用Word文档的形式保存，周强需要学习如何创建一个Word文档，以及将文字输入到文档后如何保存文档等知识。

3.2.2 新建、保存文档

每次启动Word 2007后，Word 2007会自动新建一个空白文档供用户使用，默认的文件名为“文档1.docx”。如果还需要另外建立一篇新的文档，可以使用Office按钮或快速访问工具栏中的“新建”命令。

1. 新建文档

方法一：使用快速访问工具栏新建文档。

单击快速访问工具栏右侧的 按钮，在下拉菜单中单击“新建”命令，即可创建一篇新文档。

方法二：利用Office按钮新建文档。

1）单击Office按钮，在打开的下拉菜单中选择“新建”选项，会打开如图3-12所示的“新建文档”对话框。

2）在“空白文档和最近使用的文档”列表框中选择新建文件的类型，然后单击“创建”按钮即可。

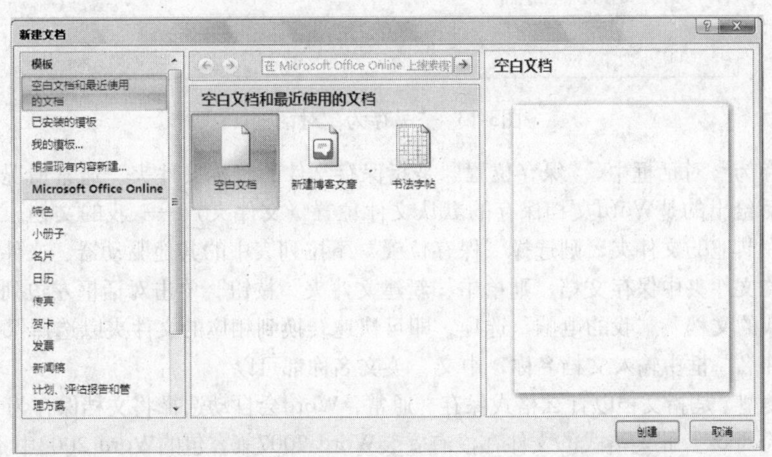

图3-12 “新建文档”对话框

如图3-12所示，Word 2007为用户提供了多种文档格式的模板，如小册子、名片、日历、传真、贺卡、发票等。模板是一种文档类型，在打开模板时会创建模板本身的副本。在Word 2007中，模板可以是.dotx文件或.dotm文件。例如，商务计划是在Word中编写的一种常用文档。可以使用具有预定义页面版式、字体、边距和样式的模板，而不必从零开始创建商务计划的结构。用户只需打开一个模板，然后填充适合的文本和信息即可。在将文档保存为.docx或.docm文件时，文档会与其基于的模板分开保存。

在图3-12中，直接单击某个模板，就可以创建一个符合特定需求的文档。

用户在使用Word 2007的过程中，如果发现自己喜欢的文档，可以将其保存为模板，以供下次使用。方法是：打开要保存为模板的文档，单击Office按钮，在弹出的Office菜单中单击“另存为”|“Word模板”命令，然后选择路径保存模板即可。

2. 保存文档

在文档中输入内容后，要将其保存在磁盘上，便于以后查看或再次对文档进行编辑、修改。Word 2007文档的扩展名为.docx。在Word中可保存正在编辑的活动文档，也可以同时保存打开的所有文档，还可以用不同的名称，或在不同的位置，或以其他文件格式保存文档的副本。

保存文档的方法是单击快速访问工具栏上的“保存”按钮，或Office下拉菜单中的“保存”命令或“另存为”命令。

如果是一个新文档（还没有保存过）或使用的是“另存为”命令，将弹出“另存为”对话框，如图3-13所示。

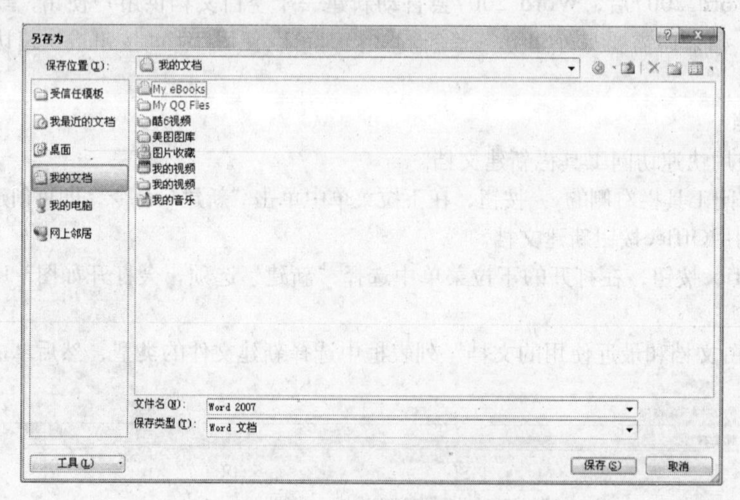

图3-13 “另存为”对话框

- 在“另存为”对话框中，“保存位置”是指保存文件的目标文件夹。通常情况下，在“保存位置”后给出的是Word文档保存的默认文件位置（文件夹）——我的文档。如果当前文档要保存在其他的文件夹，则选择“保存位置”下拉列表中的其他驱动器、文件夹。如果要在一个新的文件夹中保存文档，则单击“新建文件夹”按钮。单击对话框左边列表框中的“桌面”、“我的文档”、“我的电脑”选项，即可快速转换到相应的文件夹以选择保存位置。
- 在“文件名”框中输入文档名称，中文、英文名称都可以。
- “保存类型”是指文档以什么格式保存。通常，Word会自动选择将文档保存为“Word文档”，扩展名为.docx。此类格式的文件在没有安装Word 2007兼容包的Word 2003中不能直接打开。如果希望文档能在Word 2003中打开，可以选择保存类型为“Word 97-2003文档”。

此外，Word 2007还可以将文档另存为PDF格式。PDF是颇为流行的可移植文档格式，尤其在Internet中被广泛使用。

对已有正式名称的文档，“保存”意味着更新文档的内容，而不会改变文档的保存位置或类型。如果希望更改文档的保存位置、文档的类型或保留原文档的内容，就需要使用“另存为”命令。

3. 文档的自动保存

为了降低机器断电或系统工作异常等意外事故对用户的影响，Word 提供了对文档的自动保存功能，该功能可以尽量减小意外事故给用户造成的损失。

设置自动保存功能的方法如下：

1）在Word 2007中单击Office按钮，然后在打开的Office菜单中单击“Word选项”选项，弹出“Word选项”对话框，如图3-14所示。

2）单击左侧列表框中的“保存”选项，选中“保存自动恢复信息时间间隔”复选框，并在“分钟”微调框中调节或输入具体的时间间隔，该间隔时间不宜设置过长或过短，系统默认的间隔时间为10分钟。

3）单击“确定”按钮完成设置。

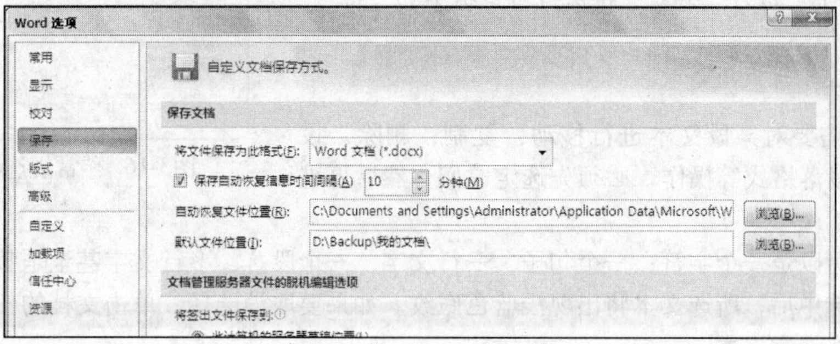

图3-14 自动保存设置

虽然系统提供了自动保存功能，但是自动保存并不能替代用户的人工保存。当用户对某文档没来得及保存，Word 2007因为意外情况突然关闭时，下次打开Word，该程序将自动打开恢复文档，并提示是否需要对未保存的文档进行保存。此时用户需要对打开的恢复文档进行保存操作，否则文档的信息将会丢失。

4. 文档的保护

如果文档涉及商业秘密或个人隐私，用户不希望该文档被别人查看或修改，或者只允许授权的审阅者查看或修改文档的内容，可以使用密码来保护整个文档。此时可以对该文档设置打开权限密码或修改权限密码。设置后，只有提供了正确的密码，才能对文档进行相应的操作。密码的具体设置步骤如下：

1）单击Office按钮，然后在打开的Office菜单中单击“另存为”命令，弹出“另存为”对话框。

2）在“另存为”对话框中单击“工具”按钮，然后在弹出的下拉列表中单击“常规选项”选项，如图3-15所示。

3）弹出“常规选项”对话框，在该对话框中设置打开权限密码或修改权限密码，如图3-16所示。

打开权限密码是指审阅者必须输入密码方可查看文档；修改权限密码是指审阅者必须输入密码方可保存对文档的更改，也就是说，如果只设置了修改权限密码，文档是可以被其他人打开查看的，只是修改文档时需要密码。

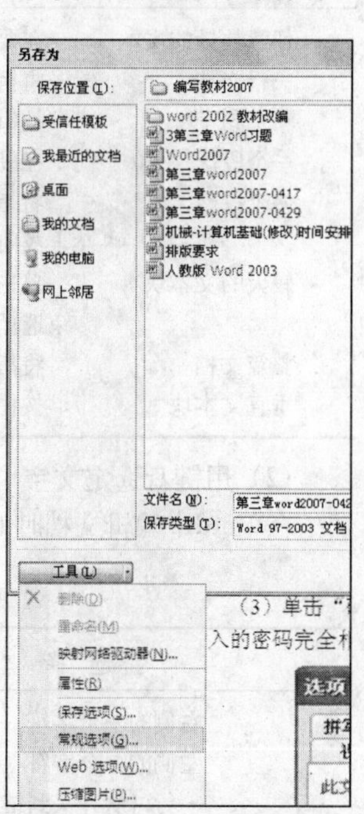

图3-15 “工具”命令按钮

3.2.3 基本编辑操作

编辑一篇文档时，可以所有文本输入完后再进行排版，也可以边输入文本边排版。

1. 输入文本

启动Word 2007后，就可以直接在空白文档中输入文本，输入的文本出现在插入点的位置。随着文本的不断输入，“插入点”也不断地向右移动。当“插入点”移动到一行的最右边时，Word会自动将插入点移到下一行，而不用按Enter键换行。当输入到段落结尾时，应按Enter键生成一个换行标记，表示一段的结束。

使用键盘可以输入文字、数字、字母和一些常用符号，但是有些符号是键盘上没有的，如$\frac{1}{4}$、£、¥和©等，这时可以通过插入特殊符号的方法来输入这些符号，通常使用“插入”选项卡上“符号”组或“特殊符号”组中的“符号”命令实现。

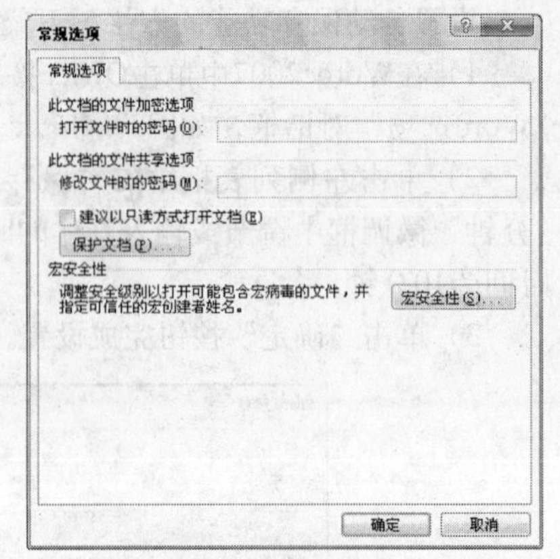

图3-16 “常规选项”对话框

2. 选定文本

如果用户需要对某段文本进行移动、复制、删除、设置字体格式和段落格式等操作，必须先选定它们，然后再进行相应的处理。

所选文本可以是一个字符、一个句子、一行文字、一个段落、多行文字甚至是整篇文档。

当文本被选中后，所选文本将出现浅蓝色底纹。如果要取消选择，单击文档的任意位置即可。

(1) 用鼠标选定文本

用鼠标选定文本的操作如表3-1所示。

表3-1 用鼠标选定文本

选 择	操 作
任意数量的文本	在要开始选择的位置单击，按住鼠标左键，然后在要选择的文本上拖动鼠标
一行文本	将指针移到行的左侧，当指针变为右向箭头后单击
一个句子	按Ctrl键，然后在句中的任意位置单击
一个段落	在段落中的任意位置连续单击3次
多个段落	将指针移动到要选中段落第一段的左侧，当指针变为右向箭头后，按住鼠标左键同时向上或向下拖动鼠标
较大的文本块	单击要选择内容的起始处，滚动到要选择内容的结尾处，然后按住Shift键，同时在要结束选择的位置单击
整篇文档	将指针移动到任意文本的左侧，当指针变为右向箭头后连续单击3次
垂直文本块	按住Alt键，同时在文本上拖动鼠标

(2) 用键盘选定文字

在Word中编辑文档时的常用键及功能如表3-2所示。

表3-2 常用键及功能

选 择	操 作
右侧的一个字符	按Shift+→组合键
左侧的一个字符	按Shift+←组合键
一行（从开头到结尾）	按Home键，然后按Shift+End组合键
一行（从结尾到开头）	按End键，然后按Shift+Home组合键
下一行	按End键，然后按Shift+↓组合键
上一行	按Home键，然后按Shift+↑组合键
整篇文档	按Ctrl+A组合键

3. 删除、复制、移动

一篇文章不是一次就能写得非常好，总是需要反复修改，删去一句或一段，或者一个自然段被移到另一个地方。同样，用计算机处理文档时，也需要进行删除、移动等操作。

（1）删除

删除是将字符或图形从文档中去掉。

删除插入点左侧的一个字符可按Backspace键；删除插入点右侧的一个字符可按Del键。

删除较多连续的字符或成段的文字，按Backspace键和Del键显然很繁琐，可以用如下方法：

方法一：选定要删除的文本块后，按Del键。

方法二：选定要删除的文本块后，选择“开始”选项卡中的“剪切”命令。

删除和剪切操作都能将选定的文本从文档中去掉，但功能不完全相同。它们的区别是：使用剪切操作时，删除的内容会保存到“剪贴板”上；使用删除操作时，则不会保存到“剪贴板”上。

（2）复制

在编辑过程中，当一段文字在文档中多次出现时，使用复制命令进行编辑是提高工作效率的有效方法。用户不仅可以在同一文档内，也可以在不同文档之间复制内容，甚至可以将内容复制到其他应用程序的文档中。操作步骤如下：

1）选定要复制的文本块。

2）单击“开始”选项卡上的“复制”按钮，则选定的文本块被放入剪贴板中。

3）将插入点移到新位置，单击“开始”选项卡上的“粘贴”按钮，此时剪贴板中的内容复制到新位置。

4）如果要进行多次复制，只需重复步骤3）即可。

复制文本块的另一种方法是使用键盘操作：首先选定要复制的文本块，然后按Ctrl键，用鼠标拖曳选定的文本块到新位置，同时松开Ctrl键和鼠标左键。使用这种方法时，复制的文本块不被放入剪贴板。

（3）移动

移动是将字符或图形从原来的位置删除，插入到另一个新位置。移动文本的操作为：首先把鼠标指针移到选定的文本块中，按下鼠标左键将文本拖曳到新位置，然后松开鼠标左键。这种操作方法适合较短距离的移动，例如移动的范围在一屏之内。

文本远距离的移动可以使用剪切和粘贴命令来完成：

1）选定要移动的文本。

2）单击“开始”选项卡上的“剪切”按钮。

3）将插入点移到要插入的新位置。

4）单击“开始”选项卡上的“粘贴”按钮。

剪切命令的快捷键为Ctrl +X，复制命令的快捷键为Ctrl +C，粘贴命令的快捷键为 Ctrl +V。

单击“开始”选项卡上“剪贴板”组中的对话框启动器，可以显示剪贴板中的内容，如图3-17所示。Word 2007剪贴板可以保存最近24次剪贴的内容，直接单击剪贴板中的项目就能完成粘贴操作。

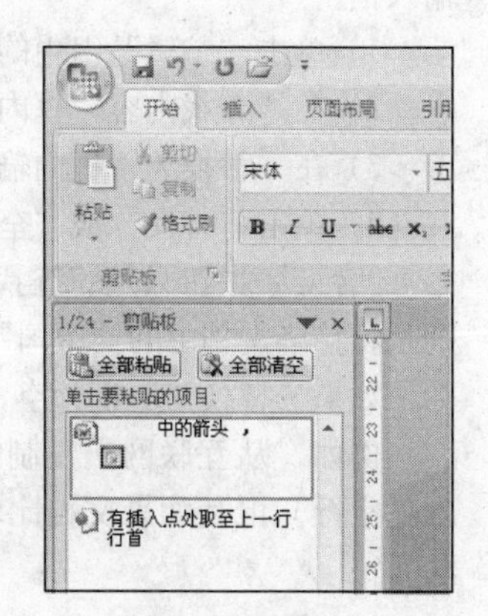

图3-17　剪贴板

4. 查找、替换和定位

在编辑文档时，有些工作让计算机自动完成，会更加方便、快捷、准确。例如，在文档中多次出现“按纽”一词，现在要查找并修改它，尽管可以使用滚动条滚动文本，凭眼睛来查找错误，但如果让计算机自动查找，既节省时间，又准确得多。

(1) 查找文本

查找主要用于在文档中搜索指定的文本或特殊字符。

1）单击“开始”选项卡。

2）单击“编辑”组中的“查找”命令，弹出“查找和替换”对话框，如图3-18所示。

3）在“查找内容”框内输入要搜索的文本，如“计算机”；单击“查找下一处”按钮，则系统自动在文档中查找。

此时，Word按默认设置从当前光标处开始向下搜索文档，查找“计算机”字符串，如果直到文档结尾都没有找到“计算机”字符串，则继续从文档开始处查找，直到当前光标处为止。查找到“计算机”字符串后，光标停在找出的文本位置，并使其呈选中状态，这时在“查找和替换”对话框外单击鼠标，就可以对该文本进行编辑。

另外，在查找时，还可以根据具体情况进行一些高级设置，提高查找的效率。如图3-18所示，单击“更多”按钮后，“查找和替换”对话框如图3-19所示。

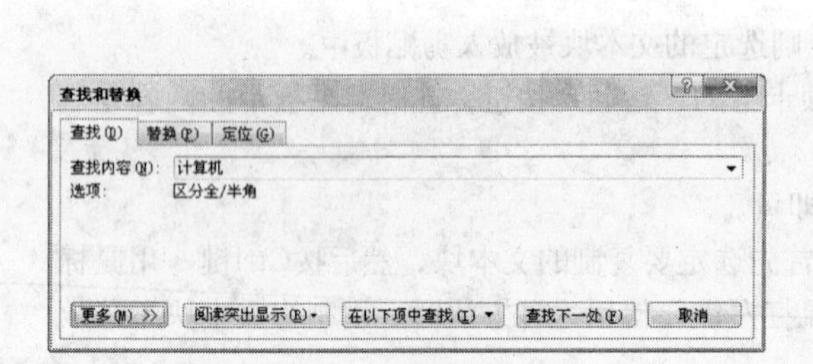

图3-18 “查找和替换”对话框一

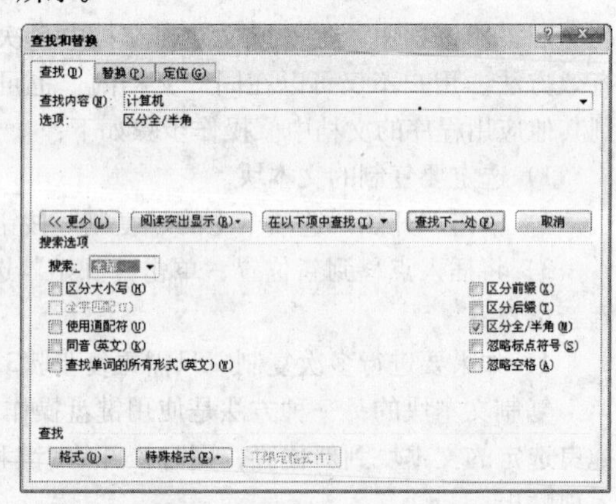

图3-19 “查找和替换”对话框二

- “格式”按钮：单击该按钮，会弹出一个菜单让你选择所需的命令，设置“查找内容”文本框中内容的字符格式、段落格式以及样式等。例如，查找字体格式为3号、楷体、红色的“计算机”。

(2) 替换文本

替换用于在当前文档中搜索并修改指定的文本或特殊字符。

“替换”选项卡与“查找”选项卡内容基本相同，只是“替换”选项卡中多了一个“替换为”输入框。

1）单击“编辑”组中的“查找”命令，弹出“查找和替换”对话框，如图3-20所示。

2）在“查找内容”框内输入字符，如“中国”。

3）在“替换为”框内输入要替换的字符，如“中华人民共和国”。

4）单击“替换”或“全部替换”按钮。

“替换”按钮只是将查找到的第一个“中国”替换成“中华人民共和国”；“全部替换”按钮则是将整个文档中的“中国”替换成“中华人民共和国”。

如果“替换为”框为空，则操作后的实际效果是将查找的内容从文档中删除了。

例如，从互联网上复制的大段文字经常是文字行中间有空行，如图3-21所示。此时可以手工删除空行，但是如果文档比较长，如例中文档为17页，手工删除显然很费时，有没有什么快捷方法呢？

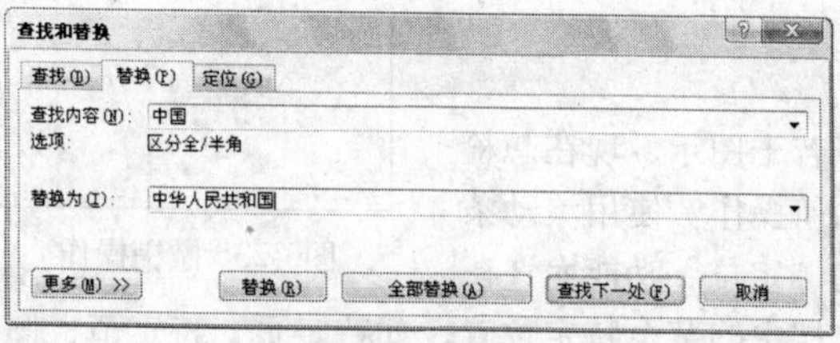

图3-20 “查找和替换”对话框三

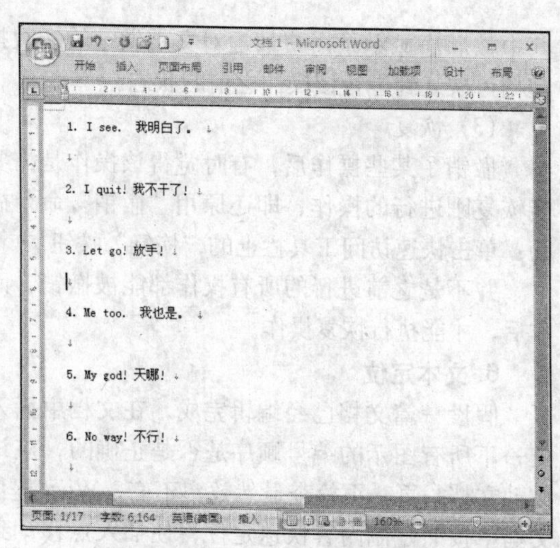

图3-21 文字行中间有空行的文档

此时可以使用“替换”功能，但是文档中的空行是由控制符号产生的，无法直接在查找、替换框中输入该符号。也就是说，如果查找的符号是一些诸如段落标记、制表符、图形等特殊符号，是无法直接在“查找内容”输入框中输入的，需要特殊的方法。具体操作方法是：在“查找和替换”对话框中单击“特殊格式”按钮，在弹出的特殊字符列表中选择相应字符，则被选定的字符会显示在“查找内容”输入框中，如图3-22所示。

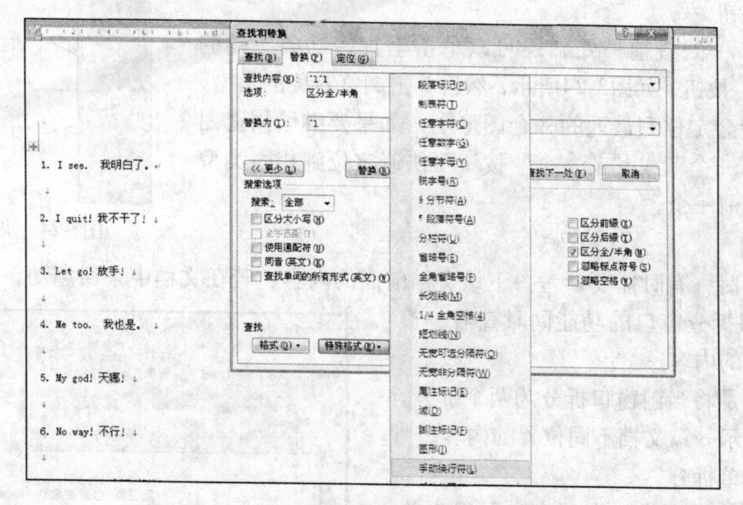

图3-22 “查找和替换”对话框——特殊格式

5. 撤销和重复

在编辑文档的过程中难免会出现误操作，Word提供了撤销功能，用于取消最近对文档进行的误操作，使其恢复到该操作之前的状态。常用的撤销方法有以下两种：

（1）撤销一步操作

单击快速访问工具栏上的“撤销”按钮 ↶，也可以按Ctrl+Z组合键。

当重复执行“撤销”命令时，程序会依次从后往前取消刚进行的多步操作。

（2）撤销多步操作

单击快速访问工具栏上“撤销”按钮 ↶ · 后的下三角按钮，将弹出撤销列表，如图3-23所示，其中按顺序显示了用户最近对文档做过的多数操作。根据实际需要选择要撤销到哪一步操作，则文档可恢复到进行该操作之前的状态。

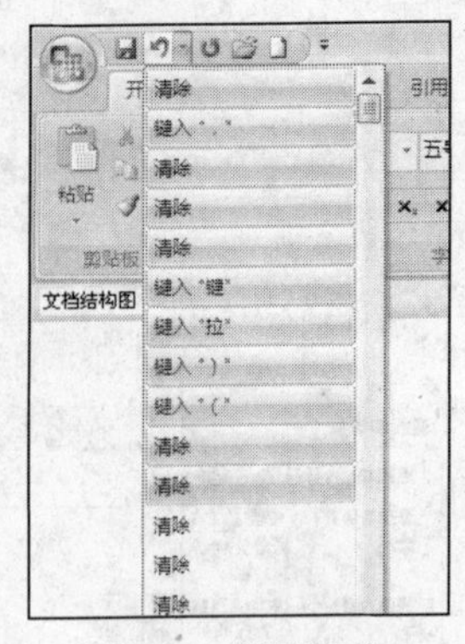

图3-23 撤销操作

（3）恢复

撤销了某些操作后，有时觉得该操作是需要的，此时可以用恢复功能恢复刚进行的操作，即还原用“撤销”命令撤销的操作，其操作方法为：单击快速访问工具栏上的“恢复”按钮 ↷ ，或按Ctrl+Y组合键。

并不是之前进行的所有操作都能被撤销，而且只有在使用了撤销操作后，才能执行恢复操作。

6. 文本定位

假设一篇文档已经编辑完成，在文档中插入了若干图示，现在想检查一下所有图示的编号顺序是否是正确的，应该如何操作？使用滚动条滚动文档一页一页检查显然效率不高，Word提供的“定位”功能允许在文档中按照定制内容快速定位，使插入点移动到文档中的某个特定位置，如特定页、特定节、图形、表格等。使用定位功能的具体操作方法如下：

1）单击“开始”选项卡下“编辑”组中的“查找”命令，弹出“查找和替换”对话框，在对话框中单击“定位”选项卡。

2）单击“定位目标”框中的定位项类型，如“页”、“图形”等。

3）输入定位项的名称或编号，然后单击“定位”按钮，即可定位到指定的位置。

4）继续定位相同类型的下一项或前一项，应先清除定位项的名称或编号，再单击“下一处”或“前一处”按钮。

快速定位下一处或前一处，还可以单击垂直滚动条下端的“选择浏览对象”按钮，如图3-24所示，然后单击浏览对象的类型，如图形，光标就会定位到最近的一个图形上，如果要继续浏览图形，则单击“下一个”或“前一个”按钮可快速定位到相同类型对象的下一个或前一个。

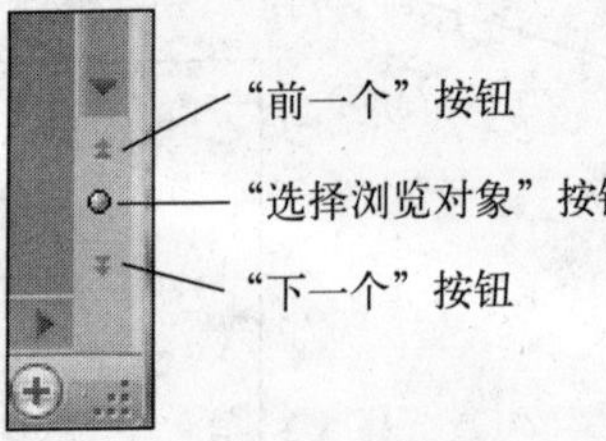

“前一个”按钮
“选择浏览对象”按钮
“下一个”按钮

图3-24 快速定位按钮

7. 拆分窗口

在编辑文档时，有时需要参考一下该文档前面的内容。若在文档中来回翻动，操作很不方便，此时，可以使用拆分窗口的功能同时查看一篇文档中不同位置的内容。

拆分窗口就是将当前窗口拆分为两个部分，两个部分分别显示一篇文档不同位置的内容。

（1）通过菜单拆分

单击“视图”选项卡，在“窗口”组中单击“拆分”按钮，此时鼠标在编辑区变成 ⇕ 形状，并带有一根水平的直线，移动鼠标，直线也跟着一起移动，在合适的地方单击鼠标，编辑区就被划分为两个窗格，可以在两个窗格分别滚动滚动条，也可以将一个窗格中的内容移动、复制到另一个窗格。如图3-25所示。

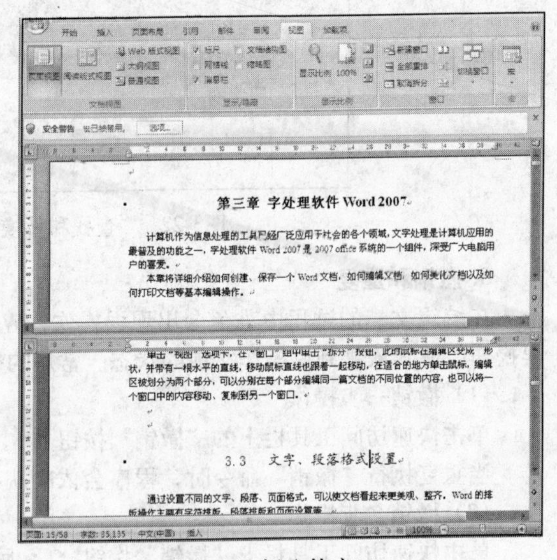

图3-25 拆分的窗口

窗口拆分后，“视图”选项卡下“窗口”组中原来的“拆分”按钮就变成了“取消拆分”按钮，如果要恢复成单个窗口，则单击“取消拆分”按钮即可。

(2) 窗口拆分条

在页面视图下，窗口拆分条的垂直滚动条的顶端如图3-26所示。鼠标指向它时，鼠标指针的形状变为 ⇕，按下鼠标左键并往下拖动，可以看到一根水平的直线和鼠标一起移动，在适合的地方释放鼠标，编辑区被划分为两个部分。

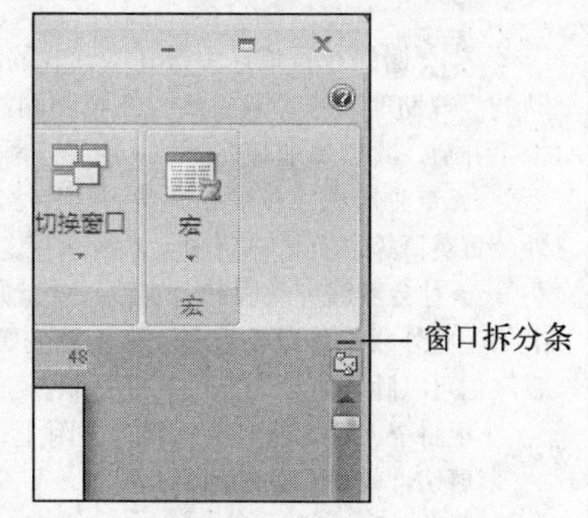

图3-26 窗口拆分条

拖动窗口拆分条到垂直滚动条的顶端，即可关闭一个窗格。

8. 常用工具

(1) 拼写和语法错误检查

Word 2007能检测文档中出现的一些拼写和语法错误。当文档中存在拼写错误时，系统会在错误文字下方以红色的下划线给予标识；若存在语法错误，则以绿色的下划线标识。

如果输入了系统不能识别的专业术语，系统也会将其当作拼写和语法错误提示给用户。

(2) 统计文档字数

当我们需要统计所编辑文档的字数时，可利用程序提供的统计文档字数的功能，其操作方法为：选定需要统计字数的文档范围，单击“审阅”选项卡中的“字数统计”命令，在弹出的对话框中显示了所选文字或整篇文档所包含的字符数、所占的页数、行数以及段落数等信息。如果是对整篇文档统计字数，则不用选定范围。

(3) 中文简、繁体字符切换

从中国台湾等其他地区的网站上下载一段文章后，可能会发现其中包含很多繁体字符，此时需要将其中的繁体字符转化为简体字符。这时，不需要借助其他工具，因为Word 2007具有中文简、繁体字符之间转换的功能，其具体的转换方法为：选定需要转换的文本信息，单击“审阅”选项卡下“中文简繁转换”组中的命令。

3.3 文字、段落格式设置

通过设置不同的文字、段落、页面格式，可以使文档看起来更美观、整齐。Word的排版操作主要有字符排版、段落排版、页面设置等。

3.3.1 引例

没有设置格式的文档比较单调，也没有层次感，周强决定对文档进行排版。周强学习了如何设置文字的字体和字号，如何设置段落格式、首字下沉等格式，以及如何在文档中插入特殊符号等排版知识。经过格式设置后，“求职信”的效果如下页所示。

3.3.2 设置字符格式

字符排版是对字符的字体、字号、大小、颜色、显示效果等格式进行设置。

在Word 2007中，可以使用以下几种方法设置字体格式。

1. 使用“开始”选项卡

使用“开始”选项卡中的“字体”组，如图3-27所示。选定文本后，单击“开始”选项卡下“字体”组中的按钮，即可完成设置。

求职信

尊敬的人事部门领导：

您好！

感谢您在百忙之中拨冗阅读我的求职信。我是一名国际贸易专业的应届毕业生，我写此信应聘贵公司招聘的经理助理职位。我很高兴在招聘网站看到你们的招聘广告，期望能有机会加盟贵公司，与贵单位的同事们携手并肩，共创事业辉煌。

★**专业知识**：在校期间学到了许多专业知识，如国际贸易、国际贸易实务、国际商务谈判、国际贸易法、外经贸英语等；英语达到国家六级水平，通过全国计算机二级考试；曾获得2008年度学院单项奖学金。

★**社会实践**：暑假社会实践，曾就职于一家外贸公司，从事市场助理工作，主要是协助经理制订工作计划，组织一些外联工作以及管理文件、档案等；具备一定的管理和策划能力，熟悉各种办公软件的操作，英语熟练。我深信可以胜任贵公司经理助理一职。

现将个人简历及相关材料一并附上，希望能尽快收到贵公司面试通知。

殷切希望得到您的回音！

此致

敬礼

赵 耀

2010年3月10日

Word 2007在“字体”组中提供的字号有两种表示方法，一种是用汉字表示，从“初号”到“八号”，另一种使用阿拉伯数字表示，从“5”到“72”，这两种表示方法没有本质的不同，只是为了适应不同的使用领域和使用者的习惯。在某些情况下，“72”磅的字体不能满足需要，想要设置更大的字号，如要张贴在宣传栏上的标语，可以直接在字号框中输入1~1638之间的数。

如果“字体”组中的按钮不能满足需要，还可以单击“字体”组中的对话框启动器，将弹出“字体”对话框，如图3-28所示，用户可以在对话框中对字体进行设置。

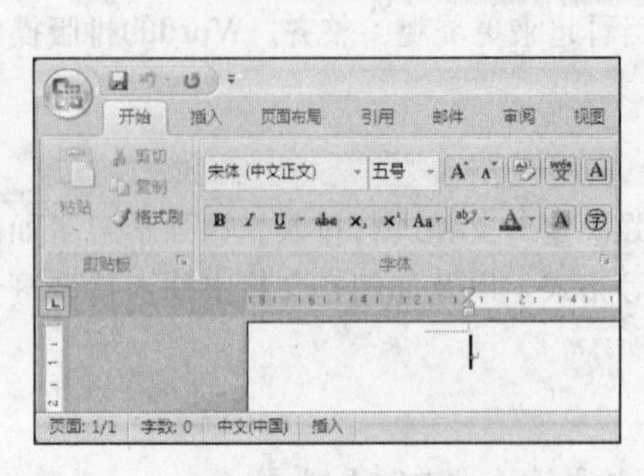

图3-27 “字体”组

图3-28 “字体”对话框

2. 使用浮动工具栏

选择文本时，在鼠标指针的右上方可以显示或隐藏一个微型、半透明的工具栏，它称为浮动工具栏。浮动工具栏以淡出形式出现。如果将鼠标指向浮动工具栏，它的颜色会加深，单击其中一个格式选项，可实现对文本格式的设置。利用浮动工具栏可设置文本的字体、字形、字号、对齐方式、文本颜色、缩进级别和项目符号等。

如果想关闭浮动工具栏，可单击Office按钮，然后在打开的Office菜单中单击“Word选项”选项。在弹出的“Word选项”对话框中单击“常用”选项，然后在“使用Word时采用的首选项”栏中取消勾选“选择时显示浮动工具栏”复选框。

3. 使用快捷菜单

选中文本后，单击鼠标右键，在弹出的快捷菜单中单击“字体”选项，也可弹出如图3-28所示的“字体”对话框。

4. 使用格式刷

使用“格式刷”可以快速将一段文本的格式复制到另一段文本中。

在格式化文本时，常常需要将某些文本、标题的格式复制到文档中的其他地方。例如，用户精心设置了文档中一个标题的格式（如字型、字号等），还有些其他标题也需要设置成此格式。这时，使用格式刷复制格式就会很方便，不用再对每个标题重复做相同的格式设置工作。

具体方法是：先选定已定义好格式的文本，然后单击或双击“开始”选项卡下“剪贴板”组中的“格式刷”按钮，这时鼠标指针变成一个小刷子形状，这个小刷子代表已设置的字符格式信息。用这个小刷子刷过一段文本（即用鼠标选取一段文本）后，被刷过的文本就会设置成与选定文本相同的格式。单击“格式刷”按钮只能进行一次格式复制；双击“格式刷”按钮后，可以进行多次格式复制，直到再次单击“格式刷”按钮使之复原为止。

3.3.3 段落排版

段落排版是针对段落而言的。那么，什么是段落？在Word中，段落是指以段落标记作为结束符的文字、图形或其他对象的集合。段落标记由Enter键产生，它不仅表示一个段落的结束，还包含了本段的段落格式信息。段落格式主要包括段落对齐、段落缩进、行距、段间距、段落的修饰等。

有时，在某段落的录入过程中，并没有达到行尾就想换行而又不想开始一个新的段落，可以使用Shift+Enter键实现换行操作而又不产生新的段落。

如果不希望段落标记符号显示在屏幕上，可以将其隐藏，具体步骤是：

单击Office按钮，然后在打开的Office菜单中单击“Word选项”选项。在弹出的“Word选项”对话框中选择“显示”选项，如图3-29所示。在“始终在屏幕上显示这些格式标记”栏中，取消勾选不希望在文档中始终显示的格式标记的复选框。例如，去除“段落标记”的选中状态，段落标记将不再显示。单击“确定”按钮。

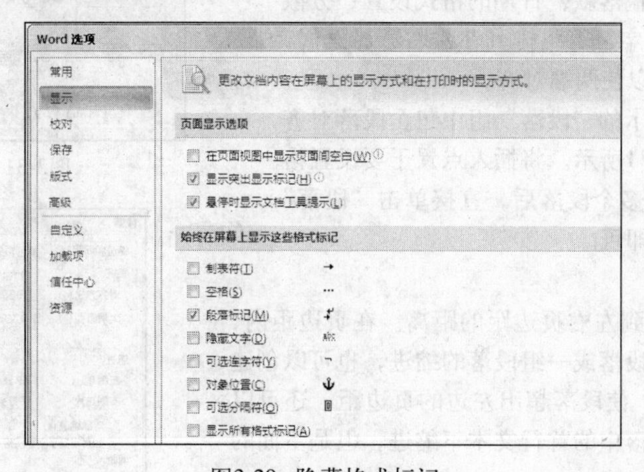

图3-29 隐藏格式标记

经过以上操作后，在“开始”选项卡上的“段落”组中单击“显示/隐藏”按钮，将显示或隐藏格式标记。

1. 段落对齐

在Word中，段落的对齐方式包括文本左对齐、居中、文本右对齐、两端对齐、分散对齐。如

图3-30所示为同一段落不同对齐方式的排版效果示例。

上海世博会以“城市，让生活更美好”为主题，引起全球共鸣。站在新千年第二个十年的开端，我们这个世界拥有一个共同的梦想：让城市成为人类能够过上有尊严的、健康、安全、幸福和充满希望的美满生活的地方！

a) 文本左对齐

上海世博会以“城市，让生活更美好”为主题，引起全球共鸣。站在新千年第二个十年的开端，我们这个世界拥有一个共同的梦想：让城市成为人类能够过上有尊严的、健康、安全、幸福和充满希望的美满生活的地方！

b) 文本居中

上海世博会以“城市，让生活更美好”为主题，引起全球共鸣。站在新千年第二个十年的开端，我们这个世界拥有一个共同的梦想：让城市成为人类能够过上有尊严的、健康、安全、幸福和充满希望的美满生活的地方！

c) 文本右对齐

上海世博会以“城市，让生活更美好”为主题，引起全球共鸣。站在新千年第二个十年的开端，我们这个世界拥有一个共同的梦想：让城市成为人类能够过上有尊严的、健康、安全、幸福和充满希望的美满生活的地方！

d) 分散对齐

图3-30　段落的不同对齐方式

文本左对齐是Word的默认设置；居中常用于文章的标题、页眉、诗歌等的格式设置；文本右对齐适合于书信、通知等文稿落款、日期的格式设置；分散对齐可以使段落中的字符等距排列在左右边界之间，在编排英文文档时可以使两端对齐。

图3-31　对齐命令

在“开始”选项卡的“段落”组中包含段落对齐的各种命令，如图3-31所示。将插入点置于要设置格式的段落中，或选择多个段落后，直接单击“段落”组中的段落对齐命令即可。

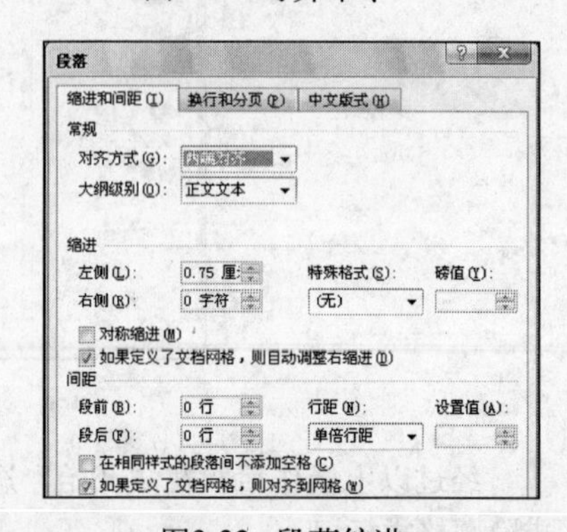

图3-32　段落缩进

2. 缩进段落

缩进决定了段落到左右页边距的距离。在页边距内，可以增加或减少一个段落或一组段落的缩进，也可以创建反向缩进（即凸出），使段落超出左边的页边距，还可以创建悬挂缩进，即段落中的首行文本不缩进，但是下面的行缩进。

设置缩进的方法：

在需要调整缩进的段落中单击，然后在“开始”选项卡上单击“段落”组中的对话框启动器，打开“段落”对话框，如图3-32所示。选择“缩进和间距”选项卡，左（右）侧缩进可以直接在“缩进”栏下的

“左侧”、“右侧”框中输入数值。在“缩进”栏下的“特殊格式”列表中，可选择“首行缩进”或“悬挂缩进”，然后在“磅值”框中设置缩进间距量。单击“确定”按钮。

水平标尺上有几个滑块，分别可以设置段落的缩进，滑块的名称如图3-33所示。当需要对该段落进行缩进格式设置时，在选定要设置的段落后，直接拖动标尺上相对应的缩进滑块即可。若需要精确缩进，可在拖动按钮的同时按Alt键，则标尺栏上会显示精确的尺寸数据。

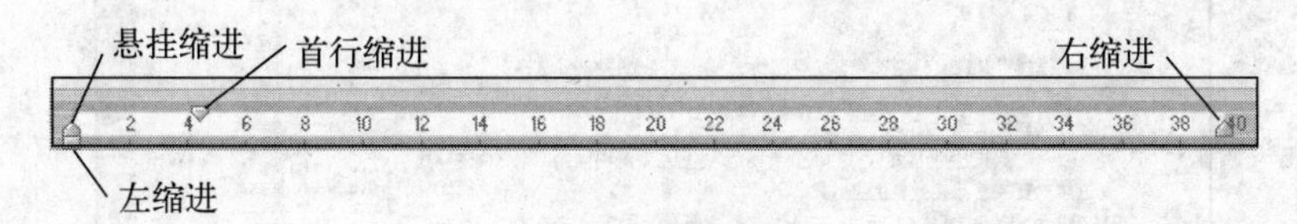

图3-33　段落缩进

3. 段落间距

段落间距分为段间距和行间距两类，其中，段间距是指该段与上下相邻段落之间的距离，行间距指该段内行与行之间的距离。Word 2007中，默认的段间距为0行，行间距为单倍行距，用户可以根据实际需要在如图3-32所示的“段落”对话框中进行设置。

4. 项目符号

项目符号是相对段落而言，Word可以快速为列表内容添加项目符号，使文章的层次更加清楚。

项目符号的设置步骤如下：

1）选中要添加项目符号的段落。

2）单击“开始”选项卡下“段落”组中的“项目符号”命令按钮，即可添加一个项目符号。如果想自己选择一种项目符号，则可以单击“项目符号”右侧的 ▾ 按钮，在弹出的列表框中选择一个满意的符号，或者定义新的项目符号，如图3-34所示。

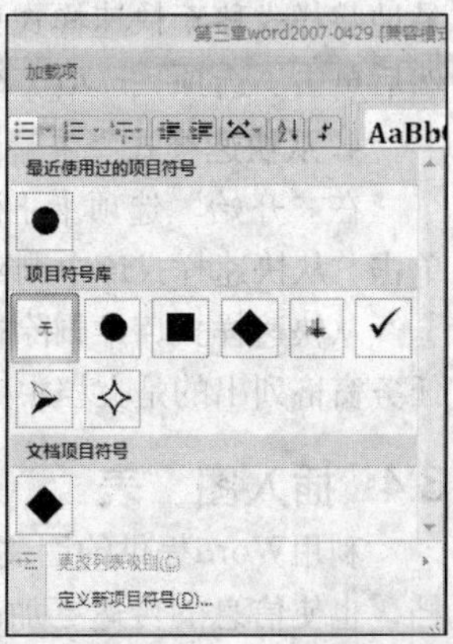

图3-34　项目符号

3.3.4 样式

样式是指用有意义的名称保存的字符格式和段落格式的集合。这样，在文档中设置重复格式时，先创建一个该格式的样式，然后在需要的地方套用这种样式，就无需一次次地对它们进行重复的格式化操作了。

在“开始”选项卡上的“样式”组中有多种样式，这些是系统提供的，称为快速样式。最常用的快速样式直接显示在功能区中。

1. 创建新样式

创建新样式的步骤如下：

1）选择要创建为新样式的文本。例如，希望“上海世博”一词在文档中始终以加粗和红色样式来显示。

2）先设置“上海世博”为“加粗”、“红色”。

3）右键单击所选内容，在弹出的快捷菜单中指向“样式”选项，然后在弹出的子菜单中单击“将所选内容保存为新快速样式”选项，弹出“根据格式设置创建新样式”对话框，如图3-35所示，在对话框的“名称”输入框中输入样式的名称（如“世博”）。

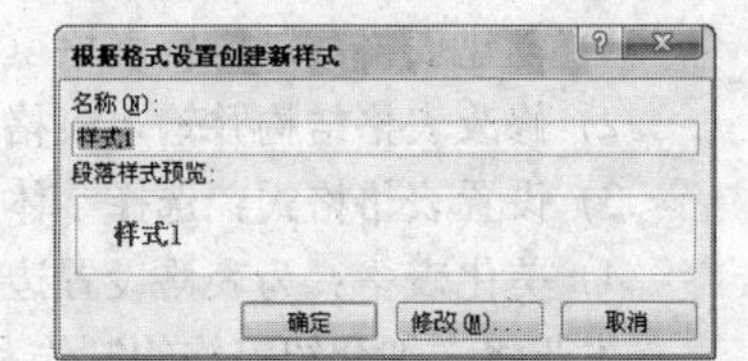

图3-35　“根据格式设置创建新样式”对话框

4）单击“确定”按钮。则“世博”样式将显示在快速样式库中。

2. 使用快速样式

选定文本后，单击“样式”组中的对话框启动器，打开“样式”窗格，如图3-36所示，直接单击窗格中的样式即可。

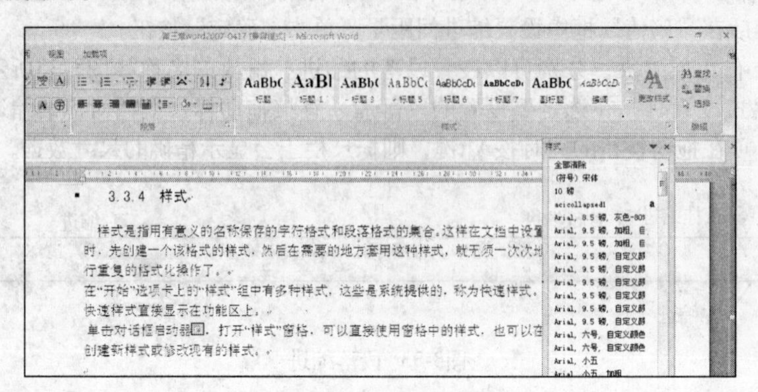

图3-36 “样式”窗格

3. 将样式移到快速样式库中

有时，样式会被从快速样式库中删除，或者未在样式列表中显示。在这种情况下，可以很容易地将样式移至快速样式库中以便使用：在“开始”选项卡上单击“样式”组中的对话框启动器，然后单击“选项”选项。在“选择要显示的样式”列表框中单击“所有样式”选项。

4. 从快速样式库中删除样式

在“开始”选项卡上的“样式”组中，右击要从库中删除的样式。然后在弹出的快捷菜单中单击“从快速样式库中删除”选项即可。

从快速样式库中删除样式时，不会将该样式从“样式”任务窗格中显示的条目中删除。“样式”任务窗格列出的是文档中应用的所有样式。

3.4 插入图、表

利用Word提供的图文混排功能，用户可以在文档中插入图片、表格等对象，不仅可以美化文档，也使信息的传达更加简洁。在Word中插入的图片可以是系统提供的图片和剪贴画，也可以是已存在的图形文件，还可以是图表。

3.4.1 引例

找工作时除了要写好求职信，还要准备一份个人简历，个人简历一般以表格的形式呈现，如下页“个人简历”表所示。

制作一个表格的基本步骤如下：

1）创建表格：制作空表格（可按表格中使用最多的线条规格来设置线条样式及其颜色）。

2）修改表格结构并输入表格内容。

3）设置表格格式：选择字体、字号、文字方向及对齐方式等。

4）美化表格：为表格设置边框、底纹等。

本节将详细介绍表格的制作和编辑方法。

3.4.2 插入表格

表格通常用来组织和显示信息，表中的内容以结构化的方式展示在文档中。

表格是由许多行和列的单元格组成，单元格中可以包含文字、图形甚至其他表格。

如图3-37所示为一个3行3列的表格，图中标明了表格各个组成部分的名称。

个人简历

姓名	赵耀	性别	男	
民族	汉	出生日期	1988年1月23日	
籍贯	湖北	学历	大学本科	
政治面貌	中共党员			
所学专业	国际贸易专业			
毕业院校	××大学			
E-mail	zhaoyao@××.com	电话	139××××××××	
曾任职务	于2007～2010年担任院学生会学习部长； ……			
英语水平	通过国家英语六级考试； ……			
奖励	2008年10月组织参加的社会活动团队被评为“××省优秀团队”； 2009年10月被评为院“优秀学生干部”； ……			
工作经历	2009年暑假在××有限公司实习两个月； ……			
社会实践	2008年7月策划并参加了我院暑期社会实践，我代表团赴××下乡考察； ……			
优点	有很强的团队合作精神，沟通能力强，能吃苦耐劳； ……			
自我评价	勤奋、踏实、执著； ……			
人生格言	给我一个支点，我可以撬动地球！			

1. 创建表格

在Microsoft Office Word 2007中，可以通过从一组预先设置好格式的表格（包括示例数据）中选择，或通过选择需要的行数和列数来插入表格，还可以将表格插入到文档中或将一个表格插入到其他表格中，以创建更复杂的表格。

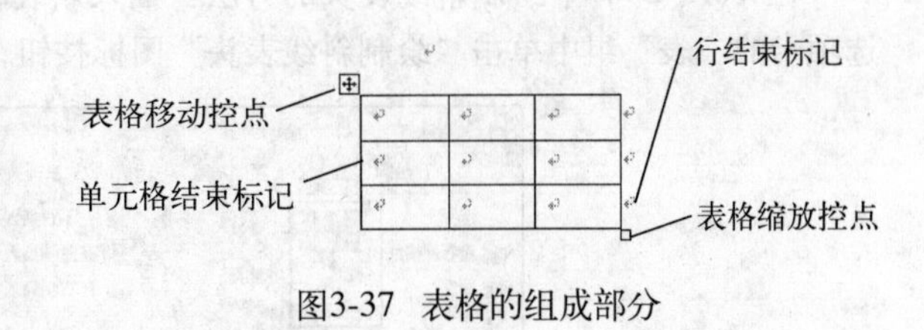

图3-37 表格的组成部分

（1）利用“表格”图标按钮创建

在要插入表格的位置单击，然后在“插入”选项卡的“表格”组中单击“表格”图标按钮，弹出菜单中有多种创建表格的方法：直接用鼠标拖动、插入表格、文本转换成表格、Excel电子表格、快速表格等，如图3-38所示。

（2）手工绘制表格

复杂的表格可以手工绘制，例如，绘制包含不同高度的单元格的表格或每行列数不同的表格。在“表格”组中单击“表格”图标按钮，然后在弹出的下拉菜单中单击“绘制表格”选项，将鼠标移动到编辑区，鼠标指针变为笔形；先绘制表格的外围边框，可以拖动鼠标绘制一个矩形，此矩形就是表格的外边框，然后再绘制行线和列线。

当鼠标指针置于表格中时，表格的“设计”和“布局”选项卡将出现在功能区，单击“设计”或“布局”选项卡，其中的命令就显示出来，需要执行什么操作，直接单击相关命令即可。如图3-39所示。

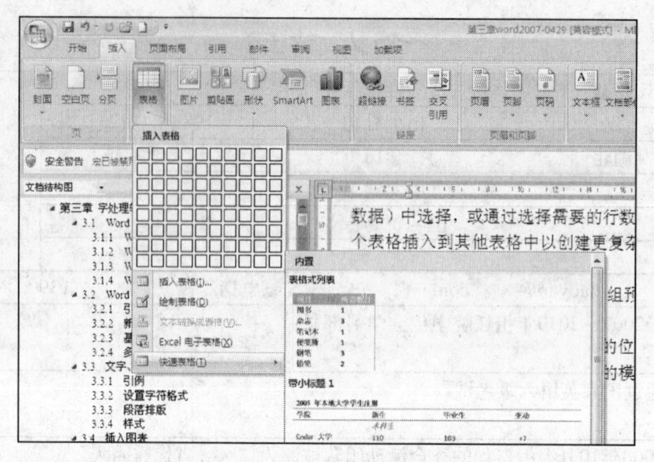

图3-38 “表格”图标按钮

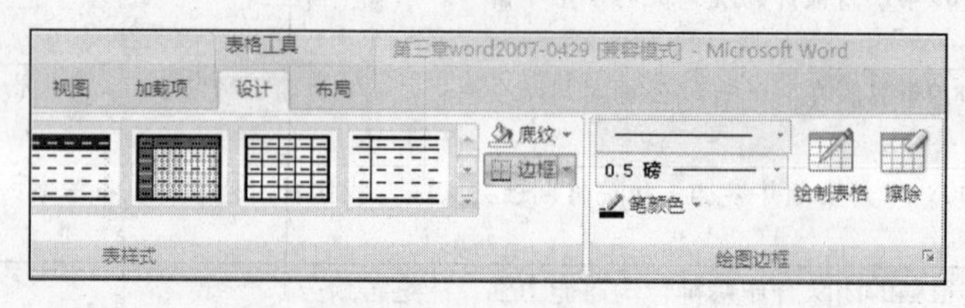

图3-39 表格工具

要擦除一条线或多条线，则在“表格工具”|“设计”选项卡下的“绘图边框”组中单击“擦除”图标按钮，然后在表格中单击要擦除的线条即可。

（3）创建斜线表头

斜线表头总是位于所选表格第一行、第一列的第一个单元格中。

在Word 2007中绘制斜线表头的方法：插入新表格或单击要添加斜线表头的表格，在“布局”选项卡的“表”组中单击“绘制斜线表头”图标按钮，如图3-40所示。

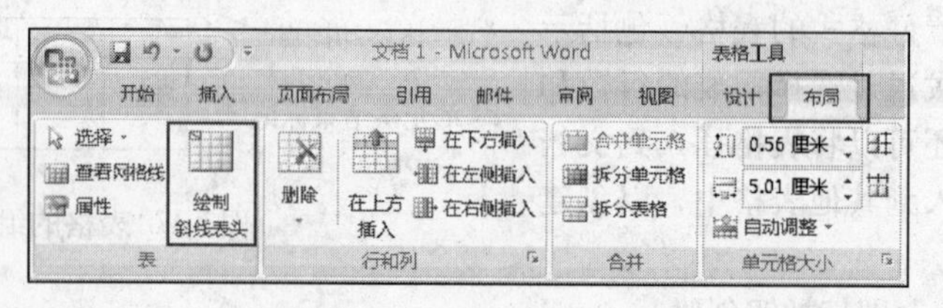

图3-40 绘制斜线表头

在弹出的“插入斜线表头”对话框中选择所需样式。一共有5种样式可供选择，“预览”框中将显示所选的表头样式，从而确定自己所需的样式。在各个标题框中输入所需的行、列标题，单击确定按钮，如图3-41所示。

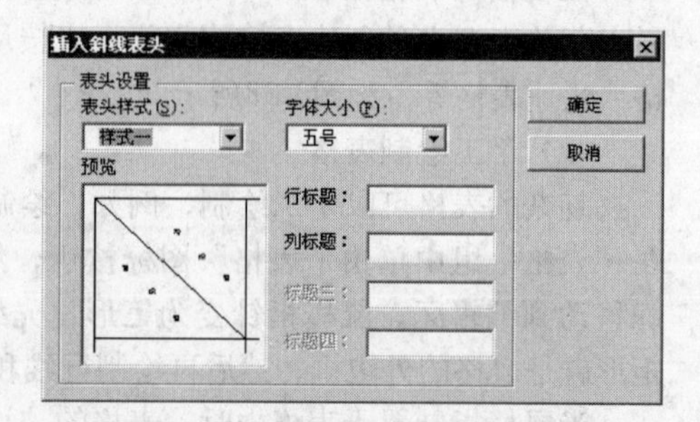

图3-41 “插入斜线表头”对话框

2. 编辑表格

在Word文档中插入一个空表格后，将插入点定位在某单元格，即可进行文本输入。若要将光标移动到相邻的右边单元格，则按Tab键；若要移动光标到相邻的左边单元格，则按Shift+Tab键。对单元格中已输入的文本内容进行移动、删除操作，与一般文本的操作是一样的。

(1) 选定单元格

如前所述，在对一个对象进行操作之前必须先将它选定，表格也是如此。使用鼠标选择表格中单元格、行或列的方法如表3-3所示。

表3-3 利用鼠标选择表格中单元格、行或列

要选择的对象	操作方法
一个单元格	单击该单元格的左边缘
一行	单击该行的左侧
一列	单击该列顶端的网格线或边框
连续的单元格、行或列	拖动鼠标指针划过所需的单元格、行或列
不连续的单元格、行或列	单击所需的第一个单元格、行或列，然后按住Ctrl键单击所需的下一个单元格、行或列
下一单元格中的文字	按Tab键
整张表格	在页面视图中，将鼠标指针停留在表格上，直至显示表格移动控点，然后单击表格移动控点

(2) 添加单元格、行或列

添加单元格

选中要插入单元格处右侧或上方的单元格，然后在“表格工具”的“布局”选项卡下单击“行和列”组中的对话框启动器。在弹出的对话框中单击下列选项之一：

- 活动单元格右移：插入单元格，并将该行中所有其他的单元格右移。(该选项可能会导致该行的单元格比其他行的多)
- 活动单元格下移：插入单元格，并将该列中剩余的现有单元格全部下移一行。该表格底部会添加一个新行，以包含最后一个现有单元格。
- 整行插入：在选中的单元格上方插入一行。
- 整列插入：在选中的单元格右侧插入一列。

添加行

选中要添加行处下方或上方的单元格，然后单击“表格工具”|“布局”选项卡。要在选中的单元格上方/下方添加一行，则在“行和列”组中单击“在上方插入”/“在下方插入”图标按钮即可。

添加列的操作方法和添加行的操作方法类似。

删除单元格、行或列

选择要删除的单元格、行或列，单击“表格工具”|“布局”选项卡，在“行和列”组中单击“删除”图标按钮，然后根据需要单击弹出菜单中的“删除单元格”、“删除行”或“删除列”选项。

(3) 合并、拆分单元格

合并单元格

可以将同一行或同一列中的两个或多个单元格合并为一个单元格。例如，可以在水平方向上合并多个单元格，以创建横跨多个列的表格标题。

通过单击单元格的左边缘，然后将鼠标拖过所需的其他单元格，可以选择要合并的单元格。在“表格工具”下“布局”选项卡的“合并”组中单击“合并单元格”按钮即可。

拆分单元格

在单个单元格内单击，或选择多个要拆分的单元格。在“表格工具”下“布局”选项卡的“合并”组中单击“拆分单元格”按钮，然后输入要将选定的单元格拆分成的列数或行数即可。

(4) 设置文字的对齐方式

有时需要根据表格的布局安排单元格中文字的对齐方式，以使表格的布局匀称、合理。

选中需要设置对齐方式的行、列或单元格，单击“表格工具”下的“布局”选项卡，可以看到“对齐方式”组中有9种不同的水平对齐和垂直对齐方式，用户直接选定任意一种合适的样式即可。

表格中文字的对齐还可以分为横向和纵向方式，一般而言，表格中文字的方向是横向的，如果希望文字的方向是纵向的，可选中需要设置改变文字方向的行、列、单元格后，单击“对齐方式”组中的“文字方向”命令即可。

(5) 将表格拖动到新的位置

在页面视图中，将指针停放在表格上，直至出现表格移动控点⊞。将指针停放在表格移动控点上，直至指针变为四向箭头，然后单击该表格移动控点，即可将表格拖动到新的位置。

3. 设置表格格式

(1) 使用“表格样式”设置整个表格的格式

创建表格后，可以使用“表格样式”来设置整个表格的格式。将指针停留在每个预先设置好格式的表格样式上，可以预览表格的外观。

选中要设置格式的表格，在“表格工具”|“设计”选项卡的“表格样式”组中，将指针停留在每个表格样式上，直至找到要使用的样式为止（要查看更多样式，则单击其下三角按钮▾）。单击相应样式可将其应用到表格。在“表格样式选项”组中选中或取消勾选每个表格元素旁边的复选框，可以应用或删除选中的样式。

(2) 添加或删除边框

可以添加或删除边框，将表格设置为所需的格式。

添加表格边框的具体方法：在“表格工具”|“布局”选项卡的“表”组中，单击“选择”图标按钮，然后在弹出的下拉菜单中单击“选择表格”选项。在“表格工具”|“设计”选项卡的“表格样式”组中单击“边框”图标按钮，然后在弹出的下拉菜单中选择适合的选项即可。

删除表格边框的具体方法：在“表格工具”|“布局”选项卡的“表”组中单击“选择”图标按钮，然后在弹出的下拉菜单中单击“选择表格”选项。在“表格工具”|“设计”选项卡的“表格样式”组中单击“边框”，然后单击“无边框”选项即可。

(3) 在后续各页上重复表格标题

当处理大型表格时，它将被分割成几页。这时需要对表格进行调整，以便表格标题可以显示在每页上。注意，只能在页面视图中或打印文档时看到重复的表格标题。

选择一行或多行标题行（选定内容必须包括表格的第一行），在“表格工具”|“布局”选项卡上的“数据”组中单击“重复标题行”按钮即可。

Word能够依据分页符自动在新的一页上重复表格标题。如果在表格中插入了手动分页符，则Word无法重复表格标题。

(4) 控制表格分页的位置

在处理冗长的表格时，表格一定会在出现分页符（分页符：上一页结束以及下一页开始的位置）的地方分页。默认情况下，如果分页符出现在一个很大的行内，Microsoft Word 允许分页符将该行分成两页。

也可以对表格做出调整，以确保在表格跨越多页时，信息可以按照您所需要的样式显示。

防止表格跨页断行的方法：选中表格，在“表格工具”|“布局”选项卡的“表”组中单击“属性”按钮，再在“行”选项卡中设置。

强制表格在特定行跨页断行的方法：选中要在下一页中显示的行，按Ctrl+Enter组合键即可。

3.4.3 插图

1. 图片或剪贴画

用户可以将多种来源（包括从剪贴画网站下载、从网页上复制或从保存图片的文件夹中插入）的图片和剪贴画插入或复制到文档中。

剪贴画是媒体文件（如Microsoft Office中提供的插图、照片、声音、动画或电影）的总称。剪贴画通常用于表示插图、照片和其他图像。Microsoft Office提供了丰富的剪贴画供用户使用。

插入剪贴画的步骤如下：

1）在“插入”选项卡上的“插图”组中单击“剪贴画”图标按钮，如图3-42所示。

图3-42 “插图”组

2）在“剪贴画”任务窗格的“搜索”文本框中输入描述所需剪贴画的单词或词组，或输入剪贴画文件的全部或部分文件名。

3）若要缩小搜索范围，可执行下列两项操作或其中之一：

- 若要将搜索结果限制于剪贴画的特定集合，可在“搜索范围”框中单击箭头并选择要搜索的集合。
- 若要将搜索结果限制于剪贴画，可单击“结果类型”框中的箭头，并选中“剪贴画”旁边的复选框。

在“剪贴画”任务窗格中还可以搜索照片、电影和声音。若要包含这类媒体类型，可选中相应类型旁边的复选框。

4）单击“搜索”按钮，在结果列表中单击剪贴画将其插入。

插入来自文件的图片的操作步骤是：将光标置于要插入图片的位置，在“插入”选项卡上的“插图”组中单击“图片”图标按钮。在弹出的对话框中找到要插入的图片文件名，双击要插入的图片即可。

图片或剪贴画插入到文档后，不一定刚好符合用户的要求，一般要经过编辑，如对图片的大小、位置进行合理的调节，以达到文本和图形的完美结合。

单击图片，图片周围会出现8个控制点，用鼠标拖动控制点可以改变图片的大小；也可以右击图片，在弹出的快捷菜单中选择“设置图片格式”命令，在弹出的“设置图片格式”对话框中选择“大小”选项卡，如图3-43所示，在“高度”和“宽度”文本框中设置图片需要的尺寸值即可。

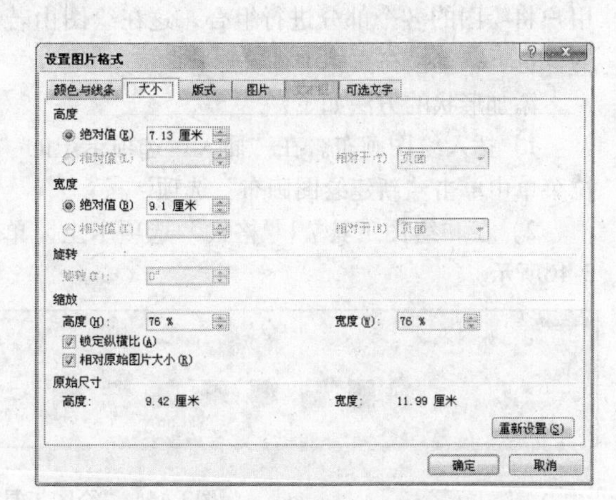

图3-43 图片大小设置

用户插入的图片默认是嵌入文字中的，可以对这种位置关系进行调节。在选中某个图片后，打开“设置图片格式”对话框，切换到“版式”选项卡，如图3-44所示，在“环绕方式”选项区域中，用户可以根据需要在多种环绕方式中选择，程序提供了“嵌入型”、“四周型”、“紧密型”、“浮于文字上方”和“衬于文字下方”5种相对位置关系，选定一种版式后，单击“确定”按钮即可。

图3-44 图片的版式设置

单击插入文档的图片或剪贴画，在功能区将显示“图片工具”|“格式”选项卡，如图3-45所示。该选项卡中包含了对图片或剪贴画的常用编辑命令，单击某个命令就能进行相应的设置。

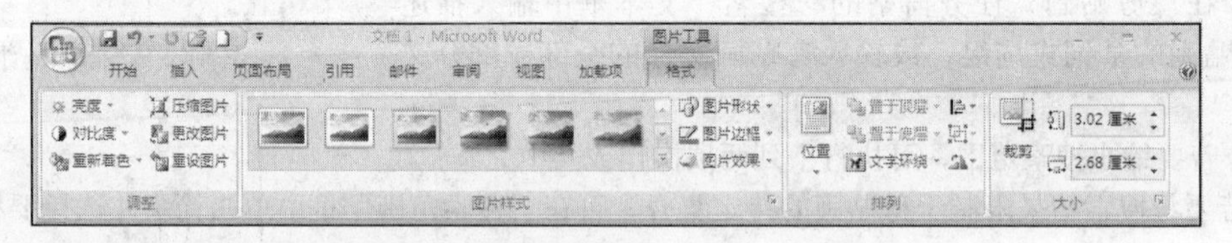

图3-45 “图片工具”|“格式”选项卡

2. 图形对象

图形对象包括形状、图表、流程图、曲线、线条和艺术字。这些对象是Word文档的组成部分，可以使用颜色、图案、边框和其他效果更改并增强这些对象。

Word中的绘图指一个或一组图形对象。Word中的形状包括线条、基本几何形状、箭头、公式形状、流程图形状、星、旗帜和标注，可以向文档添加一个形状或者合并多个形状以生成一个绘图或一个更为复杂的形状。例如，一个由形状和线条组成的图形对象。

向Word文档插入图形对象时，可以将图形对象放置在绘图画布中。绘图画布帮助用户在文档中排列绘图，它在绘图和文档的其他部分之间提供了一条框架式的边界。在默认情况下，绘图画布没有背景或边框，但是如同处理图形对象一样，可以对绘图画布应用格式。绘图画布还能帮助用户将绘图的各个部分进行组合，这在绘图由若干个形状组成的情况下尤其有用。画布不是必需的，也可以直接在文档中插入形状。

添加形状的方法如下：

1）插入绘图画布。在“插入”选项卡上的“插图”组中单击“形状”按钮，然后在弹出的下拉菜单中单击“新建绘图画布”选项。

2）在“绘图工具”|“格式”选项卡上，单击“插入形状”组中的“其他”按钮，如图3-46所示。

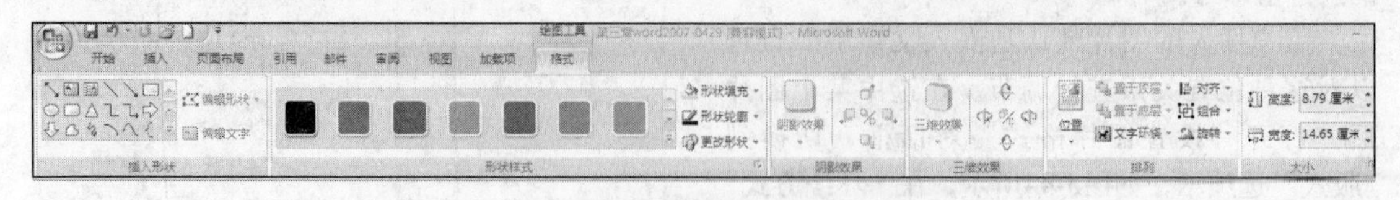

图3-46 “绘图工具”|“格式”选项卡

3）选中所需形状，接着单击文档中的任意位置，然后拖动以放置形状。

要创建规范的正方形或圆形（或限制其他形状的尺寸），则在拖动形状的同时按住Shift键。

如果要对插入的形状进行修改，如改变颜色、填充效果、阴影效果或三维效果等，都可以在选中形状后使用“绘图工具”|“格式”选项卡中的命令。

3. SmartArt图形

插图有助于用户更好地理解和记忆并使操作易于应用，对于大多数Office用户而言，创建具有设计师水准的插图很困难，为了解决这一问题，Microsoft Office 2007提供了SmartArt图形功能，只需单击几下鼠标即可创建具有设计师水准的插图。

创建SmartArt图形时，系统将提示选择一种 SmartArt 图形类型，如“流程”、“层次结构”、“循环”或“关系”。类型类似于SmartArt图形类别，而且每种类型包含几个不同的布局。选择一个布局后，可以很容易地更改 SmartArt 图形布局。新布局中将自动保留大部分文字和其他内容以及颜色、样式、效果和文本格式。

选择了某布局时，其中会显示占位符文本，如“[文本]”，这样是为了显示 SmartArt 图形的外观。系统不会打印占位符文本，占位符文本也不会在幻灯片放映期间显示出来。但是，形状是始终显示的，且会打印出来。

在“文本”窗格中添加和编辑内容时，SmartArt图形会自动更新，即根据需要添加或删除形状。

还可以在SmartArt图形中添加和删除形状以调整布局结构。例如，虽然“基本流程”布局显示有3个形状，但您的流程可能只需两个形状，也可能需要5个形状。当您添加或删除形状以及编辑文字时，形状的排列和这些形状内的文字量会自动更新，从而保持SmartArt图形布局的原始设计和边框。

(1) 创建 SmartArt 图形

在“插入”选项卡的“插图”组中单击SmartArt图标按钮，弹出“选择SmartArt图形”对话框，如图3-47所示。

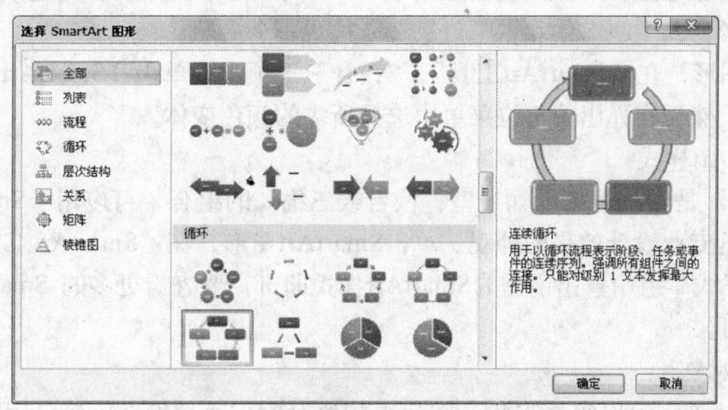

图3-47　“选择 SmartArt 图形”对话框

在“选择SmartArt图形”对话框中，单击所需的类型和布局即可。如表3-4所示列举了各种图形的用途。

表3-4　SmartArt图形的用途

图形类型	图形的用途
列表	显示无序信息
流程	在流程或日程表中显示步骤
循环	显示连续的流程
层次结构	创建组织结构图
关系	图示连接
矩阵	显示各部分如何与整体关联
棱锥图	显示与顶部或底部最大部分的比例关系

例如，选择了一种流程图后，一个流程图的SmartArt图形将出现在文档中，如图3-48所示。单击“在此处键入文字”窗格中的“[文本]”，然后输入或粘贴文字，也可以单击SmartArt图形中的一个形状，然后输入文本。

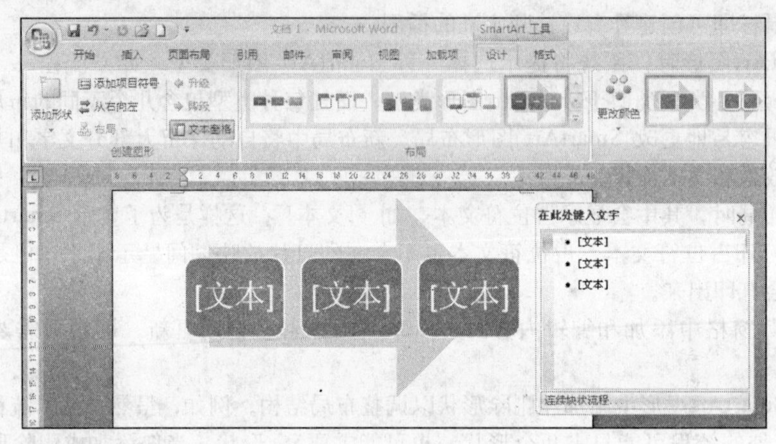

图3-48 SmartArt图形

如果看不到“在此处键入文字”窗格，则单击SmartArt图形，在“SmartArt工具”|“设计”选项卡上单击“创建图形”组中的“文本窗格”即可。

(2) 更改整个SmartArt图形的颜色

用户可以将来自主题颜色的颜色变体应用于SmartArt图形中的形状。主题颜色是文件中使用的颜色的集合。主题颜色、主题字体和主题效果三者构成一个主题。

单击SmartArt图形，在“SmartArt工具”|“设计”选项卡上单击“SmartArt样式”组中的“更改颜色”图标按钮，然后在弹出的下拉菜单中选择所需的颜色变体。

(3) 应用SmartArt样式

“SmartArt样式”是各种效果（如线型、棱台或三维）的组合，可应用于SmartArt图形中的形状，以创建独特且具专业设计效果的外观。单击SmartArt图形，在“SmartArt工具”|“设计”选项卡上的“SmartArt样式”组中单击所需的SmartArt样式即可。要查看更多的 SmartArt样式，则单击“其他”按钮 即可。

4. 组合形状或对象

为了加快工作速度，可以组合形状、图片或其他对象。通过组合，可以同时翻转、旋转、移动所有形状或对象，或者同时调整它们的大小，就好像它们是一个形状或对象一样。将效果应用于组合与将其应用于一个对象不同，因此效果（如阴影）会应用于组合中的所有形状或对象，而不应用于该组合的外边框。还可以在组合内创建组合以构建复杂绘图，或者随时取消组合一组形状，以后再重新组合它们。

(1) 组合形状或对象

选择要组合的形状或其他对象，在“绘图工具”|“格式”选项卡上单击“排列”组中的“组合”图标按钮，然后在弹出的下拉菜单中单击“组合”按钮 即可。

(2) 取消组合形状或对象

要取消组合一组形状或其他对象，先选择要取消组合的组合，然后在“绘图工具”|“格式”选项卡上单击“排列”组中的“组合”图标按钮，然后在弹出的下拉菜单中单击“取消组合”按钮即可。

3.4.4 特殊文本

1. 文本框

文本框是一种可以移动的、可以调整大小的文字或图形的容器。使用文本框可以将文字放在任何需要的位置；也可以在一页上放置数个文字块，或者使文字按与文档中其他文字不同的方向排列。

在“插入”选项卡上的“文字”组中单击“文本框”按钮，然后在弹出的列表中选择一种内置的文本框样式，文档中就会出现一个文本框，在其中输入文字即可。

文本框可以像处理图形对象一样来处理，单击文本框，在功能区将出现“文本框工具”|“格式”选项卡，可以使用选项卡中的命令对文本框进行格式设置，如改变文本框中文字的方向，与其他图形结合叠放，设置三维效果、阴影、边框类型和颜色，填充颜色和背景等。

若需要在插入的图片上添加文字，可以在图片上放置一个或多个文本框，要使文本框和图片不相互影响，可以将文本框填充颜色和线条颜色都设置为“无”。

2. 插入艺术字

艺术字是一个文字样式库，在文档中有较强的装饰性效果，如带阴影的文字或镜像（反射）文字等。

在“插入”选项卡上的“文字”组中单击“艺术字”图标按钮，然后在弹出的下拉列表中单击所需艺术字样式，如图3-49所示。弹出“编辑艺术字文字”对话框，如图3-50所示。在“文本”框中输入文字，单击“确定”按钮即可。

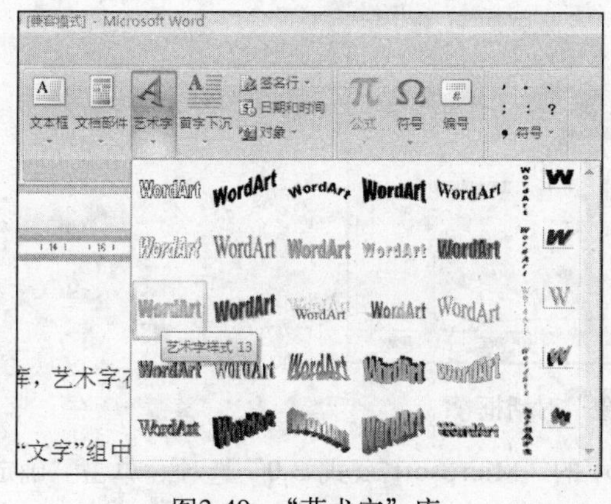

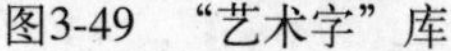

图3-49 “艺术字”库

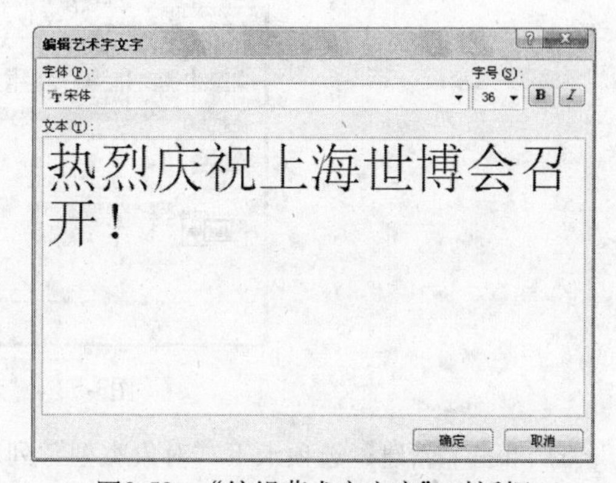

图3-50 “编辑艺术字文字”对话框

插入艺术字后，如果对其不满意，可以利用艺术字工具栏对艺术字进行重新编辑和修改。

单击插入的艺术字，在功能区将出现“艺术字工具”|“格式”选项卡，其中包含了对艺术字进行修改的多个组，如“艺术字样式”、“阴影效果”、“三维效果”等，如图3-51所示。通过这些组中的命令按钮，可以轻松地对艺术字进行修改。

3. 设置首字下沉格式

首字下沉是加大的大写首字母，可用于文档或章节的开头，也可用于为新闻稿或请柬增添趣味。

单击要以首字下沉开头的段落，该段落必须含有文字。在“插入”选项卡上的“文本”组中单击“首字下沉”图标按钮，如图3-52所示，在弹出的下拉列表中单击“下沉”选项即可。

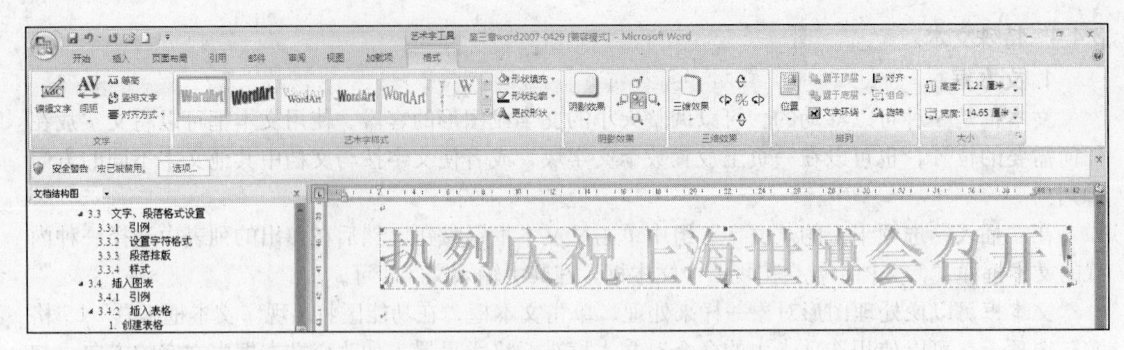

图3-51 “艺术字工具”|“格式”选项卡

4. 插入数学公式

图3-52 “文本”组

在编辑科技文档或制作试卷时，经常要插入数学公式。如何在Word文档中插入数学公式呢？Word提供了公式编辑器，利用它可以编辑各种复杂的数学公式。下面就以 $\sum_{n=1}^{\infty} ar^{n-1}$ 为例，介绍在文档中插入数学公式的方法。

1）将插入点置于要插入数学公式的位置。

2）单击“插入”选项卡下“文本”组中的“对象”按钮，弹出“对象”对话框，如图3-53所示。

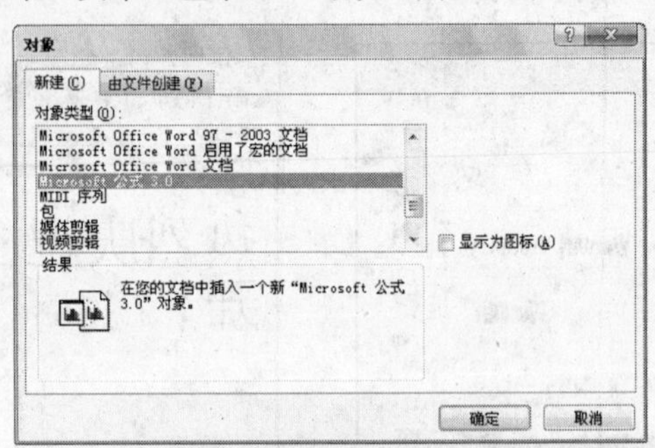

图3-53 “对象”对话框

3）单击“新建”选项卡下“对象类型”列表中的“Microsoft 公式 3.0”选项，单击“确定”按钮。此时出现公式编辑区和“公式”工具栏，如图3-54所示。

4）单击“公式”工具栏中的“求和”模板按钮，按照公式的样式选择需要的求和符，此时在“公式”编辑区显示所选符号的模板，如图3-54所示。

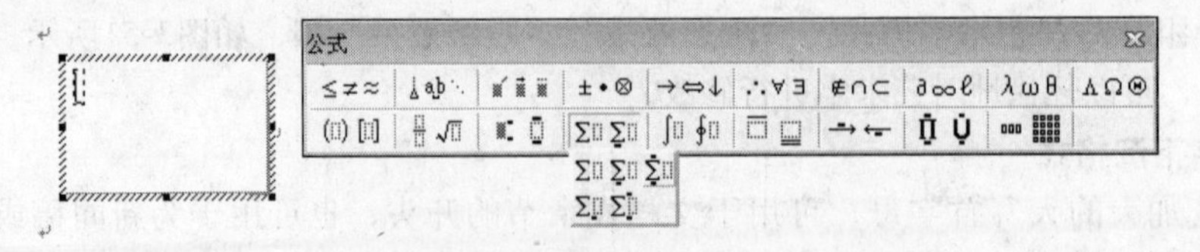

图3-54 公式编辑区和“公式”工具栏

5）将插入点置于“符号”模板中带虚线的方框内，输入公式所需的内容。要输入“∞”时，单击“其他符号”按钮，在弹出的下拉列表中选择“∞”符号，如图3-55所示。

6）输入“arn−1”，然后选中“n−1”，单击“上标和下标”模板按钮，选择“上标”符号，如图3-56所示。

7）在公式编辑区外单击即可退出公式编辑器。

如果需要修改已输入的数学公式，可直接双击公式重新进入公式编辑器，对公式进行修改。

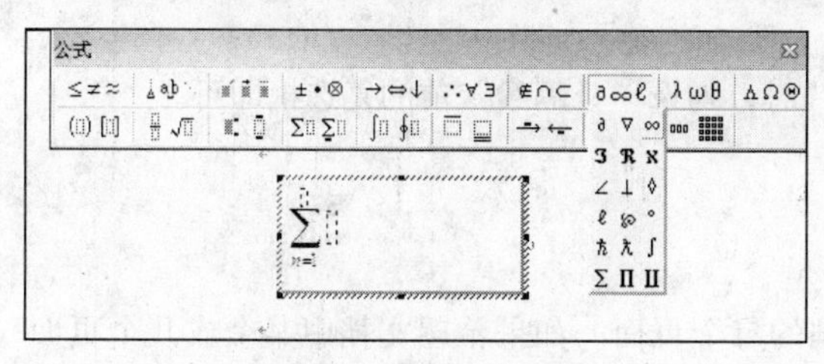

图3-55 插入“∞”符号

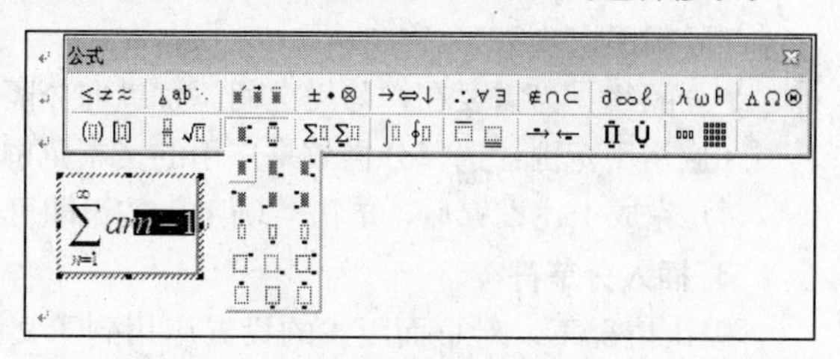

图3-56 插入上标符号

3.5 页面布局及打印

3.5.1 页面设置

1. 页面设置

页边距是页面边缘的空白区域。页面的上、下、左、右四边各有1英寸（即2.54厘米）的页边距。这是最常见的页边距宽度，适用于大多数文档。

但是，如果要获得不同的页边距，则应了解如何更改页边距。例如，如果输入的是一封极为简短的信函、一个食谱、一封邀请函或一首诗，则可能需要不同的页边距。

要更改页边距，则单击“页面布局”选项卡，在“页面设置”组中单击“页边距”按钮，即可在弹出的下拉菜单中看到不同的页边距大小，以及每个页边距的度量值。

2. 分栏

在报纸、期刊和杂志上，我们经常会看到某个页面的文档并不是以一栏样式排列，而可能是两栏或多栏，如图3-57所示，这是对文档进行了分栏设置。

随着上海世博会拉开序幕，全球媒体的视线又一次投向了中国。这是中国继北京奥运会后与世界的“第二次热情拥抱”，“上海世博会把中国与世界更加紧密地联系在了一起”。热情的赞誉，满怀期待。

海外媒体对上海世博会的关注，当然不仅仅是它的亮丽与宏大。这种关注大体有两个侧重点：一是首次在中国举办，二是首次以城市为主题。

城市化是世界性的宏大课题。“城市，让生活更美好”，上海世博会这一主题具有鲜明的时代特色。恰如荷兰经济大臣范德胡芬所言，上海世博会既是包括荷兰在内的世界各国展示发展成就的平台，也为世界提供了一次共同探讨如何提高生活质量、实现可持续发展的宝贵机会。

图3-57 分栏设置效果

设置分栏的步骤如下：

1）将文本按一栏的排列方式按常规方法输入到页面中。

2）选定需要进行分栏设置的文本对象（可以为整个段落，也可以为多行文本）。

3）单击“页面布局”选项卡下“页面设置”组中的“分栏”图标按钮，在弹出的下拉列表中选择“更多分栏”选项，将打开如图3-58所示的“分栏”对话框。

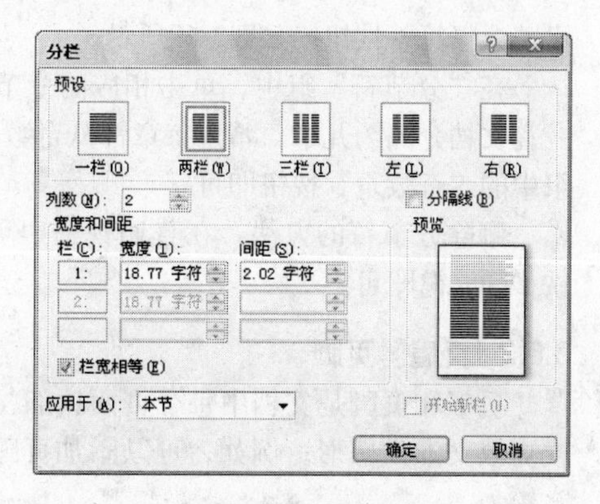

图3-58 分栏设置

在该对话框中，我们可以做如下设置：

- 确定栏数：在“分栏”对话框中选定或输入需要设定的确切栏数。

- 宽度和间距：默认情况下设置的所有栏宽都相等，若需要设置为不同栏宽，需取消勾选“栏宽相等”复选框中的“√”标记，然后根据需要调节各栏的具体字符数和两栏之间的实际间距。
- 分隔线：当需要在栏与栏之间添加纵向分隔线时，勾选“分隔线”前的复选框即可。
- 应用于范围：选择分栏效果应用的文本范围。

4）完成上述设置后，单击“确定”按钮即可。

3. 插入分节符

默认情况下，对页面版式的设置应用到了文档的每个页面。如果希望文档中某个或几个页面的版式不同，例如在一篇长竖排文档中插入了一个较大的表格，表格需要横排显示，如图3-59所示，应该如何设置呢？

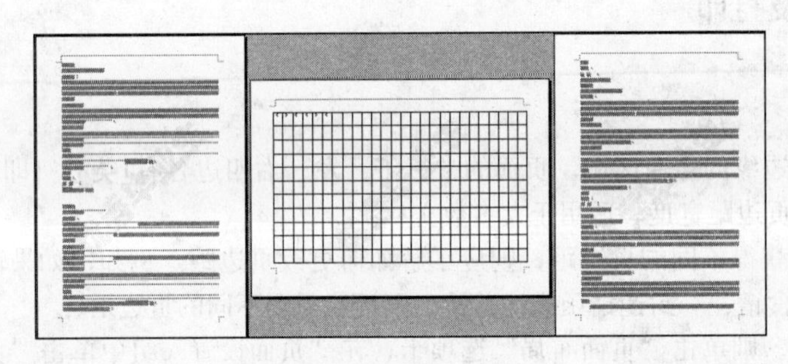

图3-59 排版示例

使用分节符可以改变文档中一个或多个页面的版式或格式，可以在某节里设置不同的页边距、纸张大小或方向、页面边框、页眉和页脚、列、页码编号等。没有插入任何分节符时，整篇Word文档为一节；插入一个分节符，文档被分为两个节；插入两个分节符，文档被分为三个节……

分节符的类型有下一页、连续、偶数页、奇数页等。

“下一页”命令用于插入一个分节符，并在下一页开始新的节。这种类型的分节符尤其适用于在文档中开始新章。

“连续”命令用于插入一个分节符，并在同一页上开始新节。连续分节符适用于在一页中实现一种格式更改，例如更改列数。

“偶数页”或“奇数页”命令用于插入一个分节符，并在下一个偶数页或奇数页开始新节。如果要使文档的各章始终在奇数页或偶数页开始，则使用“奇数页”或“偶数页”分节符选项。

单击要更改格式的位置（一般需要在所选文档部分的前后插入一对分节符），然后在“页面布局”选项卡上的“页面设置”组中单击“分隔符”按钮，如图3-60所示。

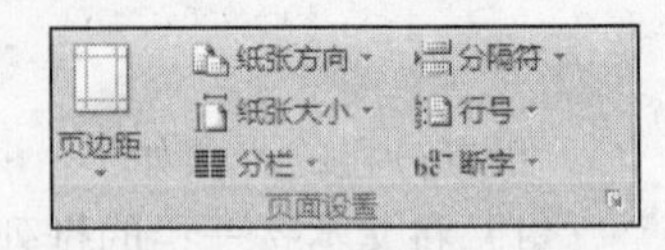

图3-60 “页面设置”组

在“分节符”组中，单击相应的分节符类型。例如，如果要将一篇文档分隔为几章，希望每章都从奇数页开始，则单击“分节符”组中的“奇数页”按钮即可。

删除分节符的方法：在普通视图中可以看到用双虚线表示的分节符，选择要删除的分节符，按Delete键即可。

3.5.2 页眉、页脚

页眉和页脚是文档中每个页面顶部、底部和两侧页边距中的区域，可以在页眉和页脚中插入或更改文本或图形。例如，可以添加页码、时间和日期、公司徽标、文档标题、文件名或作者姓名等。

1. 插入页眉和页脚

在“插入”选项卡上的“页眉和页脚”组中单击“页眉”或“页脚”按钮，然后在弹出的下拉列表中单击所需的页眉或页脚样式，进入页眉和页脚编辑状态，输入需要插入的内容，单击“页眉和页脚工具”|“设计”选项卡下“关闭”组中的“关闭页眉和页脚”按钮即可返回正文编辑状态。此时整篇文档中所有的页眉或页脚都相同。

一篇内容较长的文档（如图书）常常由多个部分组成，包括序言、目录、各章、附录等，要设置各个部分的页眉和页脚各不相同（如第1章的页眉都显示为“第1章”，第2章的页眉都显示为“第2章”，依此类推），应该如何设置？

在文档中，同一节的页眉、页脚是相同的，不同节的页眉、页脚可以不相同。不管文档有多长，整个文档默认为一节，如果要在文档的不同部分设置不同的页眉、页脚，首先要插入分节符，将各个部分划分开，然后再进行页眉、页脚的设置。在一篇文档中设置不同的页眉、页脚的具体步骤如下：

1）将光标置于第1章的开始处，执行“插入”→“分隔符”命令，选择“分节符类型”下的“下一页”选项，依此类推，将其他章都进行分节操作。

2）在页眉（或页脚）区双击，也可进入页眉（或页脚）编辑状态，此时如果是在页眉区，则左上方显示为“页眉-第1节-”，输入第1章的页眉内容“第1章”。

3）单击“页眉和页脚工具”|“设计”选项卡下“导航”组中的“下一节”按钮，跳到第2节，此时左上方显示为“页眉-第2节-”，右上方显示为“与上一节相同”，中间显示为“第1章”。再单击“页眉和页脚工具”|“设计”选项卡下“导航”组中的“链接到前一条页眉”按钮，则右上方显示的“与上一节相同”消失，此时将本节页眉修改为“第2章”。重复上面的操作，修改好所有的章节。

2. 插入页码

插入页码的方法：在“插入”选项卡上的“页眉和页脚”组中单击“页码”按钮。根据希望页码在文档中显示的位置，单击下拉菜单中的“页面顶端”、“页面底端”或“页边距”选项，如图3-61所示。然后在设计样式库中选择页码编号格式，例如“第X页，共Y页”。

3. 设置页码格式

添加页码后，可以像更改页眉或页脚中的文本一样更改页码，可以更改页码的格式、字体和大小。修改页码格式的方法：双击文档中某页的页眉或页脚，在“页眉和页脚工具”|“设计”选项卡上的“页眉和页脚”组中单击“页码”按钮，然后在弹出的下拉菜单中单击“设置页码格式”选项。弹出“页码格式”对话框，在“编号格式”列表框中选择一个编号样式，然后单击“确定”按钮。

4. 重新对页码编号

在编排较长的文档时，正文的前面有封面、目录，封面一般没有编码，目录和正文的编码应该分开，也就是说目录的编码是从1开始，正文的编码也是从1开始的。可以将目录页码编为I到IV，正文部分页码编为1到100。

如果希望文档中某一部分的页码和其他部分不相同，先要对文档分节，在不同的节中可以有不同的页面格式。

单击要重新开始对页码进行编号的节，在“插入”选项卡上的“页眉和页脚”组中单击“页码”按钮，如图3-61所示，然后在弹出的下拉菜单中单击“设置页码格式”选项，弹出“页码格式”对话框，在“起始页码”框中输入值即可，如图3-62所示。

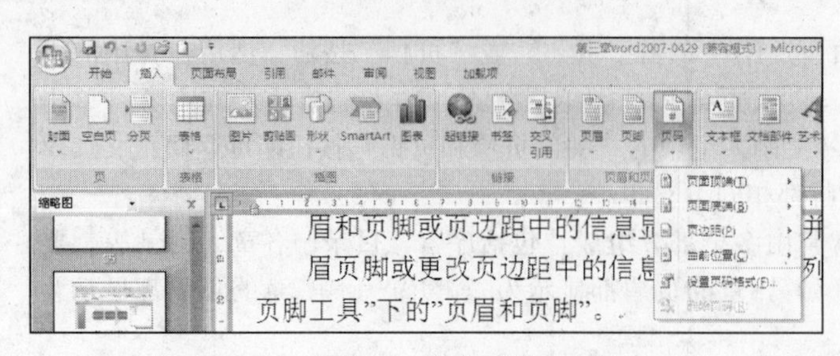
图3-61 插入页码

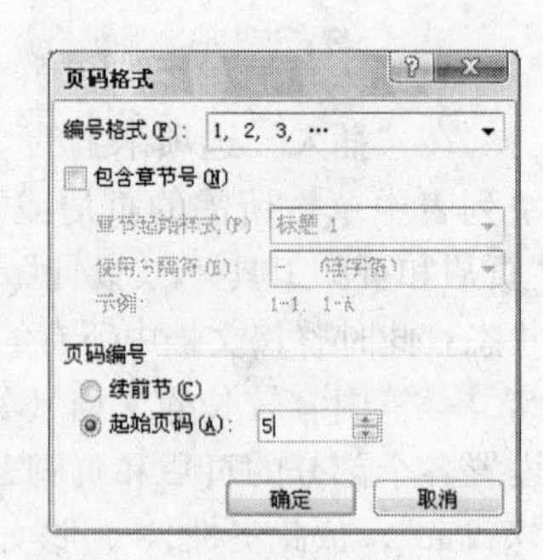

图3-62 “页码格式”对话框

5. 删除首页页码

在带有页码的文档中，有时不希望首页有页码。例如，标题页或首页通常没有页码。如果从设计样式库中将预设的封面或标题页添加到带有页码的文档中，则添加的封面或标题页的页码为1，而第2页的页码为2。

删除首页页码（此过程适用于不是通过封面样式库插入封面的文档）的方法如下：

1）单击文档中的任何位置。

2）在“页面布局”选项卡上单击“页面设置”组中的对话框启动器，弹出“页面设置”对话框，如图3-63所示，切换到“版式”选项卡。

3）在“页眉和页脚”栏中勾选“首页不同”复选框，然后单击“确定”按钮。如果取消勾选“首页不同”复选框，则首页页码会再次显示出来。

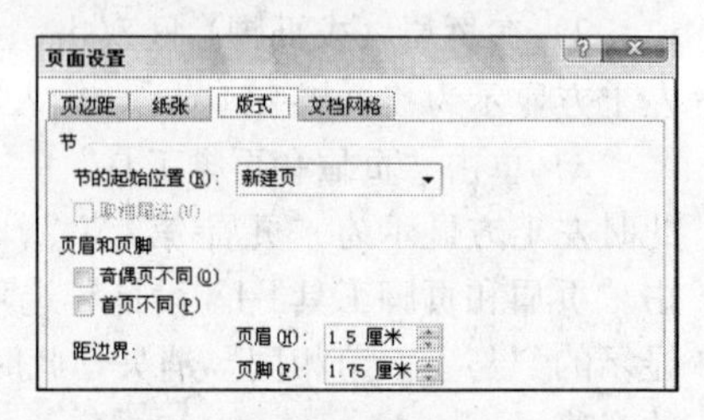

图3-63 “页面设置”对话框

3.5.3 大纲视图和目录

如果是编辑一本手册或一篇论文，目录是必不可少的。在Word中创建目录常用的方法是根据文档的标题样式生成目录。因此在创建目录之前，要将文档中的标题设置不同的标题样式。不同级别的标题（“标题1”、“标题2”、“标题3”……标题的级别依次降低）组织在一起，构成具有层次结构的文档。

1. 创建目录

1）单击要插入目录的位置，通常在文档的开始处。

2）在“引用”选项卡上的“目录”组中单击“目录”按钮，然后在弹出的下拉菜单中单击所需的目录样式。如果希望手工创建目录，可以在“引用”选项卡上的“目录”组中单击“目录”按钮，然后在弹出的下拉菜单中单击“插入目录”选项，弹出“目录”对话框，如图3-64所示。

3）在“显示级别”框中选择将要出现在目录中的标题的最低级别，如“3”级。

4）设置页码对齐方式、制表符前导符等。

目录的效果可以在“打印预览”框中查看。设置完成后，单击“确定”按钮。

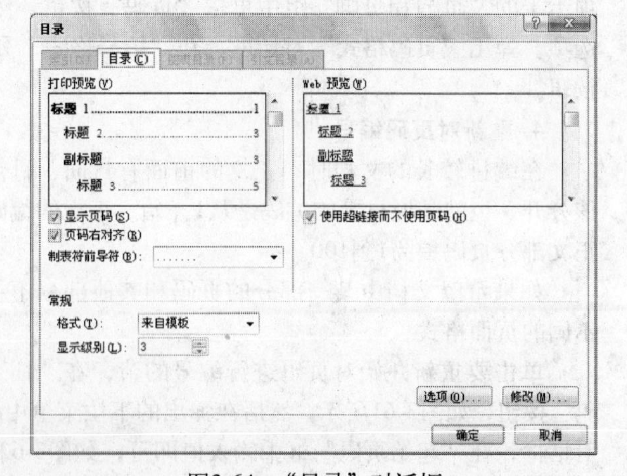

图3-64 “目录”对话框

文档中的标题样式设置不一定都是从“标题1”开始的，也不一定是连续的，可以有间隔，一般而言，下级标题应比上级标题的标题级别小。

2. 更新目录

如果添加或删除了文档中的标题或其他目录项，则在“引用”选项卡上的“目录”组中单击“更新目录”按钮。然后在弹出的对话框中选择“只更新页码”或“更新整个目录”即可。

3. 大纲视图

对于较长的文档，在普通视图或页面视图下弄清它的结构是不容易的。为了了解一篇长文档的结构，可以使用大纲视图方式查看。在大纲视图下，文档的标题和正文文字可以分级显示，一部分标题和正文可以被隐藏，以突出文档的总体结构。

要显示文档的大纲，首先应切换到大纲视图。单击“视图”选项卡下“文档视图”组中的“大纲视图”按钮，或单击状态栏右侧的“大纲视图”按钮，切换到大纲视图。

切换到大纲视图后，会出现“大纲”选项卡，如图3-65所示。图中显示的文本是设置了标题样式的文字。

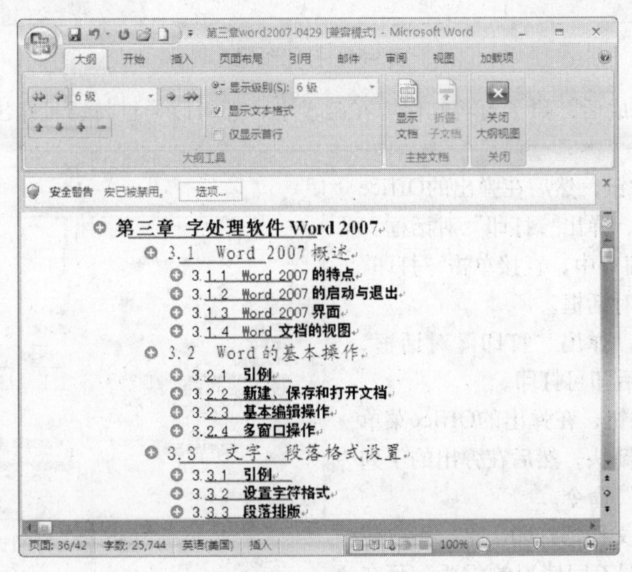

图3-65 “大纲”选项卡

在大纲视图中设置显示级别，可以将文档大纲折叠起来，仅显示所需标题和正文，简化了文档结构，使其看起来一目了然。折叠某一级标题下的文本，只要在“大纲”选项卡下“大纲工具”组中的“显示级别”中选择要显示的最低级别的编号。如图3-65所示，显示级别为“6级”的标题，即6级以下的标题就会自动被折叠。

如果希望折叠或展开某一标题下已显示的子标题，只要双击该标题旁的“+”号即可。

“大纲工具”组中各按钮的功能如下：

- [按钮]：将选中的标题提升为标题1，即大纲的最高级别。
- [按钮]：将选中的标题提升一级，即比原来的级别高一级。
- [按钮]：将选中的标题降一级，即比原来的级别低一级。
- [按钮]：将选中的标题降为正文，即大纲的最低级别。
- [按钮] / [按钮]：将选中的标题（包含该标题下的正文）上移或下移，用于调整提纲的顺序。
- [按钮] / [按钮]：展开或折叠某一标题下已显示的子标题。

3.5.4 打印

打印前一般要预览一下页面，从整体上再次查看一下文档，如果没有问题就可以打印或提交给他人审阅。单击Office按钮，在弹出的Office菜单中指向“打印”旁的下三角按钮，然后在弹出的子菜单中单击“打印预览”命令。如图3-66所示，功能区显示在预览状态下可以使用的命令，执行这些命令可以改变预览的状态，如显示比例、单页或双页等。

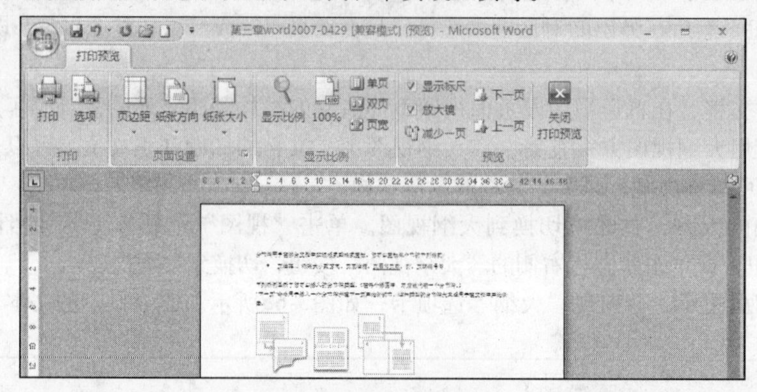

图3-66 打印预览

一篇文档编辑完成后，除了可将其保存在磁盘上，还可以通过打印机输出结果。打印的方法有以下4种：

1）单击Office按钮，然后在弹出的Office菜单中单击打印命令，弹出“打印”对话框。

2）在打印预览窗口中，直接单击“打印”按钮，弹出“打印”对话框。

3）按Ctrl+P键，弹出“打印”对话框，如图3-67所示，设置后即可打印。

4）单击Office按钮，在弹出的Office菜单中指向“打印”旁的箭头，然后在弹出的子列表中单击“快速打印”命令。

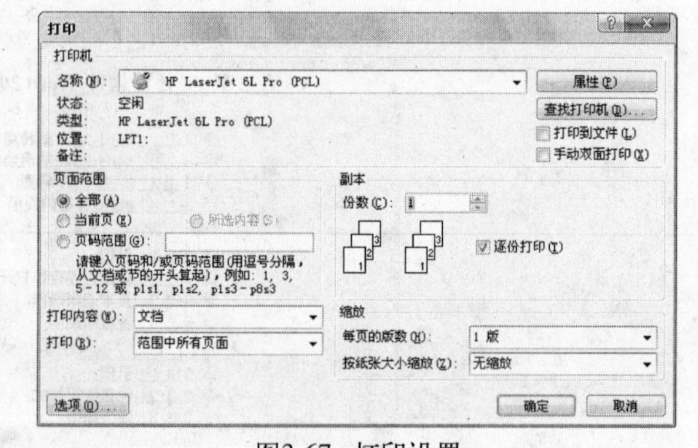

图3-67 打印设置

如果不想将整个文档都打印出来，可以使用前面3种方法。根据不同情况的需要，可在“打印”对话框中进行相应的设置：

1）在“打印机”栏的“名称”框中选择用于打印操作的打印机名称。打印机的名称必须与实际使用的打印机类型相符。

2）在“页面范围”栏中指定文档需打印的范围。如果选择“当前页”，则打印出光标所在页；如果只要打印文档中被选择的内容，可以选择“所选内容”；如果要打印指定页码中的内容，则选择“页码范围”选项，然后在其后的文本框中输入页码或页码范围。

3）在“副本”栏内可以指定打印的“份数”及是否“逐份打印”。在“份数”文本框中输入或选择份数即可打印多份。如果选择逐份打印，则在多份打印时，打印顺序为第1份的第1页、第1份的第2页……直至第1份的最后一页，再打印第2份的第1页、第2份的第2页……依此类推。

4）在“打印内容”下拉列表框中可以选择需要打印的内容。

5）在“打印”列表框中有3个选项：“范围中所有页面”、“奇数页”和“偶数页”。如果要在纸张的两面打印文档，先选择“奇数页”选项，将文档的奇数页全部打印出来；然后将纸张重新放到打印机的进纸口，再选择“偶数页”选项，将文档的偶数页打印到纸张的另一面。

在打印一份多页文档时，打印完成后发现第一页在最下面，最后一页在最上面，也就是说需要人手工对页码进行整理。遇到这种情况时，可在开始打印前，在如图3-67所示的“打印”对话框中单击“选项”按钮，弹出“Word选项”对话框，在“高级”标签中勾选“逆序打印页面”复选框即可，如图3-68所示。这样，在打印时即可先打印最后一页，最后打印第一页，打印好的文档页码是顺序的，无需整理。

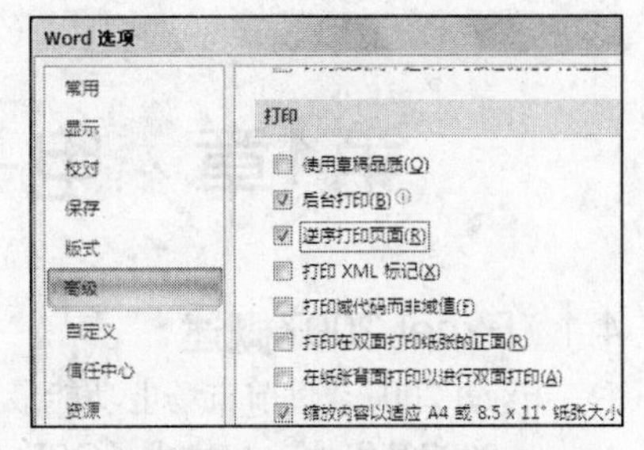

图3-68 设置逆序打印页面

本章小结

Word 2007是现代办公软件中不可或缺的工具之一，全新的界面、实时预览、SmartArt图示库等新功能使用户进行文字编辑和排版时更加简单、方便和快捷。本章首先重点介绍了Word 2007界面的组成，接着介绍了常用的编辑操作，如字符格式、段落格式、图片与文本的混合排版、表格的编辑等，最后介绍了如何进行页面布局和打印。熟练掌握这些基本操作，你一定能编排出精美的文档。

思考题

1. Word 2007窗口是由哪些部分组成的？

2. 在快速访问工具栏里添加一个“查找”按钮。

3. Word可以将文档以哪些格式保存？如何设置文档的访问权限，让他人不可以看到某个文档的内容？

4. Word中有几种视图？各种视图的作用是什么？如何相互切换？

5. 怎样用鼠标快速地选定一个词、一句话、一大块文本、一行、多行、一段、多段以及整个文档？

6. 什么情况下Word 2007窗口中会显示与图片相关的命令按钮？

7. 设置文本的格式有哪几种方法？

8. 段落缩进有哪几种方式？如何设置？

9. 如何创建一张表格并输入数据？如何编辑表格？删除单元格和清除单元格的意思是否一样？

10. 如何设置页眉、页脚？如何设置奇、偶页不同的页眉、页脚？

11. 如何在文档中插入图片？如何编辑图片？如何用绘图工具绘制图形？

12. 在一篇长文档的最前面添加了目录后，如何使目录和正文的页码都是从1开始？

第4章 电子表格软件Excel 2007

4.1 Excel 2007概述

Excel 2007是目前市场上功能最强大的电子表格制作软件，它和Word 2007、PowerPoint 2007、Access 2007等组件一起构成了Office 2007办公软件的完整体系。Excel 2007不仅具有强大的数据组织、计算、分析和统计功能，还可以通过图表、图形等多种形式形象地显示处理结果，更能够方便地与Office 2007其他组件相互调用数据，实现资源共享。

本章以Excel 2007为操作平台，向读者介绍Excel 2007的主要特点、窗口的组成、对表格的基本操作以及数据清单、数据透视表等操作。

4.1.1 Excel 2007的特点

Excel 2007是Microsoft公司出品的Office 2007系列办公软件中的一个组件，它是功能强大、技术先进、使用方便且灵活的电子表格软件，可以用来制作电子表格，完成复杂的数据运算，进行数据分析和预测，并且具有强大的图表制作功能及打印设置功能等。

1. 表格处理

Excel具有强大的电子表格操作功能，用户可以在表格中随意设计、修改自己的报表。日常工作中常用的表格处理操作，例如，增加行、删除列、合并单元格、表格转置等操作，在Excel中均只需简单地通过菜单命令或工具按钮即可完成。此外，Excel还提供了数据和公式的自动填充、表格格式的自动套用、自动求和、自动计算、记忆式输入、选择列表、自动更正、拼写检查、审核、排序和筛选等众多功能，可以帮助用户快速、高效地建立、编辑、编排和管理各种表格。

2. 数据分析

除了能够方便地进行各种表格处理以外，Excel具有一般电子表格软件所不具备的强大的数据处理和数据分析功能。它提供了包括财务、日期与时间、数学与三角函数、统计、查找与引用、数据库、文本、逻辑和信息等内置函数，可以满足许多领域的数据处理与分析的要求。如果内置函数不能满足需要，还可以使用Excel内置的Visual Basic for Application（VBA）建立自定义函数。除了具有一般数据库软件所提供的数据排序、筛选、查询、统计汇总等数据处理功能以外，Excel还提供了许多数据分析与辅助决策工具，例如，数据透视表、模拟运算表、假设检验、方差分析、移动平均、指数平滑、回归分析、规划求解、多方案管理分析等工具。利用这些工具，用户不需掌握很深的数学计算方法，也不需了解具体的求解技术细节，更不需编写程序，而只要正确地选择适当的参数，即可完成复杂的求解过程，得到相应的分析结果和完整的求解报告。

3. 创建图表

Excel 2007提供的图表类型有条形图、柱形图、折线图、散点图、股价图以及多种复合图表和三维图表，且对每一种图表类型还提供了几种不同的自动套用图表格式，用户可以根据需要选择最有效的图表来展现数据。如果所提供的标准图表类型不能满足需要，用户还可以自定义图表类型，并可以对图表的标题、数值、坐标以及图例等各项目分别进行编辑，从而获得最佳的外观效果。Excel还能够自动建立数据与图表的联系，当数据增加或删除时，图表可以随数据变化而方便地更新。利用Excel 2007的图表制作工具，用户可以更快捷有效地构建具有专业外观的图表，还可将3D、软阴影和透明性等丰富的视觉增强效果应用于图表。

4. 宏功能

用户可以使用Excel 2007的宏功能创建自定义函数和自定义命令。利用Excel 2007提供的宏记录器，可以将用户的一系列操作记录下来，自动转换成由相应的VBA语句组成的宏命令，当以后用户需要执行这些操作时，直接运行这些宏即可。对于需要经常使用的宏，还可以将有关的宏与特定的自定义菜单命令或工具按钮关联，以后只要选择相应的菜单命令或单击相应的工具按钮即可完成上述操作。对于更高水平的用户，还可以利用Excel 2007提供的VBA，在Excel 2007的基础上开发完整的应用软件系统。

4.1.2 Excel 2007界面

启动Excel 2007中文版后，工作界面如图4-1所示。

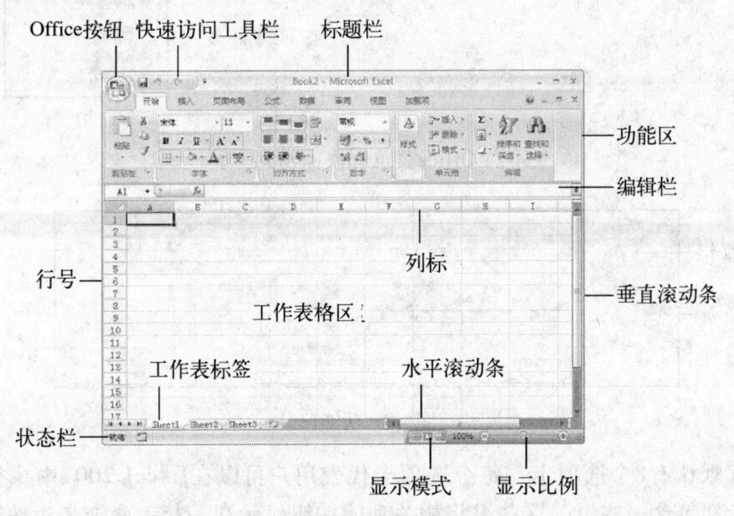

图4-1 Excel 2007工作界面

Excel 2007的工作界面主要由Office按钮、快速访问工具栏、标题栏、功能区、编辑栏、工作表格区、滚动条和状态栏等元素组成。

1. Office按钮

单击Excel工作界面左上角的Office按钮，打开Office菜单，如图4-2a所示。使用该菜单中的命令，用户可以新建、打开、保存、打印、共享以及发布工作簿。

2. 快速访问工具栏

Excel 2007的快速访问工具栏中包含最常用的快捷按钮，方便用户使用。单击标题栏左边的“快速访问工具栏”按钮，弹出如图4-2b所示的快速访问工具列表，可以在快速访问工具栏中添加相应的功能。

3. 标题栏

标题栏位于窗口的最上方，用于显示当前正在运行的程序名及文件名等信息，如图4-3所示。如果打开的是新的工作簿文件，则文件名是Book1，这是Excel 2007默认建立的文件名。单击标题栏右端的按钮，可以最小化、最大化或关闭窗口。

4. 功能区

功能区是在Excel 2007工作界面中添加的新元素，它将旧版本Excel中的菜单栏与工具栏结合在一起，由“选项卡”、“组”和“命令”三部分组成，如图4-3所示。

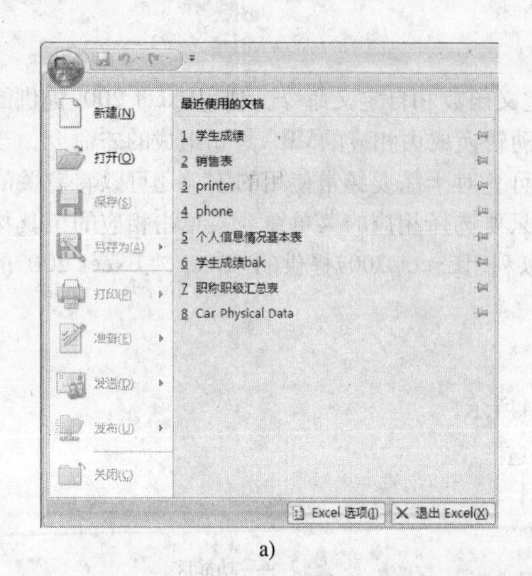

a)

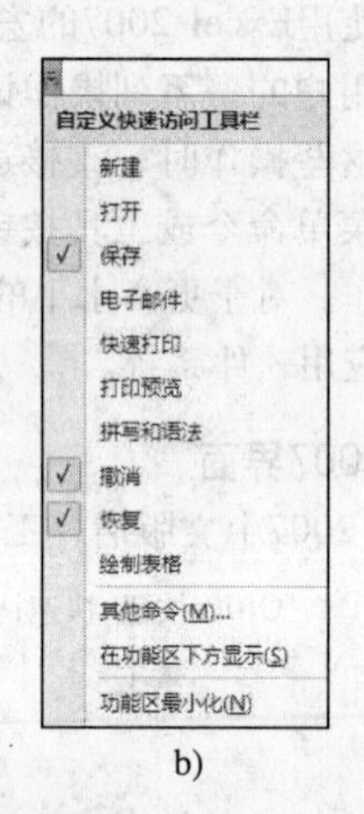

b)

图4-2 Office菜单和快速访问工具栏

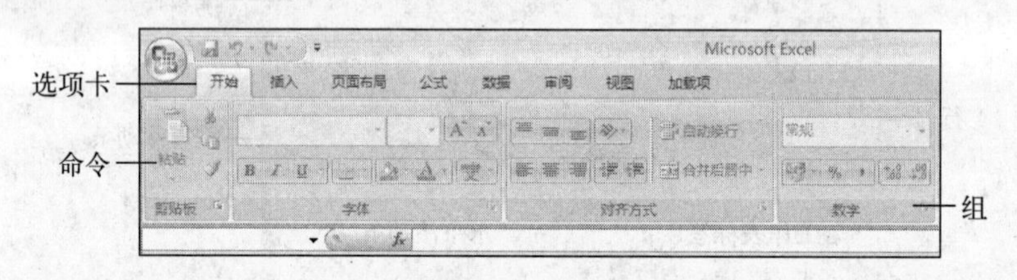

图4-3 功能区

功能区顶部默认有8个选项卡，每个选项卡代表用户可以在Excel 2007中执行的一组核心任务；每个选项卡都包含一些组，这些组将相关功能按钮显示在一起；命令是指按钮、用于输入信息的对话框或者菜单。

默认情况下，Excel 2007功能区中的选项卡包括“开始”、“插入”、“页面布局”、“公式”、“数据”、“审阅”、“视图”以及“加载项”选项卡。

组将用户在执行特定类型的任务时可能用到的所有命令放到一起，并在整个任务期间一直处于显示状态且可随时使用，而不是将它们隐藏在菜单中。

Excel 2007中的常用命令主要集中在“开始”选项卡下。例如，“粘贴”、“剪切”和“复制”命令是“开始”选项卡下“剪贴板”组中最先列出的命令；“字体”组中的字体格式命令次之；而用于居中对齐、左对齐或右对齐文本的命令则位于“对齐方式”组中。

Excel 2007的命令是分层次的。如果一些命令没有直接显示在选项卡下，可能是用户暂时不需要用到它，当用户要进行某项操作时，则用到的命令即可显示出来。

5. 状态栏与显示模式

状态栏位于窗口底部，用来显示当前工作区的状态。Excel 2007支持3种显示模式，分别为“普通”模式、“页面布局”模式与“分页预览”模式。单击Excel 2007窗口左下角的▦、▦和▦按钮，即可切换显示模式。

4.1.3 工作簿、工作表、单元格

启动Excel 2007后，在默认情况下用户看到的是名为“Book1”的工作簿。每个工作簿都是由一个或多个工作表组成，每个工作表由独立的单元格组成。

1. 工作簿

在Excel 2007中所做的工作是在一个工作簿文件中进行的，打开该文件后有其自己的窗口。用户可以根据需要打开任意多个工作簿，默认状态下，Excel 2007工作簿使用.xlsx作为文件扩展名。如果需要与使用Excel 97-2003的用户共享工作簿，则可以将工作簿保存为扩展名为.xls的文件类型。

如果工作簿包含宏或VBA代码，则工作簿的扩展名为.xlsm；如果需要模板，则可将工作簿保存为Excel模板，其扩展名为.xltx；如果需要模板且工作簿包含宏或VBA代码，则工作簿的扩展名为.xltm；如果工作簿特别大，可以将工作簿保存为二进制工作簿，扩展名为.xlsb，这种类型文件的打开速度比普通类型的工作簿要快。

2. 工作表

工作簿中的每一张表称为工作表。如果把一个工作簿比作一个账簿，那么一张工作表就相当于账簿中的一页。每张工作表都有一个名称，显示在工作表标签上，如图4-1所示，新建的工作簿文件会包含3张空工作表，默认的名称依次为Sheet1、Sheet2、Sheet3，用户可以根据需要增加或删除工作表。每张工作表最多可达1048576行和16384列，行号的编号自上而下从“1”到“1048576”，列号则由左到右采用字母 “A”、“B”、… “Z”、“AA”、“AB”、…、“AZ”、…、“XFD”作为编号。

3. 单元格

工作表中的每个格子称为一个单元格，单元格是工作表的最小单位，也是Excel 2007用于保存数据的最小单位。每一单元格的位置（坐标）由交叉的列名、行号表示，称为单元格地址，如A1、D2、X20…。在单元格中输入的各种数据，可以是一组数字、一个字符串、一个公式，也可以是一个图形或一个声音等。

单击单元格即可使其成为活动单元格，活动单元格四周为粗黑框，右下角有一个黑色填充柄。Excel 2007具有连续填充的性质，利用填充柄可以填充一连串有规律的数据，而不必一个一个地输入。

4.2 Excel 2007的基本操作

本节介绍Excel的基本功能与操作，其中包括如何创建一个工作簿、数据的输入、工作簿的保存以及工作范围的选取与命名等。

4.2.1 引例

Excel的功能十分强大，它的一个基本功能就是对电子表格进行处理与运算。在日常工作和生活中经常能够见到报表，用以对各种业务数据进行统计、汇总。如图4-4所示为一个常见的数据表。

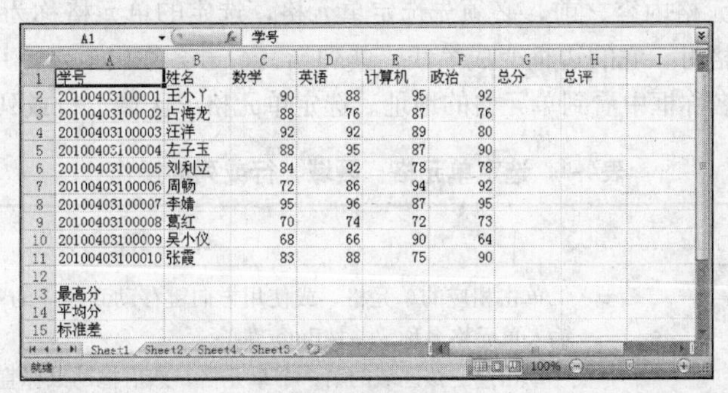

	A	B	C	D	E	F	G	H	I
1	学号	姓名	数学	英语	计算机	政治	总分	总评	
2	20100403100001	王小丫	90	88	95	92			
3	20100403100002	占海龙	88	76	87	76			
4	20100403100003	汪洋	92	92	89	80			
5	20100403100004	左子玉	88	95	87	90			
6	20100403100005	刘利立	84	92	78	78			
7	20100403100006	周畅	72	86	94	92			
8	20100403100007	李婧	95	96	87	95			
9	20100403100008	葛红	70	74	72	73			
10	20100403100009	吴小仪	68	66	90	64			
11	20100403100010	张霞	83	88	75	90			
12									
13	最高分								
14	平均分								
15	标准差								

图4-4 学生成绩表

要完成这张成绩表数据的处理，需要学习以下知识：

• 数据的输入。

• 单元格的编辑。
• 公式和函数的使用。

4.2.2 数据输入

单元格是保存数据的最小单位，所以在工作表中输入数据实际上是在单元格中输入。输入数据的方法有多种，可以在各单元格中逐一输入，也可以利用Excel的功能在单元格中自动填充数据或在多张工作表中输入相同数据，如在相关的单元格或区域之间建立公式或引用函数。在工作表的一个单元格内输入数据时，正文后有一条闪烁的垂直线，这条垂直线表示正文的当前输入位置。当一个单元格的内容输入完毕后，可按方向键、Enter键或Tab键使相邻的单元格成为活动单元格。

1. 数据类型

单元格中保存的数据有4种类型，分别是文本、数字、逻辑值和出错值。

（1）文本

单元格中的文本可以是键盘上的西文字符、数字、汉字等的组合，这类值称为字符型数据。字符型数据在单元格中自动左对齐。

（2）数字

数字值可以是日期、时间、货币、百分比、分数、科学记数等形式，它们可以由数字字符0～9、+、−、(、)、E、e、%、.、$、￥组成，这类数据称为数值型数据。数值型数据可以是整数、分数或小数，在单元格中自动右对齐。

日期和时间也是数字。用户可以在单元格中输入特定的日期和时间，一般情况下，日期格式以“−”或“/”显示，时间格式以“：”显示，如果用户不希望以这种格式显示，可以对其进行设置。

24小时时钟是Excel的默认时间显示方式，例如18:10。如果要使用12小时时钟显示时间，则需输入am或pm，例如6:10pm。若要使用a或p来替代am或pm，则在时间与字母间必须留一个空格。

用户可以在同一单元格中既输入日期又输入时间，日期和时间用空格分隔。

（3）逻辑值

在单元格中可以输入逻辑值True和False。逻辑值经常用于书写条件公式，一些公式也返回逻辑值。

（4）出错值

在使用公式时，单元格中可能给出出错的结果。例如，在公式中让一个数除以0，单元格中就会显示#DIV/0!出错值。

2. 单元格、单元格区域的选定

在输入和编辑单元格内容之前，必须先选定单元格，选定的单元格称为活动单元格。当一个单元格成为活动单元格时，它的边框变成黑线，其列名、行号会突出显示，用户可以看到其坐标，也可在编辑栏左侧的名称框中看到单元格的地址。选定单元格、区域、行或列的操作如表4-1所示。

表4-1 选定单元格、区域、行或列的操作

选定内容	操作
单个单元格	单击相应的单元格，或使用方向键移动到相应的单元格；也可在名称框中输入单元格名称，并按Enter键
连续单元格区域	单击选定该区域的第一个单元格，然后拖动鼠标直至选定最后一个单元格
工作表中的所有单元格	单击“全选”按钮
不相邻的单元格或单元格区域	选定第一个单元格或单元格区域，然后按住Ctrl键再选定其他的单元格或单元格区域

（续）

选定内容	操作
较大的连续单元格区域	选定第一个单元格，然后按住Shift键再单击区域中最后一个单元格，通过滚动可以使单元格可见
整行	单击行号
整列	单击列号
相邻的行或列	沿行号或列标拖动鼠标；或者先选定第一行或第一列，然后按住Shift键再选定其他的行或列
不相邻的行或列	先选定第一行或第一列，然后按住Ctrl键再选定其他的行或列
增加或减少活动区域中的单元格	按住Shift键并单击新选定区域中最后一个单元格，在活动单元格和所单击的单元格之间的矩形区域将成为新的选定区域
取消单元格选定区域	单击工作表中其他任意一个单元格

3. 数据的输入

在Excel 2007中向单元格输入数据时，可将输入的数据分为两种类型：常量和公式。常量是指非“=”开头的单元格数据，包括数字、文字、日期、时间等；公式以等号“=”开头，是由常量值、单元格引用、名字、函数或操作符组成的序列。若公式中引用的值发生改变，由公式产生的值也随之改变。在单元格中输入公式后，单元格中将显示计算的结果。输入数据的过程中应注意以下事项：

- 输入文本：在单元格中输入文本时，若想换行，可以按住Alt键不放，再按Enter键；也可以右击单元格，在弹出的快捷菜单中选择“设置单元格格式”命令，再在弹出的对话框中切换到“对齐”选项卡，选中“文本控制”组中的“自动换行”复选框，即可实现该单元格中的文本自动换行。
- 负数的输入可以用“-”开始，也可以用（）的形式，例如，（34）表示-34。
- 日期的输入可以用“/”分隔，例如，1/2表示1月2日。
- 分数的输入为了与日期的输入加以区别，应先输入“0”和空格，例如，输入01/2可得到1/2。
- 输入“001、002、003…”时，如果希望显示为“001、002、003…”，则需要在数字前加“'”，这是因为输入纯数字数据时，系统默认为是数字型数据，如果希望输入的纯数字数据以文本方式显示，如邮编、身份证号等，需要在数字前加“'”。
- 当输入的数字长度超过单元格的列宽或超过11位时，数字将以科学记数的形式表示，例如(7.89E+08)，若不希望以科学记数的形式表示，则应对超过宽度的数字格式进行定义；当采用科学记数形式仍然超过单元格的列宽时，屏幕上会出现“###”符号，可以对列宽进行调整。
- 可用自动填充功能输入有规律的数据。当某行或某列为有规律的数据时，如1、2、3…或星期一、星期二……，可使用自动填充功能。

数据输入的步骤如下：

1）选中需要输入数据的单元格，使其成为活动单元格。

2）输入数据并按Enter键或Tab键。

3）重复步骤2)，直至输入完所有数据。

4. 自动填充数据

Excel 2007的自动填充功能是非常方便实用的，例如表格中需要星期序列，那么只要在一个单元格中输入“星期一”，然后拖动填充柄，即可自动填上星期二、星期三……，而且用户可以根据自己的需要来自定义序列。自定义序列可以通过单击菜单栏“工具”中的“选项”，选择“自定义序列”来实现。通过拖动单元格填充柄填充数据，可将选定单元格中的内容复制到同行或同列中的其他单元格，也可以通过“编辑”菜单中的“填充”命令按照指定的“序列”自动填充数据。

填充相同的数据

填充相同数据的步骤如下：

1）选定同一行（列）上包含复制数据的单元格或单元格区域，对单元格区域来说，如果是纵向填充应选定同一列，否则应选择同一行。

2）将鼠标指针移到单元格或单元格区域的填充柄上，向需要填充数据的单元格方向拖动填充柄，然后松开鼠标，则复制的数据将填充在单元格或单元格区域里。

按序列填充数据

通过拖动单元格区域填充柄填充数据，Excel还能预测填充趋势，然后按预测趋势自动填充数据。例如，要建立学生登记表，在A列相邻两个单元格A2、A3中分别输入学号20100403100001 和20100403100002（注意，由于数据宽度超过了11位，所以要进行单元格数据宽度的定义，参见4.3.5小节工作表的格式化部分），选中A2、A3单元格区域并往下拖动填充柄时，Excel 2007在预测时认为它满足等差数列，因此会在下面的单元格中依次填充20100403100003、20100403100004等值，如图4-5所示。

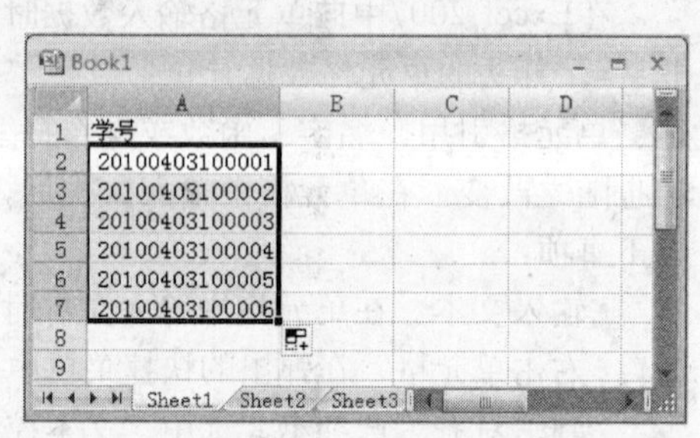

图4-5 通过拖动单元格填充柄填充数据

在填充数据时还可以精确地指定填充的序列类型，方法是：先选定序列的初始值，然后按住鼠标右键拖动填充柄，松开鼠标按键后会弹出快捷菜单，快捷菜单中包含“复制单元格”、“填充序列”、“仅填充格式”、“不带格式填充”、“等差序列”、“等比序列”、“序列”等不同的序列类型，用户只需选择所需要的填充序列，即可自动填充数据。

使用“填充”命令填充数据

使用“填充”命令填充数据可以完成复杂的填充操作。当选择功能区“编辑”组中的“填充”命令时，会出现如图4-6a所示的菜单，菜单中有“向下”、“向右”、“向上”、“向左”以及“系列”等命令，选择不同的命令可以将内容填充至不同位置的单元格。例如选择“系列”选项，则以指定序列进行填充，“序列”对话框如图4-6b所示。

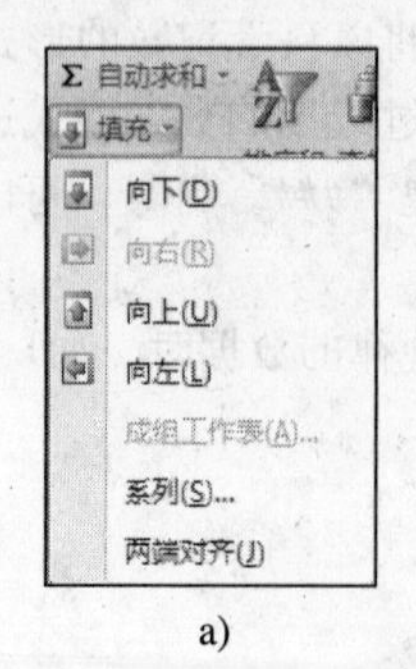

a)

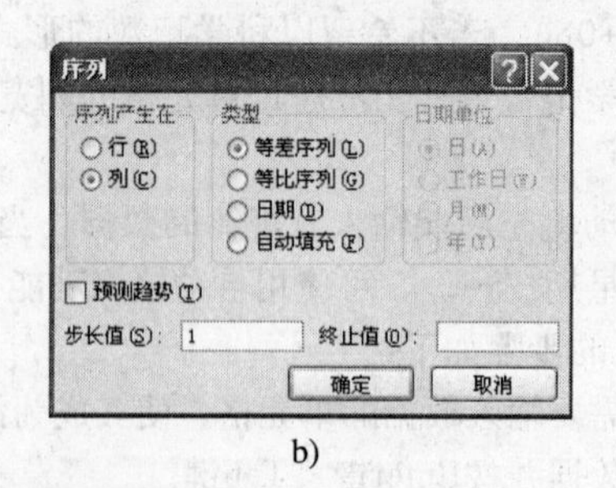

b)

图4-6 使用“填充”命令填充数据

4.2.3 编辑单元格

编辑单元格包括对单元格及单元格内数据的操作。其中，对单元格的操作包括移动和复制单元格、插入单元格、插入行、插入列、删除单元格、删除行、删除列等；对单元格内数据的操作包括复制和删除单元格数据，清除单元格内容、格式等。

1. 移动和复制单元格

移动和复制单元格的操作步骤如下：

1）选定需要移动和复制的单元格。

2）切换到“开始”选项卡，然后在“剪贴板”组中单击“复制”按钮，此时被复制的单元格四周会出现一个虚线框，表明用户要复制此单元格中的数据；如果要移动选定的单元格，则在“剪贴板”组中单击“剪切”按钮。

3）选中要粘贴到的单元格，在“剪贴板”组中单击“粘贴”按钮的下三角按钮，然后在弹出的下拉列表中选择“粘贴”选项，即可将选中单元格中的数据粘贴到此单元格，同时，在此单元格的右下角也会出现一个“粘贴选项”按钮，用户可在此选择粘贴选项。

2. 撤销和恢复

用户在进行操作时不可避免地会发生一些失误，或者不再需要某些已经进行的操作，此时可以使用系统提供的撤销功能撤销这些操作。如果出现了撤销错误，用户还可以对其进行恢复。

3. 插入单元格、行或列

有时用户需要在已输入内容的单元格区域中插入其他内容，此时就需要根据实际情况插入单元格单元格、行或列。

利用右键快捷菜单可插入空单元格，具体操作如下：

1）在需要插入空单元格处选定相应的单元格区域，选定的单元格数量应与待插入的空单元格的数量相等。

2）单击鼠标右键，在弹出的快捷菜单中选择“插入”菜单项，弹出如图4-7所示的对话框。

3）在对话框中选择相应的插入方式选项。

4）单击“确定”按钮。

如果需要插入一行，则单击需要插入的新行下面相邻行中的任意单元格；如果要插入多行，则选定需要插入的新行下面相邻的若干行，选定的行数应与待插入空行的数量相等，然后在如图4-7所示的“插入”选项中选择“整行”选项。

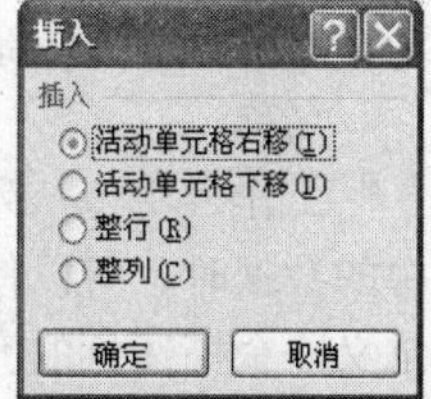

图4-7　插入单元格、行或列

可以用类似的方法在表格中插入列，方法是：如果要插入一列，则单击需要插入的新列右侧相邻列中的任意单元格；如果要插入多列，则选定需要插入的新列右侧相邻的若干列，选定的列数应与待插入的新列数量相等，然后在如图4-7所示的“插入”选项中选择“整列”选项。

4. 删除单元格、行或列

删除单元格、行或列是指将选定的单元格从工作表中移走，并自动调整周围的单元格，以填补删除后的空格。操作步骤如下：

1）选定需要删除的单元格、行或列。

2）单击鼠标右键，然后在弹出的快捷菜单中选择“删除”菜单项。

5. 清除单元格、行或列

清除单元格、行或列是指将选定的单元格中的内容、格式等从工作表中删除，单元格仍保留在工作表中。操作步骤如下：

1）选定需要清除的单元格、行或列。

2）在“编辑”组中选择“清除”命令，出现级联菜单，在菜单中根据需要选择“全部清除”、“清除格式”、“清除内容”等命令；也可在选定的单元格、行或列上单击鼠标右键，在弹出的快捷菜单中选中“清除”命令，即可全部清除。

4.2.4 使用公式和函数

函数和公式是Excel的核心。在单元格中输入正确的公式或函数后，单元格中会立即显示计算出来的结果。如果改变了工作表中与公式有关或作为函数参数的单元格中的数据，Excel会自动更新计算结果。

实际工作中许多数据项往往是相关联的，通过规定多个单元格数据间关联的数学关系，能充分发挥电子表格的作用。

1. 单元格地址及引用

单元格地址

每个单元格在工作表中都有一个固定的地址，这个地址一般通过指定其坐标来实现。例如，在一个工作表中，B6指定的单元格就是第“6”行与第“B”列交叉位置上的那个单元格，这是相对地址；指定一个单元格的绝对位置只需在行、列号前加上符号“$”，例如“$B$6”。由于一个工作簿文件可以有多个工作表，为了区分不同工作表中的单元格，要在地址前增加工作表的名称，有时不同工作簿文件中的单元格之间要建立连接公式，前面还需要加上工作簿的名称，例如，[Book1]Sheet1!B6指定的就是“Book1”工作簿文件中“Sheet1”工作表中的“B6”单元格。

单元格引用

“引用”是对工作表的一个或一组单元格进行标识，它告诉Excel公式使用哪些单元格的值。通过引用，可以在一个公式中使用工作表不同部分的数据，或者在几个公式中使用同一单元格中的数值。同样，可以对工作簿的其他工作表中的单元格进行引用，甚至对其他工作簿或其他应用程序中的数据进行引用。单元格的引用可分为相对地址引用和绝对地址引用；对其他工作簿中的单元格的引用称为外部引用，对其他应用程序中的数据的引用称为远程引用。

名称

工作表中每一列的首行和每一行的最左列通常含有标签以描述数据，当公式需要引用工作表中的数据时，可以使用其中的行、列标签来引用相应的数据；用户也可以给单元格、单元格区域定义一个描述性的、便于记忆的名称，使其更直观地反映单元格或单元格区域中的数据所代表的含义，如图4-4所示，可将A列中有学号的区域A2:A11选定并定义一个“学号”名称，以后要引用该区域单元格时，就可以用“学号”代替A2:A11，使其更易懂。

名称是一个有意义的简略表示法，使用名称便于用户了解单元格引用、常量等的用途。

可以使用“新建名称”对话框定义名称，其步骤如下：

1）选中要定义名称的单元格区域，如A2:A11；在“公式”选项卡下“定义名称”组中单击“定义名称”按钮，打开如图4-8所示的“新建名称”对话框。

2）在“名称”文本框中输入要作为名称的内容，例如这里输入“学号”，在“范围”下拉列表中可以选择名称的使用范围，这里设置为“Sheet1”，则该名称的使用范围是工作表“Sheet1”。

3）单击“确定”按钮。

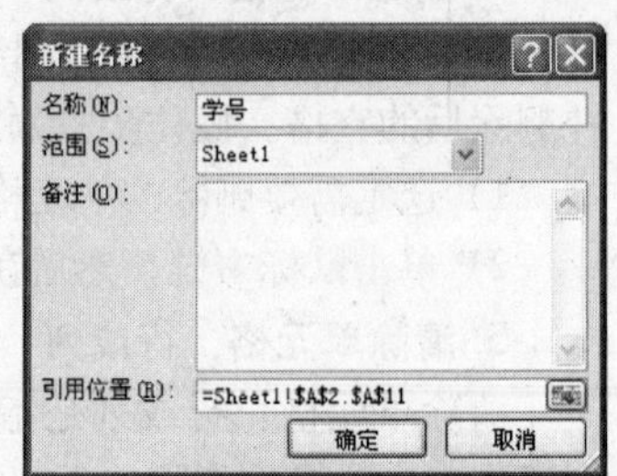

图4-8 “新建名称”对话框

另外，也可以使用已有的行、列标签为单元格命名，其步骤如下：

1）选定需要命名的区域，把行列标签包含进去。

2）在“公式”选项卡下“定义名称”组中单击“根据所选内容创建”按钮，弹出如图4-9所示的“以选定区域创建名称”对话框。

3）通过选定“首行”、“最左列”、“末列”、“最右列”复选框来指定包含标志的名称。使用这个过程指定的名称只引用包含数值的单元格，而不包含现有的行、列标志。

在Excel中，还可以修改或删除已有的名称、检查名称所引用的对象等。

2. 公式

公式是用户为了减少输入或方便计算而设置的计算式子，它可以对工作表中的数据进行加、减、乘、除等运算。公式可以由值、单元格引用、名称、函数或运算符组成，它可以引用同一个工作表中的其他单元格、同一个工作簿不同工作表中的单元格，或者其他工作簿的工作表中的单元格。运算符对公式中的元素进行特定类型的运算，是公式中不可缺少的组成部分。Excel包含以下4种类型的运算符：

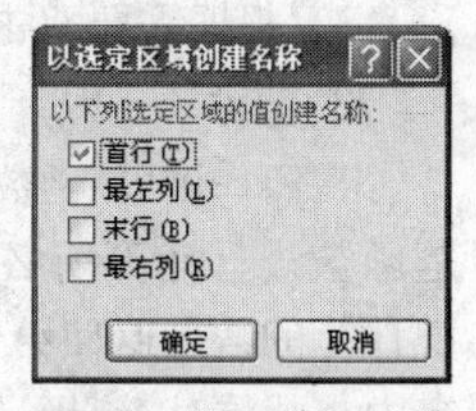

图4-9　“以选定区域创建名称”对话框

- 算术运算符：+、－、*、/、%、^（乘幂），用于连接数字并产生计算结果，计算顺序为先乘除后加减。
- 比较运算符：=、>、<、>=、<=、< >，用于比较两个数值并产生一个逻辑值TRUE或FALSE。
- 文本运算符：&，用于将多个文本连接成组合文本。例如，“武汉&大学”的运算结果是“武汉大学”。
- 引用运算符：冒号、逗号、(空格)，用于将单元格区域合并运算。其中，“:”为区域运算符，例如，C2:C11是对单元格C2至C11之间（包括C2和C11）的所有单元格的引用；“,”为联合运算符，可将多个引用合并为一个引用，例如，SUM(B5,C2:C11)是对B5及C2至C11之间（包括C2和C11）的所有单元格求和；空格为交叉运算符，产生对同时隶属于两个引用的单元格区域的引用，例如，SUM（B5:E11 C2:D8）是对C5:D8区域求和。

Excel中运算符的优先级如表4-2所示。

表4-2　运算符的优先级

运算符	说明	运算符	说明
；，空格	引用运算符	* ?	乘除
–	负号	+ –	加减
%	百分比	&	连接两段文本
^	乘幂	=< <= >= > <>	比较运算符

如果要改变运算的顺序，可以使用括号（）把公式中优先级低的运算括起来，但不能将负号括起来，在Excel中，负号应放在数值的前面。

使用公式有一定的规则，即必须以“=”开始。为单元格设置公式，应在单元格中或编辑栏中输入“=”，然后直接输入所设置的公式。对公式中包含的单元格或单元格区域进行引用时，可以直接用鼠标拖动进行选定，或单击要引用的单元格，或输入引用单元格标志或名称，例如，在单元格G2中输入“=（C2+D2+E2+F2）/4”，表示将C2、D2、E2、F2四个单元格中的数值求和并除以4，把结果放入当前单元格中。在公式选项板中输入和编辑公式十分方便，公式选项板特别有助于输入工作表函数。

在单元格中输入公式的步骤如下：

1）选定要输入公式的单元格。

2）在单元格或编辑栏中输入“=”。

3）输入设置的公式，按Enter键。

如果所输入的公式中包含函数，则函数的输入可按照以下步骤进行：

1）输入等号和函数的前几个字母后，在单元格下方会显示一些与这些字母匹配的有效函数、名称和文本字符串的动态下拉列表。

2）根据需要双击列表中的函数名，然后输入参数值和右括号，即可完成公式的输入。

3. 函数

在Excel中，函数就是预定义的内置公式，它使用参数并按特定的顺序进行计算。函数的参数是函数进行计算所必需的初始值。用户把参数传递给函数，函数按特定的指令对参数进行计算，把计算的结果返回给用户。Excel含有大量的函数，可以帮助用户进行数学、文本、逻辑、在工作表内查找信息等计算工作，使用函数可以加快数据的录入和计算速度。Excel除了自身带有的内置函数外，还允许用户自定义函数。函数的一般格式为：

函数名（参数1，参数2，参数3，…）

如果要在单元格中输入一个函数，需要以等号“=”开始，接着输入函数名和该函数所带的参数；也可以利用“插入函数”对话框实现函数的输入。

（1）函数的种类

在Excel 2007中共提供了12种类型的函数，分别如下：

- 文本函数：在公式中处理字符串，例如替换字符串、改变文本的大小写等。
- 日期和时间函数：对日期和时间进行处理和计算，例如取得系统当前时间、计算两个时间之间的工作日天数等。
- 查找和引用函数：用于在数据清单和工作表中查询特定的数据。
- 逻辑函数：用于逻辑运算。例如，通过IF函数，可以按学生的总分填写每一个学生成绩的等级，需要判断学生的总分在什么范围内。
- 工程函数：用于工程应用中，可以处理复杂的数字，并在各种记数体系和测量体系中进行转换，例如将十进制数转换为二进制数。
- 数学和三角函数：用于各种数学计算。
- 财务函数：用于一般财务统计和计算。
- 统计函数：用于对数据区域进行统计分析。
- 信息函数：用于返回存储在单元格中的数据类型。
- 数据库函数：对存储在数据清单中的数据进行分析，判断其是否符合某些特定条件。
- 加载宏和自动化函数：用于计算一些与宏和动态链接库相关的内容。
- 多维数据及函数：用于返回多维数据集中的相关信息，例如返回多维数据集中成员属性的值。

（2）输入函数的方法

方法一：与公式的输入一样，在单元格中先输入“=”号，然后输入函数的前几个字母，则在单元格下方显示与这些字母匹配的有效函数列表，双击列表中的函数名，输入参数值和右括号即可。

方法二：1）选择要输入函数的单元格，单击如图4-10a所示编辑栏中的“插入函数”按钮；或在如图4-10b所示的“公式”选项卡下单击“插入函数”按钮。2）在打开的“输入函数”对话框中输入或选择参数，如图4-10c所示；或直接选择“公式”选项卡下“函数库”组中相应类型的函数。3）在打开的“函数参数”对话框中输入或选择参数后，单击“确定”按钮完成计算。

（3）函数的参数

在Excel的函数中，不同的函数其参数的个数是不同的，参数的类型也有所不同。

- 文本值作为参数：有一些函数的参数可以是文本值，例如，upper函数可以将文本字符串转换成全部大写的形式，它的参数要求是文本值，如果不使用单元格引用作为参数，就需要写成“=upper（this is a book”的形式，其返回的结果是字符串“THIS IS A BOOK”。

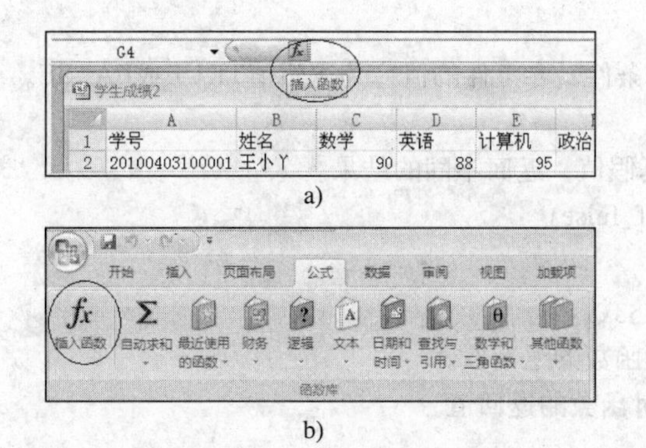

a)

b)

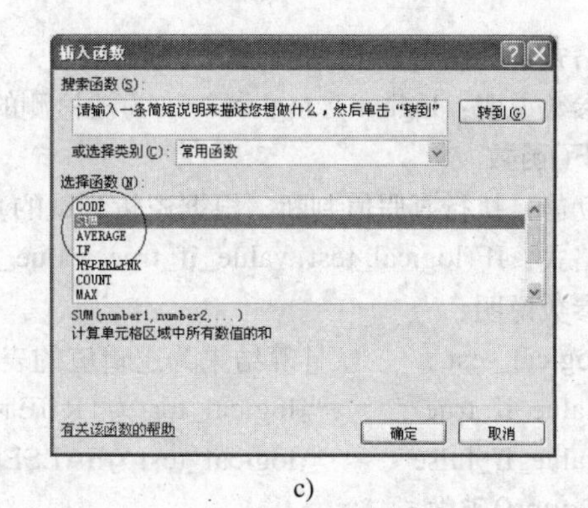

c)

图4-10　插入函数

- 单元格引用作为参数：很多情况下，函数的参数是单元格引用，例如，如图4-4所示，求每位同学的总分，可以先在G2单元格中输入"=SUM（C2+D2+E2+F3）"并按Enter键，再拖动填充柄将该公式向下填充，即可求出每位同学的总分。
- 名称作为参数：函数中除了直接利用符合类型要求的值作为参数外，还可以用名称作为函数的参数。例如，如果在图4-4中将单元格区域C2:C11的名称定义为"数学"，然后在C14单元格中输入公式"=average（数学）"，则按Enter键即可得到数学的平均分。
- 表达式作为参数：当函数中包含一个表达式时，要先计算这个表达式，然后将结果作为参数再进行计算。例如，如图4-4所示，求每位同学的总分，可以先在G2单元格中输入"=SUM（C2+D2+E2+F3）"并按Enter键，再拖动填充柄将该公式向下填充，即可求出每位同学的总分。
- 嵌套其他函数作为参数：可以使用一个函数作为另一个函数的参数，即函数的嵌套。

（4）常用函数

求和函数SUM()

格式：SUM(number1, number2, …)

参数说明：number1, number2, …是需要求和的参数。

该函数的功能是对所划定的单元格或区域进行求和，参数可以为一个常数、一个单元格引用、一个区域引用或一个函数。

求平均值函数AVERAGE()

格式：AVERAGE(number1, number2, …)

参数说明：number1, number2, …为需要求平均值的参数。

这是一个求平均值函数，要求参数必须是数值。

INT()函数

功能：返回不大于参数的最大整数值。

格式：INT（number）

参数说明：number是需要取整的实数。

AND()函数

功能：所有参数的逻辑值为真时返回TRUE；只要有一个参数的逻辑值为假，即返回FALSE。

格式：AND(logical1, logical2, …)

参数说明：logical1, logical2, …为被检测的条件，各条件的值应为逻辑值TRUE或FALSE。

OR()函数

功能：在其参数组中，只要有任何一个参数逻辑值为TRUE，即返回TRUE。

格式：OR(logical1, logical2, …)

参数说明：logical1, logical2, …为被检测的条件，各条件的值应为逻辑值TRUE或FALSE。

IF()函数

功能：执行真假值判断，根据逻辑测试的真假值，返回不同的结果。

格式：IF(logical_test, value_if_true, value_if_false)

参数说明：

logical_test	计算结果为逻辑值的表达式。
value_if_true	当logical_test为TRUE时函数的返回值。
value_if_false	当logical_test为FALSE时函数的返回值。

Count()函数

功能：统计含有数值数据的单元格个数。

格式：count(value1, value2, …)

Count if()函数

功能：统计单元格区域中满足条件的单元格个数。

格式：countif(range, criteria)

参数说明：

range	单元格区域
criteria	统计条件

Sumif()函数

功能：高扭矩条件对单元格区域内的数值进行求和。

格式：Sumif(range, criteria, sum_range)

参数说明：

eange	条件判断的单元格区域
criteria	确定单元格被相加求和的条件
sum_range	需要求和的实际单元格

4.3 工作表的管理和格式化

新建一个工作簿时，系统会同时新建3个空白工作表，其名称为默认名“Sheet1”、“Sheet2”、“Sheet3”，一个工作簿可以包含多个工作表。由于实际需要，有时要增添工作表，有时要删除多余的工作表，有时还需要对工作表重命名。当工作表中的数据基本正确后，还要对工作表的格式进行设置，以使工作表版面更美观、更合理。

4.3.1 引例

在Excel中，可以在工作簿中添加其他的工作表，也可以对工作表中的数据进行格式化，使其以更加美观的形式显示。假如某同学需要对班级成绩进行处理，例如，将工作表Sheet1中的数据复制到工作表Sheet2中并格式化，90分以上的成绩用特殊的格式显示等，效果如图4-11所示。

要完成上述的工作，需要学习以下知识：

- 工作表的管理。
- 工作表的格式化。
- 条件格式。

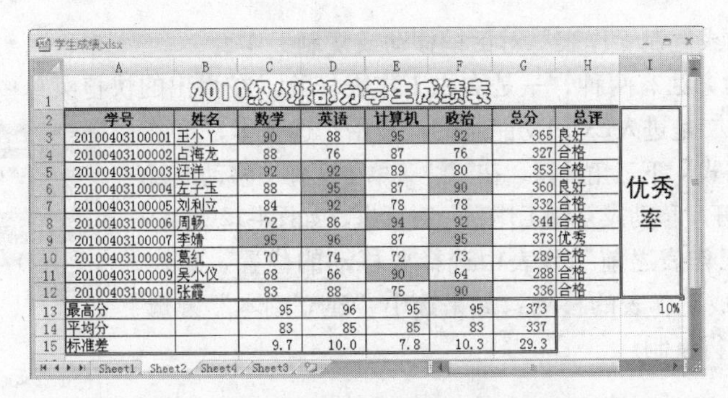

2010级6班部分学生成绩表

学号	姓名	数学	英语	计算机	政治	总分	总评	优秀率
20100403100001	王小丫	90	88	95	92	365	良好	
20100403100002	占海龙	88	76	87	76	327	合格	
20100403100003	汪洋	92	92	89	80	353	合格	
20100403100004	左子玉	88	95	87	90	360	良好	
20100403100005	刘利立	84	92	78	78	332	合格	
20100403100006	周畅	72	86	94	92	344	合格	
20100403100007	李婧	95	96	87	95	373	优秀	
20100403100008	葛红	70	74	72	73	289	合格	
20100403100009	吴小仪	68	66	90	64	288	合格	
20100403100010	张霞	83	88	75	90	336	合格	
最高分		95	96	95	95	373		10%
平均分		83	85	85	83	337		
标准差		9.7	10.0	7.8	10.3	29.3		

图4-11 对工作表中的数据格式化实例

4.3.2 工作表的添加、删除和重命名

Excel具有很强的工作表管理功能，能够根据用户的需要方便地添加、删除和重命名工作表。

1. 工作表的添加

在已存在的工作簿中可以添加新的工作表，有以下两种方法：

方法一：切换到“开始”选项卡，选择“单元格”组中的“插入”命令，在弹出的子菜单中选择“插入工作表”选项，即可在当前工作表前添加一个新的工作表。

方法二：在工作表标签栏中，右击工作表名称，弹出快捷菜单，选择“插入”菜单项，在弹出的“插入”对话框中，选择“常用”选项卡下的“工作表”命令，也可在当前工作表前插入一个新的工作表。

2. 工作表的删除

用户可以在工作簿中删除不需要的工作表，工作表的删除一般也有两种方式：

方法一：切换到“开始”选项卡，选择“单元格”组中的“删除”命令，在弹出的子菜单中选择“删除工作表”选项，即可删除工作表。

方法二：在工作表标签栏中，右击工作表名称，弹出快捷菜单，选择“删除”菜单项，在弹出的确认删除对话框中单击“确定”按钮后，即可将当前工作表永久性删除。

3. 工作表的重命名

工作表的初始名称为Sheet1、Sheet2…，为了方便工作，用户可以将工作表命名为自己易记的名字，因此，需要对工作表重命名。

方法一：切换到“开始”选项卡，选择“单元格”组中的“格式”命令，在弹出的子菜单中选择“重命名工作表”选项。

方法二：在工作表标签栏中，右击工作表名称，弹出快捷菜单，选择“重命名”菜单项，工作表名称反相显示后即可对当前工作表进行重命名。

方法三：双击需要重命名的工作表标签，可以键入新的名称，覆盖原有名称。

4.3.3 工作表的移动或复制

实际应用中，有时需要将一个工作簿中的某个工作表移动到其他的工作簿中，或者需要将同一工作簿的工作表顺序进行重排，这时就需要进行工作表的移动或复制。在Excel中，用户可以灵活地将工作表进行移动或者复制。

（1）利用鼠标拖曳移动或复制工作表

在要移动的工作表标签上按住鼠标左键并拖曳，将工作拖曳到指定位置后松开鼠标左键即可；如果拖曳的同时按住Ctrl键，则可复制工作表到目标位置。

（2）利用“移动或复制工作表”对话框移动或复制工作表

打开该对话框的方法有两种，一是右击工作表标签，在弹出的快捷菜单中选择“移动或复制工作表”命令打开；二是进入Excel功能区的“开始”选项卡，单击“单元格”组中的“格式”下三角按钮，在下拉菜单中选择“移动或复制工作表”命令来打开“移动或复制工作表”对话框，如图4-12所示。

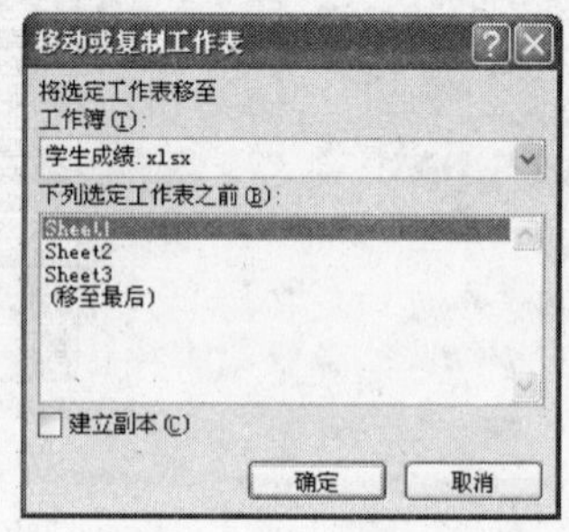

图4-12 “移动或复制工作表”对话框

在“下列选定工作表之前”列表中选择要移动的位置，单击“确定”按钮即可完成工作表的移动；如果选中“建立副本”复选框，即可对工作表进行复制。

4.3.4 工作表窗口的拆分和冻结

由于屏幕较小，当工作表很大时，往往只能看到工作表部分数据的情况，如果希望比较对照工作表中相距较远的数据，则可将工作表窗口按照水平或垂直方向分割成几个部分。

为了在工作表滚动时保持行列标志或其他数据可见，可以“冻结”窗口顶部和左侧区域。窗口中被冻结的数据区域不会随工作表的其他部分一同移动，并始终保持可见。

1. 窗口的拆分

如果要将窗口分成两个部分，只要先在拆分的位置上选中单元格的一行（或列），然后在功能区的“视图”选项卡下，单击“窗口”组中的“拆分”按钮，则工作表中会在选中的行上方（或选中的列左侧）出现一个拆分线，拖动垂直滚动条，即可看到两个部分的记录同步运动，这样就可以方便地查看工作表中两个部分的数据了。

要撤销已建立的窗口拆分，再一次单击“窗口”组中的“拆分”按钮即可。

2. 窗口的冻结

如果数据很多，在屏幕上一次显示不完，可将第一行和第一列全部“冻结”，以便数据在屏幕上垂直滚动时，始终能看得见第一行的数据，其操作步骤如下：

1）选中第二行第二列单元格作为活动单元格。

2）在功能区的“视图”选项卡下，单击“窗口”组中的“冻结窗格”按钮，打开其下拉菜单，单击“冻结拆分窗格”命令即可。此时再拖动工作表中的水平滚动条和垂直滚动条，可以发现数据的第一行和第一列一直显示在页面内。

要撤销已建立的窗口冻结，可单击“窗口”组中的“冻结窗格”按钮，打开其下拉菜单，单击“取消冻结窗格”命令即可。

4.3.5 工作表的格式化

用户建立一张工作表后，需要对工作表进行格式设置，以便形成格式清晰、内容整齐、样式美观的工作表。通过设置工作表格式，可以建立不同风格的数据表现形式。

1. 设置行高和列宽

由于系统会对表格的行高进行自动调整，一般不需人工干预。但当表格中内容的宽度超过当前的列宽时，可以对列宽进行调整，步骤如下：

1）把鼠标移动到要调整宽度的列标题右侧的边线上。

2）当鼠标的形状变为左右双向箭头时，按住鼠标左键。

3）在水平方向上拖动鼠标调整列宽。

4）当列宽调整到满意时，释放鼠标左键。

2. 工作表中数据的格式化

在进行数据格式化之前，通常要先选定需格式化的区域，再使用右键快捷菜单打开“设置单元格格式”对话框，如图4-13所示，该对话框包括6个选项卡，用户可在各选项卡下分别指定数据格式。

对于“数字”数据而言，Excel为用户提供了丰富的格式，包括“常规”、“数值”、“货币”、“会计专用”、“日期”、“时间”、“百分比”、“分数”、“科学记数”、“文本”和“特殊”等。此外，用户还可以自定义数据格式，使工作表中的内容更加丰富。在上述数据格式中，“数值”格式可以选择小数点的位数；“会计专用”可对一列数值设置所用的货币符号和小数点对齐方式；在“文本”单元格格式中，数字作为文本处理；“自定义”则提供了多种数据格式，用户可以通过“格式选项”框选择定义，而每一种选择都可通过系统即时提供的说明和实例来了解。

例如，在某单元格或单元格区域中输入13位的学号后，学号会显示成科学记数法，如果希望将学号的所有数字全部显示，可以选中该单元格或单元格区域，使用右键快捷菜单打开“设置单元格格式”对话框，如图4-13所示，在“数字”选项卡的“分类”框中，选择“自定义”选项，然后在“类型（T）:”下的文本框中连续输入13个数字“0”，即“00000000000”，单击“确定”按钮，此时13位的学号数据不再是科学记数法的显示方式。

3. 设置单元格的文字格式

为了使表格的内容更加醒目，可以对一张工作表中各部分内容的字体作不同的设定。

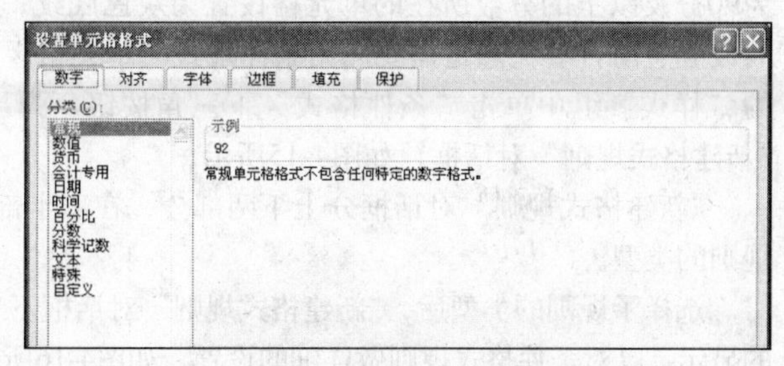

图4-13 设置单元格格式

方法一：先选定要设置字体的单元格或区域，然后在“设置单元格格式”对话框中切换到“字体”选项卡，该选项卡同Word的字体设置选项卡类似，再根据表格要求进行各项设置，设置完毕后单击“确定”按钮。

方法二：选中要设置文字格式的单元格，例如A1单元格，在功能区中“开始”选项卡下的“字体”组内，可以直接设置单元格内文字的字体、大小和字体颜色等，用这种方法设置时，可以直接在数据区看到设置后的效果。

4. 单元格中数据的对齐

Excel中设置了默认的数据对齐方式，在新建的工作表中输入数据时，文本自动左对齐，数字自动右对齐。单元格中的数据在水平和垂直方向都可以选择不同的对齐方式，Excel还为用户提供了单元格内容的缩进及旋转等功能。

在水平方向，系统提供了左对齐、右对齐、居中对齐等功能，默认的情况是文字左对齐、数值右对齐，还可以使用缩进功能使内容不紧贴表格。垂直对齐具有靠上对齐、靠下对齐及居中对齐等方式，默认的对齐方式为靠下对齐。在“方向”框中，可以将选定的单元格内容完成从−90°～+90°的旋转，这样即可将表格内容由水平显示转换为各个角度的显示。在“文本控制栏”还提供了自动换行、合并单元格等功能。用户可以通过“格式”对话框中的“对齐”选项卡设置或改变对齐方式。

5. 表格边框的设置

在编辑电子表格时，显示的表格线是利用Excel本身提供的网格线，但在打印时，Excel并不打印网格线。因此，用户需要自己为表格设置打印时所需的边框，使表格打印出来具有所设定的边框线，从而更加美观。

设置边框的步骤为：选定所要设置的区域，在“设置单元格格式”对话框中切换到“边框”选项卡，如图4-14所示。用户可以通过“边框”选项卡设置单元格边框线，还可在单元格中添加斜线，边框线的线形可在左边的“线条”框中选定，边框的颜色可在“颜色”下拉列表框中进行选定。

6. 底纹的设置

为了使表格中各个部分的内容更加醒目、美观，Excel提供了在表格的不同部分设置不同的底纹图案或背景颜色的功能。

首先选择需要设置底纹的表格区域，然后在“设置单元格格式”对话框中切换到“填充”选项卡，可以在其中选择背景颜色、图案颜色，还可在“图案样式”下拉列表框中选择图案，最后单击“确定”按钮即可。

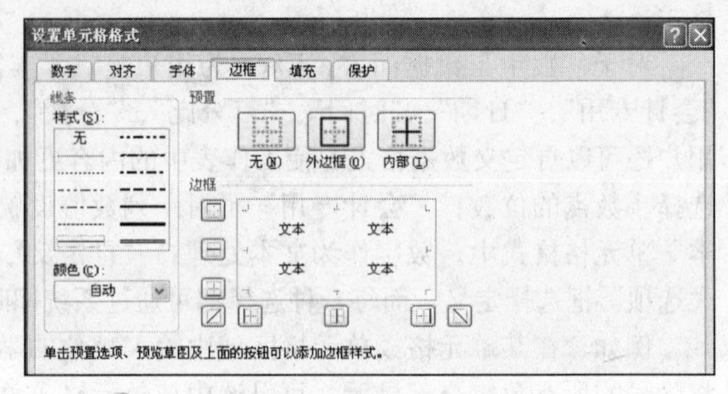

图4-14 边框设置对话框

7. 条件格式

Excel条件格式功能可以根据单元格内容有选择地自动应用格式。如图4-11所示，将学生成绩为90分及以上的分数所在的单元格设置为灰色底纹，并将数据用蓝色显示出来。在进行条件格式的设置之前，要先选定需要应用条件格式的单元格区域，在此例中为C3:F12。在“开始”选项卡的“样式”组中单击“条件格式”下三角按钮，弹出下拉菜单后选择“新建规则”命令，打开“新建格式规则”对话框，如图4-15所示。

“新建格式规则”对话框分上下两部分，在上半部分的“选择规则类型”列表框中可选择格式规则的类型。

选择了规则的类型后，“新建格式规则”对话框下半部分的“编辑规则说明”列表框中会有不同的显示，以对条件格式规则做详细的设置，如图4-16所示，设置完成后即可得到如图4-11中的效果。

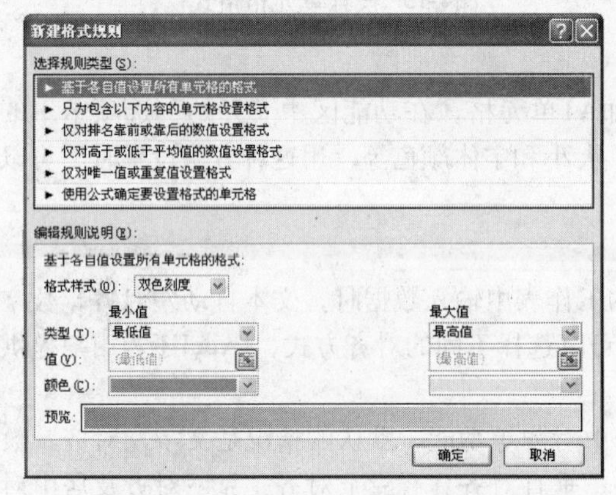

图4-15 “新建格式规则”对话框

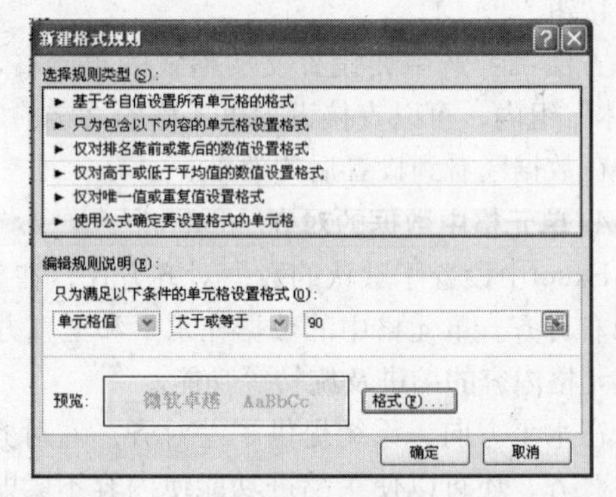

图4-16 “新建格式规则”对话框

8. 自动套用格式和样式

通过Excel提供的自动套用格式或样式功能，也可以对工作表的格式化，从而快速设置单元格和数据清单的格式，为用户节省大量的时间，制作出优美的报表。

自动套用格式是指内置的表格方案，在方案中已经对表格中的各个组成部分定义了特定的格式。自动套用格式的方法如下：

1）选择要格式化的单元格区域。

2）在“开始”选项卡下的“样式”组中单击“套用表格格式”命令，然后在弹出的下拉列表中的“浅色”、“中等深浅”或“深色”分类下单击要使用的样式，如图4-17所示。

3）选择一种所需要的套用格式，则弹出“套用表格式”对话框，确认表数据来源。

4）单击“确定”按钮。

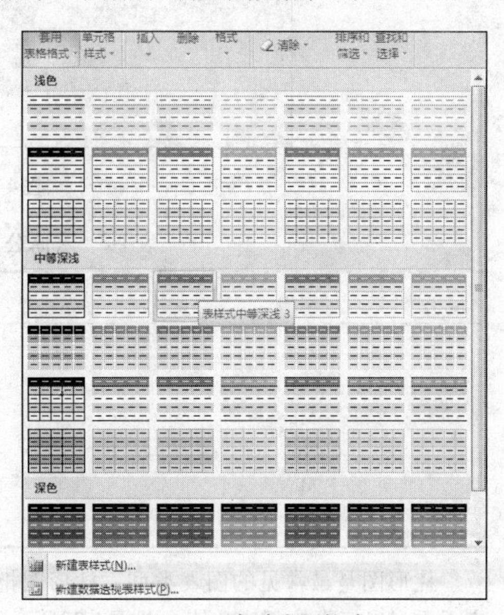

图4-17 自动套用格式

4.4 数据的图表化

将工作表以图形的方式表示，能够更快地理解与说明工作表数据，图表能将工作表中的一行行数字变为非常直观的图形格式，并且从图表上很容易看出结果，使工作表更加生动、直观。

4.4.1 引例

图表具有比较好的视觉效果，可以方便地查看数据的差异、预测趋势等。如图4-18所示，我们不必分析工作表中的数据，就可以立即看到并比较几位同学的成绩。

要绘制上述的图表，需要学习的知识有以下几点：

- 如何创建图表？
- 如何对图表进行编辑？

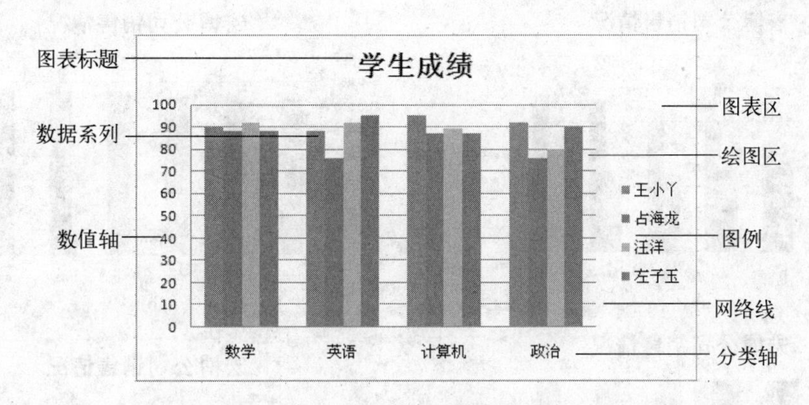

图4-18 学生成绩图表

4.4.2 创建图表

Excel的图表分嵌入式图表和工作表图表两种。嵌入式图表是置于工作表中的图表对象，保存工作簿时该图表随工作表一起保存；工作表图表是工作簿中只包含图表的工作表。若在工作表数据附近插入图表，即可创建嵌入式图表，若在工作簿的其他工作表中插入图表，即可创建工作表图表。无论哪种图表都与创建它们的工作表数据相连接，当修改工作表数据时，图表也会随之更新。

Excel的图表包含图表标题、数据系列、数值轴、分类轴、图例、网格线等元素，如图4-18所示。图表创建后，在图表区中用鼠标选定图表的标题、数据系列等元素，可以对图表进行编辑。

1. 图表的类型

在“插入”选项卡下的“图表”功能区中，如图4-19所示，可以根据需要选择不同的图表图标，有柱形图、条形图、折线图、饼图和圆环图等。

如表4-3所示，以宏博公司上半年销售报表为例，说明几种常见图表的类型。

图4-19 图表功能区

表4-3 宏博公司上半年销售报告（万元）

月份	张三	李四
Jan	60 983	64 983
Feb	56 732	68 981
Mar	49 831	77 398
Apr	43 323	88 091
May	39 879	93 733
Jun	38 795	96 536

柱形图是最常见的图表类型。柱形图把每个数据点显示为一个垂直柱体，每个柱体的高度对应于垂直坐标上的刻度数值，如图4-20所示为几种不同的柱形图。

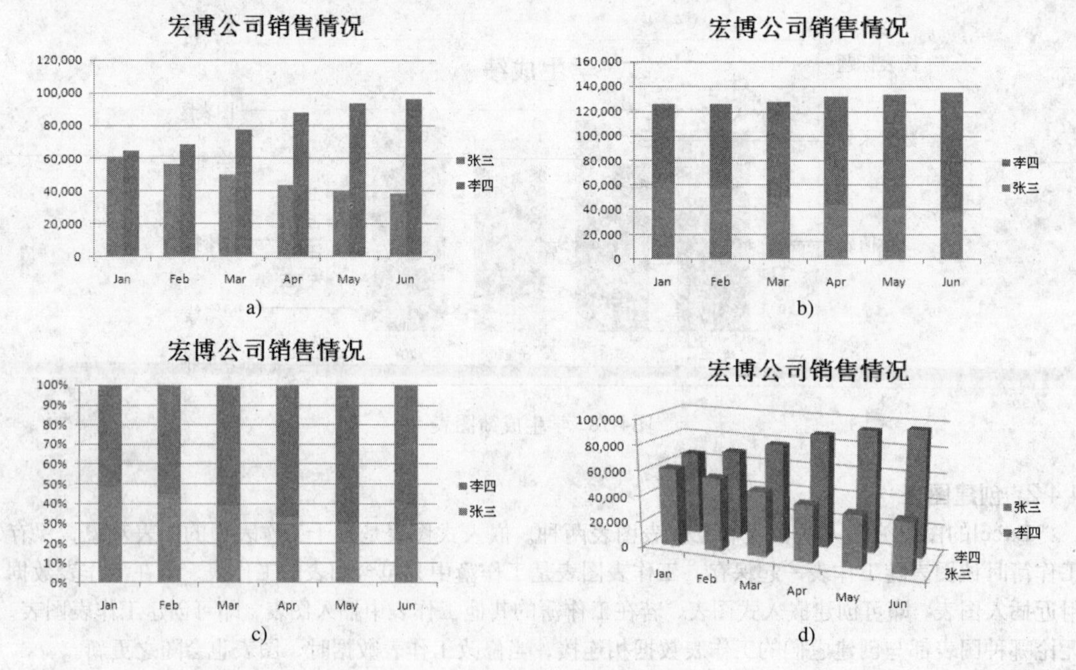

图4-20 柱形图

如图4-20a所示，可以很清楚地看出李四的销售额在这半年期间呈上升趋势，而张三的销售额呈下降趋势，李四的销售额总是超过张三的销售额；如图4-20b所示为同样的数据堆积的柱形图，它显示了张三和李四的总销售额保持得比较稳定，但是张三和李四的相对销售量是不同的；如图4-20c所示为同一数据的百分比堆积图，它显示了张三和李四每人每月销售量的相对比例，该图没有提供实际销售额的信息；如图4-20d所示为三维柱形图描绘的数据。

条形图实际上是顺时针旋转了90°的柱形图，使用条形图的一个明显特点是分类标签更便于阅读。如图4-21a所示为条形图。

折线图可以显示随时间变化的数据，因此非常适用于显示在相等时间间隔下数据的趋势。如图4-21b所示的折线图中，可以很明显地看到张三和李四两人销售额的变化趋势。

饼图显示一个数据系列中各项的大小与各项综合的比例。仅排列在工作表的一列或一行中的数据可以绘制到饼图中，如图4-21c所示为用饼图表示的6月份张三和李四销售额的比例。

圆环图类似于饼图，但它可以包含多个数据系列。如图4-21d所示为用圆环图表示的5、6月份张三和李四销售额的比例。

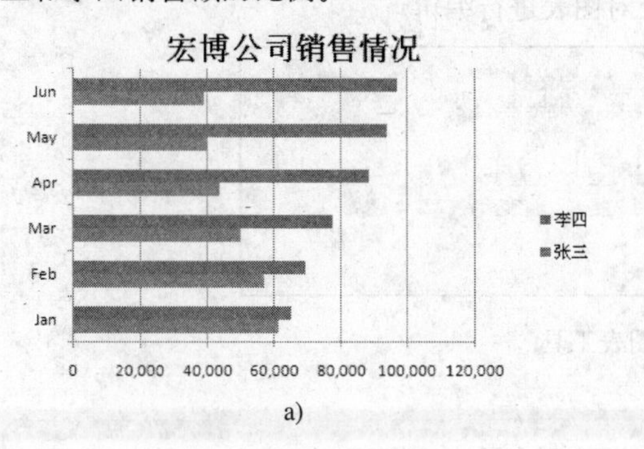

a)

宏博公司销售情况

120,000
100,000
80,000
60,000
40,000
20,000
0
Jan Feb Mar Apr May Jun
张三
李四

b)

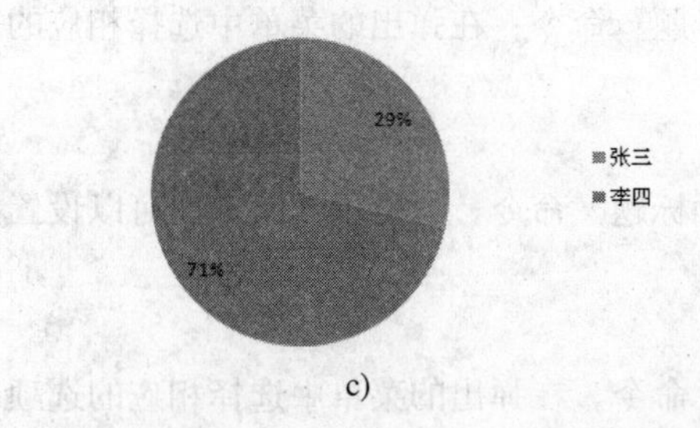

c)

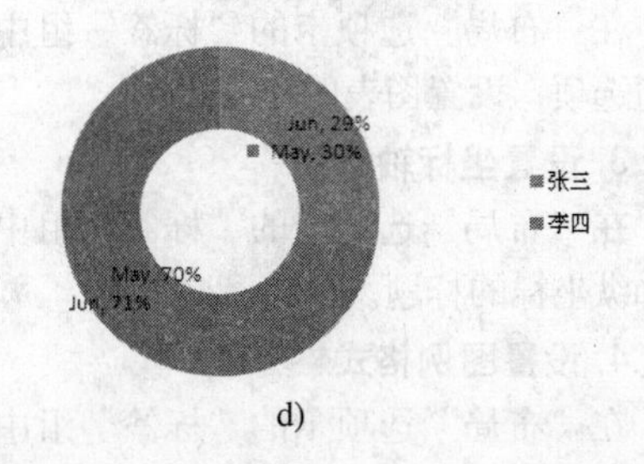

d)

图4-21 几种不同的图表类型

在Excel 2007中还可以绘制面积图、散点图、股价图、曲面图、气泡图和雷达图等。

单击“图表”组右下角的对话框启动器，如图4-19中椭圆框内指示，打开“插入图表”对话框，如图4-22所示。Excel针对每一种图表类型都提供了几种不同的图表格式，用户可以自动套用。

2. 图表的建立

在Excel 2007中创建图表非常简单，操作步骤如下：

1）确保数据适合于图表。

2）选择包含数据的区域。

3）在“插入”选项卡的“图表”功能区中，单击某个图表图标选择图表类型，弹出下拉列表。

4）根据需要使用“图标工具”菜单中

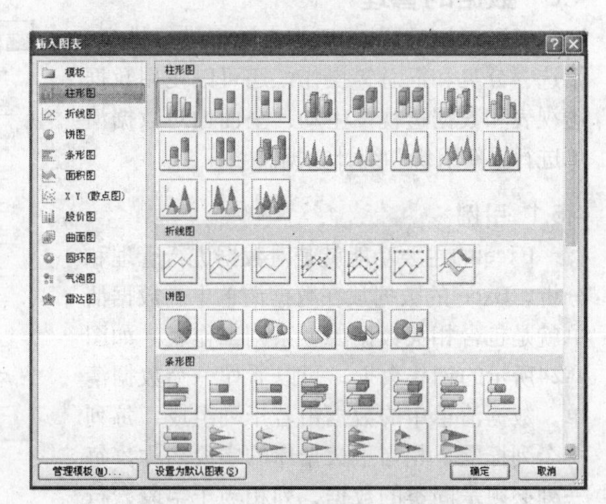

图4-22 “插入图表”对话框

的命令来更改图表的外观或布局，以添加或删除图表元素。

4.4.3 图表的编辑与格式化

图表的编辑与格式化是指用户对图表内容、图表格式、图表布局和外观进行编辑和设置的操作，使图表的显示效果满足用户的需求。图表的编辑与格式化大都是针对图表的某个项或某些项进行的，图表项的特点直接影响图表的整体风格。

在Excel 2007中，编辑图表的操作非常直观。选中创建的图表后，功能区即出现“图表工具”选项卡，如图4-23所示，用户可以选择相应的命令对图表进行编辑。

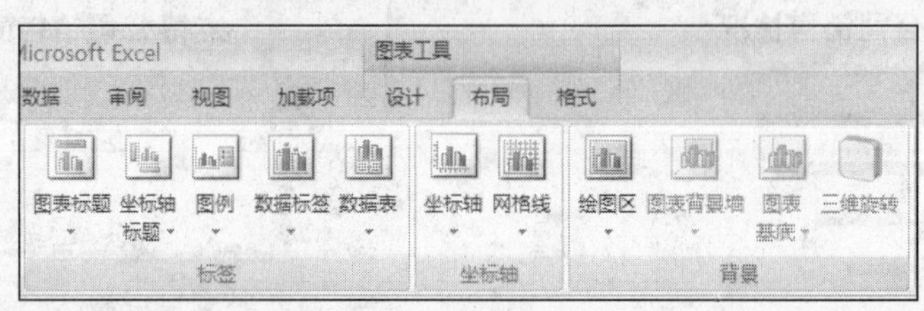

图4-23 图表工具

1. 调整图表的大小

选中创建的图表，并将其拖动至合适的位置，调整到合适大小即可。

2. 设置图表标题

在“布局”选项卡的“标签”组中选择“图表标题”命令，在弹出的菜单中选择相应的图表标题选项，设置图表的标题。

3. 设置坐标轴标题

在“布局”选项卡的“标签”组中选择“坐标轴标题”命令，在弹出的菜单中可以设置横坐标和纵坐标的标题。

4. 设置图例格式

在“布局”选项卡的“标签”组中单击“图例”命令，在弹出的菜单中选择相应的选项，完成图例的设置操作。

设置数据系列格式、背景墙格式以及图表区格式等操作过程与以上所述类似。

4.5 数据的管理

在Excel中可以对工作表数据进行排序、筛选、分类和汇总等操作，还可以使用数据透视表和数据透视图生动、全面地对数据清单进行重新组织和统计数据。

4.5.1 引例

Excel的主要功能就是对数据进行管理和分析，Excel的数据放在数据清单中。数据清单就是包含相关数据的一系列工作表。如图4-24所示的销售数据，可以看作一个数据清单。数据清单中的数据由若干列组成，每列一个列标题，相当于数据库的字段名称，每一列必须是同类的数据，列相当于字段，行相当于数据库的记录。

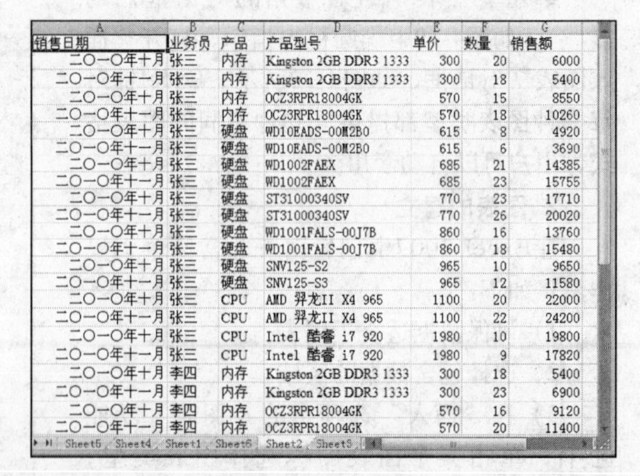

销售日期	业务员	产品	产品型号	单价	数量	销售额
二〇一〇年十月	张三	内存	Kingston 2GB DDR3 1333	300	20	6000
二〇一〇年十一月	张三	内存	Kingston 2GB DDR3 1333	300	18	5400
二〇一〇年十月	张三	内存	OCZ3RPR18004GK	570	15	8550
二〇一〇年十一月	张三	内存	OCZ3RPR18004GK	570	18	10260
二〇一〇年十月	张三	硬盘	WD10EADS-00M2B0	615	8	4920
二〇一〇年十一月	张三	硬盘	WD10EADS-00M2B0	615	6	3690
二〇一〇年十月	张三	硬盘	WD1002FAEX	685	21	14385
二〇一〇年十一月	张三	硬盘	WD1002FAEX	685	23	15755
二〇一〇年十月	张三	硬盘	ST31000340SV	770	23	17710
二〇一〇年十一月	张三	硬盘	ST31000340SV	770	26	20020
二〇一〇年十月	张三	硬盘	WD1001FALS-00J7B	860	16	13760
二〇一〇年十一月	张三	硬盘	WD1001FALS-00J7B	860	18	15480
二〇一〇年十月	张三	硬盘	SNV125-S2	965	10	9650
二〇一〇年十一月	张三	硬盘	SNV125-S3	965	12	11580
二〇一〇年十月	张三	CPU	AMD 羿龙II X4 965	1100	20	22000
二〇一〇年十一月	张三	CPU	AMD 羿龙II X4 965	1100	22	24200
二〇一〇年十月	张三	CPU	Intel 酷睿 i7 920	1980	10	19800
二〇一〇年十一月	张三	CPU	Intel 酷睿 i7 920	1980	9	17820
二〇一〇年十月	李四	内存	Kingston 2GB DDR3 1333	300	18	5400
二〇一〇年十一月	李四	内存	Kingston 2GB DDR3 1333	300	23	6900
二〇一〇年十月	李四	内存	OCZ3RPR18004GK	570	16	9120
二〇一〇年十一月	李四	内存	OCZ3RPR18004GK	570	20	11400

图4-24 销售数据

要对清单中的数据进行管理，需要学习以下知识：

• 数据的导入。
• 数据的排序。
• 数据的筛选。
• 分类汇总。
• 建立数据透视表。

4.5.2 数据导入

Excel能够访问的外部数据库有Access、Foxbase、Foxpro、ORACLE、Paradox、SQL Server、文本数据库等。无论是导入的外部数据库，还是在Excel中建立的数据库，都是按行和列组织起来的信息的集合，每行称为一个记录，每列称为一个字段，可以利用Excel提供的数据库工具对这些数据库的记录进行查询、排序、汇总等工作。

激活“数据”选项卡，在“获取外部数据”组中选择需要导入的外部数据源，可以将Access数据库中的表、自网站的数据及自文本文件中的数据导入为Excel数据。

例如，将Access数据库“成绩管理.mdb”中的学生表导入Excel的操作步骤如下：

1）在“数据”选项卡的“获取外部数据”组中，选择“自Access”命令。

2）在弹出的“选取数据源”对话框中，打开“成绩管理”数据库，在选择表格窗口中，选择需要导入的“学生”表，系统弹出“导入数据”对话框，如图4-25所示。

3）在对话框中选择该数据在工作簿中的显示方式和数据的放置位置，在此选择将“学生”表导入为工作簿中的新工作表，如4-26所示，Excel将其转化为工作簿中的表。

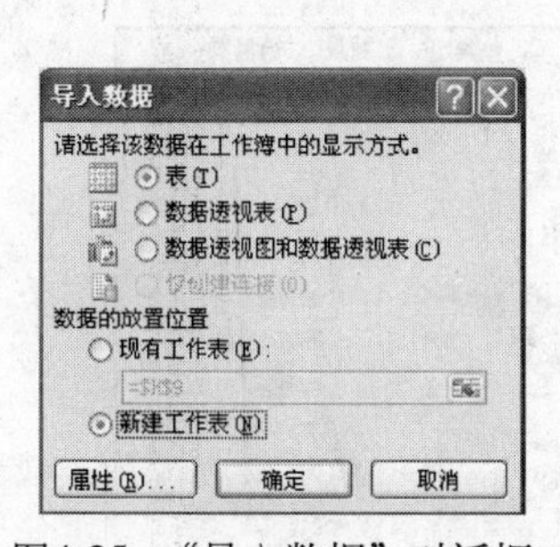

图4-25 “导入数据”对话框

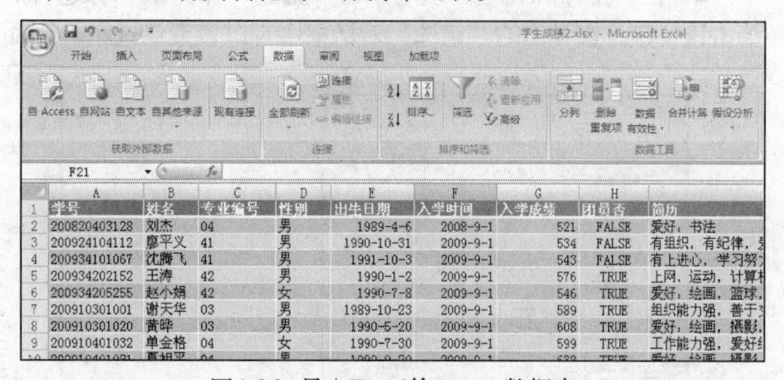

图4-26 导入Excel的Access数据表

单击“自其他来源”命令，还可以选择“来自SQL Server”、“来自分析服务”、“来自XML数据导入”和“来自Microsoft Query”等选项，将各种不同的数据源导入Excel进行处理。

4.5.3 数据排序

Excel数据的排序功能可以使用户非常容易地实现对记录进行排序，用户只要分别指定关键字及升降序，就可完成排序的操作。对图4-24中的数据进行排序，步骤如下：

1）单击数据区任一单元格，激活“数据”选项卡，在“排序和筛选”组中单击“排序”命令，弹出如图4-27所示的“排序”对话框。

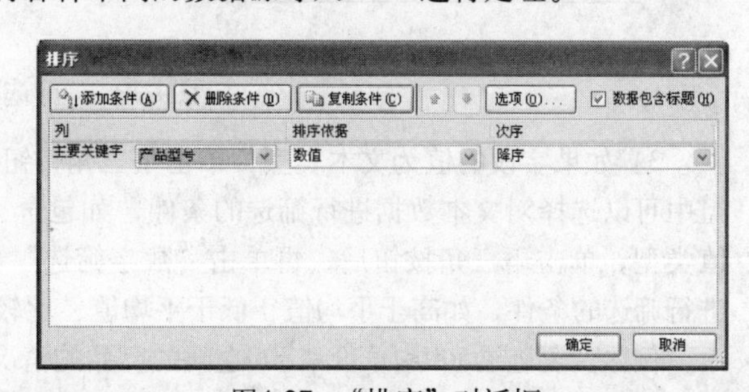

图4-27 “排序”对话框

2）在该对话框中的“主要关键字”下拉列表框中选择“产品型号”，排序依据可以是“数值”、“单元格颜色”、“字体颜色”和“单元格图标”，排序次序可以为“降序”、“升序”和“自定义序列”，排序依据与次序的选择如图4-27所示。单击“确定”按钮，则根据“产品型号”降序排列的数据表如图4-28所示。

单击“排序”对话框中的“选项”按钮，可以对数据清单的行、列数据进行排序，Excel将利用指定的排序重新排列行、列或单元格，还可以利用设置排序选项对销售日期、业务员等字段进行排序。

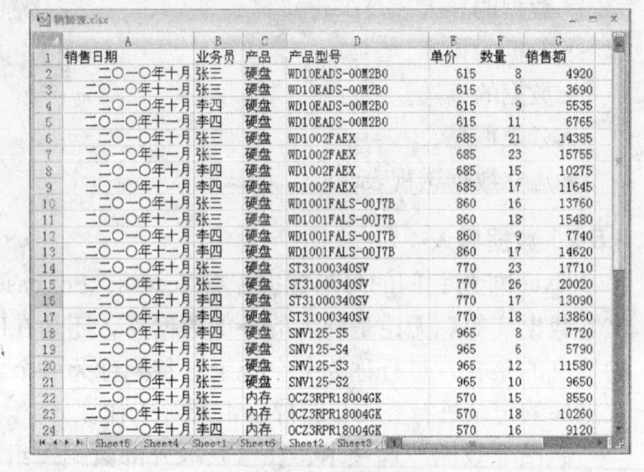

销售日期	业务员	产品	产品型号	单价	数量	销售额
二〇一〇年十月	张三	硬盘	WD10EADS-00M2B0	615	8	4920
二〇一〇年十一月	张三	硬盘	WD10EADS-00M2B0	615	6	3690
二〇一〇年十月	李四	硬盘	WD10EADS-00M2B0	615	9	5535
二〇一〇年十一月	李四	硬盘	WD10EADS-00M2B0	615	11	6765
二〇一〇年十月	张三	硬盘	WD1002FAEX	685	21	14385
二〇一〇年十一月	张三	硬盘	WD1002FAEX	685	23	15755
二〇一〇年十月	李四	硬盘	WD1002FAEX	685	15	10275
二〇一〇年十一月	李四	硬盘	WD1002FAEX	685	17	11645
二〇一〇年十月	张三	硬盘	WD1001FALS-00J7B	860	16	13760
二〇一〇年十一月	张三	硬盘	WD1001FALS-00J7B	860	18	15480
二〇一〇年十月	李四	硬盘	WD1001FALS-00J7B	860	9	7740
二〇一〇年十一月	李四	硬盘	WD1001FALS-00J7B	860	17	14620
二〇一〇年十月	张三	硬盘	ST31000340SV	770	23	17710
二〇一〇年十一月	张三	硬盘	ST31000340SV	770	26	20020
二〇一〇年十月	李四	硬盘	ST31000340SV	770	17	13090
二〇一〇年十一月	李四	硬盘	ST31000340SV	770	18	13860
二〇一〇年十一月	李四	硬盘	SNV125-S5	965	8	7720
二〇一〇年十月	李四	硬盘	SNV125-S4	965	6	5790
二〇一〇年十一月	张三	硬盘	SNV125-S3	965	12	11580
二〇一〇年十月	张三	硬盘	SNV125-S2	965	10	9650
二〇一〇年十月	张三	内存	OCZ3RPR18004GK	570	15	8550
二〇一〇年十一月	张三	内存	OCZ3RPR18004GK	570	18	10260
二〇一〇年十月	李四	内存	OCZ3RPR18004GK	570	16	9120

图4-28　按给定字段排序后的工作表

4.5.4　数据筛选

对数据进行筛选，就是查询满足特定条件的记录，它是一种用于查找数据清单中的数据的快速方法。使用“筛选”功能可在数据清单中显示满足条件的数据行，其他行被隐藏。

1. 自动筛选

使用自动筛选功能，一次只能对工作表中的一个数据清单使用筛选命令，对同一列数据最多可以应用两个条件。操作步骤如下：

1）单击工作表中数据区域的任一单元格。

2）在“排序和筛选”组中单击“筛选”命令后，标题行的每列右侧将出现一个下三角按钮，单击该按钮，在弹出的“筛选”对话框中可以设置筛选条件，如图4-29所示。

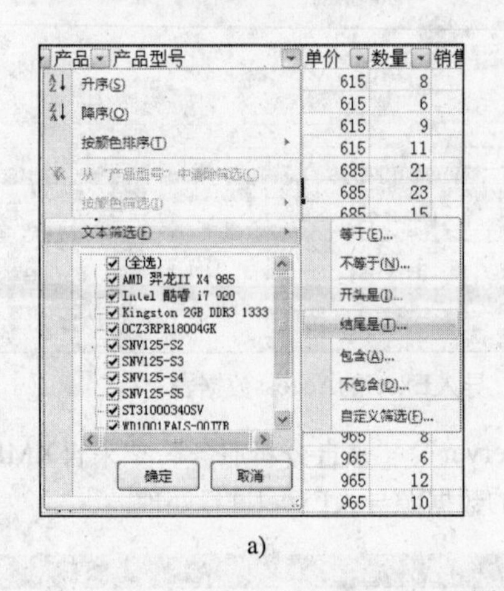

a)

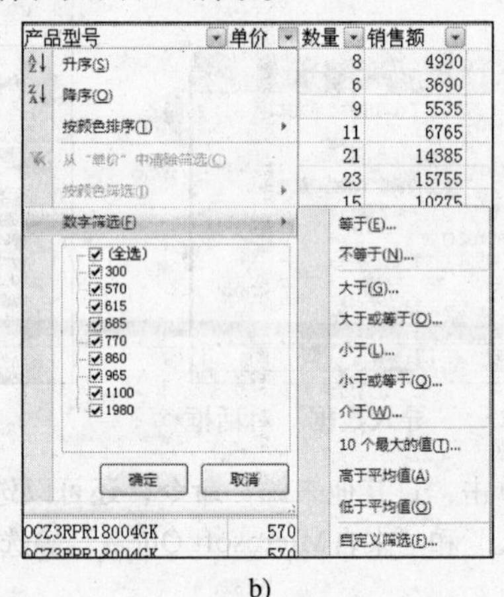

b)

图4-29　“筛选”对话框

3）如果字段的值为文本类型，单击下三角按钮后，再单击“文本筛选”命令，在展开的命令组中可以选择对文本数据进行筛选的条件，如包含、比较等，如图4-29a所示；如果字段的值为数值类型，单击下三角按钮后，再单击“数字筛选”命令，在展开的命令组中可以选择对数值数据进行筛选的条件，如高于平均值、低于平均值、比较等，如图4-29b所示。

例如，要查看500≤单价≤800之间的产品的情况，就要用到这种筛选方法。步骤如下：

1）单击“单价”字段的筛选按钮，选择“数字筛选”中的“自定义筛选”命令，系统会弹出如图4-30所示的“自定义自动筛选方式”对话框。

2）在对话框中，单击左上第一个下拉列表框的下三角按钮，选择“大于或等于”，然后在其右侧的下拉列表框中输入“500”，再选中“与”单选按钮；同样，在下面的下拉列表框中选择“小于或等于”，然后在右侧的下拉列表框中输入“800”。

3）单击“确定”按钮，屏幕就会出现筛选的结果，如图4-31所示。

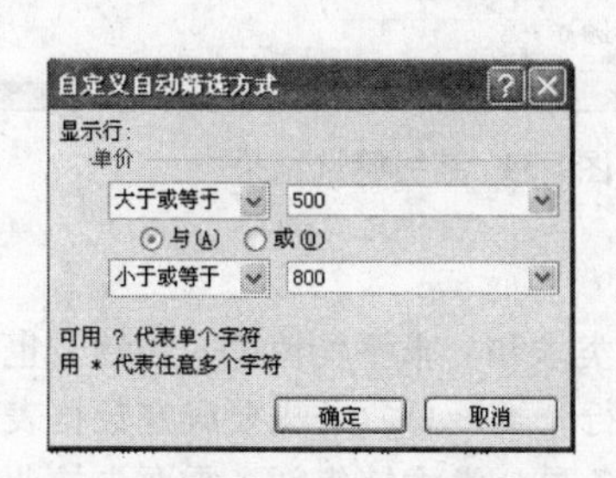

图4-30 “自定义自动筛选方式”对话框

销售表.xlsx

	A	B	C	D	E	F	G
1	销售日期	业务员	产品	产品型号	单价	数量	销售额
10	二〇一〇年十月	张三	硬盘	WD1001FALS-00J7B	860	16	13760
11	二〇一〇年十一月	张三	硬盘	WD1001FALS-00J7B	860	18	15480
12	二〇一〇年十月	李四	硬盘	WD1001FALS-00J7B	860	9	7740
13	二〇一〇年十一月	李四	硬盘	WD1001FALS-00J7B	860	17	14620
18	二〇一〇年十一月	李四	硬盘	SNV125-S5	965	8	7720
19	二〇一〇年十月	李四	硬盘	SNV125-S4	965	6	5790
20	二〇一〇年十一月	张三	硬盘	SNV125-S3	965	12	11580
21	二〇一〇年十月	张三	硬盘	SNV125-S2	965	10	9650
30	二〇一〇年十月	张三	CPU	Intel 酷睿 i7 920	1980	10	19800
31	二〇一〇年十一月	张三	CPU	Intel 酷睿 i7 920	1980	9	17820
32	二〇一〇年十月	李四	CPU	Intel 酷睿 i7 920	1980	12	23760
33	二〇一〇年十一月	李四	CPU	Intel 酷睿 i7 920	1980	14	27720
34	二〇一〇年十月	张三	CPU	AMD 羿龙II X4 965	1100	20	22000
35	二〇一〇年十一月	张三	CPU	AMD 羿龙II X4 965	1100	22	24200
36	二〇一〇年十月	李四	CPU	AMD 羿龙II X4 965	1100	15	16500
37	二〇一〇年十一月	李四	CPU	AMD 羿龙II X4 965	1100	19	20900

Sheet4 Sheet1 Sheet6 Sheet2 Sheet3

图4-31 条件筛选结果

2. 高级筛选

使用自动筛选，可以筛选出符合特定条件的值。但有时所设的条件较多，用自动筛选有些麻烦，这时，就可以使用高级筛选来筛选数据。使用高级筛选，应在工作表的数据清单下方先建立至少有三个空行的区域，作为设置条件的区域，且数据清单必须有列标志。

如果要查询上例中业务员张三销售硬盘的记录，就可以采取下面的方法：

	A	B	C	D	E	F	G
1	销售日期	业务员	产品	产品型号	单价	数量	销售额
24	二〇一〇年十月	李四	内存	OCZ3RPR18004GK	570	16	9120
25	二〇一〇年十一月	李四	内存	OCZ3RPR18004GK	570	20	11400
26	二〇一〇年十月	张三	内存	Kingston 2GB DDR3 1333	300	20	6000
27	二〇一〇年十一月	张三	内存	Kingston 2GB DDR3 1333	300	18	5400
28	二〇一〇年十月	李四	内存	Kingston 2GB DDR3 1333	300	18	5400
29	二〇一〇年十一月	李四	内存	Kingston 2GB DDR3 1333	300	23	6900
30	二〇一〇年十月	张三	CPU	Intel 酷睿 i7 920	1980	10	19800
31	二〇一〇年十一月	张三	CPU	Intel 酷睿 i7 920	1980	9	17820
32	二〇一〇年十月	李四	CPU	Intel 酷睿 i7 920	1980	12	23760
33	二〇一〇年十一月	李四	CPU	Intel 酷睿 i7 920	1980	14	27720
34	二〇一〇年十月	张三	CPU	AMD 羿龙II X4 965	1100	20	22000
35	二〇一〇年十一月	张三	CPU	AMD 羿龙II X4 965	1100	22	24200
36	二〇一〇年十月	李四	CPU	AMD 羿龙II X4 965	1100	15	16500
37	二〇一〇年十一月	李四	CPU	AMD 羿龙II X4 965	1100	19	20900
38							
39		业务员	产品				
40		张三	硬盘				
41							

图4-32 确定筛选条件

1）在数据列表中，与数据区隔一行建立条件区域并在条件区域中输入筛选条件，即在第一行前插入三个空行，接着在B39、C39单元格中分别输入列标志“业务员”、“产品”，然后在B40、C40单元格中分别输入“张三”、“硬盘”，则单元格区域B39:C40称为条件区域，如图4-32所示。

此例是对“业务员”为“张三”和“产品”为“硬盘”两条件的“与”操作。若要对所给条件执行“或”操作，可将条件分别写在不同的行中，以便实现字段时间的“或”操作。

需要注意的是，条件区域与数据列表区域之间至少要有一个空行。

2）单击“数据”选项卡，在“排序和筛选”组中选择“高级”命令，弹出如图4-33所示的“高级筛选”对话框。

如果想保留原始的数据列表，须将符合条件的记录复制到其他位置，应在图4-33所示对话框的“方式”选项中选择“将筛选结果复制到其他位置”，并在“复制到”框中输入欲复制的位置。

将“列表区域”和“条件区域”分别选定，再单击“确定”按钮，就会在原数据区域显示出符合条件的记录，如图4-34所示。

从已筛选的表中复制数据，只能复制可视数据，通过筛选隐藏后的行不能复制。在“排序和筛选”组中单击“清除”命令，可清除当前数据范围的筛选和排序状态。

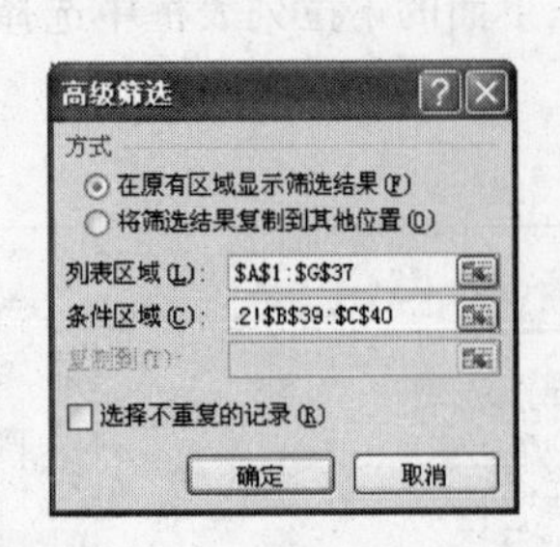

图4-33 “高级筛选”对话框

	A	B	C	D	E	F	G
1	销售日期	业务员	产品	产品型号	单价	数量	销售额
2	二○一○年十月	张三	硬盘	WD10EADS-00M2B0	615	8	4920
3	二○一○年十一月	张三	硬盘	WD10EADS-00M2B0	615	6	3690
6	二○一○年十月	张三	硬盘	WD1002FAEX	685	21	14385
7	二○一○年十一月	张三	硬盘	WD1002FAEX	685	23	15755
10	二○一○年十月	张三	硬盘	WD1001FALS-00J7B	860	16	13760
11	二○一○年十一月	张三	硬盘	WD1001FALS-00J7B	860	18	15480
14	二○一○年十月	张三	硬盘	ST31000340SV	770	23	17710
15	二○一○年十一月	张三	硬盘	ST31000340SV	770	26	20020
20	二○一○年十一月	张三	硬盘	SNV125-S3	965	12	11580
21	二○一○年十月	张三	硬盘	SNV125-S2	965	10	9650
38							
39		业务员	产品				
40		张三	硬盘				

图4-34 高级筛选结果

4.5.5 分类汇总

Excel具有很强的分类汇总功能，使用分类汇总工具可以分类求和、求平均值等。当然，也可以很方便地移去分类汇总的结果，恢复数据表格的原形。要进行分类汇总，首先要确定数据表格的最主要的分类字段，并对数据表格进行排序。例如，要按业务员分类求销售额，需要先按业务员字段进行排序，然后再按如下的步骤进行汇总操作：

1）激活“数据”选项卡，选择“分级显示”组中的“分类汇总”命令，弹出如图4-35所示的“分类汇总”对话框。

2）在“分类汇总”对话框中，系统自动设置“分类字段”为“业务员”、“汇总方式”为“求和”，在“选定汇总项”中勾选“销售额”复选框，最后单击“确定”按钮，就会得到如图4-36所示的分类汇总表。

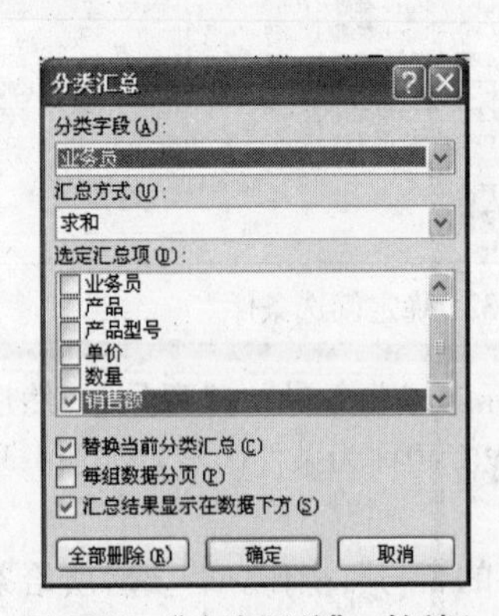

图4-35 “分类汇总”对话框

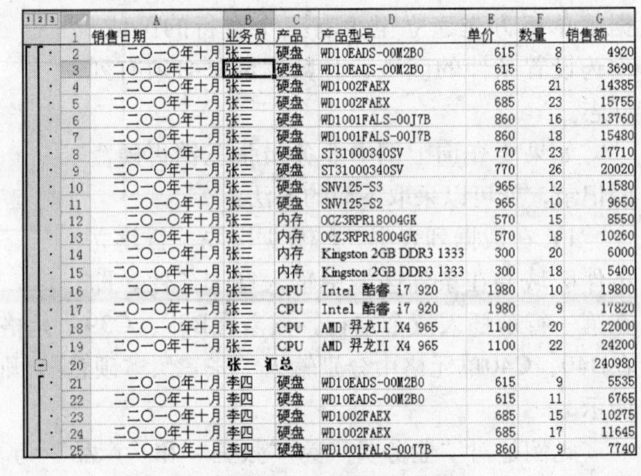

	A	B	C	D	E	F	G
1	销售日期	业务员	产品	产品型号	单价	数量	销售额
2	二○一○年十月	张三	硬盘	WD10EADS-00M2B0	615	8	4920
3	二○一○年十一月	张三	硬盘	WD10EADS-00M2B0	615	6	3690
4	二○一○年十月	张三	硬盘	WD1002FAEX	685	21	14385
5	二○一○年十一月	张三	硬盘	WD1002FAEX	685	23	15755
6	二○一○年十月	张三	硬盘	WD1001FALS-00J7B	860	16	13760
7	二○一○年十一月	张三	硬盘	WD1001FALS-00J7B	860	18	15480
8	二○一○年十月	张三	硬盘	ST31000340SV	770	23	17710
9	二○一○年十一月	张三	硬盘	ST31000340SV	770	26	20020
10	二○一○年十一月	张三	硬盘	SNV125-S3	965	12	11580
11	二○一○年十月	张三	硬盘	SNV125-S2	965	10	9650
12	二○一○年十月	张三	内存	OCZ3RPR18004GK	570	15	8550
13	二○一○年十一月	张三	内存	OCZ3RPR18004GK	570	18	10260
14	二○一○年十月	张三	内存	Kingston 2GB DDR3 1333	300	20	6000
15	二○一○年十一月	张三	内存	Kingston 2GB DDR3 1333	300	18	5400
16	二○一○年十月	张三	CPU	Intel 酷睿 i7 920	1980	10	19800
17	二○一○年十一月	张三	CPU	Intel 酷睿 i7 920	1980	9	17820
18	二○一○年十月	张三	CPU	AMD 羿龙II X4 965	1100	20	22000
19	二○一○年十一月	张三	CPU	AMD 羿龙II X4 965	1100	22	24200
20		张三 汇总					240980
21	二○一○年十月	李四	硬盘	WD10EADS-00M2B0	615	9	5535
22	二○一○年十一月	李四	硬盘	WD10EADS-00M2B0	615	11	6765
23	二○一○年十月	李四	硬盘	WD1002FAEX	685	15	10275
24	二○一○年十一月	李四	硬盘	WD1002FAEX	685	17	11645
25	二○一○年十月	李四	硬盘	WD1001FALS-00J7B	860	9	7740

图4-36 分类汇总结果

3）单击分类汇总数据左边的折叠按钮，可以将业务员的具体数据折叠，如图4-37所示。

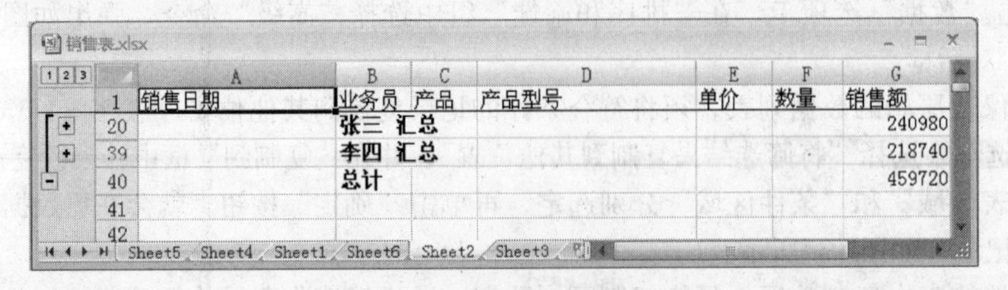

	A	B	C	D	E	F	G
1	销售日期	业务员	产品	产品型号	单价	数量	销售额
20		张三 汇总					240980
39		李四 汇总					218740
40		总计					459720
41							
42							

图4-37 折叠具体数据

如果用户要回到未分类汇总前的状态，只需在如图4-35所示的“分类汇总”对话框中单击“全部删除”按钮，即可回到未分类汇总前的状态。

4.5.6　数据透视表及数据透视图

数据透视表是一种可以对大量数据快速汇总和建立交叉列表的交互式表格，它能够对行和列进行转换以查看源数据的不同汇总结果，并显示不同页面以筛选数据，还可以根据需要显示区域中的明细数据。数据透视表是一种动态工作表，它提供了一种以不同角度观看数据清单的简便方法。

1. 数据透视表的组成

数据透视表一般由以下几个部分组成：

- 页字段：是数据透视表中指定为页方向的源数据清单或表单中的字段。单击页字段的不同项，在数据透视表中会显示与该项相关的汇总数据。源数据清单或表单中的每个字段、列条目或数值都将成为页字段列表中的一项。
- 数据字段：是指含有数据的源数据清单或表单中的字段，它通常汇总数值型数据。数据透视表中的数据字段值来源于数据清单中同数据透视表行、列、数据字段相关的记录的统计。
- 数据项：是数据透视表中的分类，它代表源数据中同一字段或列中的单独条目。数据项以行标或列标的形式出现，或出现在页字段的下拉列表框中。
- 行字段：数据透视表中指定为行方向的源数据清单或表单中的字段。
- 列字段：数据透视表中指定为列方向的源数据清单或表单中的字段。
- 数据区域：是数据透视表中含有汇总数据的区域。数据区中的单元格用来显示行和列字段中数据项的汇总数据，数据区每个单元格中的数值代表源记录或行的一个汇总。

2. 创建数据透视表

下面以图4-24中的销售数据作为源数据，汇总不同的日期、业务员的某个产品的销售额，操作如下：

1）在“插入”选项卡下的“表”组中，单击“数据透视表”命令，在弹出的下拉列表中选择“数据透视表”选项，打开“创建数据透视表”对话框，如图4-38所示。

2）在“选择一个表或区域”中输入源数据所在的区域范围，在“选择放置数据透视表的位置”中选择“新工作表”，单击“确定”按钮，即可看到如图4-39所示的操作界面。

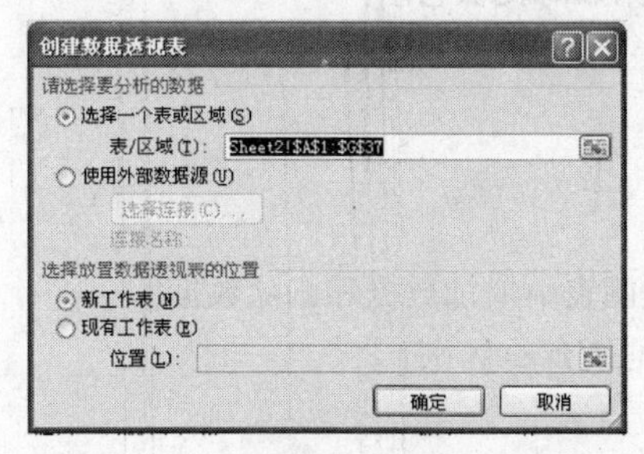

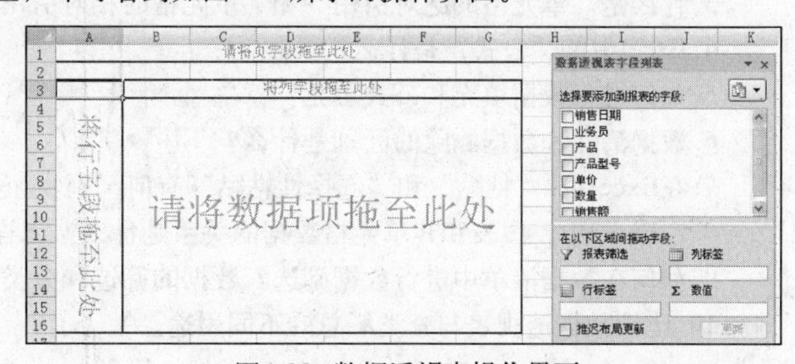

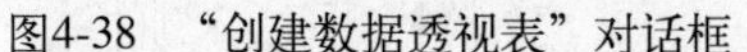

图4-38　“创建数据透视表”对话框　　　　图4-39　数据透视表操作界面

3）将“销售日期”移到“页字段”，将“产品”移到列字段，将“业务员”移到行字段，将“销售额”移到数据区域中，即可得到数据透视表的操作结果，如图4-40所示。

如果对移到数据区域中的字段不是求和，可以在如图4-40所示的“数据透视表字段列表”任务窗格中单击“求和项：销售额”下三角按钮，在弹出的下拉菜单中选择“值字段设置”命令，系统弹出如图4-41所示的“值字段设置”对话框。

用户可以根据需要，在“值字段汇总方式”中选择“计数”、“平均值”、“最大值”、“最小值”等，然后单击“确定”按钮即可。

3. 设计数据透视表

在“数据透视表工具”的“设计”选项卡下，可以设置数据透视表的布局、样式以及样式选项等，帮助用户设计所需的数据透视表。

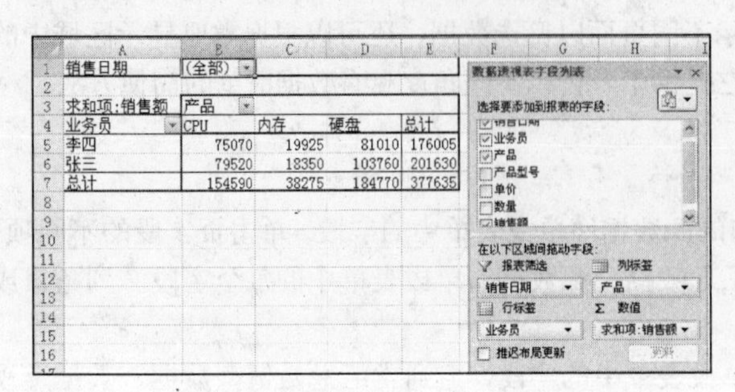

图4-40 数据透视表操作结果

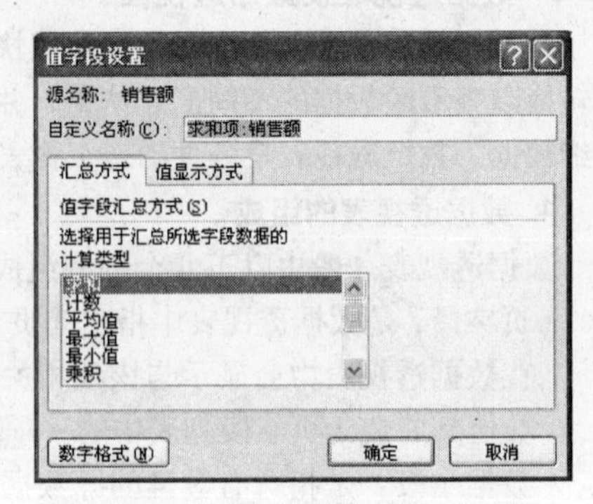

图4-41 “值字段设置”对话框

本章小结

本章介绍Excel 2007的基本操作，包括数据的输入、单元格的编辑等；函数和公式是Excel的核心，如何使用公式与函数是本章重点介绍的内容；Excel具有很强的工作表管理功能，能够根据用户的需要十分方便地添加、删除和重命名工作表，4.3节介绍了如何对工作表进行格式设置，使得工作表版面更美观、更合理；图表具有比较好的视觉效果，可以方便地查看数据的差异、预测趋势等；在4.4节中，介绍了图表的类型与建立以及图表的编辑与格式化；4.5节介绍了对工作表数据进行排序、筛选、分类和汇总等操作，以及如何使用数据透视表生动、全面地对数据清单进行重新组织和统计数据。

思考题

1. Excel中工作簿和工作表有什么区别？
2. 什么是Excel的“单元格”？单元格名称如何表示？
3. 什么是“单元格的绝对引用”和“单元格的相对引用”？如何表示它们？
4. Excel中的“公式”是什么？
5. 如何进行数据填充和公式填充？
6. 数据清除和数据删除的区别是什么？
7. 在Excel中，“粘贴”和“选择性粘贴”有何区别？
8. 在Excel中，图表和其单元格数据的关系是什么？怎样在图表中增加数据和删除数据？
9. 如何在数据清单中进行数据筛选？数据的筛选和分类汇总有什么区别？
10. 比较数据透视表与分类汇总的不同用途。

第5章　演示制作软件PowerPoint 2007

PowerPoint是用来制作演示文稿的工具软件，也是Office办公套件中的重要成员。它主要用于学术交流等场合的幻灯片制作和演示，利用它可以制作出图文并茂、绚丽多彩、具备专业水平的演示文稿。

5.1　概述

5.1.1　PowerPoint的发展历史

PowerPoint是微软公司推出的套装办公软件Office的组成部分之一，利用它可以快捷地制作各种具有专业水准的演示文稿、彩色幻灯片及投影胶片，并动态地展现出来。在Office 97中，PowerPoint只具有简单幻灯片的编辑和制作功能。随着办公软件Office在当今各行各业的广泛普及，微软推出了全新的PowerPoint 2000。在PowerPoint 2000中提供了全新的三框式工作界面以及自动调整显示画面等功能。特别是在多媒体功能上的改进，使PowerPoint不仅成为演示文稿制作专业软件，更主宰了制作多媒体的市场。以后推出的PowerPoint 2002系列，为人们提供了更加方便、高效的演示文稿制作平台。它增强了向导功能，特别是新增加的任务窗格将版式、设计模板和配色方案组织在幻灯片旁边的虚拟库中，并且可以将多个设计模板应用到演示文稿中。PowerPoint 2003在外观、信息检索、协作、多媒体演示、网络和服务上还增加了一些新的内容。PowerPoint 2007使用户可以快速地创建极具感染力的动态演示文稿，同时集成工作流和方法，以轻松共享信息。从重新设计的用户界面到新的图形以及格式设置功能，PowerPoint 2007使用户拥有控制能力，可以创建出具有精美外观的演示文稿。相对于以前的版本，PowerPoint 2007的特点主要体现在以下3方面。

1. 创建动态演示文稿

PowerPoint 2007使用重新设计过的用户界面和新的SmartArt图形功能，能快速地创建动态、美观的演示文稿。具体如下：

- 通过重新设计的用户界面，用户可以更快地获取更好的效果。PowerPoint 2007重新设计了用户界面的外观，让创建、演示和共享演示文稿成为一种更轻松、更直观的体验。
- 创建强大的动态SmartArt图表。用户可以在PowerPoint 2007中轻松创建强大的动态关系、工作流或层次化图表，甚至可以将一个带有项目符号的列表转换为图表，或修改和更新已有图表。利用新用户界面中上下文相关的SmartArt图表工具，可以丰富格式，方便地设置选项。
- 通过保存自定义布局快速、轻松地创建演示文稿。在PowerPoint 2007中，用户可以定义和保存自定义的幻灯片布局，将布局剪切和粘贴到需要的幻灯片上，或从中删除内容。通过PowerPoint幻灯片库，用户可以轻松地与其他人共享这些自定义幻灯片，因此用户的演示文稿有一个一致和专业的外观。
- 通过一次单击应用一致的外观。PowerPoint 2007主题可以帮助用户通过一次单击，更改整个演示文稿的外观。更改演示文稿主题不仅可以更改背景颜色，而且可以更改图标、表格、趋势图和字体的颜色，甚至可以更改演示文稿中项目符号的样式。通过应用主题，用户可以使整个演示文稿具有更加专业和一致的外观。
- 通过新工具和效果能大大修改形状、文本和图形。用户可以用前所未有的多种方式，处理文本、表格、图表和其他演示文稿元素。

PowerPoint 2007实现了通过简化用户界面和上下文相关选项卡，随时找到这些工具，因此用户只需单击数次，即可增加作品的影响力。

2. 共享演示文稿

PowerPoint 2007显著地改进了用户共享和重用信息的方法。具体如下：

- 与使用不同平台和设备的用户进行通信。通过将文件转换为XML Paper Specifcation（XPS）和PDF文件，以便与任何软件平台上的朋友共享，有助于确保利用PowerPoint演示文稿进行广泛交流。
- 减小文档大小和提高文件的恢复能力。压缩的新的Microsoft Office PowerPoint XML Format可使文件显著减小，同时还可提高受损文件的数据恢复能力。这种新格式可以大量降低存储和带宽需求，并减轻IT人员的负担。
- 轻松重用和共享内容。通过PowerPoint幻灯片库，可以将演示文稿在Office Share Point Server 2007所支持的网站上存储为单个幻灯片，以后便可从PowerPoint中轻松重用该内容。

3. 管理演示文稿

具体如下：

- 直接从PowerPoint 2007中启动审阅或审批工作流。通过Office PowerPoint 2007和Office SharePoint Server 2007，可将演示文稿发送给工作组以供审阅。
- 帮助保护文档中的个人信息。使用文档检查器检测并删除不需要的批注、隐藏文本和个人信息，从而准备好与其他人共享演示文稿。

5.1.2 引例

作为办公套件Office的一部分，PowerPoint的主要功能是以幻灯片的形式向观众展示，用以对演讲内容进行补充。下面看一个用PowerPoint 2007完成的作品——“我的大学生活”，如图5-1所示。

其中：

图5-1a：封面，文稿的标题。

图5-1b：演示文稿的内容列表。

图5-1c：第1节标题页。

图5-1d：通过文字简要介绍学校，用艺术字显示校训。

图5-1e：通过图片介绍校园风光。

图5-1f：通过组织结构图介绍院系设置。

图5-1g：第2节标题页。

图5-1h：用表格列出课程表。

图5-1i：用柱形图展示班级间各门课程成绩情况。

图5-1j：从屏幕下方滚进文字——“完”，宣告演示文稿结束。

现在我们做一个这样的演示文稿，需要解决如下问题：

- 如何进行文字的编辑和排版？
- 如何进行对象的编辑和排版，包括艺术字、图片、表格、结构图、图表、剪贴画、声音等？
- 如何实现幻灯片外观的统一和协调，包括版式、颜色方案、母版、模板等？
- 如何实现幻灯片切换和动画效果？

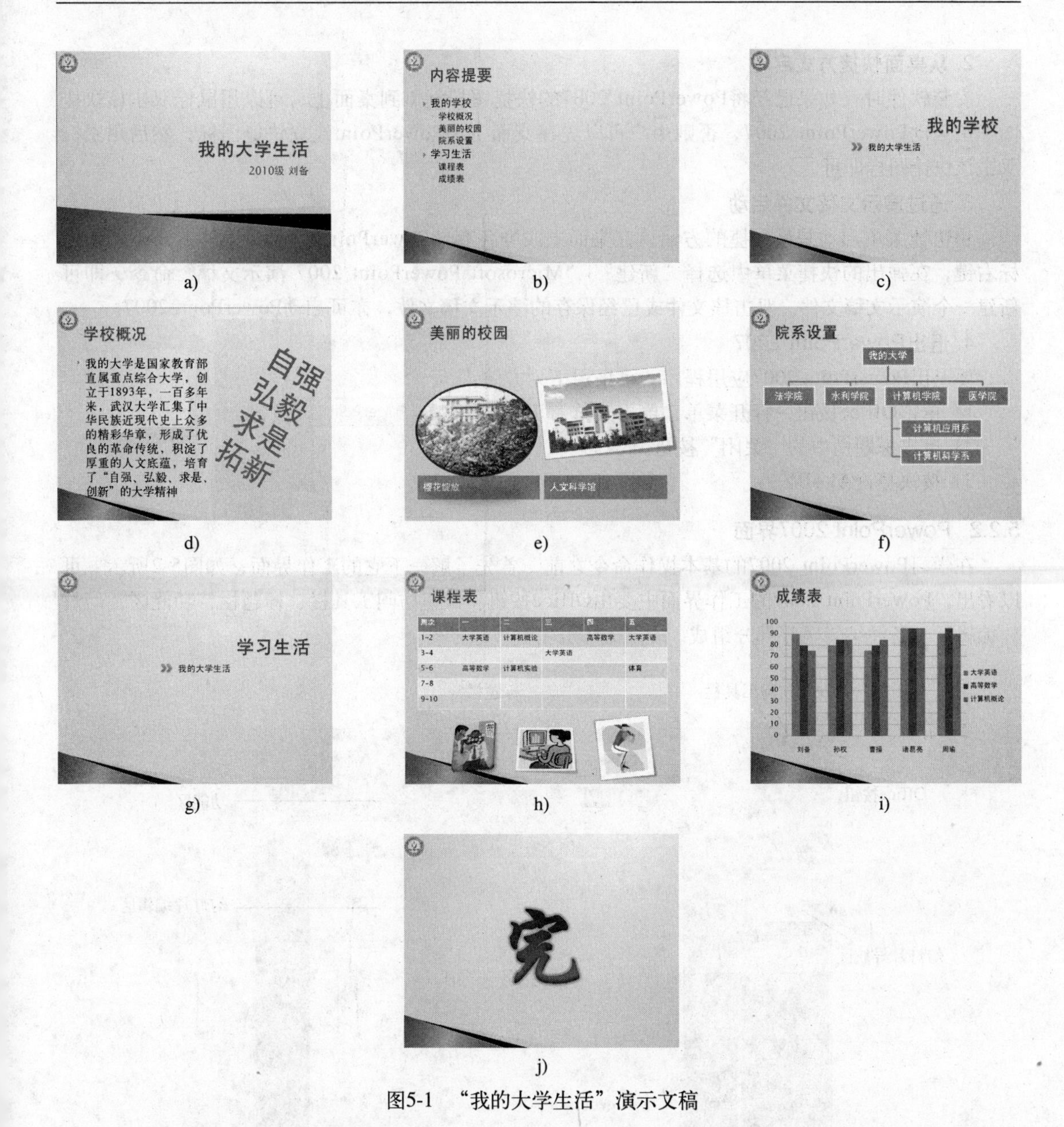

图5-1 “我的大学生活”演示文稿

5.2 认识PowerPoint 2007

本节介绍PowerPoint 2007的基本操作，包括：

• 启动和退出PowerPoint 2007。

• 认识PowerPoint 2007的界面。

• 通过PowerPoint 2007查看演示文稿。

5.2.1 PowerPoint 2007的启动和退出

1. 常规方式启动

最常用的PowerPoint 2007的启动方法是在任务栏上依次单击“开始”|“所有程序”|Microsoft Office|Microsoft Office PowerPoint 2007命令。

2. 从桌面快捷方式启动

安装软件时，如果已经将PowerPoint 2007的快捷图标复制到桌面上，可以用鼠标双击该快捷图标来启动PowerPoint 2007，否则用户可以先在桌面上为PowerPoint建立快捷图标，然后用鼠标双击该快捷图标即可。

3. 通过演示文稿文件启动

用快捷菜单启动是最快捷的方法。在桌面上或准备存储PowerPoint 演示文稿的目录下单击鼠标右键，在弹出的快捷菜单中选择“新建”|“Microsoft PowerPoint 2007 演示文稿”命令，即可新建一个演示文稿文件。双击该文件或已经保存的演示文稿文件，亦可启动PowerPoint 2007。

4. 退出PowerPoint 2007

要退出PowerPoint 2007应用程序，可采用下列方法：

1）单击Office按钮，打开菜单，单击菜单右下角的 退出 PowerPoint(X) 按钮。

2）单击标题栏中的“关闭”按钮。

3）按快捷键Alt+F4。

5.2.2 PowerPoint 2007界面

在学习PowerPoint 2007的基本操作命令之前，首先了解一下它的工作界面，如图5-2所示。可以看出，PowerPoint 2007的工作界面主要由Office按钮、快速访问工具栏、标题栏、功能区、幻灯片编辑区、备注编辑区等部分组成。

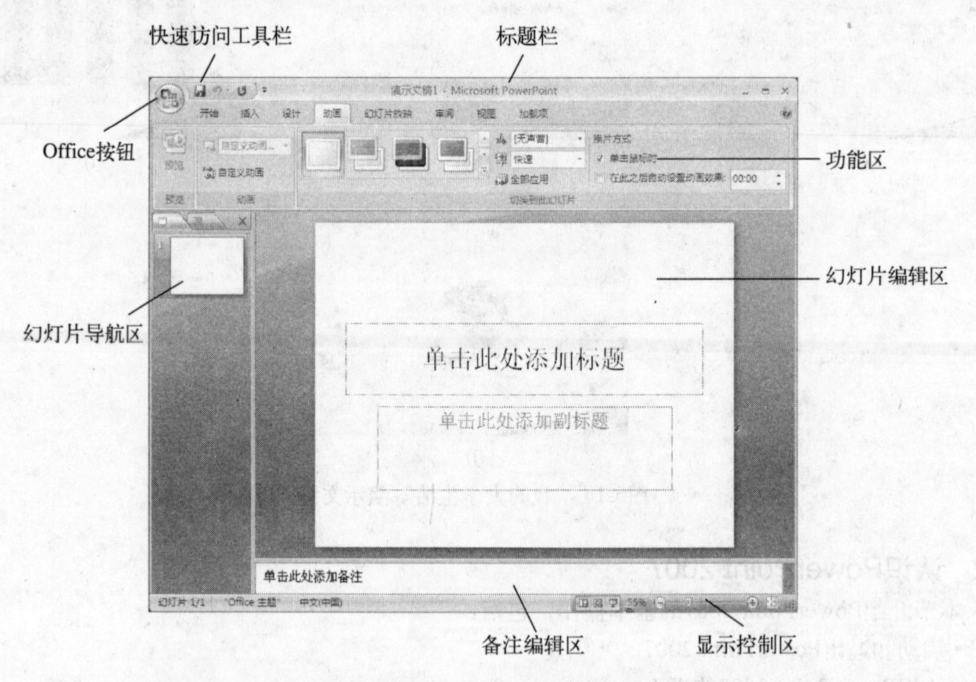

图5-2 PowerPoint 2007工作界面

1. 功能区

在PowerPoint 2007中，功能区代替了传统的下拉式菜单和工具条界面，用选项卡代替了下拉菜单，并将命令排列在选项卡的各个组中。

在默认状态下，功能区主要包括“开始”、“插入”、“设计”、“动画”、“幻灯片放映”、“审阅”、“视图”、“加载项”共8个选项卡。这8个选项卡在正常情况下都是显示出来的，当然还有一些选项卡没有显示出来，如单击幻灯片中的图片时打开的“绘图工具”、“格式”选项卡和用于宏操作的“开发工具”选项卡等。

单击某选项卡按钮，即可将其打开，用户就可以查看和使用排列在各个组内的命令按钮。比如“插入”选项卡，它对应哪些具体的操作命令呢？用户只需要单击“插入”按钮，就可以打开“插入”选项卡，在功能区中就列出了该选项卡所包含的具体命令。

2. 幻灯片导航区

在PowerPoint窗口的左侧是幻灯片导航区，它由两个选项卡组成：“幻灯片”和“大纲”。这也是“普通视图”模式下的两种幻灯片查看方式。

系统默认的是“幻灯片”查看方式。在此方式下，幻灯片都以缩略图的形式排列在导航区，并且按顺序从上到下排列，方便用户快速选择幻灯片。

切换到“大纲”方式下，则导航区显示的仅仅是幻灯片中的文本内容。在此方式下，可以方便地进行幻灯片内文本的查看和编辑。

3. 幻灯片编辑区

幻灯片编辑区是PowerPoint 2007窗口中最大的组成部分，它是进行幻灯片制作的主要区域，例如文字输入、图片插入和表格编辑等。

4. 显示控制区

显示控制区左边的三个按钮用于切换演示文稿的视图方式，从左到右分别是：普通视图、幻灯片浏览视图、幻灯片放映视图。中间的滑动条可以改变幻灯片编辑区中幻灯片的大小。

5. 备注编辑区

单击备注编辑区，可以直接输入当前正在编辑的幻灯片的备注信息，以备将来在幻灯片放映时使用。

5.2.3 演示文稿的视图

幻灯片视图功能为演示文稿制作者提供了方便的浏览界面，其中包括普通视图、幻灯片浏览视图、幻灯片放映视图以及备注页视图。

在功能区打开“视图”选项卡，其中包括6个组：“演示文稿视图”、“显示/隐藏”、“显示比例”、“颜色/灰度”、“窗口”、“宏”。PowerPoint 2007提供了普通视图、幻灯片浏览视图、备注页视图和幻灯片放映视图4种视图方式，用户可通过单击“演示文稿视图”组中不同的视图按钮改变视图模式，如图5-3所示。

图5-3 “演示文稿视图”组

1. 普通视图

普通视图是最常用的工作视图，在该视图方式下，用户可以在幻灯片中插入各种对象，浏览文本信息、备注信息等，左边的“幻灯片导航区”可以在“大纲”和“幻灯片”查看方式之间切换。

2. 幻灯片浏览视图

幻灯片浏览视图以缩略图的形式将幻灯片排列在窗口中，按幻灯片顺序依次排列。利用该视图可以方便地进行幻灯片的复制、移动、删除等操作，编辑每张幻灯片的翻页效果，显示排练计时时间，进行动作设置等。

3. 备注页视图

该视图是为了配合演讲者解释幻灯片的内容，每一页的上半部分是当前幻灯片的缩览图，下半部分是一个文本框，可以向其中输入对该幻灯片的较详细的解释，有些内容不会显示在该幻灯片上。若在普通视图的备注编辑区中对幻灯片输入了备注文字，这些文字将会出现在这个文本框中。

4. 幻灯片放映视图

该视图可以播放制作好的演示文稿，播放时一张幻灯片占满整个屏幕，这也是将来制成胶片后用幻灯机放映出来的效果，如果用户要在放映完之前中断幻灯片的放映，可以按下Esc键。

5.3 创建简单的演示文稿

本节将介绍创建演示文稿的整个流程，包括：

- 创建演示文稿。
- 使用版式。
- 对演示文稿进行编辑和修改。
- 保存演示文稿。

我们先熟悉一下“开始”选项卡，这是启动PowerPoint 2007后默认的选项卡，其中包括6个组：“剪贴板”、“幻灯片”、“字体”、“段落”、“绘图”、“编辑”。除“幻灯片”组外，其他组的用法与Word和Excel相同或相似，本章不再详述。

现在我们开始制作简单的演示文稿，通过该演示文稿的制作，用户可掌握制作演示文稿的基本方法和技巧。

5.3.1 创建演示文稿

制作演示文稿的第一步就是创建演示文稿，在PowerPoint 2007 中创建演示文稿的方法很多。

1. 创建空白演示文稿

空白演示文稿是界面最简单的演示文稿，没有任何修饰，并且采用默认的版式。创建空白演示文稿常用的方法有两种。

（1）启动创建

启动PowerPoint时系统自动创建一个默认名为“演示文稿1”的空演示文稿，并且带有一张“标题幻灯片”版式的空白幻灯片。

（2）使用Office按钮创建

单击Office按钮，在打开的Office菜单中单击“新建”命令，打开“新建演示文稿”对话框，如图5-4所示。选择“模板”中的“空白文档和最近使用的文档”选项，然后单击右边窗格中的“空白演示文稿”图标，单击“创建”按钮。

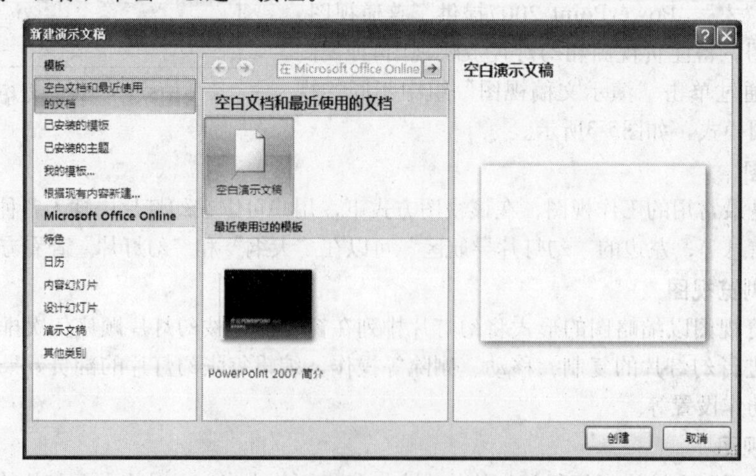

图5-4 “新建演示文稿”对话框

2. 根据设计模板创建演示文稿

用户可以使用PowerPoint 2007提供的一系列设计模板来创建演示文稿。每个模板都将演示文稿的背景图案、文字的布局以及颜色、大小等样式和风格设置好了。用户只需向其中加入文本即可。根据设计模板创建演示文稿时，用户可以在刚开始写文稿时使用模板，也可以为已经建立的文稿选择新的模板。

单击Office按钮，在打开的Office菜单中单击“新建”命令，打开“新建演示文稿”对话框。选择“模板”中的“已安装的模板”选项，在“已安装的模板”项中再选择一种模板，例如“现代型相册”，单击“创建”按钮。此时，该模板即可应用于新建的演示文稿中。

3. 根据现有内容创建演示文稿

PowerPoint演示文稿的内容是可以共享和重复使用的。

单击Office按钮，在打开的Office菜单中单击“新建”命令，打开“新建演示文稿”对话框。选择“根据现有内容新建…”选项，打开“根据现有演示文稿新建”对话框，如图5-5所示。选择需要应用的演示文稿文件，单击“创建”按钮，则现有的演示文稿的所有内容就被引用到新建的演示文稿中来。

除此之外，还可以通过单击“已安装的主题”或“我的模板…”选项建立演示文稿。

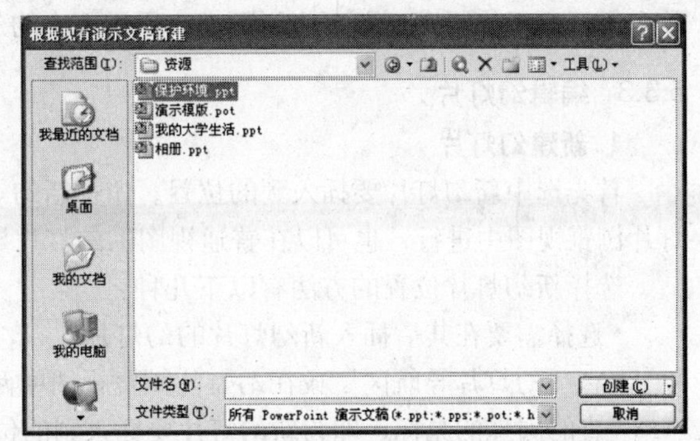

图5-5 “根据现有演示文稿新建”对话框

5.3.2 占位符和版式

在PowerPoint幻灯片中是不可以随意输入文本的，必须通过占位符或文本框来进行文本的输入。

1. 占位符

占位符是一种带有虚线或阴影线边缘的框，绝大部分幻灯片版式中都有这种框。在占位符中可以插入文字信息、对象内容等。PowerPoint 2007将文本占位符和对象占位符合成一体。

如果要在占位符中输入文本，先单击占位符框内的任何位置，当光标变成编辑状态后即可输入文字。

如果要利用占位符插入对象，例如表格、图表、SmartArt图形、图片、剪贴画、媒体剪辑等，单击占位符中相应的工具按钮，即可弹出相应的对话框。

占位符有两种状态：

- 文本编辑状态：单击占位符，进入文本编辑状态，此时出现一个插入符，用户可以进行文本输入、编辑、删除等操作，这些操作同Word类似。
- 占位符选中状态：在占位符的虚线框上单击鼠标，进入占位符选中状态。此时可以移动、复制、粘贴、删除占位符，还可以调整占位符的大小等。

2. 幻灯片版式

创建了空白演示文稿后，在界面中只显示一张幻灯片，在这张幻灯片中有两个虚线框，其中文字标识有“单击此处添加标题”和“单击此处添加副标题”两项。这种只能够添加标题内容的幻灯片叫做“标题幻灯片”版式。一般情况下，“标题幻灯片”版式只应用于演示文档的第一张幻灯片中。除了标题版式这种特殊的版式外，PowerPoint 2007还为设计幻灯片提供了多种版式。此外，PowerPoint允许用户建立自己的版式。

用户可以采用以下两种方法使用版式：

(1) 新建幻灯片时使用版式

在“开始”选项卡下单击“幻灯片”组中的“新建幻灯片”命令，打开“Office主题”下拉列表，其中包括“标题幻灯片”、“标题和内容”、“节标题”、“两栏内容”、“比较”、“仅标题”、“空白”、“内容与标题”、“图片与标题”、“标题和竖排文字”、“垂直排列标题与文本”11种版式，如图5-6所示。单击需要应用的版式，即可在当前位置插入一张应用该版式的幻灯片。

(2) 修改现有幻灯片的版式

选中需修改版式的幻灯片，单击“开始”选项卡下“幻灯片”组中的“版式”命令按钮，或单击鼠标右键，在弹出的快捷菜单中选择“版式”命令，打开“Office主题”列表框，如图5-6所示单击需要应用的版式，即可将新版式应用于选中的幻灯片。

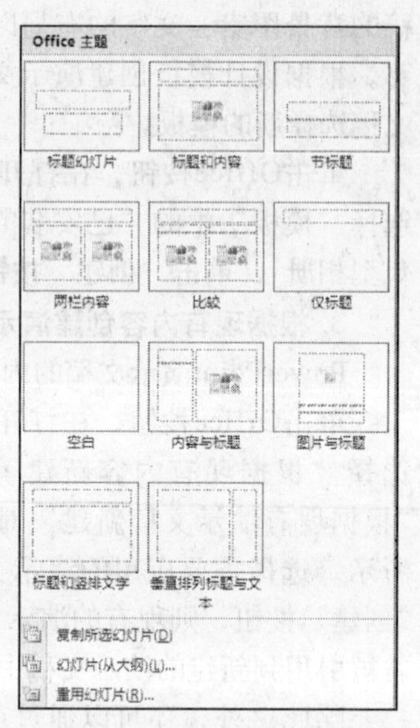

图5-6 “Office主题”列表框

5.3.3 编辑幻灯片

1. 新建幻灯片

首先选中新幻灯片要插入到的位置。添加新幻灯片既可以在幻灯片浏览视图中进行，也可以在普通视图的幻灯片导航区中进行。

选择新幻灯片位置的方法有以下几种：

- 选择需要在其后插入新幻灯片的幻灯片。
- 在“幻灯片导航区”或在幻灯片浏览视图中两个幻灯片之间单击鼠标，出现一个水平或者垂直的闪烁的光标，即为新幻灯片要插入到的位置。

建立新幻灯片的方法有以下几种：

- 单击“开始”选项卡下“幻灯片”组中的“新建幻灯片”命令。
- 单击“开始”选项卡下“幻灯片”组中“新建幻灯片”上部的 命令按钮。
- 在大纲视图的结尾按Enter键。
- 使用组合键Ctrl+M。

用第一种方法，会打开如图5-6所示的“Office主题”列表框供用户选择新幻灯片版式。用后3种方法会立即在演示文稿中建立一张新的幻灯片，该幻灯片直接套用前面那张幻灯片的版式。

2. 编辑、修改幻灯片

选择要编辑、修改的幻灯片，然后选择其中的文本、图表、剪贴画等对象，具体的编辑方法和Word类似。

3. 删除幻灯片

若要删除幻灯片，需进行如下操作：

1）在幻灯片浏览视图中或“幻灯片导航区”中选择要删除的幻灯片。

2）单击“幻灯片”组中的“删除”命令按钮，或按Delete键，或单击鼠标右键，在弹出的快捷菜单中选择“删除幻灯片”命令。若要删除多张幻灯片，可切换到幻灯片浏览视图，按下Ctrl键并单击要删除的幻灯片，然后单击“删除幻灯片”按钮。

4. 调整幻灯片位置

调整幻灯片位置的操作如下：

1）在幻灯片浏览视图或“幻灯片导航区”，用鼠标选中要调整位置的幻灯片。

2）按住鼠标左键，拖动鼠标。

3）将幻灯片拖到目的位置后释放鼠标左键，在拖动的过程中，有一条竖线或横线指示幻灯片的目的位置。

此外，还可以用“剪切”和“粘贴”命令来移动幻灯片。

5. 为幻灯片编号和添加日期

演示文稿创建完成后，可以为全部幻灯片添加编号，其操作方法是：

1）单击“插入”选项卡下“文本”组中的“幻灯片编号”或“页眉和页脚”命令按钮，打开如图5-7所示的“页眉和页脚”对话框。

2）切换到“幻灯片”选项卡，勾选“幻灯片编号”复选框。

3）根据需要，单击“全部应用”或“应用”按钮。

4）还可以在此对话框中通过勾选或取消勾选“日期和时间”复选框，在幻灯片上显示或删除日期和时间。

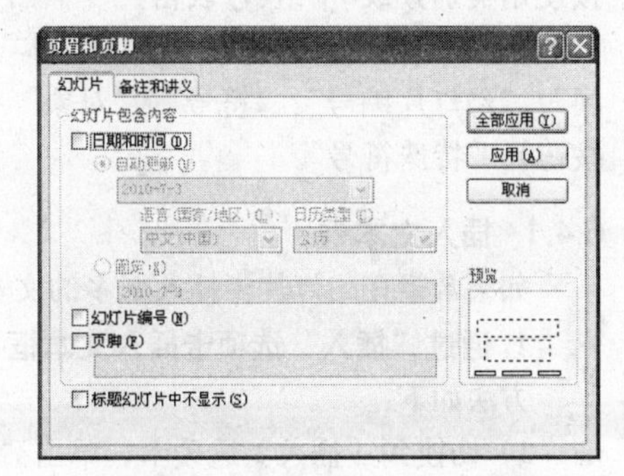

图5-7 “页眉和页脚”对话框

6. 隐藏幻灯片

用户可以把暂时不需要放映的幻灯片隐藏起来，以达到个性化定制的目的，操作如下：

1）在幻灯片浏览视图或“幻灯片导航区”选中要隐藏的幻灯片。

2）单击鼠标右键，在弹出的快捷菜单中选择“隐藏幻灯片”命令，则被隐藏的幻灯片右下角的编号上出现一条斜杠。

3）若想取消对幻灯片的隐藏，可选中该幻灯片，再单击一次“隐藏幻灯片”按钮即可。

5.3.4 简单放映与保存

制作演示文稿的最终目的就是要在计算机屏幕或者投影仪上播放。

1. 简单放映

简单放映方式可以从指定的某张幻灯片开始放映。进行简单放映的操作方法如下：

方法一：

1）在“幻灯片导航区”、“幻灯片编辑区”或幻灯片浏览视图中，选中要放映的第一张幻灯片。

2）单击“幻灯片显示区”中的“幻灯片放映”按钮。

方法二：

切换到“幻灯片放映”选项卡，单击“开始放映幻灯片”组中的“从当前幻灯片开始”命令按钮，即可从当前选中的幻灯片开始播放。也可以单击“从头开始”命令或菜单命令“幻灯片放映”|“观看放映”从第一张幻灯片开始播放。

在播放时，幻灯片占满整个屏幕，对于连续播放的幻灯片，可以单击幻灯片视图中的任意位置，实现幻灯片的切换。

2. 保存

与Office套件中的其他软件相同，保存演示文稿可以利用快速访问工具栏中的“保存”按钮，也可以单击Office按钮，打开Office菜单，单击“保存”命令以原文件名保存，或指向“另存为”命令，在随后弹出的菜单中选择存储格式和文件名。

PowerPoint 2007演示文稿的默认扩展名为PPTX。

5.4 创建多媒体演示文稿

在PowerPoint 2007中，除了文本以外，还可以插入图片、剪贴画、图表、表格、声音和影片、图示等多媒体对象，使演示文稿图文并茂地展现给大家，更加形象生动地表现主题和中心。

本节将介绍怎样在演示文稿中加入更多内容，包括以下几点：

• 加入更多的文本框。
• 用图片使文稿更丰富。
• 用剪贴画使文稿更有趣味。
• 用图表来更形象地表达数据。
• 让演示文稿播放声音。
• 在演示文稿中绘制表格、组织结构图以及加入艺术字等。

首先熟悉一下“插入”选项卡，此选项卡的主要功能是使用户在幻灯片上自行插入各种对象，按使用类别分成6个组：“表格”、“插图”（包括“图片”、“剪贴画”、“相册”、“形状”、SmartArt、“图表”等命令按钮）、“链接”、“文本”（包括“文本框”、“页眉和页脚”、“艺术字”、“日期和时间”、“幻灯片编号”、“符号”、“对象”等命令按钮）、“媒体剪辑”（包括“影片”、“声音”等命令按钮）、“特殊符号”。

5.4.1 插入文本框

如果希望在幻灯片中插入更多的文本框，主要有以下两种方法。

1. 通过“插入”选项卡插入文本框

方法如下：

1）切换到“插入”选项卡，单击“文本”组中的“文本框”命令按钮下面的下三角按钮 ，在弹出的下拉列表中选择“横排文本框”或“垂直文本框”。

2）在幻灯片相应的位置单击鼠标，然后输入相应的文字。

2. 通过“开始”选项卡插入文本框

方法如下：

1）切换到“开始”选项卡，单击“绘图”组中的“文本框”或“垂直文本框”命令按钮。

2）在幻灯片相应的位置单击鼠标，然后输入相应的文字。

如图5-8所示，在幻灯片中插入了一个文本框，并输入“樱花绽放”。

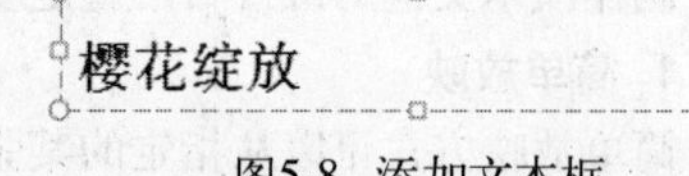

图5-8 添加文本框

3. 文本框格式设置

用户可以对文本框格式进行更详细的设置。

方法一：

1）选中需要设置格式的文本框，此时功能区将出现“图片工具”|“格式”选项卡。

2）切换到“格式”选项卡，单击“形状样式”组中样式右下角的 按钮，打开预设样式列表，如图5-9所示。

3）将鼠标指向其中任何一种样式，即可预览使用该样式后的效果，单击可确定使用样式。

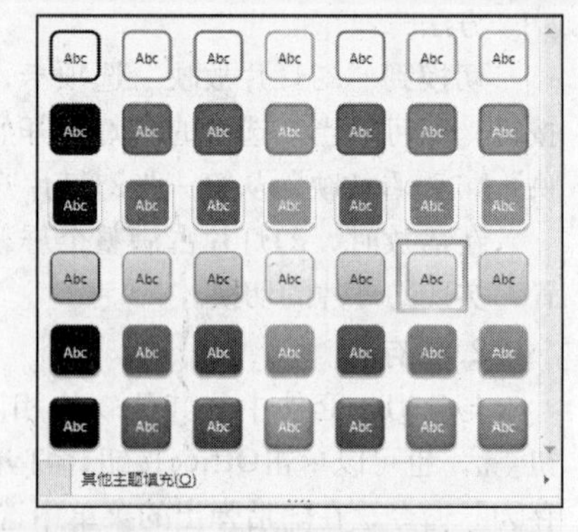

图5-9 “形状样式”列表框

方法二：

1）选中需要设置格式的文本框，此时功能区将出现“图片工具”|“格式”选项卡。

2）单击“形状样式”组中的“形状填充”命令按钮，打开“形状填充”列表框，如图5-10所示。通过该列表框可以设置文本框的填充效果：若要使用纯色填充，可在“主题颜色”区或“标准色”区选择一种填充颜色；若要使用渐变色填充，可将鼠标指向“渐变”选项，在打开的列表中选择一种渐变填充色；若要使用图片填充，可单击“图片…”选项，在打开的对话框中选择填充的图片文件；若要使用纹理填充，可指向“纹理”选项，在打开的列表中选择一种纹理。

3）单击“形状样式”组中的“形状轮廓”命令按钮，打开“形状轮廓”列表框，如图5-11所示。通过该列表框可以设置文本框的边框效果：若无边框，则选择“无轮廓”选项；若有边框，可从“主题颜色”区或“标准色”区选择一种边框颜色；若要调整边框线型，可通过“粗细”和“虚线”选项来选择边框线的粗细和线型。

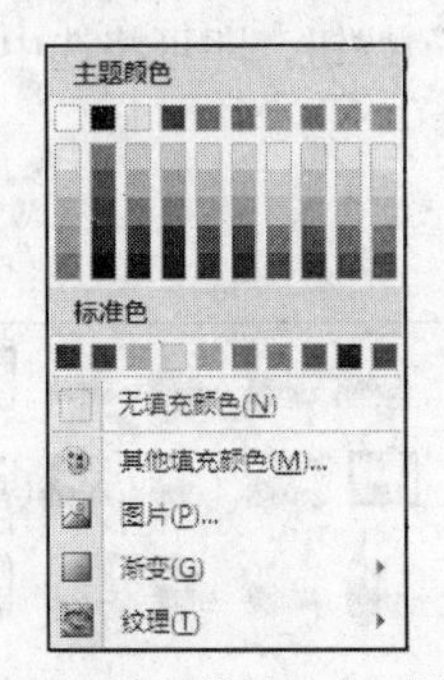

图5-10　“形状填充”列表框

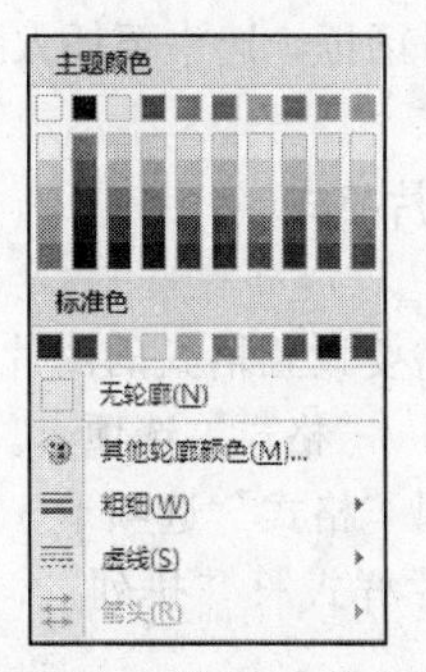

图5-11　形状轮廓列表框

4）单击“形状样式”组中的“形状效果”命令按钮，打开“形状效果”列表框，从中可选择各种预设效果，例如阴影、映像、发光、柔化边缘、棱台、三维旋转等。

方法三：

1）选中需要设置格式的文本框，此时功能区将出现“图片工具”|“格式”选项卡。

2）单击“形状样式”组的对话框启动器按钮，或在文本框上单击鼠标右键，在弹出的快捷菜单中选择“设置形状格式”命令，打开“设置形状格式”对话框，如图5-12所示。通过此对话框，用户可以对文本框格式进行更多的设置。

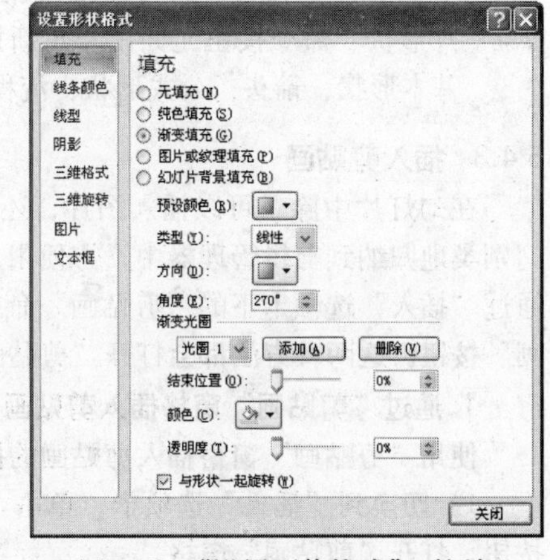

图5-12　“设置形状格式”对话框

常用选项设置方法如下：

- 渐变填充：“类型”用来设置渐变色的变化方向，包括“线性”、“射线”、“矩形”和“路径”4种；“方向”、“角度”用来设置渐变颜色的方向和角度；“渐变光圈”用来设置参与渐变的各种颜色及其透明度，默认有3种光圈，表示3种颜色，亦可通过“添加”、“删除”按钮增加或减少颜色数。
- 阴影：可详细设置阴影效果，包括“透明度”、“模糊度”、“角度”、“距离”等。
- 三维旋转：可详细设置在X轴、Y轴、Z轴方向上的旋转角度等。

5.4.2　插入图片

在PowerPoint 2007中可以插入各种来源的图片。有三种方法插入图片：通过剪贴板；通过“插入”选项卡；通过插入对象工具面板。

1. 通过剪贴板插入图片

这是Windows应用软件常用的方法，先将图片复制到剪贴板，然后再粘贴到幻灯片中。

2. 通过“插入”选项卡插入图片

切换到“插入”选项卡，单击“插入”组中的“图片”命令按钮，在弹出的“插入图片”对话框中选中要插入到幻灯片的图片，单击“插入”按钮，即可将选中的图片文件插入到幻灯片中。

3. 通过插入对象工具面板插入图片

方法如下：

1）选中一张幻灯片或新建一张幻灯片，选择一种包含内容占位符的版式。

2）单击其中的“插入来自文件的图片”按钮，与通过“插入”选项卡插入图片一样，弹出“插入图片”对话框，选中要插入到幻灯片的图片，单击“插入”按钮，即可将选中的图片文件插入到幻灯片中。

4. 设置图片格式

方法如下：

1）选中需要设置格式的图片，此时功能区出现“图片工具”|“格式”选项卡。

2）切换到“格式”选项卡，其中包括4个组：“调整”、“图片样式”、“排列”、“大小”。下面介绍前两个组。

• “调整”组：允许用户调整图片的亮度、对比度，对图片重新着色，压缩图片等。

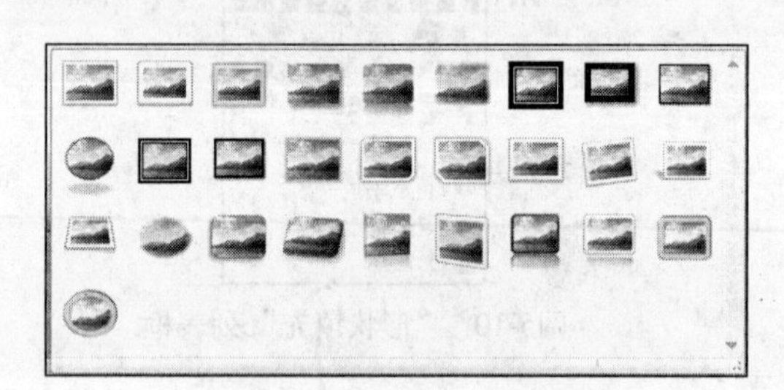

图5-13 图片样式列表框

• “图片样式”组：单击“图片样式”列表框右下角的按钮，打开预设图片样式列表框，如图5-13所示。操作方法与文本框类似。“图片形状”命令按钮允许用户重新设置图片的外形，包括各种Office预设的形状，例如矩形、基本形状、箭头、公式形状、流程图等。

5.4.3 插入剪贴画

在幻灯片中除了可以插入图片，还可以插入剪贴画。Office 2007中增加了大量剪贴画，并分门别类地归纳到剪辑管理器中，方便用户使用。在PowerPoint 2007中插入剪贴画有以下两种方法：通过“插入”选项卡下的“剪贴画”命令按钮，通过占位符中的“剪贴画”按钮。这两种方法都会打开“剪贴画”窗格，如图5-14所示。

图5-14 “剪贴画”窗格

1. 通过“剪贴画”窗格插入剪贴画

使用“剪贴画”窗格插入剪贴画的操作步骤如下：

1）切换到“插入”选项卡，单击“插图”组中的“剪贴画”命令按钮，打开“剪贴画”窗格。

2）在“搜索文字”文本框中输入要搜索的剪贴画类型或空（表示所有类型），选择“搜索范围”，然后单击“搜索”按钮，则系统自动将符合条件的剪贴画搜索出来并列在搜索结果列表区中。

3）单击需要的剪贴画，剪贴画就直接插入到幻灯片中。

2. 通过剪辑管理器插入剪贴画

使用剪辑管理器插入剪贴画的操作步骤如下：

1）打开“剪贴画”窗格。单击搜索结果列表区下面的“管理剪辑…”选项，打开剪辑管理器，如图5-15所示。

2）在“收藏集列表”列表框中选择“Office收藏集”文件夹，单击文件夹前面的加号，打开Office中自带的剪贴画文件，例如查找“Office收藏集”|“符号”文件夹中的符号。

3）选中符号，按住鼠标左键拖动到幻灯片中，即可在幻灯片中插入剪贴画。

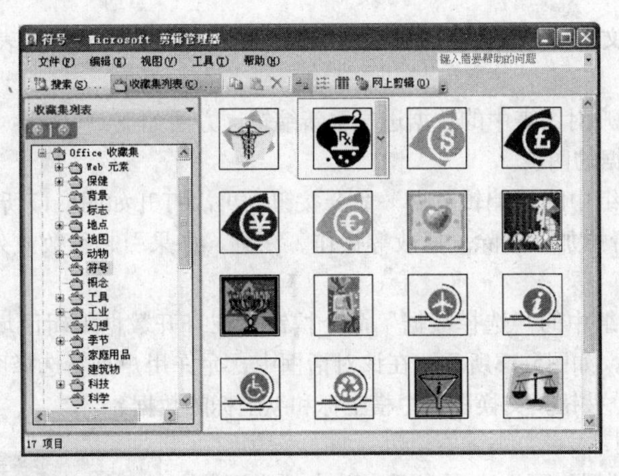

图5-15　剪辑管理器

5.4.4　插入和编辑图表

在PowerPoint 2007中可以方便地插入和编辑各种图表。

1. 插入图表

插入图表有两种途径：通过“插入”选项卡下的“图表”命令；通过内容占位符中的“插入图表”按钮。下面介绍第一种方法。

1）切换到“插入”选项卡，单击“插图”组中的“图表”命令按钮，打开“插入图表”对话框，如图5-16所示。选择好相应的图表样式后，单击“确定”按钮即可插入相应的图表。

2）此时自动打开标题为“Microsoft Office PowerPoint中的图表”的Excel窗口，其中包含部分示例数据，幻灯片中显示的是按示例数据产生的图表，如图5-17所示。

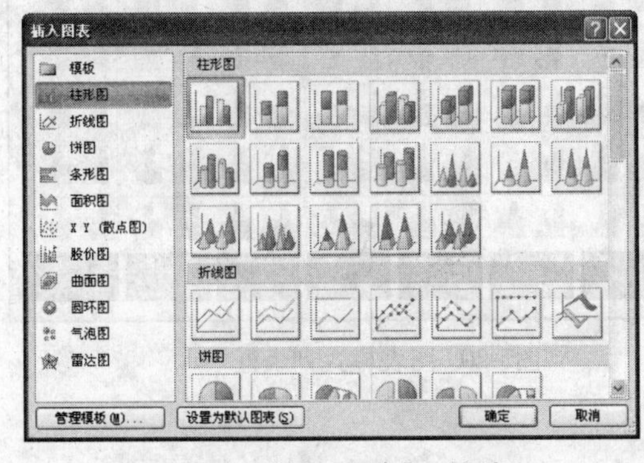

图5-16　“插入图表”对话框

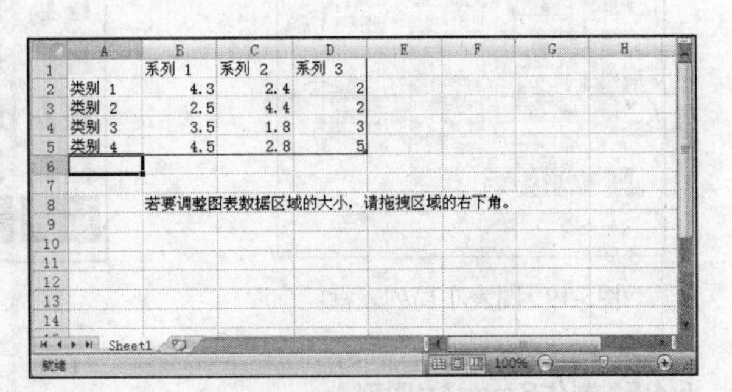

图5-17　图表中的数据

3）编辑和修改数据。注意，如果添加或删除行或列，应按要求调整图表数据区域。设置完成后，关闭Excel数据区域，返回到演示文稿，即可完成图表的创建。

2. 编辑图表

图表的编辑包括图表的样式、图表的排版、更改图表类型、设置文本格式等方面的内容。

选中要编辑的图表，在功能区中“图表工具”下增加了3个选项卡：“设计”、“布局”、“格式”。

“设计”选项卡可实现对图表整体格式的编辑和修改，包括4个组：“类型”、“数据”、“图表布局”、“图表样式”。

“布局”选项卡可实现对图表局部格式的编辑和修改，包括5个选项卡：“当前所选内容”、“插入”、“标签”、“坐标轴”、“背景”、“分析”。用法参考Office Excel中图表的修改。

“格式”选项卡与文本框和图片格式选项卡类似，可按形状的要求对图表格式进行编辑和修改。

（1）数据

PowerPoint允许用户对图表中的数据进行重新编辑，方法如下：

1）选中需修改数据的图表。

2）单击“数据”组中的“编辑数据”命令按钮，再次打开如图5-17所示的图表数据编辑区，此时用户可对数据进行增加、删除、修改等操作。注意，如果引起行数或列数变化，需重新选择图表数据区域。

3）单击“数据”组中的“选择数据”命令按钮，在打开数据编辑区域的同时，会自动打开“选择数据源”对话框，如图5-18所示。在该对话框中，允许用户重新选择图表数据区域，也允许用户通过“切换行/列”按钮，交换图表中横坐标和纵坐标的数据。

（2）更改图表类型

若希望更改图表类型，可选中图表后，单击“类型”组中的“更改图表类型”命令按钮，再次打开如图5-16所示的“插入图表”对话框，用户可以重新选择图表类型。

（3）更改图表布局

选中需更改布局的图表，单击“图表布局”列表框右下角的 按钮，打开如图5-19所示的图表布局列表框，选择合适的样式，即可完成图表布局的更改。

（4）更改图表样式

选中需修改布局的图表，单击“图表样式”列表框右下角的 按钮，打开如图5-20所示的图表样式列表框，选择合适的样式，即可完成图表样式的更改。

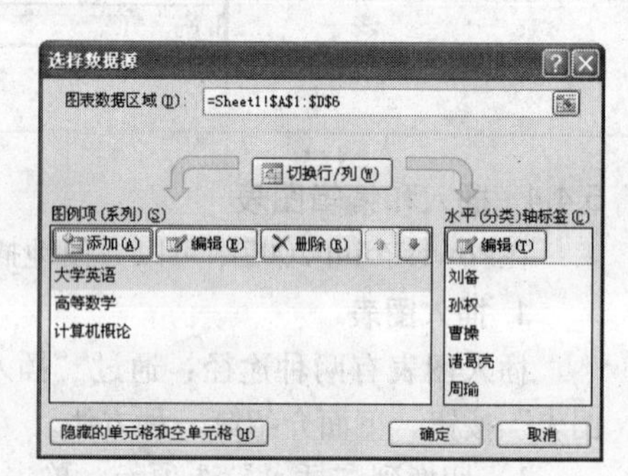

图5-18 “选择数据源”对话框

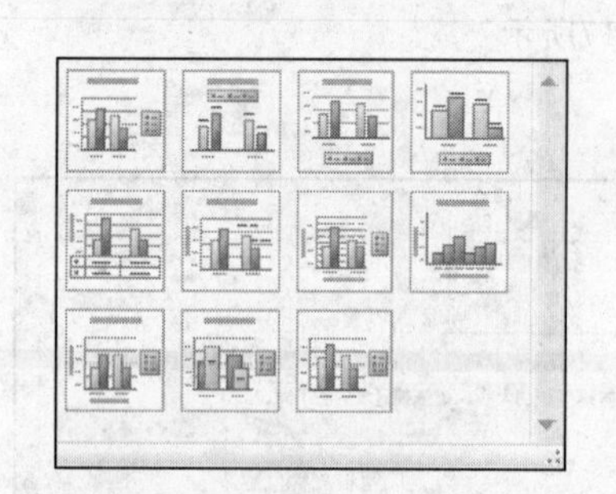

图5-19 图表布局列表框

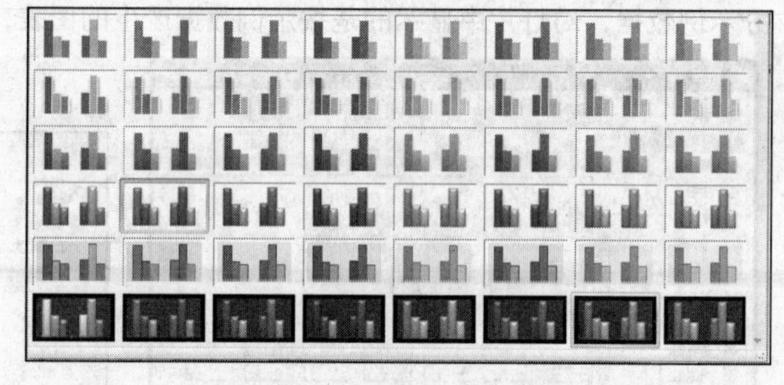

图5-20 图表样式列表框

5.4.5 制作SmartArt图形

在制作演示文稿的过程中，画流程图、结构图是避免不了的，特别是在反映公司架构、工作流程及一些实验过程等方面应用得很广。

SmartArt是PowerPoint 2007新增的功能组件，它是一种精美的图形设计工具。下面就用SmartArt来制作流程图、结构图。

1. 制作结构图

制作结构图同样也有两种途径：使用“插入”选项卡下“插图”组中的SmartArt命令按钮；使用内容占位符中的“插入SmartArt图形”按钮。这两种途径都会打开“选择SmartArt图形”对话框，如图5-21所示。

PowerPoint 2007提供了丰富的SmartArt图形，分为列表、流程、循环、层次结构、关系、矩阵、棱锥图7类。制作结构图可选择层次类，选中一种合适的图形，单击“确定”按钮，即可将结构图插入幻灯片中，如图5-22所示。

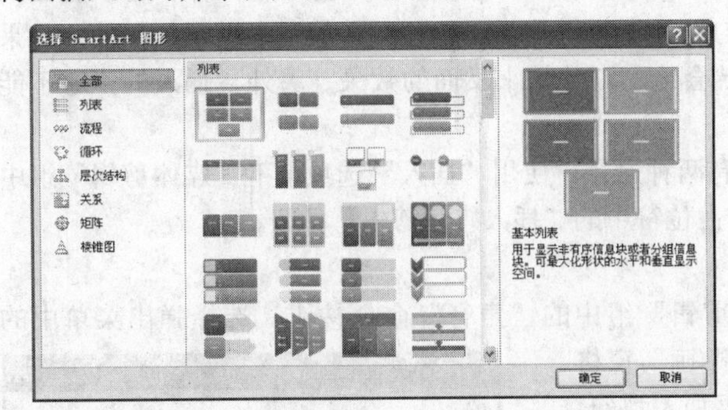

图5-21 “选择SmartArt图形”对话框

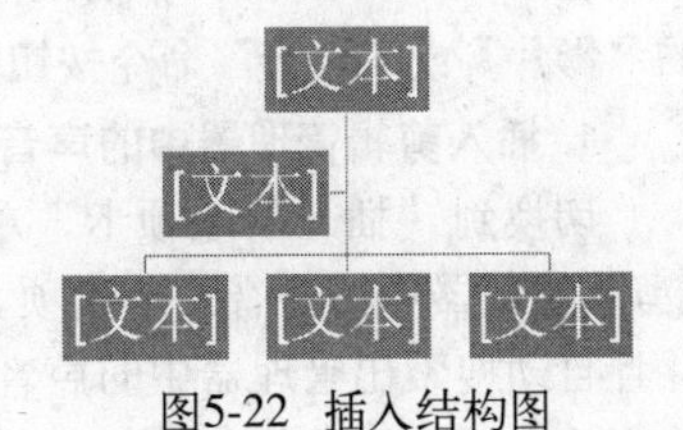

图5-22 插入结构图

• 添加文字：单击“[文本]”，可在文本框里输入文字。
• 删除形状：若要删除某形状，可选中需删除的形状，按Delete键即可。
• 添加形状：若要添加形状，可选中一个现有的形状，单击鼠标右键，在弹出的快捷菜单中指向“添加形状”选项，弹出下一级菜单，如图5-23所示。选择添加的形状与当前选中形状间的位置关系，即可添加一个新形状。

也可通过单击结构图左侧的按钮，打开文本窗格，如图5-24所示，通过文本窗格添加或删除文字项，则结构图可自动建立或删除相应的形状。

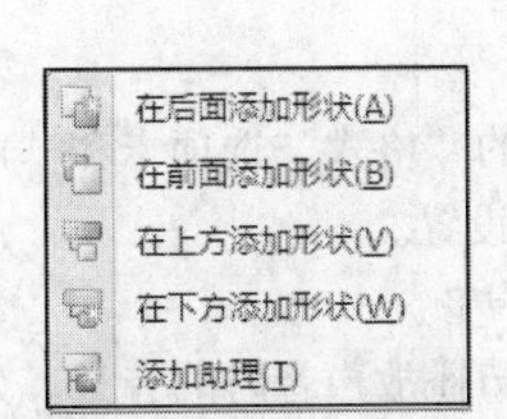

图5-23 添加形状菜单

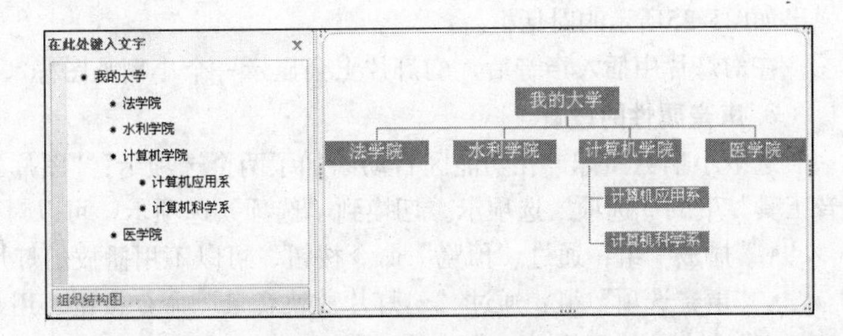

图5-24 结构图和文本窗格

2. 编辑和修改结构图

选中结构图，在功能区中“SmartArt工具”下出现了两个选项卡：“设计”、“格式”。

通过“设计”选项卡可以对选中的SmartArt图形进行修改和编辑，其中包括4个组：“创建图形”、“布局”、“SmartArt样式”、“重设”。

• “创建图形”选项卡：“添加形状”命令按钮与图5-23菜单中的选项功能相同；“文本窗格”命令按钮控制显示或关闭结构图的文本窗格；“升级”、“降级”命令按钮可以将选中的形状在结构图中上升一级或下降一级。
• “布局”选项卡：更改结构图布局。
• “SmartArt样式”选项卡：“更改颜色”命令按钮可打开一个主题颜色列表框，供用户选择结构图颜色；样式列表框中提供了更多的样式供用户选择。

5.4.6 插入媒体对象

为了使演示文稿具有多媒体效果，在PowerPoint 2007中还允许插入音乐、声音、影片和动画等。

下面以引例中的“美丽的校园”为例，介绍如何在幻灯片中插入声音媒体。

声音是制作多媒体演示文稿的基本要素，在剪辑管理器中存放着一些声音文件，可以直接使用，用户还可以将自己喜欢的音乐插入到幻灯片中。但是要注意，声音是用来烘托气氛的，如果没有根据幻灯片的风格和中心思想选取，就会给幻灯片带来反面的效果。另外，插入的声音不能影响演讲者的演讲和观众的收听。

在PowerPoint 2007中插入声音和影片有两种途径：使用“插入”选项卡下“媒体剪辑”组中的“影片”或“声音”命令按钮；使用内容占位符中的“插入媒体剪辑”按钮。

1. 插入剪辑管理器中的声音

切换到“插入”选项卡，单击“媒体剪辑”组中的“声音”命令按钮，选择弹出菜单中的“剪辑管理器中的声音…”选项，打开“剪贴画”窗格，并且自动搜索出管理器中的声音，单击需要加入到幻灯片中的声音。此时弹出Microsoft Office PowerPoint播放声音对话框，如图5-25所示。单击“自动”按钮，则在播放幻灯片时自动播放声音；单击“在单击时”按钮，则播放幻灯片时不自动播放声音，只在用户单击鼠标时才播放声音。

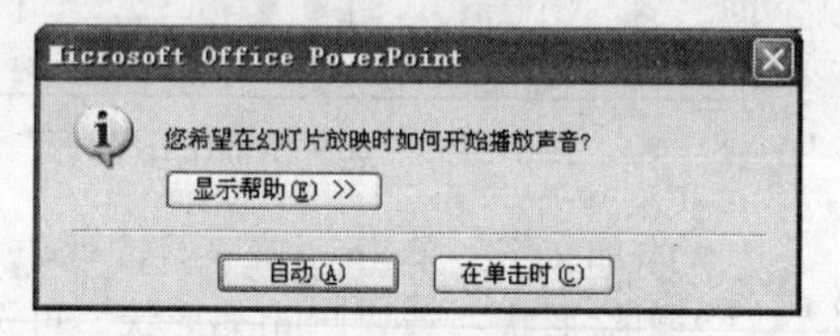

图5-25 播放声音对话框

2. 插入文件中的声音

切换到“插入”选项卡，单击“媒体剪辑”组中的“声音”命令按钮，选择弹出菜单中的“文件中的声音…”选项，弹出“插入声音”对话框，选择需要加入到幻灯片中的声音文件，同样弹出如图5-25所示的对话框。

在幻灯片中插入声音后，幻灯片上会显示一个小喇叭图标 。

3. 声音属性的设置

选中小喇叭图标，在功能区自动添加了两个选项卡：“图片工具”下的“格式”选项卡和“声音工具”下的“选项”选项卡。切换到“选项”选项卡，可以对声音进行设置。

- “播放”组：通过“预览”命令按钮，可以不用播放幻灯片就试听声音。
- “声音选项”组：通过“幻灯片放映音量”命令按钮，用户可以调节播放声音时的音量。如果选中“循环播放，直到停止”，则表示声音循环播放，直到该张幻灯片放映结束；如果选中“幻灯片放映时隐藏声音图标”，则在幻灯片放映时隐藏小喇叭图标；若希望声音能在多张幻灯片切换时不间断播放，则选择“播放声音”列表框中的“跨幻灯片播放”。

5.4.7 插入其他对象

在PowerPoint 2007中还可以插入表格、组织结构图和艺术字，这些对象属性的修改与Word 2007基本相同。下面以引例中的幻灯片为例介绍它们的使用方法。

1. 表格的创建

幻灯片“课程表”的制作方法如下：

1）切换到“开始”选项卡，单击“幻灯片”组中的“新建幻灯片”命令按钮，选择“标题和内容”版式。

2）单击占位符中的“插入表格”按钮，弹出“插入表格”对话框。设定表格行数、列数后，即可在幻灯片中插入表格。

3）在单元格中输入数据，设置表格格式等操作与Word 2007相同。

2. 插入艺术字

幻灯片“学校概况”的制作方法如下：

1）切换到“开始”选项卡，单击“幻灯片”组中的“新建幻灯片”命令按钮，选择“两栏内容”版式。

2）在左边占位符中输入介绍文字。

3）在右边占位符中输入“自强 弘毅 求是 拓新”，选中该占位符，则在功能区中“绘图工具”下出现“格式”选项卡。

4）单击“格式”选项卡下“艺术字样式”组右下角的对话框启动器，打开“设置文本效果格式”对话框，如图5-26所示。在“三维旋转”效果中设置Y轴旋转340°、Z轴旋转340°。然后在“三维格式”效果中分别设置顶端、底端的高度和宽度，操作方法与Word 2007中对艺术字的操作相同。

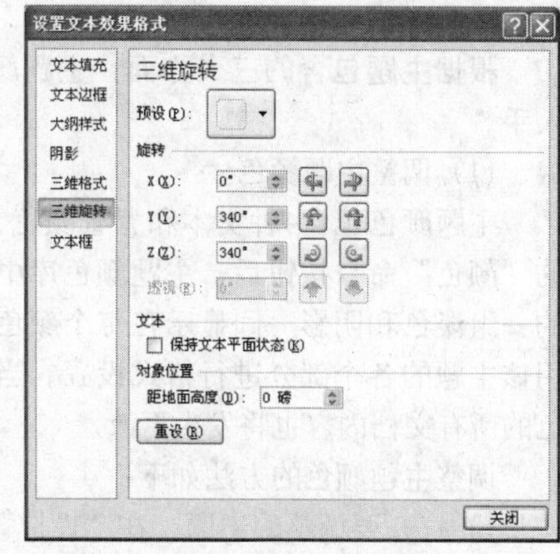

图5-26 设置文本效果格式

5.5 设置统一的幻灯片外观

要制作一套精美的演示文稿，首先需要统一幻灯片的外观，在PowerPoint 2007中为用户提供了大量的预设格式，应用这些预设格式，可以轻松地制作出具有专业水准的幻灯片。

本节我们将介绍一些方法，使用户能更快、更方便地设置幻灯片外观，包括以下几点：

- 在幻灯片中应用主题。
- 应用和设置主题颜色、主题字体和主题效果。
- 修改幻灯片母版。

5.5.1 主题样式

主题是PowerPoint 2007新增的一个功能，它可以作为一套独立的选择方案应用到演示文稿中去，是向整个文档赋予最新的专业外观的一种简单而快捷的方式。应用主题可以快速而轻松地设置整个演示文稿的格式，赋予它专业和时尚的外观。

主题是主题颜色、主题文字、主题效果三者的组合。

- 主题颜色：文稿中使用颜色的集合。
- 主题字体：应用于文稿中的主要字体和次要字体的集合。
- 主题效果：应用于文稿中元素视觉属性的集合。

幻灯片中几乎所有的内容都与主题发生关系。更改主题不仅可以更改背景颜色，而且还可以更改图示、表格、图表和字体的颜色，以及更改演示文稿中任何项目符号的样式和超链接，甚至幻灯片的版式。当用户将某个主题应用于文档时，如果用户喜欢主题呈现的外观，则通过应用主题的单击操作，即可完成对文档格式的重新设置。如果要进一步转换文档，则可以更改主题颜色、主题字体和主题效果。

1. 应用主题样式

1）新建演示文稿或打开需要更改主题的演示文稿，切换到功能区的“设计”选项卡，单击“主题”组右侧的下三角按钮，打开系统内置的主题列表，如图5-27所示。

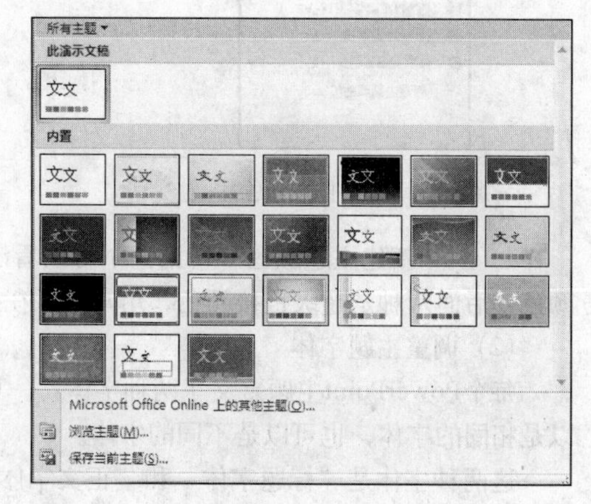

图5-27 内置主题列表框

2）在主题列表框的“内置”区中选择一种主

题样式，例如“聚合”，单击即可将该主题应用于当前演示文稿的所有幻灯片。如果只想将主题应用于当前选中的幻灯片中，可以在选中的主题上单击鼠标右键，在弹出的快捷菜单中选择“应用于选定幻灯片”选项。

2. 修改主题

根据主题包含的三大方面：主题颜色、主题字体、主题效果，在修改时也可以从这3个方面入手。

(1) 调整主题颜色

主题颜色包含4种文本和背景颜色、6种强调文本颜色和两种超链接颜色。单击“主题”组中的“颜色”命令按钮后，主题颜色库中选中的颜色代表当前文本和背景颜色。主题颜色与基于它的一组淡色和阴影一同显示在每个颜色库中。通过从该扩展的匹配组中选择颜色，用户可以对应用该主题的各个部分进行格式设置。当主题颜色发生更改时，颜色库将发生更改，使用该主题颜色的所有文档内容也将发生更改。

调整主题颜色的方法如下：

1）打开要调整的主题，在“设计”选项卡下的“主题”组中单击“颜色”命令按钮，打开内置的主题颜色库，该颜色库显示内置主题中的所有颜色组合，如图5-28所示。

2）在主题颜色库中选择一种合适的颜色，直接单击即可将颜色应用到当前演示文稿的主题中去，或者用鼠标右键单击一种颜色，在弹出的快捷菜单中选择“应用于所选幻灯片”命令，则可将颜色应用到当前选中的单张幻灯片中。

3）如果系统自带的主题颜色下拉列表仍然不能满足用户需要，用户可以重新定义主题颜色样式。在主题颜色库下拉列表中单击“新建主题颜色”命令，打开“新建主题颜色”对话框，如图5-29所示。

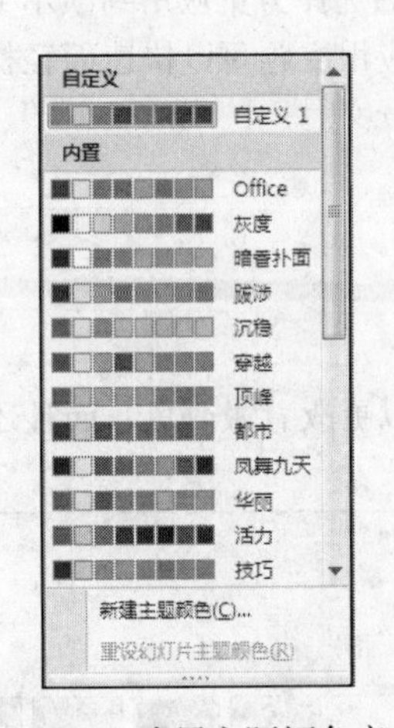

图5-28 内置主题颜色库

图5-29 “新建主题颜色”对话框

4）从“新建主题颜色”对话框中可以看出，前面4种是文本和背景颜色，中间6种是强调文字颜色，后面两种是超级链接颜色，用户可以在此进行设置，设置结束后单击“保存”按钮即可。

(2) 调整主题字体

每个PowerPoint主题定义了两种字体：一种字体用于标题；另一种字体用于正文文本。两者可以是相同的字体，也可以是不同的字体。

这两种字体是“标题字体”和“正文字体”。“标题字体”一般是指幻灯片主标题的字体格式，“正文字体”一般是指副标题或幻灯片内具体文本内容的字体格式。改变了主题字体，就会更新幻灯片中所有标题和项目内容的字体。

调整主题字体的方法如下：

1）打开需要调整的主题样式，在“设计”选项卡下的“主题”组中单击“字体”命令按钮，打开主题字体库下拉列表，选择一种，单击即可应用，如图5-30所示。

2）同样，用户也可以自己定义字体格式。在主题字体下拉列表中单击“新建主题字体”命令，打开“新建主题字体”对话框，如图5-31所示。

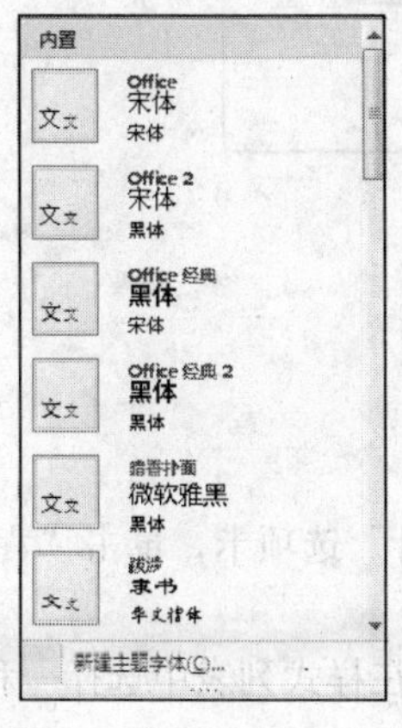

图5-30 内置主题字体库

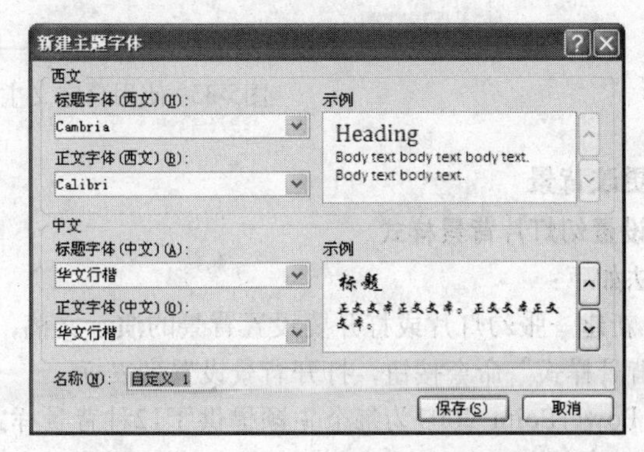

图5-31 “新建主题字体”对话框

3）从“新建主题字体”对话框中可以看出，新建主题字体包含“西文”和“中文”两种语类，在各自的项目下面具体设置“标题字体”和“正文字体”，设置完毕后单击“保存”按钮即可。

（3）调整主题效果

主题效果能够让用户像一名Photoshop专家那样创作出很酷的图形效果。每一种主题效果方案都定义了一种特殊的图形显示效果。该效果将会应用到所有的形状、制图、示意图，甚至表格中。在主题效果库中，用户可以在不同的图形效果之间快速地转换，以查看实际的显示效果。

打开要调整的主题样式，在“设计”选项卡下的“主题”组中单击“效果”命令按钮，打开主题效果下拉列表，选择一种合适的效果，单击即可应用，如图5-32所示。

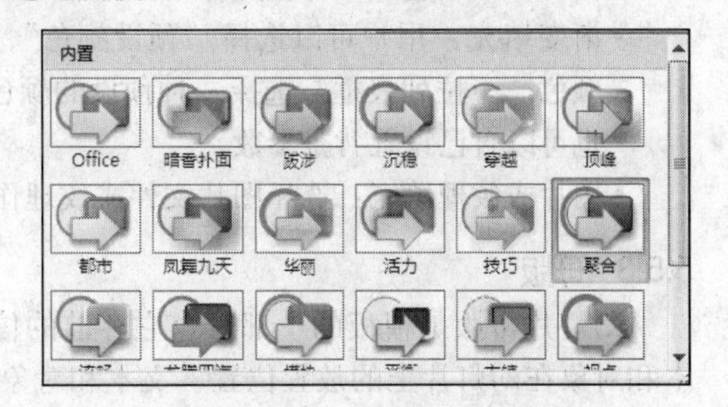

图5-32 内置主题效果列表框

3. 自定义主题样式

用户还自己动手定制自己的主题样式。方法如下：

1）新建一个空白幻灯片或者使用系统自带的主题样式，利用“设计”选项卡下“主题”组和“背景”组中的命令，根据自己的需要进行详细设置。例如，首先设置“背景样式”，然后再设置“颜色”、“字体”和“效果”等。主题制作或者修改完成后，在“主题”列表中单击“保存当前主题”命令，打开“保存当前主题”对话框。输入“文件名”，扩展名保持不变，“保存类型”不变，然后单击“保存”按钮即可。

2）使用自定义的主题样式时，只需打开“主题”列表框，在其中的“自定义”区内选择一种自定义主题样式即可，如图5-33所示。

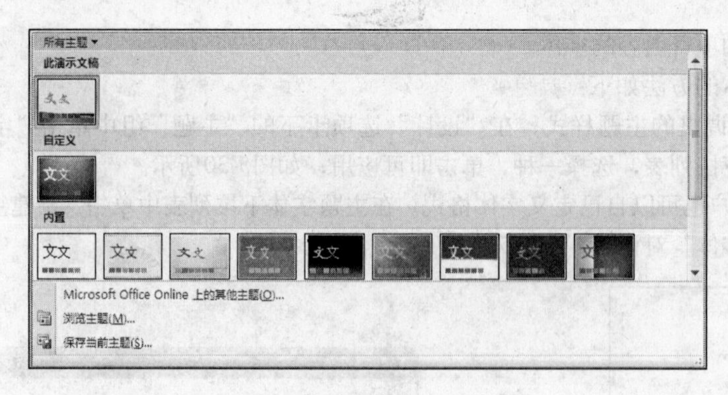

图5-33 使用自定义主题样式

5.5.2 更改背景

1. 设置幻灯片背景样式

方法如下：

1）新建一张幻灯片或打开要设置背景的演示文稿，切换到“设计”选项卡，单击“背景”组中的“背景样式”命令按钮，打开背景设置列表框。

2）PowerPoint 2007为每个主题提供了12种背景样式，用户可以在样式列表中选择一种样式，单击即可将其应用到幻灯片或演示文稿中去。

2. 自定义幻灯片背景样式

除了系统提供的12种背景样式外，用户还可以自己设置背景样式。

在“设计”选项卡下的“背景”组中单击“背景样式”命令按钮，打开背景样式列表框，单击“设置背景格式”命令，打开“设置背景格式”对话框，如图5-34所示。

- 纯色填充：选择一种颜色作为背景。
- 渐变填充：用户可以选择“预设颜色”，单击“预设颜色”下拉列表框，选择一种预设的颜色即可；用户也可以自己设置背景参数。
- 图片或纹理填充：选择图片文件或纹理作为背景。

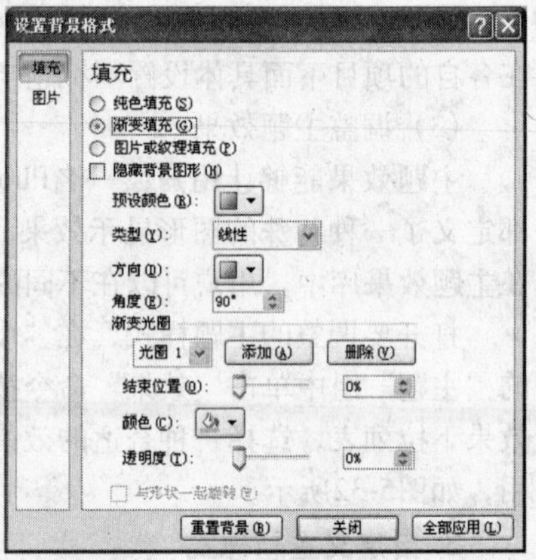

图5-34 “设置背景格式”对话框

5.5.3 母版

幻灯片母版是模板的一部分，它存储的信息包括：文本和对象在幻灯片上的放置位置、文本和对象占位符的大小、文本样式、背景、颜色主题、效果和动画。PowerPoint 2007对母版作了很大的改进，由原来的单张改由一组版式集组成，用户可以根据需要对要用到的版式进行分别设置。

PowerPoint 2007中包含3大类母版：

- 幻灯片母版：用于设计幻灯片中各个对象的属性，影响所有基于该母版的幻灯片样式。
- 备注母版：用于设计备注页格式，主要用于打印。
- 讲义母版：用于设计讲义的打印格式。

下面主要介绍“幻灯片母版”的使用。

幻灯片母版决定着幻灯片的整体外观，因此可以利用母版建立具有个性化的演示文稿。下面以幻灯片母版为例，介绍母版的使用与修改。

新建一张幻灯片，在功能区切换到“视图”选项卡，单击“演示文稿视图”组中的“幻灯片母版”命令按钮，进入幻灯片母版编辑状态，如图5-35所示。

图5-35 幻灯片母版编辑

很显然，幻灯片的母版由一组版式集组成，在左侧的导航区列出了常用的版式幻灯片。在第一张版式母版中所做的一切改动会影响所有的幻灯片，在其下任意版式中所作的更改只影响使用该版式的幻灯片。用户也可以添加或删除版式。

此时在功能区增加了“幻灯片母版”选项卡，表示当前处于“幻灯片母版”编辑状态。其中包含了对母版的各种操作命令，这些功能分成6个组：“编辑母版”、“母版版式”、“编辑主题”、“背景”、“页面设置”、“关闭”。

下面介绍几个常用的操作。

1. 插入图片

选中第一张版式幻灯片，切换到功能区中的“插入”选项卡，在“插图”组中单击“图片”命令按钮，打开“插入图片”对话框，找到合适的图片，单击“插入”按钮即可。然后调整图片的大小和位置，设置图片的透明色，如图5-36所示。

可以看到，第一张母版下面的每张版式幻灯片都自动插入了统一的图片。如果不想让每张版式幻灯片都一样，可以单独对某一种版式进行设置。

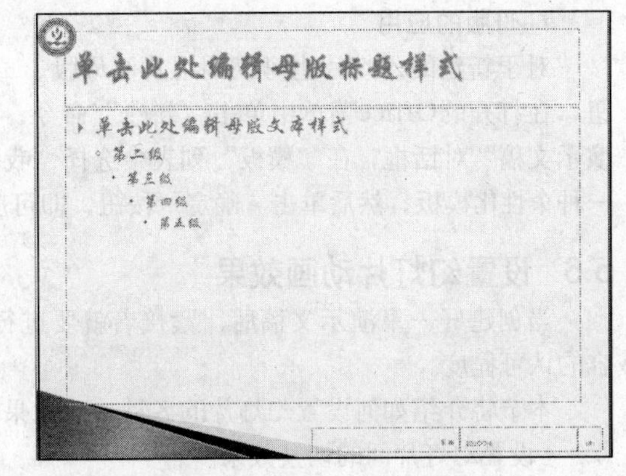

图5-36 在幻灯片母版中插入图片

2. 更改标题文字的字体和颜色

在母版中选中“单击此处编辑母版标题样式”字样，调出浮动工具栏，利用浮动工具栏可以设置标题字体、字号、颜色等格式。例如，将标题格式设置为“华文行楷”、“44号”、“红色”等。

除了可设置标题文字格式外，还可以设置版式内各个层次文本内容的文字的格式。

3. 更改背景颜色

单击“背景”组的对话框启动器按钮，打开“设置背景格式”对话框，设置背景样式，具体操作方法同前。

也可以通过“编辑主题”组中的“主题”命令按钮修改背景颜色。母版应用主题样式后，原来的设置对象的位置可能会受到影响，需要重新调整。

4. 设置页眉和页脚

在幻灯片母版编辑状态下，切换到功能区中的“插入”选项卡，在“文本”组中单击“页眉和页脚”命令按钮，打开“页眉和页脚”对话框，可以设置母版的“日期和时间”、“幻灯片编号”、“页脚”等项。完成后单击“全部应用”按钮，将修改用于全部母版，或单击“应用”按钮，将修改应用于当前版式幻灯片。

5. 增删占位符

在编辑母版时经常会将版式幻灯片中的占位符删除，或在版式中添加占位符。

删除占位符时，选中要删除的占位符，直接按Delete键即可删除该占位符。

增加占位符的方法如下：

1）选中要增加占位符的母版幻灯片，在“幻灯片母版”选项卡下，单击“母版版式”组中的

“插入占位符”命令按钮，打开占位符样式列表，如图5-37所示。

2）根据将要准备输入的具体内容，单击选择一种样式，此时光标变成十字状，将鼠标移动到版式幻灯片中，按住鼠标左键拖出一个矩形框，即可添加一个占位符。对占位符的位置、大小、字体、字号、颜色进行调整，即可完成占位符的插入操作。

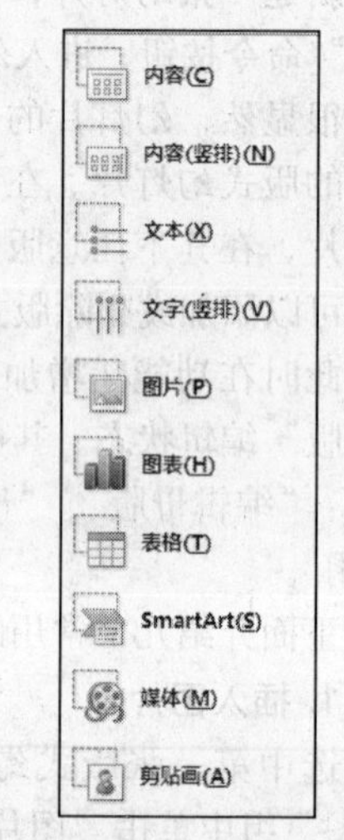

图5-37 插入占位符列表框

6. 母版重命名和保存

方法如下：

1）在幻灯片导航区，用鼠标右键单击母版幻灯片，在弹出的快捷菜单中选择“重命名母版”命令，打开“重命名母版”对话框，如图5-38所示。在对话框中输入名称，然后单击“重命名”按钮即可，例如将此母版命名为“我的母版”。

2）母版设置完成后，单击Office按钮，在打开的Office菜单中选择“另存为”|“其他格式”命令，打开“另存为”对话框，将保存类型设置为“PowerPoint模板（*.potx）”，将“文件名”命名为“我的样版1”，然后单击“保存”按钮即可完成母版保存。

幻灯片模板文件的扩展名为POTX，一般存储在Templates文件夹中。

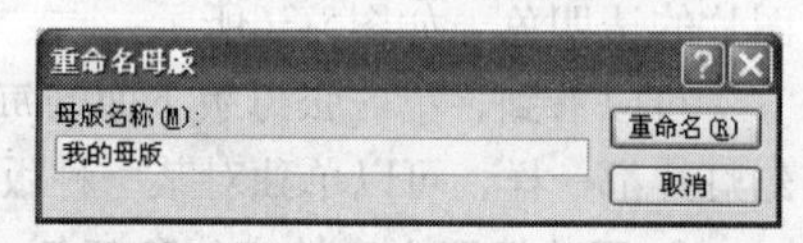

图5-38 “重命名母版”对话框

7. 母版的应用

对于新建的幻灯片也可以调用其他母版。单击Office按钮，在打开的Office菜单中单击“新建”命令，打开“新建演示文稿”对话框，在“模板”列表中选择“我的模板”项，打开“新建演示文稿”对话框，选择一种个性化模板，然后单击“确定”按钮，即可应用此模板了。

5.6 设置幻灯片动画效果

当创建好一篇演示文稿后，紧接着就要进行放映，放映效果的好坏也会影响观众对幻灯片内容的认可程度。

本节将介绍如何设置幻灯片的各种放映效果，包括以下几点：

- 设置幻灯片间的切换效果。
- 设置幻灯片内各个对象的动画效果。
- 设置交互式的放映效果。

5.6.1 设置幻灯片的切换效果

在PowerPoint 2007中，用户可以分别给每张幻灯片的切换增加动画效果，其步骤如下：

1）选中需要设置动画效果切换的幻灯片，在功能区切换到“动画”选项卡，如图5-39所示。其中，“切换到此幻灯片”组中集中了用于设置幻灯片切换的命令按钮。

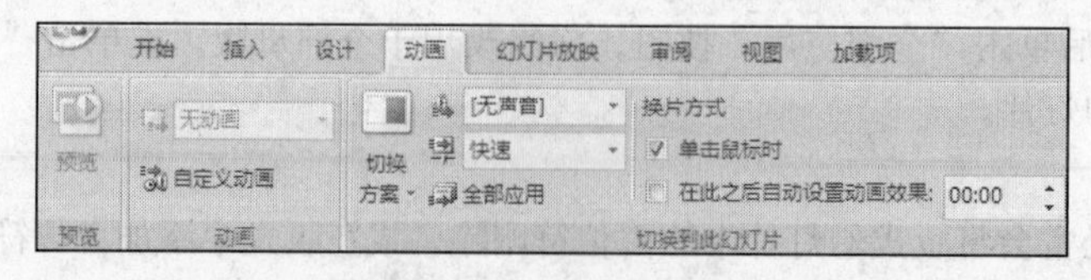

图5-39 “动画”选项卡

- 换片方式：“单击鼠标时”选项用于设置是否在鼠标单击时切换幻灯片，若未设置鼠标切换，则只能用键盘切换；“在此之后自动设置动画效果”选项用于设定多长时间后自动切换到本幻灯片。

2）单击“切换方案”命令按钮，打开“幻灯片切换方案”列表框，可从中选择一种切换方案，将该切换方案应用于当前选中的幻灯片，若想将所选切换方案应用于所有幻灯片，可单击“全部应用”命令按钮。

3）单击右侧的列表框，可选择幻灯片切换时的声音效果；单击右侧的列表框，可设置幻灯片切换的速度。

注意，在选择和设置过程中，可观察到此设置的预览效果。

5.6.2 设置自定义动画

自定义动画用于设置一张幻灯片中各种对象的动画效果，包括进入时动画、强调时动画、消失时动画以及路径动画4大类。

设置方法如下：

1）选中需设置动画效果的对象，例如文本框、图片、图表、表格等。

2）单击“动画”组中的“自定义动画”命令按钮，打开“自定义动画”窗格，如图5-40所示，若此窗格已经打开，则单击“自定义动画”命令按钮可关闭窗格。

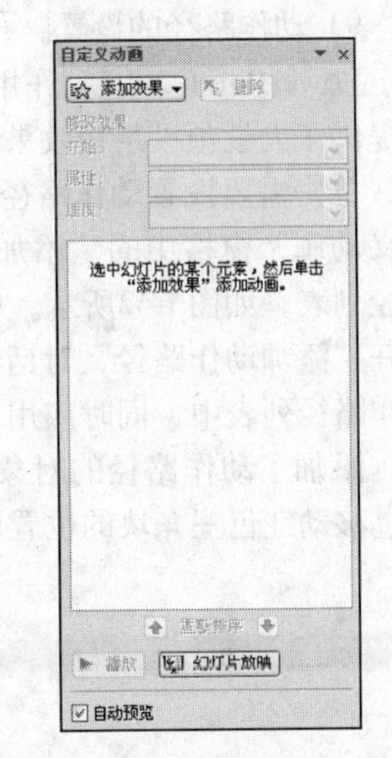

图5-40　“自定义动画”窗格

3）单击“自定义动画”窗格中的“添加效果”按钮，打开效果菜单，效果分4类，如图5-41所示。

- 进入效果：对象出现时的效果。
- 强调效果：对象出现后需强调时的效果。
- 退出效果：对象消失时的效果。
- 动作路径：使对象按照指定的路径运动。

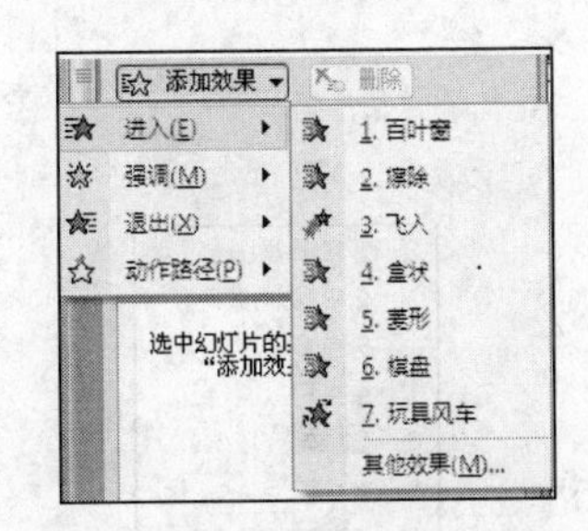

图5-41　自定义动画效果列表

4）选择一种效果，则相应的对象旁出现一个带数字的矩形标志，表示该对象已经设定了动画，数字标号表示该对象在动画中的序号，即动画播放的顺序。

注意，同一个对象允许设置多个动画效果，其左上角的动画序号不同。

5）选中相应的数字，可以通过“开始”、“方向”、“速度”设置动画的属性。“开始”时机设置包括：

- 单击时：放映时单击鼠标播放动画效果。
- 之前：与前面一个动画同时开始。
- 之后：前一个动画完成后才开始本动画。

选择一种“开始”时机，即可完成自定义动画设置

“方向”的种类视不同的动画效果而定。

6）更改或删除自定义动画。

选中带数字的矩形框，或在“自定义动画”窗格下的列表框中选中需要更改或删除的动画效果。若单击“更改”按钮，则重新选择动画效果，若单击“删除”按钮，则删除选中的动画。

7）设置效果选项。

在“自定义动画”窗格下的列表框中选中需要设置的动画，单击动画右侧的三角按钮，在随后打开的下拉菜单中选择“效果选项…”选项，打开“动画效果”对话框，在该对话框中可做更详细的设置。

8）调整动画顺序。

对象设置了动画效果后，在相应对象的左上角会显示带数字的小方框，其中数字表示几个对象动画的先后顺序，同时，在“自定义动画”窗格中也显示了设置了动画效果的对象。若要调整动画顺序，可在“自定义动画”窗格中选中对象，上下拖动即可。

9）动作路径的设置。

PowerPoint 2007允许用户设置对象以指定的路径运动，以达到演示的效果。PowerPoint 2007中提供了大量预设路径效果，同时也允许用户自定义动作路径。

单击需要设置动作路径的对象，例如，示例文稿最后一张幻灯片上的文本框“完”。单击“自定义动画”窗格中的“添加效果”按钮，将鼠标指向弹出列表中的“动作路径”选项，打开动作路径列表，如图5-42所示。单击选择一种路径应用于对象，也可通过单击“其他动作路径…”选项打开“添加动作路径”对话框，如图5-43所示。选中需要的路径，单击“确定”按钮将路径添加到动作路径列表中，同时应用于所选对象。

添加了动作路径的对象如图5-44所示，用户可通过移动绿色三角块的位置调整路径的起点，通过移动红色三角块的位置调整路径的终点。

图5-42 动作路径列表

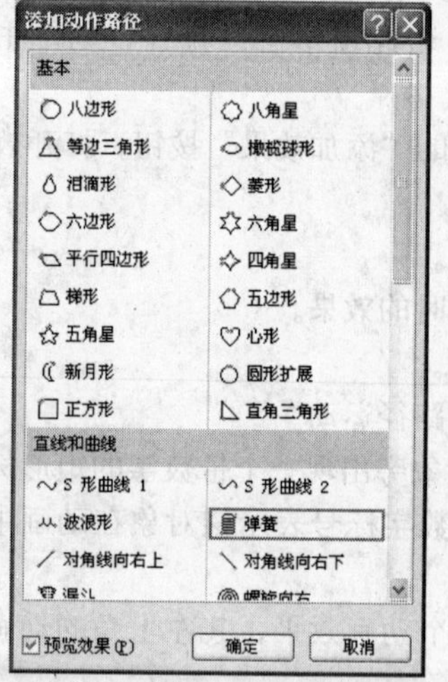

图5-43 “添加动作路径”对话框

图5-44 添加了动作路径的对象

5.6.3 交互式演示文稿

演示文稿的交互包括文本超级链接和交互式按钮。

1. 添加超链接

方法如下：

1）选中示例文稿中的“内容提要”幻灯片，选中正文文本框中的“我的学校”。

2）切换到“插入”选项卡，单击“链接”组中的“超链接”命令按钮，打开“插入超链接”对话框。

3）在“链接到”列表中单击选中“本文档中的位置”项，然后在“请选择文档中的位置”列表框中选择要链接到的幻灯片，例如“3.我的学校”，单击“确定”按钮即可。

用同样的操作方法将文字“学习生活”链接到“7.学习生活”幻灯片。

另外，也可以将幻灯片超链接到其他文档或网页。

2. 添加动作按钮

方法如下：

1）在演示文稿中选择需要添加交互式按钮的幻灯片，例如示例文档中的“学习生活”幻灯片。

2）切换到“插入”选项卡,单击“插图”组中的“形状”命令按钮，选择“动作按钮”项中的“自定义”，然后在幻灯片的适当位置画一个矩形。此时打开“动作设置”对话框，如图5-45所示。

3）选择“超链接到”列表框中的链接目标，如“幻灯片”，然后在随后弹出的“超链接到幻灯片”对话框中选择要链接到的幻灯片，例如“2.内容提要”，单击“确定”按钮，即可完成动作设置。

4）在动作按钮中添加文字“返回”即可。

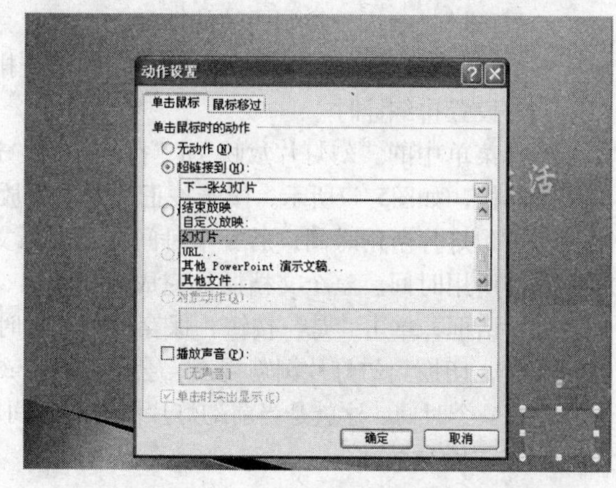

图5-45 “动作设置”对话框

5.7 放映和发布演示文稿

创建好的演示文稿如果不发布，相关的信息仍然不能传播出去。

本节将介绍如何将演示文稿以合适的形式进行发布，包括以下几点：

- 放映演示文稿。
- 打印演示文稿。
- 将演示文稿打包和解压缩。
- 将演示文稿在Web上发布。

5.7.1 幻灯片放映

1. 设置放映方式

当演示文稿制作好后，就要开始播放，播放幻灯片要根据放映环境的不同进行选择。

切换到“幻灯片放映”选项卡，在“设置”组中单击“设置幻灯片放映”命令，打开“设置放映方式”对话框，如图5-46所示。

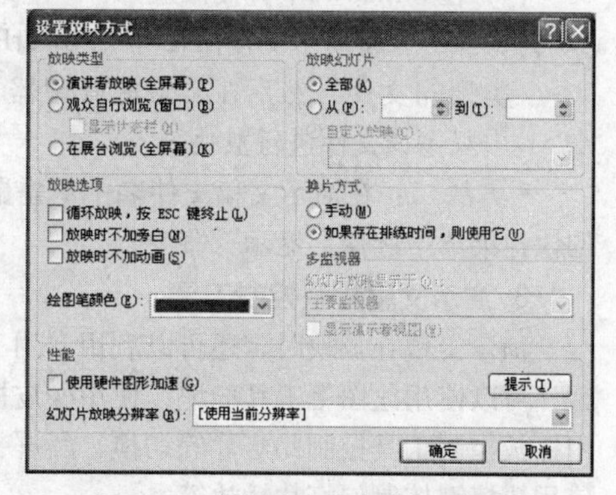

图5-46 “设置放映方式”对话框

(1) 放映类型

- “演讲者放映”方式：运行全屏显示的演示文稿，必须在有人看管的情况下放映，这是最常用的放映方式。一般采用手动放映方式，可以让演讲者自己控制放映速度。
- “观众自行浏览”方式：允许观众移动、编辑、复制和打印幻灯片。这种方式出现在小窗口内，一般用在会议上或展览中。
- “在展台浏览”方式：该方式可以自动运行演示文稿。这种方式不需专人控制演示文稿，一般用于展台循环播放，常采用排练计时方式。

(2) 放映幻灯片

- “全部”：播放所有幻灯片。
- “从…到…”：指定播放幻灯片的范围。
- “自定义放映”：选择一种存储的已经定义的放映方式。

(3) 换片方式

- “手动”：由人工控制播放的节奏。
- “如果存在排练时间，则使用它”：按事先排练的方式播放。

(4) 设置排练计时

选择菜单中的“幻灯片放映”|“排练计时”选项，进入幻灯片放映视图，同时出现一个“预演”工具栏，如图5-47所示。接着按正常方式播放幻灯片。工具栏中有两个时间，前一个时间记录播放当前幻灯片所用时间，后一个时间记录演示文稿播放到目前所用时间。整个文档播放完成后，弹出“排练计时”对话框，单击“是”按钮，保存幻灯片计时。

当前幻灯片放映时间　演示文稿目前放映时间

图5-47　“预演”工具栏

此时，切换到幻灯片浏览视图，会看到每个幻灯片左下角有一个时间，这就是当前幻灯片需要的时间参考。

2. 演示文稿放映

演示文稿放映可以采用多种方法：

(1) 通过“幻灯片放映”选项卡放映

- 方法一：在“开始放映幻灯片”组中单击“从头开始”命令按钮。
- 方法二：在“开始放映幻灯片”组中单击“从当前幻灯片开始”命令按钮。

(2) 通过工具按钮

- 方法一：单击窗口下边框“显示控制区”的按钮。
- 方法二：单击“自定义动画”窗格中的“幻灯片放映”按钮。

此方法从当前幻灯片开始放映。

(3) 通过幻灯片放映视图

切换到“视图”选项卡，在“演示文稿视图”组中单击“幻灯片放映”命令按钮。此方法从头开始放映幻灯片。

(4) 在Windows下直接播放

- 方法一：将演示文稿保存为“PowerPoint放映（ppsx）”类型的文件，然后在“资源管理器”或“我的电脑”中双击该文件进行放映。
- 方法二：在演示文稿文件名上单击鼠标右键，在弹出的快捷菜单中选择“显示”命令。

3. 演示文稿放映控制工具

演示文稿在放映时，还可以利用常用工具控制播放。例如，可以使用绘图笔工具标记，使用橡皮擦将标记去掉，使用播放控制工具控制幻灯片的切换、黑屏、白屏等，还可以使用快捷键控制幻灯片播放等。

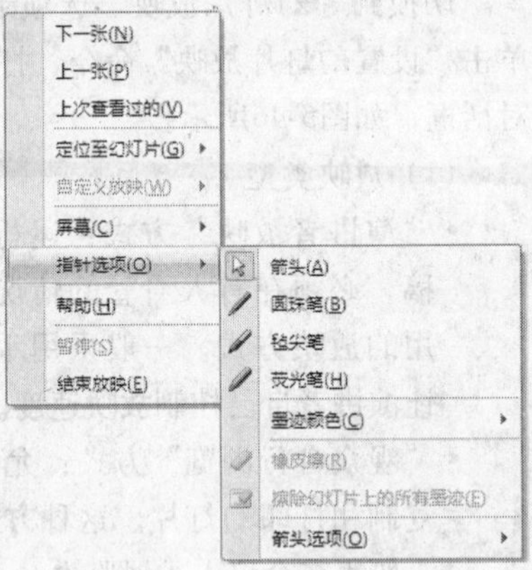

下一张(N)
上一张(P)
上次查看过的(V)
定位至幻灯片(G)
自定义放映(W)
屏幕(C)
指针选项(O)
帮助(H)
暂停(S)
结束放映(E)
箭头(A)
圆珠笔(B)
毡尖笔
荧光笔(H)
墨迹颜色(C)
橡皮擦(R)
擦除幻灯片上的所有墨迹(E)
箭头选项(O)

图5-48　幻灯片放映控制菜单

在演示文稿播放视图下，单击鼠标右键，在弹出的快捷菜单中选择“指针选项”选项，然后在打开的子列表中选择一种指针，就可以在幻灯片放映过程中在屏幕上任意绘制了，如图5-48所示。

4. 演示文稿常用播放快捷键

演示文稿的常用播放快捷键如表5-1所示。

表5-1　演示文稿常用播放快捷键

常用播放快捷键	功能	常用播放快捷键	功能
F5	从头开始放映	Home	切换到第一张幻灯片
Shift+F5	从当前幻灯片开始放映	End	切换到最后一张幻灯片
PgDn或空格	切换到下一张幻灯片	Esc	结束放映
PgUp或P	切换到上一张幻灯片		

5.7.2　演示文稿打印

1. 页面设置

在进行打印之前，首先要进行页面设置，默认的设置是按幻灯片放映方式的显示进行打印。

切换到“设计”选项卡，在“页面设置”组中单击“页面设置”命令按钮，打开如图5-49所示的“页面设置”对话框，在对话框中可以进行幻灯片的宽度、高度、编号起始值以及打印方向的设置。

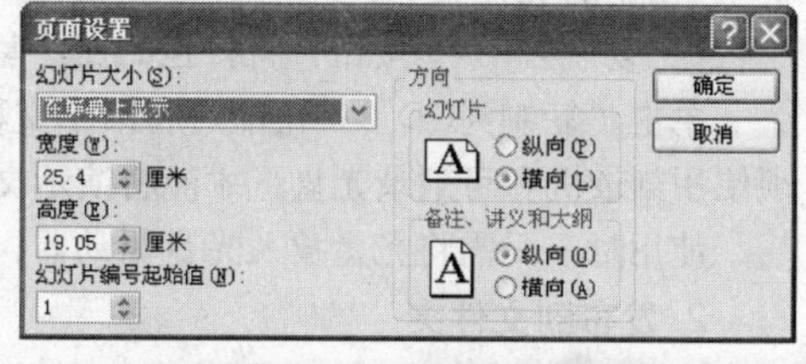

图5-49　“页面设置”对话框

2. 打印预览

在打印前，还可以通过显示器看到打印的效果。

单击Office按钮，在Office菜单中选择“打印”|“打印预览”选项，切换到打印预览视图，如图5-50所示。

在“页面设置”组的“打印内容”列表框中可以选择打印幻灯片、讲义、备注页还是大纲。如果打印讲义，还可以选择每页排列的幻灯片数量，并且可以预览打印效果。如图5-50所示为打印每页3张幻灯片的讲义。

在“打印”组的“选项”下拉列表中可以选择是以彩色形式打印还是以灰度形式打印。

在“打印”组中单击“打印”命令按钮，即弹出“打印”对话框，设置后单击“确定”按钮即可打印了。

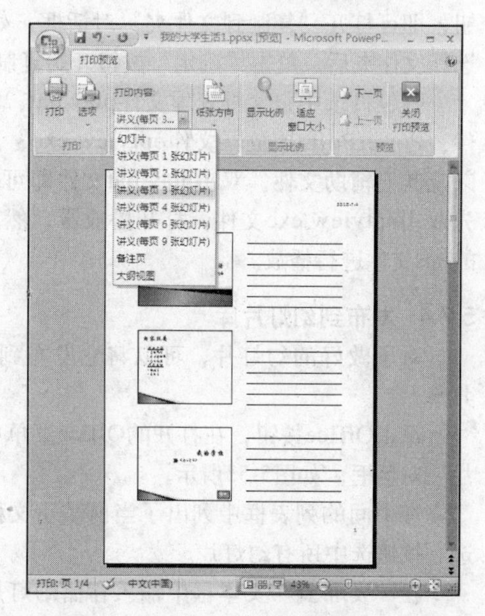

图5-50　打印预览视图

3. 打印演示文稿

单击Office按钮，在Office菜单中选择“打印”|“打印”选项，弹出“打印”对话框。该对话框与Word中的“打印”对话框类似，“打印内容”框是针对幻灯片的，“打印内容”的默认设置是“幻灯片”，即按幻灯片放映方式显示打印，另外还可以选择“讲义”、“备注页”、“大纲视图”。若选择“讲义”，“讲义”框就被激活，主要的设置是每张纸所打印的幻灯片页数。

5.7.3　演示文稿打包发布

演示文稿可以以多种形式发布。

1. 发布成CD数据包

在不同版本的PowerPoint下播放演示文稿，可能会损失部分效果。如果要在另一台计算机上正常地播放演示文稿，需要将演示文稿打包。PowerPoint 2007中提供了打包工具。

单击Office按钮，在Office菜单中选择“发送”|“CD数据包”命令，打开“打包成CD”对话框，如图5-51所示。

图5-51 “打包成CD”对话框

其中：

- “添加文件…”按钮：将更多的演示文稿一起打包。
- “选项…”按钮：允许用户做更多设置，例如是否包含播放器，是否包含链接的文件，设置打开和修改密码等。
- “复制到文件夹…”按钮：将打包的文件复制到指定的文件夹中。
- “复制到CD”按钮：将打包的文件复制到CD上。

单击“复制到CD”按钮即可将演示文稿、播放器及相关的辅助文件复制到CD光盘。注意，必须使用刻录机和可刻录光盘，才能将演示文稿打包成CD。

使用时，只需将光盘放入光盘驱动器，即可自动播放。

2. 发布到文件夹

在述“发布成CD数据包”的过程中弹出“打包成CD”对话框后，单击“复制到文件夹…”按钮，即可打开“复制到文件夹”对话框，如图5-52所示。选择文件夹后，单击“确定”按钮开始复制。

图5-52 “复制到文件夹”对话框

打包目录中包含批处理文件play.bat、幻灯片播放文件、PowerPoint播放器文件pptview.exe、所需的库文件以及其他辅助文件。双击play.bat文件即可播放，也可以先双击pptview.exe文件，打开播放器，然后选择要播放的pps文件进行播放。

5.7.4 发布到幻灯片库

对于做好的幻灯片，可以将它发布到幻灯片库或者其他位置，以备将来重复使用或与他人共享。

单击Office按钮，在打开的Office菜单中单击“发布”|“发布幻灯片”命令，打开“发布幻灯片”对话框，如图5-53所示。

在中间的列表框中列出了当前演示文稿中的所有幻灯片，选中要发布的幻灯片，或单击“全选”按钮选中所有幻灯片。

在“发布到”文本框中输入存储幻灯片的文件夹，或单击“浏览”按钮选定存储幻灯片的文件夹。

单击“发布”按钮，即可将当前幻灯片发布到制定的文件夹。

此时，可将当前演示文稿中的每一张幻灯片以一个文件存储到指定的文件夹中，以便于重用。

切换到“开始”选项卡，在“幻灯片”组中单击“新建幻灯片”按钮，在打开的下拉菜单中单击“重用幻灯片”命令，打开“重用幻灯片”窗格，如图5-54所示。单击“浏览”按钮，打开“浏览”对话框，找到需要重用的幻灯片，单击将其选进重用窗格。在“重用幻灯片”窗格中单击选中的幻灯片，即可将其插入当前演示文稿的当前位置。

图5-53 发布幻灯片

图5-54 “重用幻灯片”窗格

5.7.5 演示文稿Web发布

在PowerPoint 2007中，可以将演示文稿输出为网页、多种图片、幻灯片放映、RTF文件等多种格式。

单击Office按钮，在打开的Office菜单中选择“另存为”|“其他格式”命令，打开“另存为”对话框，如图5-55所示。在“保存类型”列表框中选择网页文件，网页文件有两类：“网页”和“单个网页”。

选择网页类型后，单击“更改标题…”按钮，打开设置标题对话框，设置网页标题；单击“发布…”按钮，打开网页发布对话框，保存网页的一个备份。

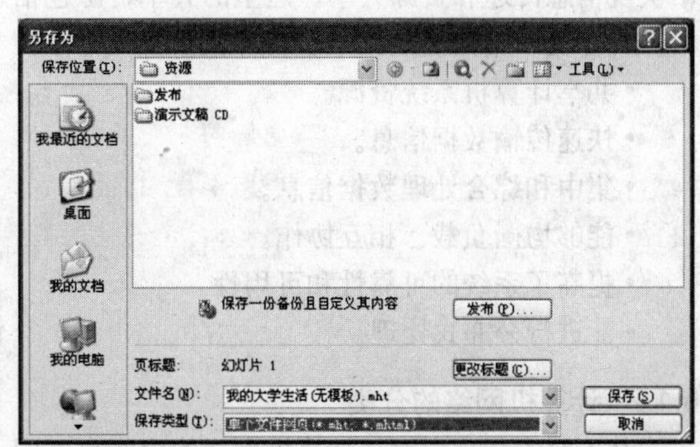

图5-55 “另存为”对话框

本章小结

本章介绍了PowerPoint 2007的常用操作，包括建立普通幻灯片的基本方法和步骤；建立多媒体幻灯片的方法和步骤；建立幻灯片模板及母版的方法和步骤；设置幻灯片动画效果的方法等。

思考题

1. 幻灯片视图包括哪些？
2. 为什么要隐藏幻灯片？怎样知道某张幻灯片被隐藏了？
3. 怎样给文本框设置背景和阴影？
4. 怎样调整图片、剪贴画等对象？
5. 设计一个母版，在母版左上角插入学校标记并将它应用于自己做的幻灯片中。
6. 切换效果和动画效果分别用在什么地方？
7. 动画效果中“单击”、“之前”、“之后”分别表示什么意义？在自己的幻灯片中体会一下。
8. 为什么要将幻灯片进行打包？

第6章 网络基础与Internet应用

计算机网络是计算机技术和通信技术二者高度发展、密切结合而形成的，它经历了一个从简单到复杂、从低级到高级的演变过程。近十年来，计算机网络得到异常迅猛的发展。本章简要介绍计算机网络和Internet的基础知识，讨论构建Windows局域网以及与Internet建立连接的方法，对Internet提供的WWW浏览、电子邮件以及文件传输服务进行较详细的描述。

6.1 网络基础知识

6.1.1 计算机网络的定义

计算机网络是计算机技术和通信技术相结合的产物。通常把地理位置不同、具有独立功能的多个计算机系统通过通信设备和线路连接起来，且以功能完善的网络软件（网络协议、信息交换方式及网络操作系统等）实现网络资源共享的系统，称为计算机网络。计算机网络的主要目的在于实现信息传递和资源共享，这里的共享资源包括硬件资源和软件资源。

计算机网络的功能比单个计算机要强大得多，主要表现在以下几个方面：

• 共享计算机系统资源。

• 快速传输数据信息。

• 集中和综合处理数据信息。

• 能够均衡负载、相互协作。

• 提高了系统的可靠性和可用性。

• 能进行分布式处理。

6.1.2 计算机网络的分类

从不同的角度出发，计算机网络的分类也不同，以下介绍几种常见的网络分类。

1. 按网络的使用范围分类

（1）公用网

公用网（Public Network）也称公众网，一般是国家的邮电部门建造的网络。所有愿意按邮电部门规定交纳费用的人都可以使用这个公用网，它是为全社会的用户服务。

（2）专用网

专用网（Private Network）是某个部门为本单位特殊业务工作的需要而建造的网络，这种网络不向本单位以外的用户提供服务。例如，军队、公安、铁路、电力等系统均有内部专用网。

2. 按网络节点间资源共享的关系分类

（1）对等网

对等网（Peer to Peer）上各节点平等，无主从之分，网上任一节点（计算机）既可以作为网络服务器，其资源为其他节点共享，也可以作为工作站，访问其他服务器的资源。同时，对等网除了共享文件之外，还可以共享打印机，也就是说，对等网上的打印机可被网络上的任一节点用户使用，如同使用本地打印机一样方便。

对等网的建立比较简单，只需要将网卡插在计算机的扩展槽内，连好相应的通信电缆，再运行对等网软件即可。

对等网的缺点主要表现在以下两个方面：

- 计算机本身的处理能力和内存都十分有限，让每一台计算机既处理本地业务，又为其他用户服务，势必导致处理速度下降，工作效率降低。
- 由于网络的文件和打印服务比较分散，在全网范围内协调和管理这些共享资源十分繁杂。网络越大，就越难以管理，所以对等网多用于小型计算机网络中。

（2）客户机/服务器

客户机/服务器（Client/Server, C/S）模型在较大规模的网络中已广泛应用。在客户机/服务器网络中，客户机可以访问网络中的共享资源，但本机的资源，如硬盘和打印机，不能为其他客户共享。服务器为整个网络提供共享资源，提供网络服务，管理网络通信，是全网的核心。

在网络环境下，计算模式从集中式转向了分布式。采用C/S结构可将一个应用系统分为客户程序和服务程序两个部分，这两个程序一般安装在位于不同地点的计算机上，当用户使用这种应用系统时，首先要调用客户程序与服务器建立联系并把有关信息传输给服务程序，服务程序则按照客户程序的要求提供相应的服务，并把所需信息传递给客户程序。这种技术在Internet中广泛采用，如WWW、FTP、DNS、POP3等服务都是基于C/S结构。

3. 按网络的覆盖区域分类

（1）局域网（Local Area Network, LAN）

覆盖距离从几百米到几公里，这种网络多设在一栋办公楼或相邻的几座大楼内，由单位或部门所有。

（2）城域网（Metropolitan Area Network, MAN）

覆盖范围约在几公里到几十公里，往往由一个城市的政府机构或电信部门管理。

（3）广域网（Wide Area Network, WAN）

覆盖范围超过50公里，往往遍布一个国家、一个洲甚至全世界。最大的广域网是Internet。

（4）个人网（Personal Area Network, PAN）

覆盖范围约在几米到十几米，PAN的核心思想是用无线电或红外线代替传统的有线电缆，实现个人信息终端的智能化互连，组建个人化的信息网络。PAN定位在家庭与小型办公室的应用场合，其主要应用范围包括话音通信网关、数据通信网关、信息电器互连与信息自动交换等。PAN的实现技术主要有蓝牙（Bluetooth）和红外（IrDA）等。其中，蓝牙技术是一种支持点到点、点到多点的话音、数据业务的短距离无线通信技术，蓝牙技术的发展极大地推动了PAN技术的发展，IEEE专门成立了IEEE 802.15小组负责研究基于蓝牙的PAN技术。

4. 按网络的拓扑结构分类

拓扑（Topology）是一种研究与大小、形状无关的点、线和面的特性的方法。网络拓扑就是抛弃网络中的具体设备，把它们统一抽象为一个“点”，而把通信线路统一抽象成“线”，用对“点”和“线”的研究取代对具体通信网络的研究。

在计算机网络中，拓扑结构主要有以下几种：总线形、环形、星形、树形等，如图6-1所示。在局域网中，常见的网络结构为总线形、环形和星形以及它们的混合构形。

（1）总线形

网络中各节点连接在一条共用的通信电缆上，采用基带传输，任何时刻只允许一个节点占用线路，并且占用者拥有线路的所有带宽，即整个线路只提供一条信道。信道上传送的任何信号所有节点都可以收到。在这种网络中，必须有一种控制机制来解决信道争用和多个节点同时发送数据所造成的冲突问题。

总线形网络结构简单、灵活，设备投入量少，成本低。但由于节点通信共用一条总线，所以故障诊断较为困难，某一点出现问题就会影响整个网段。

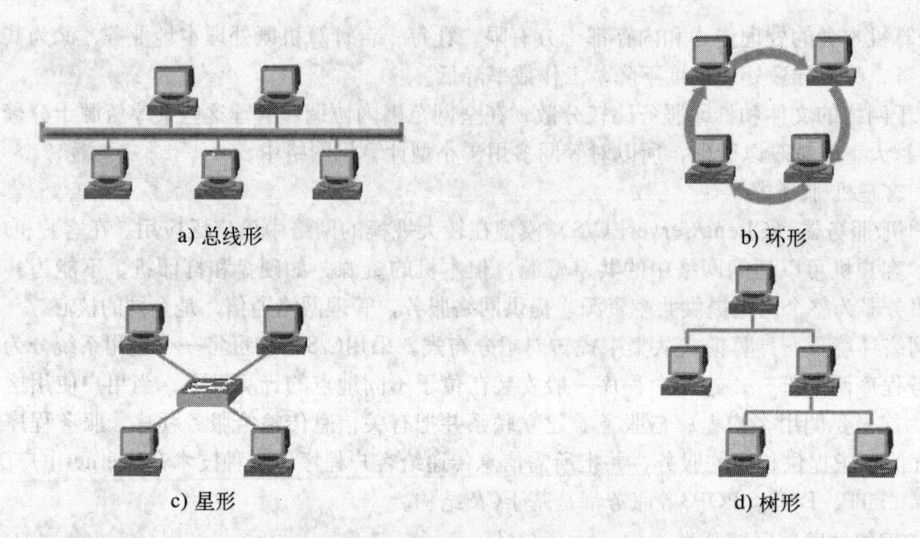

图6-1 常见的网络拓扑结构

(2) 环形

环形网络将各个节点依次连接起来，并把首尾相连构成一个环形结构。通信时发送端发出的信号要按照一个确定的方向，经过各个中间节点的转发才能到达接收端。根据环中提供单工通信还是全双工通信可分成单环和双环两种结构。单工通信是指只能有一个方向的通信而没有反方向的交互，无线电广播就属于这种类型。全双工通信是指通信的双方可以同时发送和接收信息。

环形结构具有如下特点：

信息流在网中是沿着固定方向流动的，两个节点仅有一条信道，故简化了路径选择的控制；环路上各节点都是自举控制，故控制软件简单；由于信息源在环路中是串行地穿过各个节点，当环中节点过多时，势必影响信息传输速率，使网络的响应时间延长；环路是封闭的，不便于扩充；可靠性低，一个节点出现故障，将会造成全网瘫痪；维护难，对分支节点故障定位较难。

(3) 星形

星形网络中所有的节点都与一个特殊的节点连接，这个特殊节点称作中心节点。任何通信都必须由发送端发出到中心节点，然后由中心节点转发到接收端。

星形拓扑结构的网络连接方便，建网容易，便于管理，容易检测和隔离故障，数据传送速度快，可扩充性好，因此目前大多数局域网都采用星形拓扑结构来构建。不过星形网络对中心节点的依赖性大，中心节点的故障可能导致整个网络的瘫痪。中心节点一般由集线器、交换器等网络设备担任。

(4) 树形

树形网络把所有的节点按照一定的层次关系排列起来，最顶层只有一个节点，越往下节点越多，并且在第i层中，任何一个节点都只有一条信道与第$i-1$层中的某个节点（父节点）相连，但是可以有多条信道与第$i+1$层中的某些节点（子节点）相连，除此之外，第i层中的这个节点再没有其他的连接信道。树形网络中两个节点要通信，必须先确定一个离它们最近的公共的上层节点，或者确定其中一个节点是另一个的子（孙）节点，然后确定一条通信链路。

树形结构是分级的集中控制式网络，与星形相比，它的通信线路总长度短，成本较低，节点易于扩充，故障定位更容易，寻找路径比较方便，但除了叶子节点及其相连的线路外，任一节点或其相连的线路故障都会使系统受到影响。

6.1.3 网络传输介质

传输介质是数据传输中连接各个数据终端设备的物理媒体，常用的传输介质有双绞线、同轴电缆、光纤等有线介质和红外线、无线电波、微波等无线介质。

1. 有线传输介质

常用的网络有线传输介质主要有双绞线、同轴电缆和光纤，如图6-2所示。

a) 双绞线

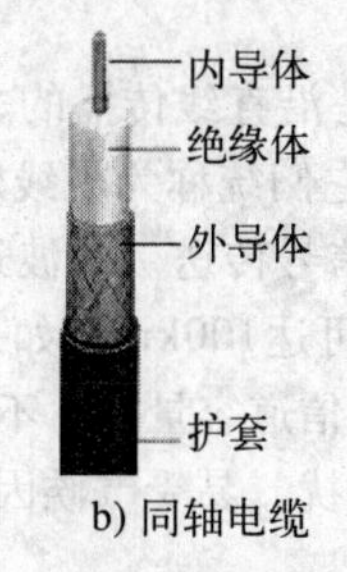

b) 同轴电缆

c) 光纤

图6-2 常用的有线传输介质

（1）双绞线

网络中使用的双绞线由4对铜导线组成，每对线包含两根互相绝缘的导线，且按一定的规则绞合成螺旋状，如图6-2a所示。它既可以用于传输模拟信号，也可以用于传输数字信号。

双绞线容易受到外部高频电磁波的干扰，而线路本身也会产生一定的噪声，如果用作数据通信网络的传输介质，每隔一定距离就要使用一台中继器或放大器。因此通常只用作建筑物内的局部网络通信介质。双绞线分为非屏蔽双绞线（UTP）和屏蔽双绞线（STP）两大类，屏蔽双绞线内有一层金属隔离膜，在数据传输时可减少电磁干扰，稳定性较高。而非屏蔽双绞线内没有这层金属膜，所以稳定性较差，但它的优点是价格便宜。

计算机网络常用的双绞线有三类、五类、超五类和六类4种，其中三类线主要用于10Mbit/s的传输速率环境；五类线在100m的距离内可以支持100Mbit/s的快速以太网、155Mbit/s的ATM等；超五类和六类线则可用于传输速率高达1000Mbit/s的千兆以太网。

双绞线常用作星形局域网的传输介质。

（2）同轴电缆

同轴电缆的横截面是一组同心圆，最外围是绝缘保护层，紧贴着的是一圈导体编织层，均匀地排列成网状，再里面是绝缘材料，用来分隔编织外导体与内导体。内导体可以用单股实心线，或者用多股绞合线。

目前广泛使用的同轴电缆有50Ω和75Ω两种，前者用于传输数字信号，最高数据传输速率可达10Mbit/s；后者多用于传输模拟信号，当前使用最广泛的是用作传送音频和视频信号的有线电视电缆。

同轴电缆的最大传输距离随电缆型号和传输信号的不同而不同，一般在几百米至几十公里的范围内。如50Ω的细电缆每段的最大长度为185m，粗电缆每段的最大长度为500m。在实际组网过程中，往往采用中继器以延伸网络的传输距离。另外，由于同轴电缆易受低频干扰，在使用时多将信号调制在高频载波上。

同轴电缆常用作总线形局域网的传输介质。

（3）光纤

光纤是一种新型的高速传输介质，它是利用光导纤维传递光脉冲来进行通信。由于计算机是使用电信号，所以在光纤上传输时必须先把电信号转换成光信号，接收方又需把光信号转换为电信号后提供给计算机，因此在光纤网络中往往还需要配备光电信号转换器。采用光纤组网虽然成本较高，但是其传输速度快，可以传输声音、图像、视频等多媒体信号，并且还有传输安全、抗干扰、误码率低、稳定性高、户外不易遭受雷击等优点，因而得到了越来越广泛的应用。

光纤常用作主干网络的传输介质。

2. 无线传输介质

电磁波可以直接在空间传输，目前用作数据通信手段的较成熟的无线技术有红外线通信、激光通信和微波通信。

红外通信、激光通信和微波通信都是沿直线传播的，有很强的方向性。这三种技术都需要在发送方和接收方之间有一条视线通路,故它们统称为视线媒体。红外线通信和激光通信通常只用于近距离的传输，如在几座建筑物之间的信号传送。微波通信传输距离较远，一般可达50km左右，如果采用100m高的天线塔，则传输距离可达100km。如果利用人造卫星作为中继站，可进行超远距离通信。微波通信还具有频段范围宽、信道容量大，不易受低频干扰等优点。

无线介质传输存在易被窃听、易受干扰、易受气候因素影响等缺陷。

6.1.4 计算机网络体系结构

互相连接的计算机构成计算机网络中的一个个节点，数据在这些节点之间进行交换。要做到有条不紊地交换数据，每个节点都必须遵守一些事先约定的规则。这些规则定义了所交换的数据的组成格式和同步信息，称为网络协议（Protocol）。

为了简化这些规则的设计，一般采用结构化的设计方法，将网络按照功能分成一系列的层次，每一层完成一个特定的功能。分层的好处在于每一层都向它的上一层提供一定的服务，并把这种服务是如何实现的细节对上层进行屏蔽。这样，高层就不必再去考虑低层的问题，而只需专注于本层的功能。分层的另一个目的是保证层与层之间的独立性， 因而可将一个难以处理的复杂问题分解为若干个较容易处理的子模块，更易于制定每一层的协议标准。

通常将网络中的各层和协议的集合称为网络体系结构（Network Architecture）。网络体系结构的描述必须包含足够的信息，使得开发人员可以为每一层编写程序或设计硬件。协议实现的细节和接口的描述都不是体系结构的内容，因此，体系结构是抽象的，只供人们参照，而实现则是具体的，由正在运行的计算机软件和硬件来完成。

目前，主要有两种网络体系结构参考模型：ISO/OSI参考模型和TCP/IP参考模型。

1. ISO/OSI参考模型

ISO/OSI参考模型是国际标准化组织（ISO）提出的开放系统互连参考模型（Open Systems Interconnection Reference Model），它从功能上划分为7层，从底层开始分别为物理层、数据链路层、网络层、传输层、会话层、表示层、应用层。这7层的主要功能如下：

- 物理层（Physical Layer）：透明地传送比特流。
- 数据链路层（Data Link Layer）：在两个相邻节点间的线路上无差错地传送数据帧。
- 网络层（Network Layer）：分组传送、路由选择和流量控制。
- 传输层（Transport Layer）：端到端经网络透明地传送报文。
- 会话层（Session Layer）： 建立、组织和协调两个进程之间的相互通信。
- 表示层（Presentation Layer）：主要进行数据格式转换和文本压缩。
- 应用层（Application Layer） ：直接为用户的应用进程提供服务。

制定开放系统互连参考模型的目的之一是，为协调有关系统互连的标准开发提供一个共同基础和框架，因此允许把已有的标准放到总的参考模型中去；目的之二是为以后扩充和修改标准提供一个范围，同时为保持所有有关标准的兼容性提供一个公共参考。

OSI参考模型是脱离具体实施而提出的一个参考模型，它对于具体实施有一定的指导意义，但是和具体实施还有很大差别。另外，由于它过于庞大复杂，到目前为止，还没有任何一个组织能够将OSI参考模型付诸实现。

2. TCP/TP参考模型

和OSI参考模型不同，TCP/IP参考模型只有4层。从下往上依次是网络接口层（Network Interface Layer）、Internet层（Internet Layer）、传输层（Transport Layer）和应用层（Application Layer），如图6-3所示。TCP/IP模型更侧重于互连设备间的数据传送，而不是严格的功能层次划分。目前应用最广泛的Internet就是基于TCP/IP模型构建的。

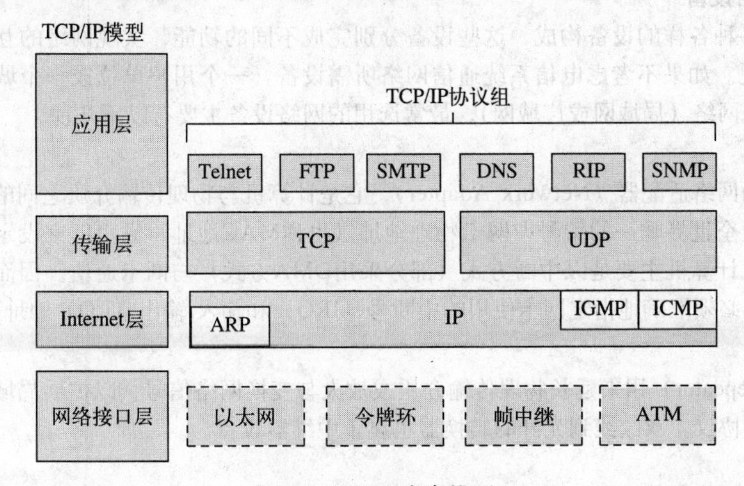

图6-3 TCP/IP参考模型

（1）网络接口层

这是TCP/IP参考模型的最低层，这一层并没有定义特定的协议，只是指出主机必须使用某种协议与互联网络连接，以便能在其上传递IP分组。它支持所有的网络（如以太网、令牌环和ATM）连入互联网络。

（2）Internet层

Internet层也称网际层，它用来屏蔽各个物理网络的差异，使得传输层和应用层将这个互联网络看作是一个同构的“虚拟”网络。IP协议是这层中最重要的协议，它是一个无连接的报文分组协议，其功能包括处理来自传输层的分组发送请求、路径选择、转发数据包等，但并不具有可靠性，也不提供错误恢复等功能。在TCP/IP网络上传输的基本信息单元是IP数据包。

（3）传输层

在TCP/IP参考模型中，传输层的主要功能是提供从一个应用程序到另一个应用程序的通信，即端到端的会话。现在的操作系统都支持多用户和多任务操作，一台主机上可能运行多个应用程序（并发进程），所谓的端到端会话，就是指从源进程发送数据到目的进程。传输层定义了两个端到端的协议：TCP和UDP。

传输控制协议（Transmission Control Protocol, TCP）是一个面向连接的无差错传输字节流的协议。在源端把输入的字节流分成报文段并传给网际层，在目的端则把收到的报文再组装成输出流传给应用层。TCP还要进行流量控制，以避免出现由于快速发送方向低速接收方发送过多报文，而使接收方无法处理的问题。

用户数据报协议（User Datagram Protocol, UDP）是一个不可靠的、无连接的协议。它没有报文排序和流量控制功能，所以必须由应用程序自己来完成这些功能。在传输数据之前不需要先建立连接，在目的端收到报文后，也不需要应答。UDP通常用于需要快速传输机制的应用中。

(4) 应用层

TCP/IP模型的应用层相当于OSI模型的会话层、表示层和应用层，它包含所有的高层协议。这些高层协议使用传输层协议接收或发送数据。应用层常见的协议有TELNET、FTP、SMTP以及HTTP等。TELNET（远程登录协议）允许一台机器上的用户登录到远程机器上并进行工作；FTP（文件传输协议）提供了有效地把数据从一台机器送到另一台机器上的方法；SMTP（简单邮件传输协议）用于发送电子邮件；HTTP协议则用于在万维网（WWW）上浏览网页等。

6.1.5 常用网络设备

网络可由各种各样的设备构成，这些设备分别完成不同的功能，实现网络的互连、保障网络各项功能的实现。如果不考虑电信系统通信网络所需设备，一个用户单位或一个城市、一个行业等要组建计算机网络（局域网或广域网），最常选用的网络设备主要有以下几种。

1. 网卡

网卡也称为网络适配器（Network Adapter），它是计算机与物理传输介质之间的接口设备。每块网卡都有一个全世界唯一的编号即网卡物理地址（也称MAC地址，它由厂家设定，一般不能修改）来标识它。计算机主要是以中断方式（部分采用DMA方式）与网卡通信。因而在计算机系统中配置网络时，必须准确地指定网卡使用的中断号（IRQ）和输入/输出（I/O）地址范围。

2. 中继器

中继器（Repeater）用来延长物理传输介质或放大与变换网络信号，以扩展局域网的跨度。其操作遵循物理层协议。双绞线到光纤的转换器也属于中继器设备。

3. 集线器

集线器（Hub或Concentrator）也属于物理层的网络设备，早期在局域网中应用比较广泛，按其功能强弱常分为以下几种：

1）低档集线器（非智能集线器）：仅将分散的、用于连接网络设备的线路集中在一起，不具备容错和管理功能。

2）中档集线器（低档智能集线器）：具有简单的管理功能和一定的容错能力。

3）高档集线器（智能集线器）：用于企业级的网络中。这种集线器一般可堆叠，具有较强的网络管理功能和容错能力。

4. 网桥

网桥（Bridge）是一种网段连接与网络隔离的网络设备，属于第二层的网络设备。网桥用于连接同构型LAN，使用MAC地址来判别网络设备或计算机属于哪一个网段。

网桥的作用可概括如下：

• 扩展工作站平均占有频带（具有地址识别能力，用于网络分段）。

• 扩展LAN地理范围（两个网段的连接）。

• 提高网络性能及可靠性。

5. 交换机

交换机（Switch）是1993年以来开发的一系列新型网络设备，它将传统网络的“共享”媒体技术发展成为交换式的“独享”媒体技术，大大地提高了网络的带宽。

交换机一般处于各网段的汇集点，作用是在任意两个网段之间提供虚拟连接，就像这两个网段之间是直接连接在一起一样，其功能类似于立交桥。它处于多路的汇集点，在两两的道路之间建立一条专用的通道。它一改以往的“共享”信道方式为“独占”信道方式，大大缩小了冲突域，从而在整体上提高了网络的数据交换性能，并且采用MAC地址绑定、虚拟局域网、端口保护等技术，为网络安全提供了一定的保障。

根据交换机所支持的协议类型，交换机可分为以太网交换机、令牌环交换机、FDDI交换机和ATM交换机。其中，以太网交换机又可以根据传输速率的不同，分为快速以太网交换机、千兆以太网交换机和万兆以太网交换机等。

根据应用规模，交换机可分为企业级交换机、部门级交换机和工作组交换机。

- 企业级交换机：属于高端交换机，它采用模块化结构，可作为网络骨干来构建高速局域网。
- 部门级交换机：面向部门的以太网交换机，可以是固定配置，也可以是模块化配置，一般有光纤接口。它具有较为突出的智能型特点。
- 工作组交换机：是传统集线器的理想替代产品，一般为固定配置，配有一定数目的100 BaseT以太网口。

根据OSI/RM的分层结构，交换机可分为二层交换机、三层交换机等。二层交换机是指工作在OSI参考模型的第2层（数据链路层）上的交换机，主要功能包括物理编址、错误校验、帧的封装与解封、流量控制等。三层交换机是指具有第3层路由功能的交换机，一般支持静态路由和一些动态路由协议。通过三层交换机可连接多个不同的IP网络。

6. 路由器

路由器（Router）是一种网络间的互连设备，支持第三层的网络协议，具有支持不同物理网络的互连功能，能实现LAN之间、LAN与WAN之间的互连。路由器的主要功能如下：

- 最佳路由选择功能：当一个报文分组到达时，能将此分组以最佳的路由向前转发出去。
- 支持多协议的路由选择功能：能识别多种网络协议，可连接异构型LAN。这种支持多种形式LAN的互连，使得大中型网络的组建更加方便。
- 流控、分组和重组功能：流控指路由器能控制发送方和接收方的数据流量，使两者的速率更好地匹配；分组和重组则适应在数据单元大小不同的网络之间的信息传输。
- 网络管理功能：路由器往往是多个网络的汇集点，因此可利用路由器监视和控制网络的数据流量、网络设备的工作情况等。同时，也经常在它上面采取一些安全措施，以防止外界对内部网络的入侵。

7. 调制解调器

调制解调器（Modem）是一种辅助网络设备，用来对模拟信号和数字信号进行转换，一般在通过普通电话线进行远距离信号传输时使用。例如有一个网络，需要利用电话线路接入电信部门的X.25分组交换网或DDN数字数据网，此时必须加入调制解调器。当然，个人计算机也可以使用ADSL Modem、Cable Modem通过电话网络或有线电视网络接入到因特网。

6.1.6 网络的发展趋势

1. 发展的基本方向

下一代计算机网络发展的基本方向是开放、集成、高性能（高速）和智能化。开放是指开放的体系结构，开放的接口标准，使各种异构系统便于互连和具有高度的互操作性。集成表现在各种服务和多媒体应用的高度集成，在同一个网络上，允许各种信息传递，既能提供一点投递，又能提供多点投递；既能提供尽力而为的无特殊服务质量要求的信息传递，也能提供有一定时延和差错的确保服务质量的实时交互。高性能表现在为网络应用提供高速的传输、高效的协议处理和高品质的网络服务，高性能计算机网络作为一个通信网络，应当能够支持大量的和各种类型的用户应用，能按照应用的要求，合理地分配资源，具有灵活的网络组织和管理功能。智能化表现在网络的传输和处理上能向用户提供更为方便、友好的应用接口，使得网络计算能随“用户指定”或“应用指定”动态地变化。

2. 下一代因特网发展趋势

因特网的迅速发展，超出了其使用的TCP/IP协议的设计初衷，致使现有的因特网不堪重负。因此，自1996年以来，美国和其他国家或地区的一些研究机构、大学科学工作者提出构建下一代因特网设想。1996年10月，美国政府宣布5年内用5亿美元的联邦资金实施“下一代因特网计划”，即“NGI计划”（Next Generation Internet Initiative）。1997年5月，美国计算机研究学会召开工作组会议，美国科学技术理事会的计算机、信息和通信研究与发展分委会参加了会议，来自工业界、学术界和政府的网络专家就NGI计划进行了研讨。NGI计划要实现的一个目标是：开发下一代网络结构，以比现有的因特网高100倍的速率，连接至少100个研究机构；以比现有的因特网高1000倍的速率连接10个类似的网点，其端到端的传输速率要超过155Mbit/s，甚至要达到10Gbit/s。NGI的另一个目标是：使用先进的网络服务技术（如远程教育、远程医疗、高性能全球通信、有关能源和地球系统的研究、环境监测和预报等）来开拓新的应用。NGI计划使用超高速全光网络，从而实现更快速的交换和路由选择，更好地按需分配带宽和有很强的网络管理功能。下一代因特网最终要克服现有因特网存在或将要出现的问题，逐步实现在IP协议支持下运行各种业务。现有因特网存在的重要缺点是：有限地址无法满足网络用户接入，无法保证实时业务的服务质量需求，无法支持点对多点和多点对多点业务。下一代因特网在传输层和网络层将增加许多新的协议，如高效传输协议（High Performance Transport Protocol，HIPENT）、快速传输协议（eXpress Transfer Protocol，XTP）、多媒体传送协议（Transfer Protocol，TP++）、实时传送协议（Real-time Transport Protocol，RTP）、流协议（Stream Protocol，ST）和资源预留协议（ReSerVation Protocol，RSVP）。

除此之外，以共享网上资源和协同工作为主要特征的信息网格应用将是下一代互联网的主要发展方向。网格技术出现于20世纪90年代，它利用高速互联网把分布于不同地理位置的计算机、数据库、存储器和软件等资源连成整体，就像一台超级计算机一样为用户提供一体化信息服务，其核心思想是“整个因特网就是一台计算机”。网格技术充分实现了资源共享，具有成本低、效率高、使用更加方便等优点。另外，网格技术具有较为统一的国际标准，有利于整合现有资源，也易于维护和升级换代。

6.2 Internet概述

Internet是一个全球性开放网络，也称为国际互联网或因特网。它将位于世界各地成千上万的计算机相互连接在一起，形成一个可以相互通信的计算机网络系统，网络上的所有用户既可共享网上丰富的信息资源，也可把自己的资源发送到网上。利用Internet可以搜索、获取或阅读存储在全球计算机中的海量文档资料；同世界各国不同种族、不同肤色、不同语言的人们畅谈家事、国事、天下事；下载最新应用软件、游戏软件；发布产品信息，进行市场调查，实现网上购物等。Internet正把世界不断缩小，使用户足不出户，便可行空万里。

6.2.1 Internet的发展

出于军事目的，美国国防部高级计划研究署（DARPA）于1969年研究并建立了世界上最早的计算机网络之一：ARPANET（Advanced Research Project Agency Network）。ARPANET初步实现了独立计算机之间数据的相互传输和通信，它就是Internet 的前身。20世纪80年代，随着ARPANET规模不断扩大，不仅在美国国内有很多网络和ARPANET相连，世界上也有许多国家通过远程通信，将本地的计算机和网络接入ARPANET，使它成为世界上最大的互联网——Internet。

由于ARPANET的成功，美国国家科学基金会（National Science Foundation，NSF）于1986年建立了基于传输控制协议/网际协议，即TCP/IP（Transfer Control Protocol/Internet Protocol）协议的计算机网络NSFNET，并与ARPANET相连，使全美的主要科研机构都连入NSFNET，它使

Internet向全社会开放，不再像以前仅供教育、研究单位、政府职员及政府项目承包商使用，因此，NSFNET很快取代ARPANET，成为Internet新的主干。

Internet目前已经开通到全世界大多数国家和地区，几乎每隔30分钟就有一个新的网络连入，主机数量每年翻两番，用户数量每月增长10%。

Internet进入我国较晚，但发展异常迅速。1987年，随着中国科学院高能物理研究所通过日本同行连入Internet，国际互联网才悄悄步入中国。但当时仅仅是极少数人使用了极其简单的功能，如E-mail，而且中国也没有申请自己的域名，直到1994年5月，中国国家计算机和网络设施委员会（National Computing and Networking Facility of China，NSFC）代表我国正式加入Internet，申请了中国的域名CN，并建立DNS服务器（Domain Name Server）管理CN域名，Internet才在我国开始了不可阻挡的迅猛发展。

目前，我国已经建成了几个全国范围的网络，用户可以选择其中之一连入Internet。其中影响较大的网络系统有CHINANET和CERNET。

1. CHINANET

1994年8月，邮电部与美国Sprint公司签署了我国通过Sprint Link 与Internet的互联协议，开始建立了中国的Internet——CHINANET。它面向整个社会，为各企业、个人提供全部的Internet服务，网上信息涵盖社会、经济、文化等方面，大多是社会大众所关心的热门话题。

2. 中国教育与科研网

中国教育与科研网（China Education and Research Computer Network，CERNET）是由中国国家计委正式批准立项，由国家教委主持，清华大学、北京大学等十所高等学校承建，于1994年开始启动的计算机互联网络示范工程，其中心设在清华大学，目的是促进我国教育和科学研究的发展，积极开展国际学术和技术的交流与合作。CERNET是一个具有浓郁文化气息的全国性网络。目前，已有越来越多的高校加入CERNET。

除此之外，中国科技网（CSTNET）和金桥网（CHINAGBN）也是国内很有影响的两个网络系统。

6.2.2 IP地址

Internet将全世界的计算机连成一个整体，当然这些计算机并不是直接与Internet相接，而是通过本地局域网接入。Internet将现有的局域网根据一定的标准连接起来，各个局域网之间可以进行信息交流，从而把整个世界联系在一起。

网络数据传输是根据协议进行的，不同的局域网可能有不同的协议，但要使它们在Internet上进行通信，就必须遵从统一的协议，这就是TCP/IP协议。该协议中要求网上的每台计算机都拥有自己唯一的标志，这个标志就称为IP地址。

1. IPv4

目前Internet上使用的IP地址是第4版本，称为IPv4，它由32位（bit）二进制组成，每8位为一组，分为4组，每一组用0～255间的十进制表示，组与组之间以圆点分隔，如202.103.0.68。IP地址标明了网络上某一计算机的位置，类似城市住房的门牌号码，所以在同一个遵守TCP/IP协议的网络中，不应出现两个相同的IP地址，否则将导致混乱。IP地址不是随意分配的，在需要IP地址时，用户必须向网络中心NIC提出申请。中国顶级的IP地址管理机构是CNNIC（中国互联网络信息中心，http://www.cnnic.net.cn）。

IP地址划分为五类：A、B、C、D、E类，其中分配给网络服务提供商（ISP）和网络用户的是前三类地址。我们以最常用的A、B、C三类地址为例，来看看这些地址是如何构成的。

（1）A类地址

A类地址中第一个8位组最高位始终为0，其余7位表示网络地址，共可表示128个网络，但有效网络数为126个，因为其中全0表示本地网络，全1保留作为诊断用。后面3个8位组代表连入网络的主机地址，每个网络最多可连入16 777 214台主机。A类地址一般分配给拥有大量主机的网络使用。

（2）B类地址

B类地址第一个8位组前两位始终为10，剩下的6位和第二个8位组（共14位）表示网络地址，其余位数（共16位）表示主机地址。因此B类有效网络数为16 382，每个网络有效主机数为65 534，这类地址一般分配给拥有中等规模主机数的网络。

（3）C类地址

C类地址第一个8位组前三位为110，剩下的5位和第二、三个8位组（共21位）表示网络地址，第4个8位组（共8位）表示主机地址。因此C类有效网络数为2 097 150，每个网络有效主机数为254。C类地址一般分配给小型的局域网使用。

A、B、C类IP地址结构如图6-4所示。

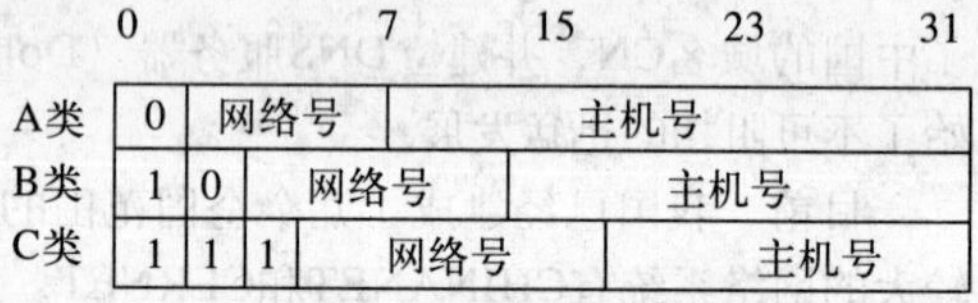

	0	7	15	23	31
A类	0 网络号		主机号		
B类	1 0 网络号			主机号	
C类	1 1 1 网络号				主机号

图6-4 A、B、C类IP地址结构

（4）D、E类地址

IP地址中还有D类和E类地址，D类是多址广播（Multicast）地址，E类是试验（Experimental）地址。例如，永久组播地址224.0.0.1代表所有主机和路由器，永久组播地址224.0.0.9代表RIP-2（Routing Information Protocol Version 2，路由信息协议版本2）路由器。

考虑到网络安全和公网IP地址紧张等特殊情况，在RFC 1918中专门保留了三个区域作为私有地址。其地址范围如下：

- 10.0.0.0~10.255.255.255。
- 172.16.0.0~172.31.255.255。
- 192.168.0.0~192.168.255.255。

使用私有地址的网络只能在内部进行直接通信，如果想与外部网络进行通信，则需要通过支持NAT技术的路由器进行地址转换。

2. IPv6

前面已经介绍现有的Internet是建立在IPv4协议的基础上。IPv6是下一版本的互联网协议，它的提出最初是因为随着互联网的迅速发展，IPv4定义的有限地址空间将被耗尽，地址空间的不足必将影响互联网的进一步发展。IPv4采用32位地址长度，只有大约43亿个地址，而IPv6采用128位地址长度，几乎可以不受限制地提供地址。按保守方法估算IPv6实际可分配的地址，整个地球每平方米面积上可分配1000多个地址。

IPv6除了一劳永逸地解决地址短缺问题以外，还有很多IPv4所不具有的优势。IPv6的主要优势体现在以下几方面：扩大地址空间、提高网络的整体吞吐量、改善服务质量（QoS）、安全性有更好的保证、支持即插即用和移动性、更好地实现多播功能等。

IPv6的地址格式与IPv4不同。一个IPv6的IP地址由8个地址节组成，每节包含16个地址位，以4个十六进制数书写，节与节之间用冒号分隔，除了128位的地址空间，IPv6还为点对点通信设计了一种具有分级结构的地址，这种地址称为可聚合全局单播地址（Aggregatable Global Unicast Address），其分级结构划分如图6-5所示。

3位	13位	32位	16位	64位
地址类型前缀	TLA ID	NLA ID	SLA ID	主机接口ID

图6-5 可聚合全局单播地址结构

前3个地址位是地址类型前缀，用于区别其他地址类型。其后的13位TLA ID、32位 NLA ID、16位SLA ID和64位主机接口ID，分别用于标识分级结构中自顶向下排列的TLA（Top Level Aggregator，顶级聚合体）、NLA（Next Level Aggregator，下级聚合体）、SLA（Site Level Aggregator，位置级聚合体）和主机接口。TLA是与长途服务供应商和电话公司相互连接的公共网络接入点，它从国际Internet注册机构（如IANA处）获得地址。NLA通常是大型ISP，它从TLA处申请获得地址，并为SLA分配地址。SLA也可称为订户（Subscriber），它可以是一个机构或一个小型 ISP。SLA负责为属于它的用户分配地址。SLA通常为其用户分配由连续地址组成的地址块，以便这些机构可以建立自己的地址分级结构来识别不同的子网。分级结构的最低一级是网络主机。

IPv6地址是独立接口的标识符，所有的IPv6地址都被分配到接口，而非节点。由于每个接口都属于某个特定节点，因此节点的任意一个接口地址都可用来标识一个节点。IPv6有以下三种类型地址。

（1）单点传送（单播）地址

一个IPv6单点传送地址与单个接口相关联，发给单播地址的包传送到由该地址标识的单接口上。但是为了满足负载均衡的需求，在RFC 2373中允许多个接口使用同一地址，只要在实现中这些接口看起来形同一个接口即可。

（2）多点传送（组播）地址

一个多点传送地址标识多个接口，发给组播地址的包传送到该地址标识的所有接口上。IPv6协议不再定义广播地址，其功能可由组播地址替代。

（3）任意点传送（任播）地址

任意点传送地址标识一组接口（通常属于不同的节点），发送给任播地址的包传送到该地址标识的一组接口中根据路由算法度量距离为最近的一个接口。如果说多点传送地址适用于one-to-many的通信场合，接收方为多个接口的话，那么任意点传送地址则适用于one-to-one-of-many的通信场合，接收方是一组接口中的任意一个。

下面我们介绍一下如何在Windows XP中启用IPv6。

从Windows XP开始，Windows操作系统已经内置了对IPv6协议的支持，不过在默认状态下没有安装，用户可以按照下列步骤安装IPv6：

1）进入“控制面板”|“网络连接”，鼠标右键单击“本地连接”图标，并在弹出的快捷菜单中选择“属性”命令。

2）弹出“本地连接 属性”对话框，单击“安装”按钮。

3）弹出“选择网络组件类型”对话框，在“单击要安装的网络组件类型”列表框中选中“协议”选项，单击“添加”按钮。

4）弹出“选择网络协议”对话框，在“网络协议”列表框中选中“Microsoft TCP/IP版本6”选项，再单击“确定”按钮。

5）此时回到“本地连接 属性”对话框，可以看到“Microsoft TCP/IP 版本6”在“此连接使用下列项目”列表中，如图6-6所示。单击“关闭”按钮，IPv6协议添加完毕。

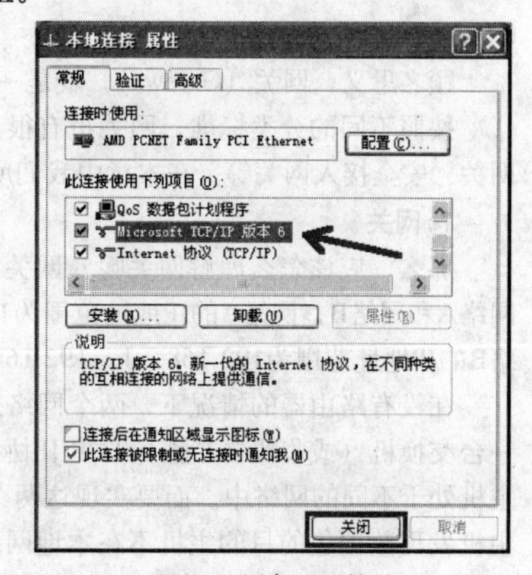

图6-6　添加IPv6协议

IPv6地址将通过邻居发现（Neighbor Discovery）方式自动获得，一般不建议手动设定静态地址。

有些IPv6 DNS服务器搭建在双栈链路之上，无需专门指定IPv6 DNS服务器参数，沿用IPv4的DNS服务器设置即可，通常也设置为自动获取。

6.2.3 子网掩码

子网掩码（Subnet Mask）又叫网络掩码、地址掩码，是一个32位地址，需要与IP地址结合使用。它的主要作用有两方面：一是用于屏蔽IP地址的一部分，以区别网络标识和主机标识，从而区分该IP地址是在本地局域网中还是在远程网上；二是用于将一个大的IP网络划分为若干个小的子网络，这样可以避免由于一个网络中的主机数过多导致的广播风暴问题。

IP地址在设计时就考虑到地址分配的层次特点，将每个IP地址都分割成网络号和主机号两部分，以便于IP地址的寻址操作。IP地址的网络号和主机号各是多少位呢？如果不指定，就不知道哪些位是网络号，哪些位是主机号，这就需要通过子网掩码来实现。

子网掩码一共分为两类，一类是默认子网掩码，一类是自定义子网掩码。

1. 默认子网掩码

默认子网掩码即未划分子网，对应的网络标识位都置1，主机标识都置0。

- A类网络默认子网掩码：255.0.0.0。
- B类网络默认子网掩码：255.255.0.0。
- C类网络默认子网掩码：255.255.255.0。

2. 自定义子网掩码

自定义子网掩码是将一个网络划分为几个子网，可以实现每一段使用不同的网络号或子网号，我们也可以认为是将主机号分为两个部分：子网号、子网主机号。其形式如下：

- 未做子网划分的IP地址：网络号＋主机号。
- 做子网划分后的IP地址：网络号＋子网号＋子网主机号。

换言之，当将IP网络进行子网划分后，以前主机标识位的一部分给了子网号，余下的是子网主机号。子网掩码是32位二进制数，它的子网主机标识部分全为“0”。利用子网掩码可以判断两台主机是否在同一子网中。若两台主机的IP地址分别与它们的子网掩码相“与”后的结果相同，则说明这两台主机在同一子网中。

假如主机A（IP:202.114.66.39）和主机B（IP:202.114.66.129）进行通信，如果都采用默认的子网掩码255.255.255.0，那么主机A和主机B都属于202.114.66.0网络，双方可以直接进行通信。但如果都采用子网掩码255.255.255.240，那么主机A属于202.114.66.32网络，而主机B属于202.114.66.128网络，两台计算机属于不同网络，双方只能间接通信，需要路由器转发数据包。

6.2.4 默认网关

顾名思义，网关（Gateway）就是一个网络连接到另一个网络的“关口”。

按照不同的分类标准，网关也有很多种，例如短信网关、协议转换网关、语音网关、TCP/IP网关、安全接入网关等。在本章中我们所讲的“网关”均指TCP/IP协议下的网关。

1. 网关

那么，应该怎么理解网关呢？网关实质上是一个网络通向其他网络的接口IP地址。例如，有网络A和网络B，网络A的IP地址范围为192.168.1.1～192.168.1.254，子网掩码为255.255.255.0；网络B的IP地址范围为192.168.2.1～192.168.2.254，子网掩码为255.255.255.0。

在没有路由器的情况下，两个网络之间是不能进行TCP/IP通信的，即使是两个网络连接在同一台交换机（或集线器）上，TCP/IP协议也会根据子网掩码（255.255.255.0）判定两个网络中的主机处于不同的网络中。而要实现这两个不同网络之间的通信，则必须通过网关。如果网络A中的主机发现数据包的目的主机不在本地网络中，就把数据包转发给它自己的网关，再由网关转发给网络B的网关，网络B的网关再转发给网络B中的某个主机。网络B向网络A转发数据包的过程也是如此。

因此，只有设置好网关的IP地址，TCP/IP协议才能实现不同网络之间的相互通信。那么这个IP地址是哪台机器的IP地址呢？网关的IP地址是具有路由功能的设备的IP地址，并且该设备连接至少两个以上的网络。能担当网关工作的网络设备有路由器、启用了路由协议的服务器（实质上相当于一台路由器）、三层交换机等。

2. 默认网关

默认网关的意思是一台主机如果找不到到达目标网络的路径信息，就把数据包发给默认指定的网关，由这个网关来转发数据包。现在主机中配置的网关指的就是默认网关。

用户可以运行 route print 或 netstat–r命令显示本地计算机上的路由表，如图6-7所示。

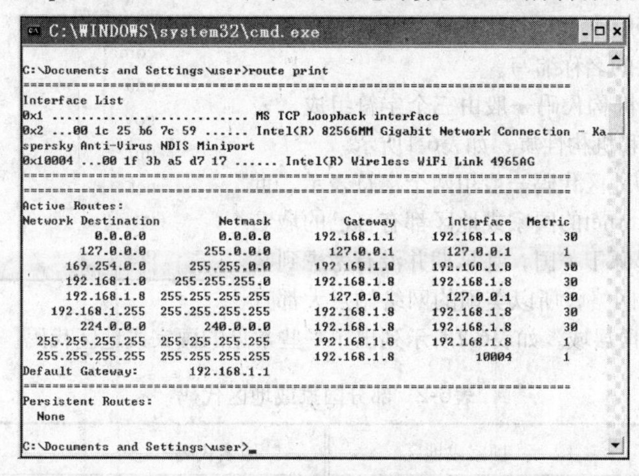

图6-7 主机的路由表

路由表中的每一个路由项具有五个属性，包含4个方面的信息：

1）网络地址（Network Destination）、网络掩码（Netmask）：网络地址和网络掩码相“与”的结果用于定义本地计算机可以到达的网络目的地址范围。通常情况下，网络目的地址范围包含以下3种：

- 主机地址：某个特定主机的网络地址，网络掩码为255.255.255.255。
- 网络地址：某个特定网络的网络地址，如图6-7中的第4条路由。
- 默认路由：所有未在路由表中指定的网络地址，如图6-7中的第1条路由。

2）网关（Gateway，又称为下一跳地址）：在发送IP数据包时，网关定义了针对特定的网络目标地址，数据包应发送到的下一跳地址。如果是本地计算机直接连接到的网络，网关通常是本地计算机对应的网络接口，但是此时接口必须和网关一致；如果是远程网络或默认路由，网关通常是本地计算机所连接到的网络上的某个服务器或路由器。

3）接口（Interface）：接口定义了针对特定的网络目标地址，本地计算机用于发送数据包的网络接口。网关必须位于和接口相同的子网，否则造成在使用此路由项时需调用其他路由项，从而可能会导致路由死锁。

4）跃点数（Metric）：跃点数用于指出路由的成本或代价。跃点数越低，代表路由成本越低；跃点数越高，代表路由成本越高。当具有多条到达相同目标网络的路由项时，TCP/IP会选择具有最低跃点数的路由项。

6.2.5 域名地址

IP地址由32位数字来表示主机的地址，但是分布在网上成千上万的计算机，如果都用像

202.103.0.68这样的数字来识别，显得既生硬又难以记忆。TCP/IP协议还提供了另一种方便易记的地址方式：域名地址，即用一组英文简写来代替难记的数字。例如，清华大学Web服务器的IP地址为166.111.4.100，相对应的域名地址为www.tsinghua.edu.cn。Internet通过域名服务器（Domain Name Server, DNS）将域名地址解析成IP地址，用户只需记住这些形象的域名地址就可以访问远程主机。

每个域名地址包含几个层次，每部分称为域，并用圆点隔开。域名地址是从右至左来表述其意义的，最右边的部分为顶层域，最左边的则是某台主机的机器名称。一般域名地址可表示为：主机名.单位名.网络名.顶层域名。例如，bbs.whu.edu.cn，这里的bbs代表武汉大学的某台主机，whu代表武汉大学，edu代表中国教育科研网，cn代表中国。顶层域一般是组织机构或国家/地区的名称缩写。

顶层域中的组织机构代码一般由三个字符组成，表示了域名所属的领域和机构性质，如表6-1所示。

表6-1 常见组织机构代码

域名代码	机构性质
com	商业机构
edu	教育机构
gov	政府部门
mil	军事机构
net	网络组织
int	国际机构
org	其他非盈利组织

顶层域中的国家/地区代码一般用两个字符表示，世界上每个申请加入Internet的国家或地区都有自己的域名代码。由于Internet起源于美国，且早期并没有考虑到其他国家将来会加入该网络，所以美国的网络站点大都直接使用组织机构作为顶层域。如表6-2所示列出了一些常见的国家或地区代码。

表6-2 部分国家或地区代码

域名代码	国家或地区	域名代码	国家或地区
ar	阿根廷	nl	荷兰
au	澳大利亚	nz	新西兰
at	奥地利	ni	尼加拉瓜
br	巴西	no	挪威
ca	加拿大	pk	巴基斯坦
fr	法国	ru	俄罗斯
de	德国	sa	沙特阿拉伯
gr	希腊	sg	新加坡
is	冰岛	se	瑞典
in	印度	ch	瑞士
ie	爱尔兰	th	泰国
il	以色列	tr	土耳其
it	意大利	uk	英国
jm	牙买加	us	美国
jp	日本	vn	越南
mx	墨西哥	tw	中国台湾地区
cn	中国内地	hk	中国香港地区

域名由申请域名的组织机构选择，然后再向Internet 网络信息中心（Internet NIC）或子域管理机构登记注册。当然现在有很多Internet网络信息中心的代理机构，也可受理域名申请。需要说明的是域名地址也是唯一的，所以尽早注册域名，可以保证域名更有其实际意义。

下层域名一般由其上层域名的管理者分配和定义，例如微软公司向.com管理机构申请了域名“microsoft.com”，该域名的下层域名地址管理由微软公司自己负责。例如，微软公司可在DNS服务器中为WWW服务创建域名www.microsoft.com，为FTP服务创建域名ftp.microsoft.com等。

6.3 构建Windows局域网

6.3.1 引例

大二学生小王和小张是同寝室室友，为了学习需要，他们都配置了新电脑。但是，不久两人发现他们想互相传递文件或工具软件，通常只能借助U盘或光盘，非常麻烦。特别是后来他们共同买了一台打印机后，因为打印机只能接在其中的一台机器上，导致另一名同学要使用打印机很不方便。由于这些原因，两人想到可以通过将两台机器组建成一个小型局域网，在局域网里采取共享文件和打印机的方法来解决这些不便。要实现以上计划，他们面临以下问题：

- 需要哪些硬件设施来构建局域网？
- 在软件方面要进行哪些设置？
- 如何测试构建的局域网，使其处于正常工作状态？
- 如何在构建好的局域网上共享文件和打印机？

下面将就如何解决上述问题展开讨论。

6.3.2 硬件构建

1. 局域网工作模式

构建Windows局域网，首先要确定网络的工作模式。通常有两种网络工作模式：对等模式和客户机/服务器模式，相关内容参见6.1.2节。

在对等网络中，不需要使用专门的服务器，各站点间保持松散的平等关系，每个站点既是网络服务的提供者，又是网络服务的获取者。对等网具有组网容易、成本低廉、易于维护等特点，适合组建计算机数量较少、分布较集中、计算机性能要求不高的工作环境。对等模式在Windows中称为工作组（Workgroup）模式。

客户机/服务器网络是一种基于服务器的网络，服务器担任中央控制站的角色，负责存储和提供共享的文件、数据库或应用程序等资源，其他用户的计算机则称为客户机，客户机通过网络向服务器申请资源共享服务。与对等网络相比，客户机/服务器网络提供了更好的运行性能，提高了系统的可靠性，但实现起来比对等网络要复杂，代价较高。客户机/服务器模式在Windows中称为域（Domain）模式。

小型局域网主要应用于共享文档资料、打印机等硬、软件资源，并使为数不多的用户能够相互通信，对等模式就可以很好地满足这些需求，因此以下只介绍对等模式局域网的组建。

2. 硬件架构

（1）双机互连

如果现在只有两台机器需要组建网络，以达到互相通信并共享彼此资源的目的，最常见的硬件架构只需两台机器配置相同速度的网卡，然后将一根网线（双绞线）两端的RJ-45插头分别接入两台机器的网卡即可。唯一需要注意的是，此时的网线要选用交叉线，即网线两端的RJ-45插头应分别选用T568A和T568B标准。

（2）多机互连

如果有三台及以上的计算机需要接入网络，除了每台机器上配置网卡外，还需要添加额外的网络设备：集线器或交换机。因为交换机是“独占”工作方式，比集线器的“共享”工作方式性能更好，因此在局域网里通常选用交换机作为连接计算机的网络设备。采用交换机构建的是星形以太网，这种结构的网络易于扩充，而且如果一台机器出现故障，其他机器之间仍然可以互相通信。

用交换机来组建小型星形局域网的硬件架构也很简单，每台机器安装好网卡后，分别通过一根直连网线接入交换机的一个端口，这里直连网线是指网线的两端遵循相同的标准，通常都为T568B。接通交换机的电源后，如果网卡和交换机相应端口的指示灯都指示为正常工作，则表示已成功构建多机互连局域网络的物理连接，如图6-8所示。

图6-8 有线星形局域网物理架构

(3) 无线互连

上述无论是双机互连还是多机互连，都是通过有线介质进行连接，也可以通过无线方式来构建局域网。利用无线方式构建局域网，当网络内的机器较少时，只要每台机器配置无线网卡，在一定的距离内就可以进行相互通信，这种模式称为Ad hoc模式。

如果无线网络上需连接的机器较多，或是想将无线网络和有线网络连接起来，则需要通过无线访问点（Access Point, AP）来架构无线局域网，如图6-9所示。

在无线访问点覆盖范围内的无线工作站可以通过它互相通信。在无线网络中，无线访问点相当于有线网络的集线器，它能够把各个无线客户端通过无线网卡连接起来。同时，无线访问点还能够通过其他网络设备（如交换机等）与有线网络相连，从而扩大网络范围和规模，并且可与Internet互连，如图6-10所示。

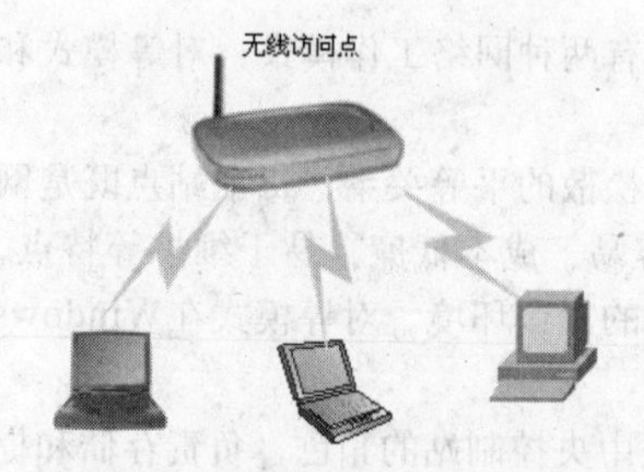

图6-9 无线局域网物理架构

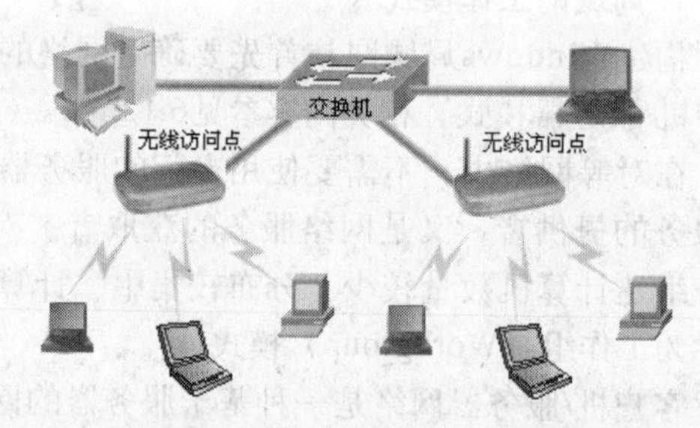

图6-10 更大范围的无线局域网

6.3.3 软件设置

当局域网的物理连接构造完成后，还需要进行相应的软件设置，才能实现多台机器应用程序间的通信和资源共享。

1. 安装协议及相关服务

如果想与其他Windows主机进行资源互访，通常需要在机器上安装“Microsoft网络客户端”、“Microsoft网络的文件和打印机共享”以及“Internet协议（TCP/IP）”组件。

“Microsoft网络客户端”允许本机访问Microsoft网络上的其他资源；“Microsoft网络的文件和打印机共享”可以让其他计算机通过Microsoft网络访问本机上的资源；“Internet协议（TCP/IP）”则是Windows默认的广域网协议，它能够提供跨越多种互联网络的通信。

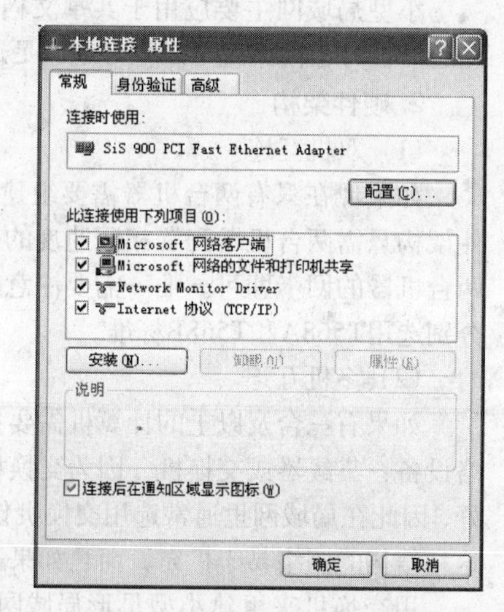

图6-11 安装相关协议及服务

Windows XP操作系统在默认情况下已安装了以上三个网络组件，如果被意外删除，可通过以下方法添加。右击桌面上的“网上邻居”图标，在弹出的快捷菜单中选择“属性”命令，打开“网络连接”窗口。右击“本地连接”图标，在弹出的快捷菜单中选择“属性”命令，打开如图6-11所示的

“本地连接 属性”对话框。

在“此连接使用下列项目”栏中列出了已安装和绑定的网络组件，组件前复选框被选中的项表示已绑定并生效。要安装或卸载某网络组件，只需选中该组件，单击列表下方的“安装”或“卸载”按钮即可。

2. 设置主机名和工作模式

在Windows 操作系统中，可以通过主机名或IP地址来访问不同机器上的共享资源，设置合适的主机名，可以使网络共享更加方便快捷。另外，前面介绍过Windows提供了两种网络工作模式：工作组和域模式，这两种模式的选择也需要人工设置。

在Windows XP下要设置主机名和网络工作模式，可以右击桌面上的“我的电脑”图标，在弹出的快捷菜单中选择“属性”命令，在打开的“系统属性”对话框中选择“计算机名”选项卡，即可看到系统原来的主机名以及工作模式。要更改主机名或工作模式，可单击“更改”按钮，打开如图6-12所示的“计算机名称更改”对话框。

在“计算机名”文本框中填入更改后的机器名，如“whu-1”，在“隶属于”栏中选择“域”模式或“工作组”模式，并填上相应的名称，如“GROUP1”，单击“确定”按钮，即可完成主机名和工作模式的设置。注意，在同一个工作组里，不能有两台计算机主机名完全相同。

3. 设置IP地址

如果要通过TCP/IP协议进行主机之间的通信，则需要为每台主机配置有效的IP地址。IP地址同计算机名一样，在同一个局域网里也不能重复。在同一个局域网里配置的IP地址必须属于同一个子网。属于不同子网的计算机间如果需要通信,则必须通过路由器转发。

在Windows XP中配置IP地址，可按照前面介绍的方法打开如图6-11所示的“本地连接 属性”对话框，在列表框中选中“Internet协议（TCP/IP）”选项，双击该项或单击“属性”按钮，即可打开如图6-13所示的“Internet协议（TCP/IP）属性”对话框。

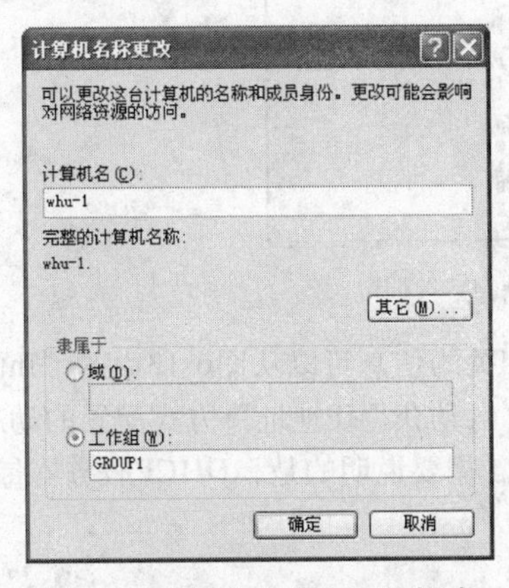

图6-12 设置主机名和工作模式

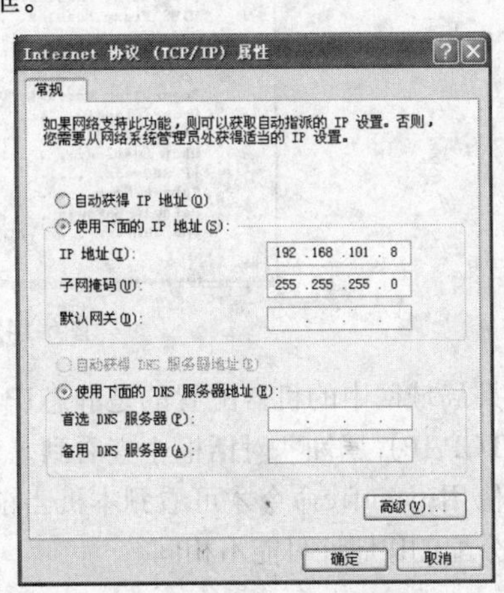

图6-13 设置IP地址和子网掩码

在如图6-13所示的对话框中选中“使用下面的IP地址”单选按钮，在下面的“IP地址”文本框中输入IP地址，如“192.168.101.8”，在“子网掩码”文本框中输入子网掩码，如“255.255.255.0”。根据子网掩码的定义，可知该局域网中的其他主机IP均应设置为“192.168.101.X”模式，其中X代表1～254之间任意不重复的整数，而子网掩码则都设置为“255.255.255.0”，这样就可以使该局域网中的主机都具有相同的网络地址，不同的主机地址。

如果局域网中有DHCP（Dynamic Host Configuration Protocol，动态主机配置协议）服务器，可以为其他计算机提供动态分配IP地址的服务，则其他机器都只需在图6-13中选中“自动获得IP地址”和“自动获得DNS服务器地址”单选按钮即可，这样就省去为每台机器手工配置静态IP地址的麻烦。

6.3.4 网络测试

在构建好局域网的硬件设施，并对相关网络参数、属性进行配置后，就可以利用Windows操作系统提供的一些网络测试命令来检测网络连接的正确性。

1. ipconfig命令

ipconfig命令用来显示所有网络适配器的TCP/IP网络属性值，包括IP地址、子网掩码、默认网关、DHCP服务器地址和DNS服务器地址等信息。使用不带参数的ipconfig只显示所有网络适配器的主要IP参数信息：IP地址、子网掩码和默认网关。ipconfig/all则显示所有网络适配器完整的TCP/IP配置信息。

在Windows XP的cmd命令窗口中输入ipconfig/all，就可以看到如图6-14所示的信息。在局域网连接中，只需注意以下信息是否正确即可。

- Host Name：主机名。
- Physical Address：网卡的物理地址。
- IP Address：IP地址。
- Subnet Mask：子网掩码。

其他参数将在6.4节中介绍。

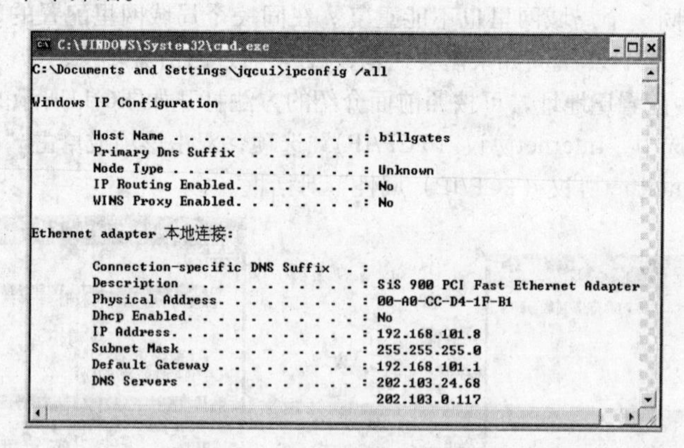

图6-14 TCP/IP网络配置信息

如果局域网中的机器配置的是静态IP地址，上述与IP相关的信息可以从图6-13中的“Internet协议（TCP/IP）属性”对话框中查看到，但是如果是通过“自动获得IP地址”方式配置的动态IP，则必须使用ipconfig命令才可看到本机当前分配到的IP地址。需要说明的是，DHCP服务器每次为客户机分配的IP地址可能不相同。

2. ping命令

ping是最常用的检测网络故障的命令，用于确定本地主机是否能与另一台主机交换（发送与接收）数据，根据返回的信息，用户可以判断TCP/IP协议参数是否设置正确、目标网络能否到达以及目标主机是否正常工作。

ping命令的基本格式为：ping 目标名，其中目标名可以是Windows主机名、IP地址或域名地址。如果ping命令收到目标主机的应答，如图6-15所示的“ping 192.168.101.18”命令结果，则表示本机与目标主机已连通，可以进行数据交换；如果ping命令的显示结果为“Request timed out”，则表示请求超时，目标主机不可达。不过，因为ping命令采用的是ICMP（Internet Control Message Protocol）报文进行测试，如果对方装有防火墙，过滤掉ICMP报文，则ping命令无法收到正确的应答信息，从而造成目的主机没有正常工作的假象。

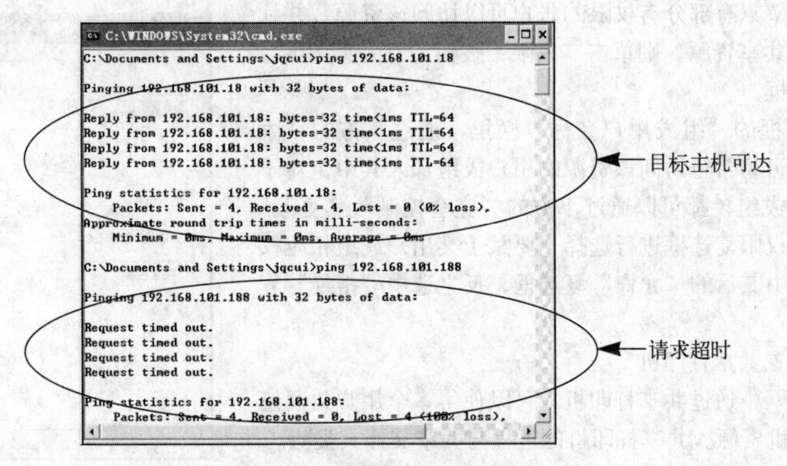

图6-15 ping命令运行结果

在局域网里，通常按以下顺序使用ping命令来测试网络的连通性。

（1）ping 127.0.0.1

127.0.0.1是一个环回地址，代表本地计算机。这个ping命令被送到本地计算机的IP协议进程，如果Ping不通，就表示TCP/IP协议的安装或运行存在一些根本的问题。

（2）ping本地IP地址

“ping本地IP地址”可以检测本地网卡及本地IP地址配置的正确性，用户计算机始终都应该对该ping命令作出应答。如果ping不通，则表示本地配置或网卡存在问题。

（3）ping局域网内其他IP地址

该ping命令从用户计算机发出ICMP报文，经过网卡及网络电缆到达目标计算机，再返回相同的信息给源站。源站收到应答，表明源站和目的站IP地址和子网掩码配置正确，目标计算机可达。

ping命令也可用来测试广域网的连通性，相关内容将在6.4节中介绍。

6.3.5 网络共享

一旦局域网中的主机可以正常通信，就可以设置网络共享来实现整个局域网内部的资源共享。在局域网中可以实现软、硬件资源共享，常见功能是共享文件和打印机。

1. 设置共享

要让网络中的计算机彼此共享资源，首先需要网络上的机器将资源共享出来，供其他计算机使用。

（1）设置共享文件夹

在Windows XP系统的“我的电脑”或“资源管理器”中，找到要共享文件夹的位置，右击该文件夹图标，在弹出的快捷菜单中选择“共享和安全”选项，打开如图6-16所示的对话框。

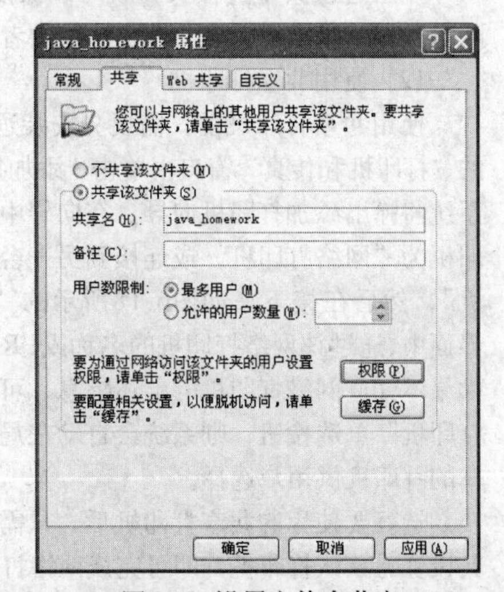

图6-16 设置文件夹共享

在该对话框中选中“共享该文件夹”单选按钮，并在“共享名”文本框中填入共享名，共享名可以与共享文件夹名不同，其他用户在网络上看到该共享资源的共享名。用户还可在“用户数限制”栏中设置允许同时访问该共享资源的连接用户数量。

另外，默认情况下，网络中的其他主机可以使用本机的任意账户对共享文件夹进行读取和更改。如果希望只有部分有权限的账户可以访问该资源，并且只能读取该共享资源，则单击“权限”按钮，打开如图6-17所示的对话框。

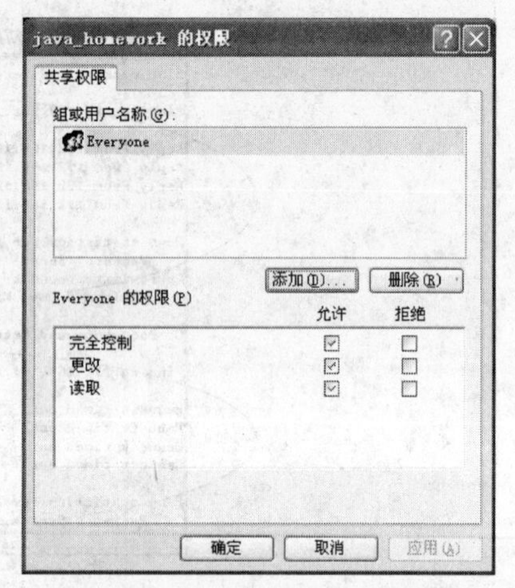

图6-17 设置共享文件夹权限

在对话框的“组或用户名称”栏里，通过下方的“添加”按钮，可将希望访问该资源的用户或组加入其中。对于每一个用户或组，都可以通过下方的“完全控制”、“更改”和“读取”权限复选框进行选择。要赋予某用户或组相应权限，只需选中其后的“允许”复选框，反之选中“拒绝”复选框。

（2）设置共享打印机

在局域网中通过共享打印机，可以使得多个用户共同使用一台打印机资源。共享打印机的过程与共享文件夹类似。

在安装有本地打印机的机器上，选择“开始”|“打印机和传真”选项，找到要共享的打印机图标，右击该图标，在弹出的快捷菜单中选择“共享”命令，在打开的对话框中选中“共享这台打印机”单选按钮，并在“共享名”文本框中填入相应的共享名称，即可将该打印机共享给网络中的其他用户使用。

2. 使用共享

只要局域网内有主机将资源共享出来，其他主机就可以通过该资源所赋予的账户连接到此主机，使用共享资源。

（1）使用共享文件

明确共享文件所存放的位置后，可以先在Windows XP系统的“网上邻居”中找到该资源所在的主机，双击该主机图标进行连接，根据其中的共享名找到共享文件夹；或者在“开始”|“运行”栏中（也可在“我的电脑”或IE地址栏中）输入：“\\主机名\共享名”，也可以获得相同的结果。如果提供共享资源的用户没有开放“Guest”账户，则在连接时还需输入用户名和密码。

一旦进入共享文件夹，就可以像使用本地资源一样，对共享资源进行打开、复制、修改、删除等操作，当然前提是共享资源提供者对上述操作赋予了“允许”权限。

（2）使用共享打印机

使用共享打印机前，需要先安装远程打印机。选择“开始”|“打印机和传真”选项，在打开的“打印机和传真”窗口中单击“添加打印机”选项，系统将弹出添加打印机向导。在向导中，首先选择打印机为“网络打印机，或连接到另一台计算机的打印机”，然后在接下来如图6-18所示的“指定打印机”界面中，通过该网络打印机的名称或URL确定其位置，如果不知道网络打印机的上述信息，可以选中“浏览打印机”单选按钮，则系统会自动在局域网内搜索共享的打印机供用户选择。

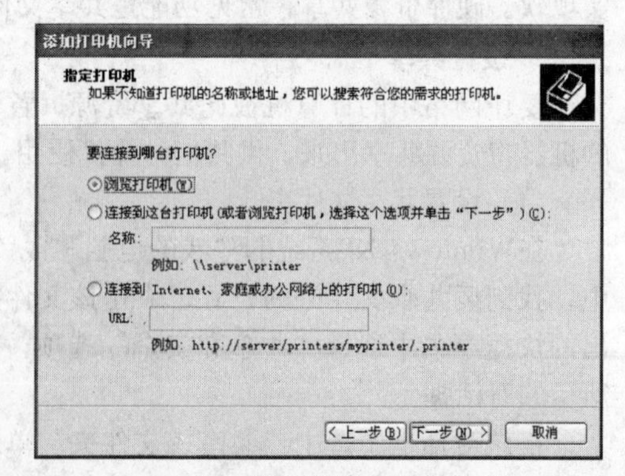

图6-18 指定网络打印机位置

选好要使用的共享打印机后，只需再选择是否将其设置为默认打印机，即可完成网络打印机的安装。

安装好网络打印机后，就可以像使用本地打印机一样使用该共享打印机，只要在需要实行打印的应用程序中（如Word、IE等）将共享打印机设为当前打印机就可以了。如果刚才安装时将共享打印机设置成默认打印机，则不需额外选择，该打印机就是各应用程序的当前打印机。

3. 取消共享

如果想取消已共享的网络资源，可以直接右击共享资源，按照设置共享时的相同方法打开“共享设置”对话框，选中“不共享该文件夹”或“不共享这台打印机”单选按钮即可。

6.4 与Internet建立连接

6.4.1 引例

上一节里小王和小张选择采用交换机为中心交换设备，成功地组建了寝室星形局域网，解决了文件和打印机共享问题，并为以后其他同学的计算机加入寝室网提供了方便。但接下来，他们又有了新的问题。因为很多课程的学习需要通过访问Internet查找相关资料，而仅有局域网显然无法满足这一需求。这次他们面临着如何将寝室计算机接入Internet的问题，具体来说主要有以下几点：

- 通过哪些方式可以接入Internet?
- 这些接入方式各有什么特点?
- 不同的接入方式对硬件设备有什么不同的要求?
- 需要对软件进行何种设置才能漫游Internet?

这是以下小节将要解决的问题。

6.4.2 拨号接入

拨号接入是个人用户接入Internet最早使用的方式之一，也是目前为止我国个人用户接入Internet使用最广泛的方式之一。拨号接入Internet是利用电话网建立本地计算机和ISP（Internet服务供应商）之间的连接。这种情况一般出现在不能直接接入Internet某个子网的情况，例如在家中使用电脑访问Internet。拨号接入主要分为电话拨号、ISDN和ADSL三种方式。

1. 电话拨号接入

电话拨号接入方式在Internet早期非常流行，因为这种接入方式非常简单，只要具备一条能拨通ISP特服电话（如163、169、663等）的电话线、一台计算机、一台外置调制解调器（Modem）或Modem卡，并且在ISP处办理了必要的申请手续后，就可以上网了，如图6-19所示。

图6-19 电话拨号接入

电话拨号方式的缺点在于它的接入速度很慢，由于线路的限制，它的最高接入速度只能达到56Kbit/s。另外，当电话线路被用来上网时，就不能使用电话进行通话，用户常常感觉很不方便。因此，现在已经很少有人再选用这种方式接入Internet，在此也不作过多介绍。

2. ISDN接入

ISDN综合业务数字网（Integrated Service Digital Network）是一种能够同时提供多种服务的综合性的公用电信网络。

ISDN由公用电话网发展起来，为解决电话网速度慢，提供服务单一的缺点，其基础结构是为提供综合的语音、数据、视频、图像及其他应用和服务而设计的。与普通电话网相比，ISDN在交换机用户接口板和用户终端一侧都有相应的改进，而对网络的用户线来说，两者是完全兼容的，无须修改，从而使普通电话升级接入ISDN网所要付出的代价较低。ISDN所提供的拨号上网的速度可高达128Kbit/s，能快速下载一些需要的文件和Web网页，使Internet的互动性能得到更好的发挥。另外，ISDN可以同时提供上网和电话通话的功能，解决了电话拨号所带来的不便。

使用标准ISDN终端的用户需要电话线、网络终端（如NT1）、各类业务的专用终端（如数字话机）等3种设备。使用非标准ISDN终端的用户需要电话线、终端适配器（TA）或ISDN适配卡、网络终端、通用终端（如普通话机）等4种设备。一般的家庭用户使用的都是非标准ISDN终端，即在原有的设备上再添加网络终端和适配器或ISDN适配卡就可以实现上网功能，如图6-20所示。

图6-20 ISDN接入

3. ADSL接入

ADSL（Asymmetrical Digital Subscriber Line, 非对称数字用户线）是DSL（Digital Subscribe Line, 数字用户线）技术中最常用、最成熟的技术。它可以在普通电话线上传输高速数字信号，通过采用新的技术在普通电话线上利用原来没有使用的传输特性，在不影响原有语音信号的基础上，扩展了电话线路的功能。所谓非对称主要体现在上行速率（最高1Mbit/s）和下行速率（最高8Mbit/s）的非对称性上。

ADSL与ISDN都是目前应用非常广泛的接入手段。与ISDN相比，ADSL的速率要高得多。ISDN提供的是2B＋D的数据通道，其速率最高可达到2×64Kbit/s+16Kbit/s=144Kbit/s，接入网络是窄带的ISDN交换网络。而ADSL的下行速率可达8Mbit/s，它的话音部分占用的是传统的PSTN网，而数据部分则接入宽带ATM平台。由于上网与打电话是分离的，所以用户上网时不占用电话信号，只需交纳网费而不需付电话费。

通过ADSL接入Internet，只需在原有的计算机上加载一个以太网卡以及一个ADSL 调制解调器即可（如果是USB接口的ADSL调制解调器，则不需要网卡）。将网卡安装并设置好，然后用双绞线连接网卡和ADSL调制解调器的RJ-45端口，ADSL调制解调器的RJ-11端口（即电话线插口）连接电话线。为了将网络信号和电话语音信号分成不同的频率在同一线路上传输，需要在电话线上连接一个分频器，如图6-21所示。

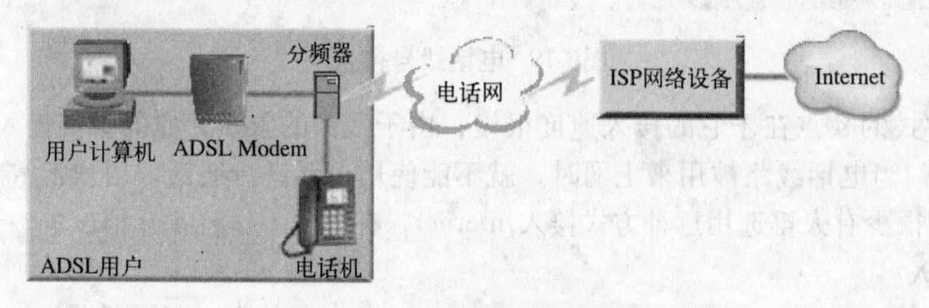

图6-21 ADSL接入

在配置好ADSL硬件连接后，还需要进行一些软件设置。如果所用的ADSL调制解调器具有自动拨号功能，则接通ADSL调制解调器电源后会进行自动拨号，一旦拨号成功，就可以直接上网。如果ADSL不具备自动拨号功能，则还需要安装PPPoE（Point-to-Point Protocol over Ethernet，以太网上的点对点协议）虚拟拨号软件，如EnterNet、RasPPPoE等。

另外，如果有多台机器要共享一个ADSL连接上网，可先将多台机器通过集线器或交换机连接成一个局域网，再通过将ADSL调制解调器设置为路由模式或在局域网内设置代理服务器的方法实现多机共享上网的功能。

6.4.3 局域网接入

如果用户所在的单位或者社区已经架构了局域网并与Internet相连接，则用户可以通过该局域网接入Internet。例如，校园内学生寝室的计算机可以通过接入学校校园网，而达到上网的目的。

使用局域网方式接入Internet，由于全部利用数字线路传输，不再受传统电话网带宽的限制，可以提供高达十兆甚至上千兆的桌面接入速度，比拨号接入速度要快得多，因此也更受用户青睐。

但是，局域网不像电话网那样普及到人们生活的各个角落，局域网接入Internet受到用户所在单位或社区规划的制约。如果用户所在的地方没有架构局域网，或者架构的局域网没有和Internet相连，而仅仅是一个内部网络，那么用户就无法采用这种方式接入Internet。

采用局域网接入Internet的方法非常简单，在硬件配置上只需要一台计算机、一块以太网卡和一根双绞线，然后通过ISP的网络设备就可以连接到Internet。局域网接入方式如图6-22所示。

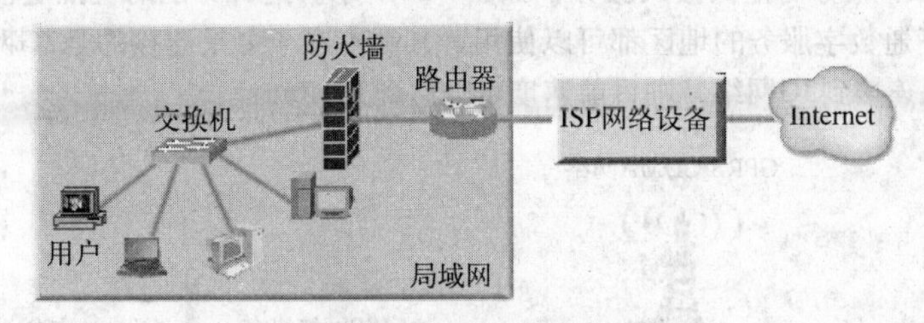

图6-22 局域网接入

在软件方面，只需要配置好TCP/IP协议的相关参数即可。在6.3.3节已介绍过局域网中IP地址和子网掩码的配置方法，除此之外，还需要在图6-13中设置默认网关、DNS域名服务器的IP地址。这些IP地址信息都可以从局域网管理员处获得。默认网关是指如果用户计算机与通信的目标计算机不在同一个局域网内，则数据会被传送至默认网关IP所代表的网络设备（通常是路由器或三层交换机），由网关负责数据包的转发。DNS域名服务器则为用户提供域名解析服务，使用户可以使用域名地址访问Internet上的服务，如果不设置DNS域名服务器，则只能通过IP地址来访问Internet上的服务。

如果局域网内配置了DHCP服务器，则可省去上述配置的麻烦，只需在图6-13中选中“自动获得IP地址”单选按钮即可。

设置好软硬件后，如果还不能上网，可以通过ping命令来进行测试。首先ping 网关IP，如果网关ping不通，则肯定无法向外网发送和接收数据（前提是网关未屏蔽ICMP报文）。如果网关是连通的，则可以ping一个外网的域名地址，如ping www.sina.com.cn，如果不能ping通，首先观察一下测试结果是否成功将域名地址解析为IP地址，如果显示“ping request could not find host www.sina.com.cn. Please check the name and try again”，则表示DNS服务器出了问题，没有将域名地址转换成对应的IP地址。

6.4.4 无线接入

通过无线接入，Internet可以省去铺设有线网络的麻烦，而且用户可以随时随地上网，不再受到有线的束缚，特别适合出差在外使用，因此受到商务人员的青睐。

目前个人无线接入方案主要有两大类。一类是使用无线局域网（WLAN）的方式，网络协议为IEEE 802.11a、802.11b、802.11g、802.11n等，用户端使用计算机和无线网卡，服务端则使用无线信号发射装置（AP）提供连接信号，如图6-23所示。这种方式连接方便且传输速度快，最高可达到600Mbit/s。每个AP覆盖范围可达数百米，适用于构建家庭和小企业的无线局域网。

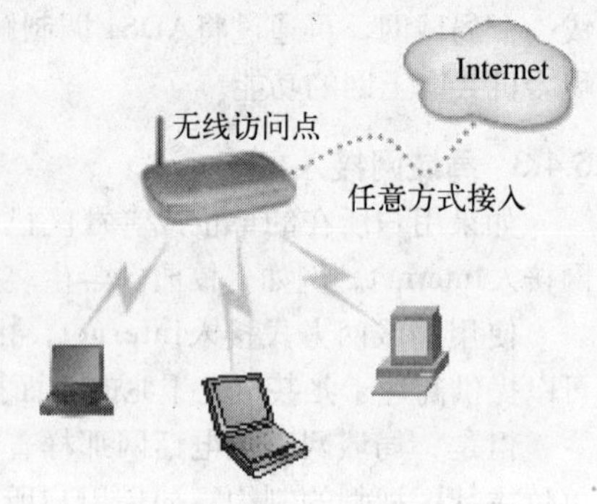

图6-23 WLAN接入

第二类方案是直接使用手机卡，通过移动通信来上网。采用这种上网方式，用户端需要购买额外的一种卡式设备（PC卡），将其直接插在笔记本或者台式电脑的PCMCIA槽或USB接口中，实现无线上网。当前，无线上网卡有几种类型：第一种是机卡一体，上网卡的号码已经固化在PC卡上，直接插入笔记本电脑的PCMCIA插槽内就可以使用；第二种是机卡分离，记录上网卡号码的“手机卡”可以和卡体分离，把两者插在一起，再插入PCMCIA插槽内就可以上网；第三种是USB无线调制解调器（“猫”），将手机卡插入到无线猫中，然后通过USB接口连接台式或笔记本电脑就可以上网。服务端则是由中国移动（GPRS）或中国联通（CDMA）等服务商提供接入服务，如图6-24所示。这种方法的优点是没有地点限制，只要有手机信号并开通数字服务的地区都可以使用，其缺点在于如果连接的是2G网络，则速度不是非常理想，而如果连接到3G网络，则目前速度可以达到几Mbit/s。

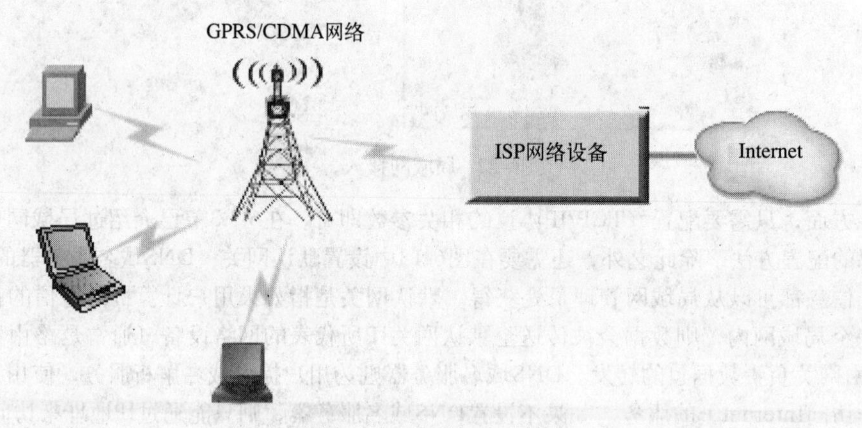

图6-24 GPRS/CDMA接入

下面以中国移动的“随e行”为例，说明如何通过手机卡上网。“随e行”是中国移动面向个人及企业客户推出的基于笔记本电脑或PDA终端无线接入互联网/企业网获取信息、娱乐或移动办公的业务总称。“随e行”突破了移动终端接入Internet必须依赖网线或电话线的束缚，可随时随地将用户的笔记本电脑或PDA通过无线方式接入Internet，为真正意义的移动办公提供了解决方案。以笔记本电脑和GPRS USB网卡为例，其具体操作步骤如下：

1）确认GPRS无线网卡、数据SIM卡一切正常。将数据SIM卡插入GPRS无线网卡，并将GPRS无线网卡连接到笔记本电脑的USB接口。

2）根据购买GPRS无线网卡时获得的安装光盘及说明书，在笔记本电脑中安装客户端软件。

3）启动客户端软件“G3随e行”，如图6-25所示。

4）单击“自动连接”按钮，通过验证后提示连接成功，出现如图6-26所示的界面。在该界面中可以查看当前的上传速率和下载速率，以及历史流量信息。

5）访问Internet或企业内部网（Intranet）。

图6-25 中国移动无线上网客户端

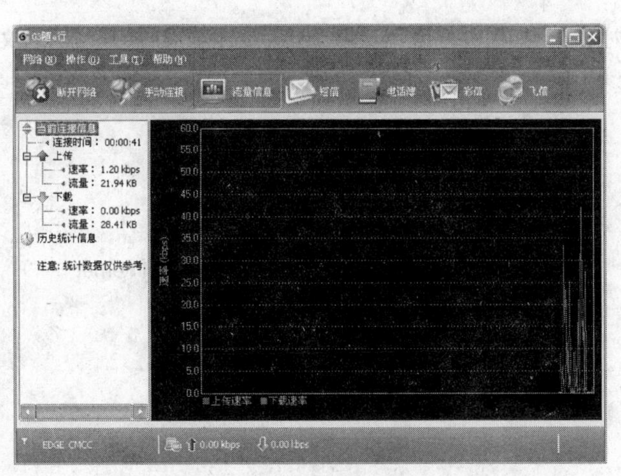

图6-26 无线上网速率和流量信息

6.5 漫游Internet和信息搜索

6.5.1 引例

同学小王和小张利用自己学校校园网的优势，选择通过局域网方式接入Internet，解决了与Internet建立连接的问题。下一步，该利用Internet为自己的学习服务了。虽然，他们知道利用Windows操作系统自带的Internet Explorer浏览器，可以打开某些已知域名的网站，但也存在以下一些问题：

- 为什么在浏览器的地址栏里输入域名地址，就可以浏览到相应的网页？
- 如何将网上的信息保存到本地硬盘？
- 如何收藏自己喜爱的站点？
- 对Internet Explorer浏览器可以进行哪些设置，从而能够更方便地浏览网上信息？
- 如何在浩瀚的Internet信息海洋里搜索到自己所需要的信息？

以下小节将解决他们遇到的这些问题。

6.5.2 WWW简介

WWW是World Wide Web的缩写，中文译名为万维网，是近年来发展最迅速的服务，也成为Internet用户最喜爱的信息查询工具。遍布世界各地的Web服务器，使Internet用户可以有效地交流各种信息，如新闻、科技、艺术、教育、金融、医疗、生活和娱乐等，几乎无所不包，这也是Internet迅速流行的原因之一。

WWW上的信息通过以超文本（Hypertext）为基础的页面来组织，在超文本中使用超链接（HyperLink）技术，可以从一个信息主题跳转到另一个信息主题。所谓超文本实际上是一种描述信息的方法，在超文本中，所选用的词在任何时候都能够被扩展，以提供有关词的其他信息，包括更进一步的文本、相关的声音、图像及动画等。

编写超文本文件需要采用超文本标记语言（HyperText Markup Language，HTML），HTML对文件显示的具体格式进行了规定和描述。例如，它规定了文件的标题、副标题、段落等如何显示，如何把超链接引入超文本，以及如何在超文本文件上嵌入图像、声音和动画等。有兴趣的读者参照这类资料，就能自己编写出生动活泼的超文本文件。

WWW是以Client/Server（客户端/服务器）方式工作的。上述这些供用户浏览的超文本文件被放置在Web服务器上，用户通过Web客户端（即Web浏览器）发出页面请求，Web服务器收到该请求后，经过一定处理后返回相应的页面至用户浏览器，用户就可以在浏览器上看到自己所请求的内容，如图6-27所示。整个传输过程中，双方按照超文本传输协议（Hypertext Transfer Protocol，HTTP）进行交互。

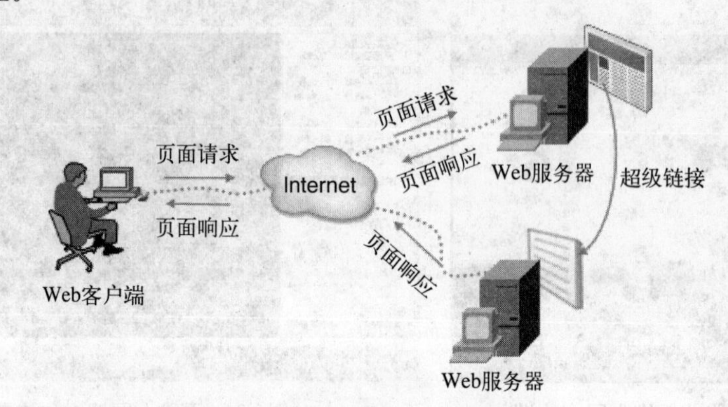

图6-27 Web服务示意图

不过，WWW上的信息成千上万，如何定位到要浏览的资源所在的服务器是首先要解决的问题。URL（Uniform Resource Locator，统一资源定位器）就是文档在WWW上的“地址”，它可以用于标识Internet或者与Internet相连的主机上的任何可用的数据对象。URL格式如下：

协议类型：//<主机名>:<端口>/<路径>/文件名

其中，协议类型可以是http（超文本传输协议）、ftp（文件传输协议）、telnet（远程登录协议）、news（电子新闻组）、gopher（信息查找服务）、WAIS（数据库检索服务）等。

例如，介绍武汉大学学校概况的URL为：http://www.whu.edu.cn/cn/xxgk/index.htm，其中，“http”表示与Web服务器通信采用http协议，武汉大学Web服务器的域名为“www.whu.edu.cn”，“cn/xxgk/”表示所访问的文件存在于Web服务器上的路径，“index.htm”则指出介绍学校概况的超文本文件名。

URL格式中主机名冒号后面的数字是端口编号，因为一台计算机常常会同时作为Web、FTP等服务器，端口编号用来告诉Web服务器所在的主机要将请求提交给哪个服务。默认情况下http服务的端口为80，不需要在URL中输入，如果Web服务器采用的不是这一默认端口，就需要在URL中写明服务所用的端口。

对WWW有了初步了解后，就可以利用Web浏览器开始WWW之旅，Web浏览器种类较多，在此只介绍最常用的由微软公司出品的Internet Explorer 6.0。

6.5.3 Internet Explorer

1. Internet Explorer 6.0简介

Microsoft的Web浏览器Internet Explorer 6.0（以下简称IE6）作为微软Windows XP中的一项核心技术，无论是对于仅浏览Web内容的最终用户，还是部署和维护浏览器的管理员或创建Web内容的Web开发人员，都提供了很多增强功能和新功能，例如：

- 浏览 Internet 的新方式：具有新的外观和功能，包括很多改善的浏览性能。
- 更方便的自定义和部署：通过Internet Explorer管理工具包IEAK 6，可以比以往更方便地自定义、部署和维护IE6。
- 快捷而方便地开发丰富的 Web 应用程序。
- 更具灵活性：利用创新性的浏览器功能（包括媒体栏、自动图片调整等），用户可以完全按照自己希望的方式去体验 Web。
- 增强的私密性：IE6支持用于隐私首选项（P3P）的平台，为用户提供控制他们的个人信息如何由其所访问的Web站点使用的方式。IE6提供了简单的工具以允许用户控制Web 站点收集关于他们的信息，且当站点包括带有Cookies的第三方内容时通知用户。

- 良好的可靠性：IE6继承和发扬了Internet Explorer的良好可靠性，从而提供更稳定的和无差错的浏览体验。新的错误收集服务能够帮助确定将来需要在Windows Internet 技术更新中修复的潜在问题。

2. IE6基本操作

（1）IE6用户界面

双击Windows XP系统桌面的“Internet Explorer”图标或选择“开始”菜单中的“Internet”命令，即可启动IE6，打开如图6-28所示的界面。

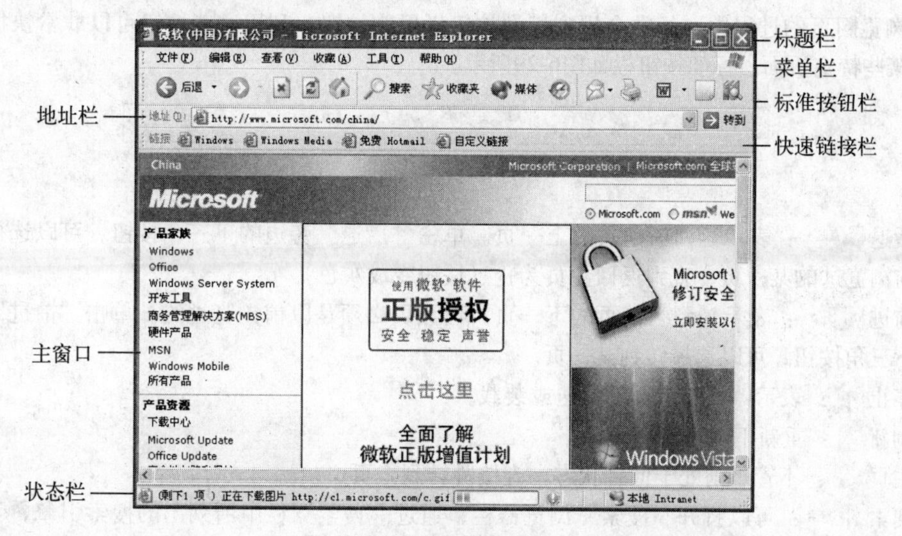

图6-28 IE6用户界面

标题栏

标题栏里显示的是当前Web页的主题，当连接到某一Web站点后，将在标题栏里显示该页的主题。

菜单栏

在菜单栏里可以找到Internet Explorer的所有操作命令，利用鼠标在下拉式菜单里单击，就可选择所需命令。

标准按钮栏

Internet Explorer将一些常用命令用按钮的形式排列在标准按钮栏里，当鼠标移至某按钮时，按钮会凸起，单击该按钮就可进行相应操作。

地址栏

该栏显示当前Web页的URL，可以直接输入新的URL，也可单击地址栏右边的下拉列表框，选择某个曾经访问过的URL。

快速链接栏

快速链接栏中列出了系统默认的常用Web站点，单击该栏中的按钮，可快速链接到要去的站点。

主窗口

Internet Explorer在该处显示Web页的内容。

状态栏

在状态栏里将显示正在寻找的URL地址、数据传输的进度等实时信息。

(2) 基本浏览

根据URL浏览

如果已经与Internet建立连接，只要在IE6地址栏中输入要访问站点的URL，就可以打开URL所指向的资源。例如，输入“http://news.sina.com.cn”就可以查看新浪网站的新闻。其中，URL中的“http://”可以省去，如果是其他协议则不能省略。在打开的页面里，如果鼠标由箭头变成手的形状，表示单击该处可查看所链接的下一个Web页面。

如果希望同时浏览多个Web站点，只需在IE的“文件”菜单下选择“新建窗口”命令，IE就会重新打开一个浏览窗口，在地址栏中输入新的网址即可。

使用标准按钮栏

在浏览网页的过程中，经常会用到标准按钮栏里的按钮，利用这些按钮可以非常快捷、方便地转到某些特定页面。标准按钮栏如图6-29所示。

后退 · 搜索 收藏夹 媒体

图6-29 标准按钮栏

- 后退 后退 ·：表示返回当前页的上一页。单击“后退”旁边的下三角按钮，可以选择返回以前浏览过的某一页，直到返回主页为止（按钮变成灰色）。
- 前进 ·：表示转到当前页的下一页，但该页必须是以前浏览过的。单击“前进”旁边的下三角按钮，可以选择转到某一页。
- 停止：表示停止当前页的传送或装载。
- 刷新：重新下载当前页。
- 主页：不管当前处于何种状态，直接跳转到主页。
- 搜索 搜索：可以打开“搜索”浏览器栏，通过“搜索”栏中所列出的搜索引擎，可以进行网址的查找。
- 收藏夹 收藏夹：可以添加和整理收藏的站点，在“收藏夹”浏览器栏中可以直接浏览或者连接这些站点。
- 媒体 媒体：“媒体”栏使得播放音乐、视频或多媒体文件更容易。例如使用计算机时，可使用“媒体”栏收听您喜欢的 Internet 电台。
- 历史：查看以前所访问过的站点。
- 邮件 ·：将运行指定的收发电子邮件的服务程序。
- 打印：打印当前页面。
- 编辑 ·：可运行网页编辑软件，进行当前网页的编辑。
- 讨论：打开讨论组浏览器栏。

上述标准按钮栏也可自行定义，选择“查看”|“工具栏”|“自定义”命令或右击标准按钮栏，在弹出的快捷菜单中选择“自定义”命令，都可以进行工具栏上标准按钮的定义。

保存网页和图片

当用户在浏览某一个Web服务器上的网页时，如果想将网页永久保存到本地磁盘，可以通过选择“文件”菜单中的“另存为”命令，在打开的“保存网页”对话框中选择或输入文件存放的路径、文件名、保存类型以及编码即可。保存下来的文件可以在脱机状态下，通过“文件”菜单中的“打开”命令或直接双击所保存的文件图标在浏览器中打开，以便再次浏览。

如果只想把网页上的某张图片保存到本地客户机中，可以将光标移动到图片上，然后右击鼠标，在弹出的快捷菜单中选择“图片另存为”命令，然后在打开的“保存图片”对话框中选择文件类型并输入图片文件名即可。

收藏站点

以上保存的网页和图片虽然可以在脱机状态下查看，但是不能即时更新，如果用户偶然发现一个自己非常喜欢的网站，并想看到其上的最新内容，此时可以将该网站的URL收藏到IE提供的收藏夹中，以后再浏览时就不需要输入网址了。IE的收藏夹为用户提供组织、管理并快速进入经常访问站点的功能。

首先打开要收藏的网页，然后选择“收藏”菜单中的“添加到收藏夹”命令，打开“添加到收藏夹”对话框，如图6-30所示。如果“添加到收藏夹”对话框没有下半部分，可以单击右边的“创建到”按钮，此时下半部分会出现。

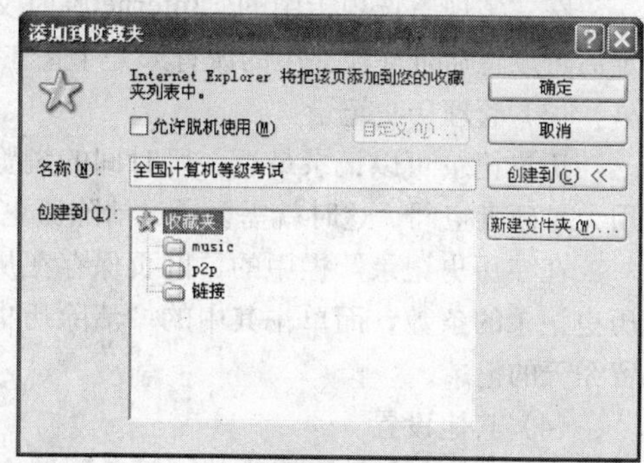

图6-30 收藏站点

在添加网页到收藏夹时，首先要选择添加的方式。默认的方式是将网页的地址添加到收藏夹中，以后使用该项时，Internet Explorer会按照保存的这个地址连接到Internet上浏览；如果选择“允许脱机使用”，则下次浏览该网页时不会自动连接Internet。用户可以通过单击“自定义”按钮来选择希望使用什么样的脱机方式浏览。

设置好添加方式后，在“名称”编辑框中为这个网页起一个名字，如“全国计算机等级考试”，然后在“创建到”框中单击选择您希望将文件收藏在哪个文件夹中，在此就选择默认的“收藏夹”文件夹。如果希望新建一个文件夹来收藏这个网页，可以单击“新建文件夹”按钮，然后在弹出的对话框中输入新建文件夹的名字并单击“确定”按钮。

最后，单击“确定”按钮即可将网页的URL添加到收藏夹中。以后要快速进入刚刚收藏的网页，只需选择“收藏”菜单中的“全国计算机等级考试”项即可。

3. IE6常规设置

IE6允许用户对其中的各种设置进行修改，从而使自己的Internet Explorer更具个性化，更符合用户自己的各种需求。IE6的设置主要通过“工具”菜单中的“Internet选项”命令来实现，如图6-31所示。该对话框共包含7个选项卡，即“常规”选项卡、“安全”选项卡、“隐私”选项卡、“内容”选项卡、“连接”选项卡、“程序”选项卡和“高级”选项卡。因篇幅所限，在此只介绍常规设置，其他设置可参见IE帮助文档。

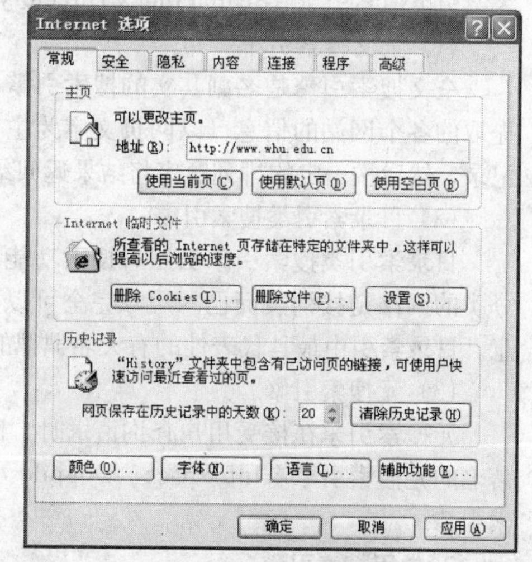

图6-31 Internet选项

“Internet选项”对话框中的“常规”选项卡主要负责更改IE的外观、主页并管理Internet临时文件、历史记录等。

(1) 更改主页

主页是指在进入IE6时默认打开的网页，可以直接在图6-28所示的地址栏中输入要设为主页的URL；如果希望将当前正在浏览的网页设为主页，则单击“使用当前页”；“使用默认页”按钮可将主页设为系统默认的主页，即微软公司的网站；如果打开IE6时，不希望连接到任何网页，则可单击“使用空白页”按钮。

(2) 删除Internet临时文件

在浏览网页时，IE会将网页及其文件（如图片）等作为临时文件保存在用户硬盘中的临时文件夹里，当重新浏览已经查看过的网页时，IE可以直接从硬盘中调出相应的临时文件，从而加快浏览的速度。但是这种功能也减少了硬盘上其他程序的使用空间，因此在硬盘空间有限的情况下，删除不再查看的网页，及时地整理临时文件夹会提高上网浏览的性能。

在“常规”选项卡中的“Internet临时文件”栏单击“删除Cookies”和“删除文件”按钮，确定后可以将临时文件夹中的所有未处于正在使用状态下的临时文件删掉。

(3) 管理历史记录

历史记录可以记录最近一段时间的浏览历程，但随着时间的增加，不断增多的历史记录会占用大量硬盘空间，这时就需要通过清除历史记录或者重新设置保存历史记录的天数来解决问题。

在“历史记录”栏中的“网页保存在历史记录中的天数”选项中选择合适的天数，可以控制历史记录的条数，而单击其中的“清除历史记录”按钮，则会将所有的历史记录全部删掉，只保留今天的记录。

(4) 其他设置

通过“常规”选项卡中的“颜色”、“字体”、“语言”和“辅助功能”，还可对IE的整体显示方式进行设置。这些设置方法较简单，在此不一一赘述。

6.5.4 搜索引擎

上面介绍的查看网页信息的方法都是先给定一个具体的URL，然后再通过该URL页面的超链接到达其他页面。如果用户一开始就不知道自己要找的资源位于何处，无法给出一个具体的URL时，就需要借助搜索引擎来找到所需信息。

搜索引擎就是一种用于帮助Internet用户查询信息的搜索工具，它以一定的策略在Internet中搜集、发现信息，对信息进行理解、提取、组织和处理，并为用户提供检索服务，从而起到信息导航的目的。

1. 搜索引擎分类

搜索引擎按其工作方式主要可分为3种，分别是全文搜索引擎（Full Text Search Engine）、目录索引类搜索引擎（Search Index/Directory）和元搜索引擎（Meta Search Engine）。

(1) 全文搜索引擎

全文搜索引擎是名副其实的搜索引擎，最具代表性的为百度（Baidu）。它是通过从互联网上提取的各个网站的信息（以网页文字为主）而建立的数据库中，检索与用户查询条件匹配的相关记录，然后按一定的排列顺序将结果返回给用户，因此是真正的搜索引擎。

(2) 目录索引类搜索引擎

目录索引类搜索引擎虽然有搜索功能，但在严格意义上不是真正的搜索引擎，仅仅是按目录分类的网站链接列表而已。用户完全可以不用进行关键词查询，仅靠分类目录也可找到需要的信息。目录索引中最具代表性的有大名鼎鼎的雅虎（Yahoo）。

(3) 元搜索引擎

元搜索引擎在接受用户查询请求时，同时在其他多个引擎上进行搜索，并将结果返回给用户。著名的元搜索引擎有InfoSpace、Dogpile、Vivisimo等，中文元搜索引擎中较具代表性的有搜星搜索引擎。

2. 常用搜索引擎

(1) 百度（http://www.baidu.com）

百度于1999年底成立于美国硅谷，创建者是在美国硅谷有多年成功经验的李彦宏先生及徐勇先生。2000年百度公司回国发展。百度的名字，来源于"众里寻她千百度"的灵感。百度是目前国内最大的商业化中文全文搜索引擎，占国内80%的市场份额。其功能完备，搜索精度高，是目前国内技术水平最高的搜索引擎。百度为包括Lycos中国、Tom.com、21CN等搜索引擎，以及中央电视台、外经贸部等机构提供后台数据搜索及技术支持。

百度目前主要提供中文（简/繁体）网页搜索服务。如无限定，默认以关键词精确匹配方式搜索。支持"-"号、"."号、"l"号、"link:"、书名号"《》"等特殊搜索命令。在搜索结果页面，百度还设置了关联搜索功能，方便访问者查询与输入关键词有关的其他方面的信息，并提供"百度快照"查询。其他搜索功能包括新闻搜索、MP3搜索、图片搜索、Flash搜索等。

基本搜索方法

用百度进行搜索，首先要进入百度主页，只需在IE地址栏中输入www.baidu.com即可登录百度网站。百度搜索界面如图6-32所示。

在打开的百度首页LOGO下面，排列了八大功能模块："新闻"、"网页"、"贴吧"、"知道"、MP3、"图片"、"视频"和"地图"，默认是"网页"搜索。例如，在搜索框内输入关键字"网络基础知识"，单击右边的"百度一下"按钮（或者直接按Enter键），百度搜索引擎就开始搜索中文分类条目、资料库中的网站信息以及新闻资料库。搜索完毕后将检索的结果显示出来，如图6-33所示，单击某一链接可查看详细内容。

图6-32 百度搜索引擎首页

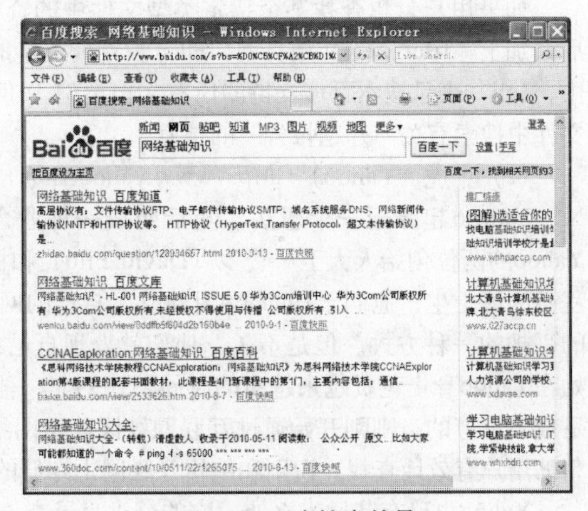

图6-33 百度搜索结果

搜索技巧

要使搜索更精确，关键在于如何定义关键词的技巧，在百度中可以通过一些特殊的符号来缩小搜索范围。此外，百度还提供了一些特殊的功能，以方便用户搜索信息。

• 搜索结果要求包含两个及两个以上关键字

一般搜索引擎需要在多个关键字之间加上" "（引号）进行定界，而百度只需要在多个关键字中加入空格就可以表示逻辑"与"操作。例如，要查找成龙主演了哪些电影，可通过关键词"成龙 电影"来查询（在搜索框内不需加引号）。

• 并行搜索

如果要查询分别包含两个或两个以上词语的信息，不需要分别查询，只要在这些词语中间用"l"分隔即可。如要查找"成龙"或"李小龙"的相关资料，只要输入"成龙l李小龙"，然后搜索即可。百度会提供与"l"前后任一关键词相关的网站和资料。

• 相关检索

如果用户无法确定输入什么关键词才能找到满意的资料，可以先输入一个简单词语搜索，百度会在搜索结果页面的底部为用户提供“相关搜索”做参考，这些“相关搜索”是基于其他用户使用的关键词而制作的。

• 百度快照

当某个搜索结果中的网站不能打开时，“百度快照”能为用户很好地解决这个问题。百度快照功能在百度的服务器上保存了几乎所有网站的大部分页面，使用户在不能链接所需网站时为用户救急，同时，通过百度快照还可以提高用户的搜索效率。

• 仅在网页标题中搜索

在关键字前加“t:”，则搜索引擎仅查询网页的名称。例如，在网页搜索框中输入“t:网络技术”，则百度仅搜索标题为“网络技术”的网页。

• 在指定网站内搜索

如果想在某指定网站内搜索相关内容，只要在搜索关键词后面加上“site:指定网站url”即可。例如，想在武汉大学网站中搜索“项目”，则可在搜索框内输入“项目 site:www.whu.edu.cn”，百度就会仅在www.whu.edu.cn网站内搜索和“项目”相关的信息。

• 查找特定类型的文档

如果用户只想查找某个特定类型文件中的资料，而不需要查找一般网页，只需在搜索关键词后面加上“filetype: 文档类型”即可。百度支持的文档类型包括pdf、doc、xls、ppt、rtf、all。其中，“all”表示搜索百度支持的所有文档类型。 例如，“开题报告 filetype:doc”，表示在所有的doc文件中搜索有关“开题报告”的信息。

（2）雅虎（Yahoo）(http://www.yahoo.cn/)

Yahoo起源于一个想法，随后变成一种业余爱好，最终成为使人全身心投入的一项事业。Yahoo的两位创始人大卫·费罗（David Filo）和杨致远（Jerry Yang）都是美国斯坦福大学电机工程系的博士生，他们于1994年4月建立了自己的网络指南信息库，将其作为记录他们个人对互联网的兴趣的一种方式。但是不久，他们就发现自己编写的列表变得很长，不便于处理。于是他们开始在Yahoo身上花费越来越多的时间。1994年，他们将Yahoo变成了一个可定制的数据库，旨在满足成千上万的、刚刚开始通过互联网社区使用网络服务的用户的需要。他们开发了可定制的软件，帮助用户有效地查找、识别和编辑互联网上存储的资料。

Yahoo也确有其过人之处，它的分类目录查询就做得相当出色，无论从网站的数量还是分类的合理性方面都可圈可点。Yahoo站点目录分为14个大类，每一个大类下面又分若干子类，搜索十分方便。该站点连接速度快，包含范围广，数据容量大，简便易用，是查询各种信息的好去处。

雅虎在全球共有24个网站，12种语言版本，其中，雅虎中国网站（www.yahoo.com.cn）于1999年9月正式开通，它是雅虎在全球的第20个网站。雅虎中国的搜索首页网址是www.yahoo.cn，在浏览器的地址栏中输入上述网址，可打开雅虎中国的搜索首页，如图6-34所示。

图6-34 雅虎搜索引擎首页

6.6 收发电子邮件

6.6.1 引例

小王同学利用上面介绍的搜索引擎，查找到了大部分学习中遇到的难题的解答。但是还有些问题在网上无法搜索到，例如他编写了一个小程序，但是始终运行不出正确的结果，这时他想到了请教任课老师。任课老师在第一次上课时给同学们留下了一个E-mail信箱，让同学们有疑问时发电子邮件给他。于是，小王想发一封电子邮件给老师，但是他又遇到了以下问题：

- 给老师发邮件时，需不需要老师也在网上呢？
- 要具备什么条件，才能给老师发邮件？
- 如何写电子邮件？
- 利用什么软件来发送和接收邮件？
- 如何发送和接收邮件？
- 能不能将自己做的程序文件一起发送给老师，方便老师指正错误呢？

下面将介绍电子邮件的基本原理，以及如何发送和接收电子邮件。

6.6.2 电子邮件简介

电子邮件E-mail（Electronic Mail），是通过电子形式进行信息交换的通信方式，它是Internet提供的最早、也是最广泛的服务之一。身处在世界不同国家、地区的人们，通过电子邮件服务，可以在最短的时间、花最少的钱取得联系，相互收发信件，传递信息。

1. 工作原理

电子邮件系统是现代通信技术和计算机技术相结合的产物。在这个系统中有一个核心——邮件服务器（Mail Server）。邮件服务器一般由两部分组成：SMTP服务器和POP3服务器。SMTP（Simple Mail Transfer Protocol，简单电子邮件通信协议）负责寄信；POP3（Post Office Protocol，邮局协议）负责收信。它们都由性能高、速度快、容量大的计算机担当，该系统内的所有邮件的收发，都必须经过这两个服务器。

需要提供E-mail服务的用户，首先必须在邮件服务器上申请一个专用信箱（由ISP分配）。当用户向外发送邮件时，实际上是先发到自己的SMTP服务器的信箱里存储起来，再由SMTP服务器转发给对方的POP3服务器，收信人只需打开自己的POP3服务器的信箱，就可以收到来自远方的信件，如图6-35所示。

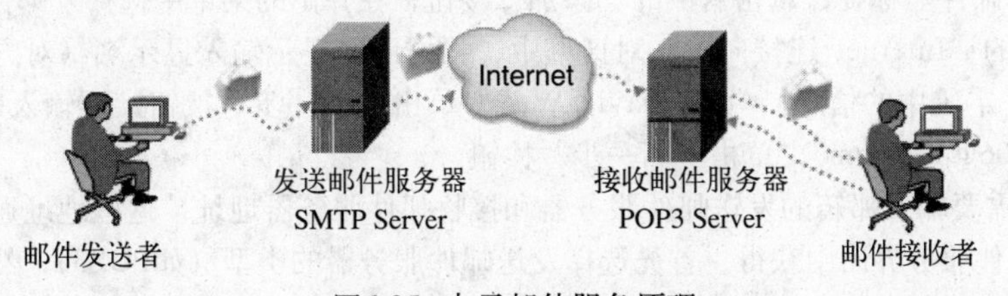

图6-35 电子邮件服务原理

上述这种通信方式称为"存储转发式"，是一种异步通信方式，属于无连接的服务，它并不要求收、发邮件者同时都在网上。电子邮件服务器大都24小时不关机，用户可以随时随地收发邮件，十分方便。

电子邮件除了可以传送文本信件外，还可传送其他格式文件、图形、声音等多种信息。

2. E-mail地址

就像去邮局发信需要填写发信人、收信人地址一样，在Internet上发送电子邮件，也需要有E-mail地址，用来标识用户在邮件服务器上信箱的位置。一个完整的Internet邮件域名地址格式为：

loginname@hostname.domainname（即用户名@主机名.域名）或loginname@domainname。

其中，用户名标识了一个邮件系统中的某个人，@表示“在”（at）的意思，主机名和域名则标识了该用户所属的机构或计算机网络，三者相结合，就得到标识网络上某个人的唯一地址。例如，sun@public.wh.hb.cn就是一个完整的E-mail地址。

申请E-mail地址的方法很简单。对于那些只为特定对象服务的邮件系统，如学校、企业、政府等部门的邮件系统，首先需要有申请邮箱的资格，然后向这些部门的邮件系统管理部门提出申请，通过审核后，用户可以获得邮箱的地址和开启邮箱的初始密码。如果没有这样特定部门的邮件系统可用，则可以登录提供邮件服务的网站来申请自己的邮箱。目前有很多网站都提供免费或付费的邮件服务，如Hotmail、雅虎、网易、新浪、搜狐、Tom等。只需在这些网站的邮件服务网页按照系统提示输入相关信息，如申请的用户名、密码、个人基本信息等，就可以获得自己的邮箱。

6.6.3 用Outlook Express 6收发电子邮件

用户申请到自己的E-mail地址，同时又知道收件人的E-mail地址，就可以进行电子邮件的收发。收发电子邮件的一种途径是登录邮件服务提供者设立的Web邮件服务页面（如mail.126.com），按照其界面给出的提示进行邮件的收发。因为这种服务中所有的邮件都保存在服务器上，所以必须上网才能看到以前的邮件；而如果用户有多个邮箱地址，则需要登录每个邮箱的服务页面，才能收到所有邮箱的邮件。另外，因为每个邮件服务提供者给出的使用界面都不一样，用户必须适应不同的邮件收发界面。鉴于以上原因，通常采用电子邮件客户端来进行电子邮件的收发。

电子邮件客户端软件通常都比Web邮件系统提供更为全面的功能。使用客户端软件收发邮件，登录时不用下载网站页面内容，速度更快；使用客户端软件收到的和曾经发送过的邮件都保存在自己的电脑中，不用上网就可以对旧邮件进行阅读和管理；通过客户端软件可以快速收取用户所有邮箱的邮件；另外，在使用不同邮箱进行收发邮件时，都能采用同一种收发界面，十分方便快捷。

邮件客户端软件有多种，如Outlook Express、Foxmail、DreamMail等。由于Outlook Express是微软捆绑在其Windows操作系统中的邮件客户端软件，无需另外下载，因此得到广泛应用。在此以Outlook Express 6为例，介绍邮件客户端的使用方法。

1. 添加账户

在收发邮件之前，首先要添加账户。以下假设用户邮箱地址为test_user2006@126.com。

1）启动Outlook Express 后，选择“工具”菜单中的“账户”命令，在打开的“Internet账户”对话框中选择“邮件”标签，单击右侧的“添加”按钮，在弹出的菜单中选择“邮件”命令。

2）在弹出的“Internet 连接向导”对话框中，根据向导提示输入显示名（对方收到邮件后显示在“发件人”字段中的信息），如“David Wu”，单击“下一步”按钮，再输入电子邮件地址，如“test_user2006@126.com”，单击“下一步”按钮。

3）接下来需要输入邮箱的发送邮件服务器和接收邮件服务器地址，这些地址通常可以从邮件提供者的Web邮件服务界面中获得。首先选择发送邮件服务器的类型（如POP3），然后分别填入发送邮件服务器和接收邮件服务器的地址，126免费邮的地址分别为pop.126.com和smtp.126.com，单击“下一步”按钮。

4）输入账号，此账号为登录该邮箱时用的账号，仅输入@前面的部分，如“test_user”，如果希望以后通过Outlook Express使用该账号时不用输入密码，就在此对话框中输入邮箱的密码，然后勾选“记住密码”复选框，单击“下一步”按钮。

5）单击“完成”按钮，保存该账户的设置。

2. 设置账户

除了上述添加账户时所做的设置外，还需要进行额外的设置。选择“工具”菜单中的“账户”

命令，在打开的“Internet账户”对话框中选择“邮件”标签，双击刚才添加的账户，弹出此账户的属性对话框，如图6-36所示。

(1) 设置账户名称

在“常规”选项卡下的“邮件账户”栏中输入账户名称以标识该账户，如“我的126邮箱”。

(2) 设置SMTP 服务器身份验证

大部分发送邮件服务器要求发送邮件时进行身份验证，此时要在Outlook Express中设置SMTP 服务器身份验证，才能用该账户发送邮件。切换到“服务器”选项卡，在“发送邮件服务器”处选中“我的服务器要求身份验证”选项，并单击右边的“设置”标签，选中“使用与接收邮件服务器相同的设置”即可。

(3) 设置在邮件服务器上保留副本

在默认情况下，Outlook Express将邮件服务器的邮件收到本地硬盘后，会自动删除邮件服务器上相应的邮件，这样可以避免邮件服务器上的邮件大小超过限度，但是缺点在于无法在别处查阅已收到的邮件。切换到“高级”选项卡，选中“在服务器上保留邮件副本”即可。

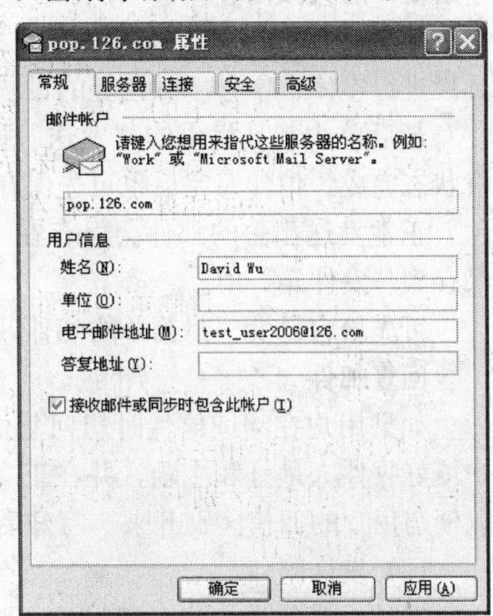

图6-36 账户属性对话框

3. 发送邮件

(1) 发送文本信件

写新邮件

在Outlook Express主窗口中单击工具栏中的“创建邮件”按钮，弹出“新邮件”窗口，如图6-37所示。如果想选择信纸类型，可在“创建邮件”按钮旁边的下拉菜单中选择。

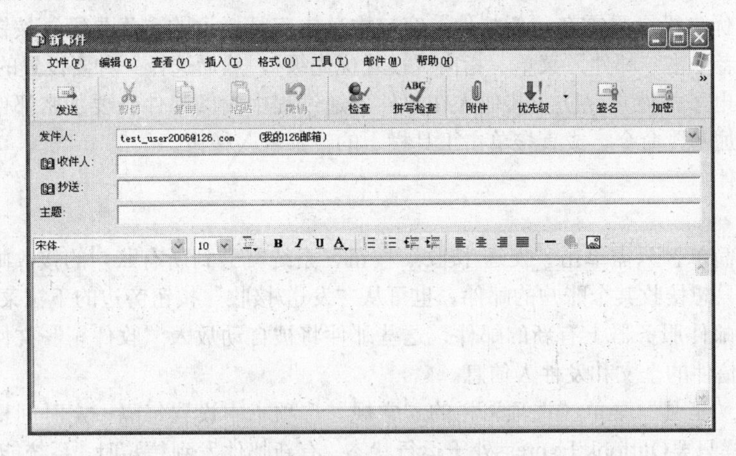

图6-37 “新邮件”窗口

如果建立了多个账户，可以先在“发件人”栏中选择要用哪个邮箱发信，否则将采用默认的邮箱进行发送；然后在“收件人”或“抄送”栏中输入收件人的电子邮件地址，当收件人有多个时，用英文逗号或分号进行分隔。

如果不希望其他收件人看到某个收信人的地址，可以使用“密件抄送”功能。选择“查看”菜单中的“所有邮件标题”命令，在“抄送”栏下就会出现“密件抄送”栏，在该栏中输入的收件人邮箱地址对其他收件人是不可见的。

接下来在“主题”栏中填入信件的主要内容，一般用简短的几个字表示，以便收信人能快速了解信件的大致内容。

然后在邮件正文区输入邮件的文本内容，写好后的文字还可以通过正文区上方的“格式”工具栏进行字体、字号、颜色等的设置。

最后单击工具栏上的“发送”按钮，就可以将邮件发至收件人。发送前的这些操作可以在脱机状态完成，信件写完后也可先保存起来，当需要发送时再连接上网发送。

正常发送出去的邮件会保存在“已发送邮件”文件夹中，而暂缓发送或发送失败的邮件会被保存到“发件箱”中。

可先给自己发一封简单的邮件，以测试Outlook Express是否已设置好。

回复邮件

如果用户在阅读信件时想回复信件，可直接单击工具栏上的“答复”按钮，系统将自动帮用户填好收件人地址和主题，并在正文区显示来信内容，在旧信件的每一行开头，都用“|”标识，以便与用户的回信区别开来。写好后，用上述相同的方法发送出去即可。

（2）发送附件

有时，要传送的信息不只是一些单纯的文本，比如要将某个应用软件、游戏或者声音、图像文件同时传递给对方，这时就要在邮件里插入附件一起发送。

按照发送文本邮件的方法写好邮件后，在菜单栏里选择“插入”项中的“文件附件”选项或直接单击工具栏中的回形针形“附件”按钮，弹出“插入文件”对话框，选择要传送的文件或直接输入文件名，然后单击“附件”按钮即可，可以用相同的方法附加多个附件。

（3）设置邮件优先级和加密邮件

发送新邮件或回复邮件时，用户可以为邮件指定优先级，以使收件人决定是立即阅读（高优先级）还是有空时再看（低优先级）。高优先级的邮件带有一个感叹号标志❗，而低优先级邮件用一个向下的箭头表示。

要设置邮件优先级，只需在“新邮件”窗口中单击工具栏上的“优先级”按钮，然后选择需要的优先级，或者单击“邮件”菜单，指向“设置优先级”，然后选择一种要设置的优先级即可。

另外，加密电子邮件可以防止其他人在邮件传递过程中偷阅邮件。要加密邮件，可选择“工具”菜单中的“加密”命令，或直接单击工具栏上的“加密”按钮。

（4）接收邮件

收取信件

接收邮件很简单，只需单击“发送/接收”按钮，系统就会到所有账户的接收邮件服务器上查找新邮件，如果只想接收某个账户的邮件，也可从“发送/接收”按钮旁边的下拉菜单中进行选择。一旦检查到接收邮件服务器上有新的邮件，这些邮件将被自动放入“收件箱”文件夹中，双击该邮件，就可看到信件的全文和发件人信息。

用户也可在“工具”菜单“选项”栏的“常规”选项卡中设置每隔一定时间检查服务器上是否有新邮件，这样只要Outlook Express处于运行状态，有新邮件发到信箱时，系统能自动进行检测，并读取到收件箱中。

收取附件

如果随同信件一起发来的还有附属文件，要将文件从邮件中分离出来以便使用，只需双击该邮件，选择菜单栏“文件”选项中的“保存附件”，然后选择存放该文件的文件夹，设置文件名即可。或者直接用鼠标右键单击该文件图标，在弹出的快捷菜单中选择“另存为…”命令，也可达到同样的效果。

（5）其他功能

除以上介绍的简单收发邮件功能外，Outlook Express还有一些其他十分方便的功能。

使用通讯簿

用户通常有一些相对固定的收信人，如果每次发信都要输入E-mail地址，显然很麻烦，这时可以借助通讯簿来简化输入过程。

单击工具栏中的“地址”按钮，在打开的“通讯簿”对话框的工具栏上选择“新建联系人”按钮，在“属性”对话框的“姓名”选项卡中填入有关收信人的名字、E-mail地址等信息，还可在其他选项卡里填入更详细的资料，确定后即将该收信人加入通讯簿中。

当用户编写新邮件时，只需单击“收件人”按钮，系统就会以列表形式显示用户存放在通讯簿里联系人的信息，要把邮件发给某人，只需将该人的信息移到相应的位置（“收件人”、“抄送”或“密件抄送”），确定后即可在相应位置出现该人的邮箱地址。

发信给一组人

如果想把一封信发给多个人，可以在通讯簿里建立新组。单击工具栏中的“地址”按钮，在打开的“通讯簿”对话框的工具栏上选择“新建组”按钮，输入组名，再选择成员，将要发送的所有对象的名称、地址加入该组，确定后即完成新组的建立。

在发信时，同样单击“收件人”按钮，选择刚刚建立的新组名，这样系统就会自动将同一封信寄给该组的所有人，十分方便快捷。

除Outlook Express以外，Foxmail也是一款非常优秀的邮件客户端软件，因其是国产软件，更加受到国内用户的青睐，但由于篇幅原因，在此不一一介绍，感兴趣的读者可参见http://www.foxmail.com.cn/。

6.7 文件传输

文件传输是指通过网络将文件从一台计算机传送到另一台计算机。不管两台计算机间相距多远，也不管它们运行什么操作系统，采用什么技术与网络相连，文件都能在网络上两个站点之间进行可靠的传输。在Internet技术快速发展的今天，文件传输已从传统的单一服务形式变得更加多样化，除经典的FTP服务之外，P2P技术为文件的传输和共享注入了新的活力。

6.7.1 引例

小张同学是个超级球迷，最近正赶上世界杯举行，但不巧的是刚好也到了学校临近期末考试的时间，为了学习，小张只好放弃了看世界杯的机会，连开幕式都没有看，他感觉有些遗憾。考完后，他很想重温一下世界杯的感受，他听说有不少球迷把每一场球赛都录制下来，放在Internet上供其他人下载观看。于是，他在Internet中遨游，搜索这些录像，但很快他发现这些录像文件都很大，通常都在四五百兆左右，普通的下载方法速度慢且容易“断线”，根本无法下载到本地计算机。后来听同学说，可以采用FTP下载或“变态”下载，他不禁犯难了：

- 什么是FTP服务，什么又是“变态”？
- 怎样从FTP服务器上下载文件？
- 既然可以从FTP服务器上下载文件，那么可不可以将自己的文件上传至FTP服务器，供他人下载呢？
- 如何使用“变态”下载文件？

下面小节将针对上述问题进行介绍。

6.7.2 FTP简介

FTP（File Transfer Protocol）是文件传输协议的简称，其主要作用是把本地计算机上的一个或多个文件传送到远程计算机，或从远程计算机上获取一个或多个文件。

与大多数Internet服务一样，FTP也是采用客户/服务器模式的系统。用户通过一个支持FTP协议的客户端程序，连接到远程主机上的FTP服务器端程序。用户通过客户端程序向服务器程序发出命令，服务器程序执行用户所发出的命令，并将执行的结果返回到客户机。例如，用户发出一条命令，要求服务器向用户传送某一个文件的一份副本，服务器会响应这条命令，将指定文件送至用户的机器上。客户机程序代表用户接收到这个文件，并将其存放在用户指定的目录中。

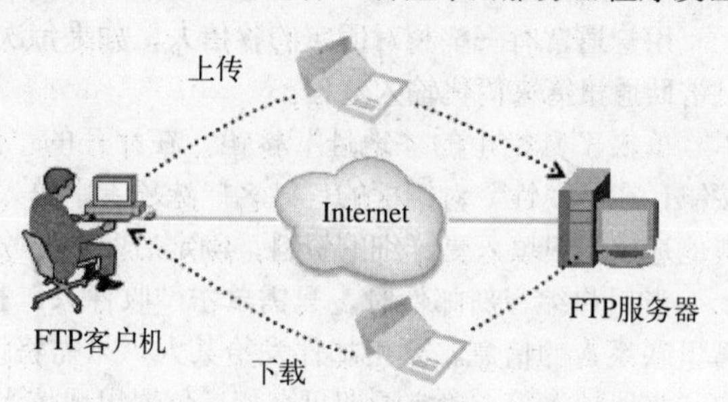

图6-38 文件下载和上传

使用FTP服务时，用户经常遇到两个概念："下载"（Download）和"上传"（Upload）。"下载"文件是指从远程主机复制文件到本地计算机；"上载"文件是指将文件从本地计算机中复制至远程主机上的某一文件夹中。如图6-38所示。

访问FTP服务器时首先必须通过身份验证，在远程主机上获得相应的权限以后，方可上传或下载文件。在FTP服务器上一般有两种用户：普通用户和匿名用户。普通用户是指注册的合法用户，必须先经过服务器管理员的审查，然后由管理员分配账号和权限。匿名用户是FTP系统管理员建立的一个特殊用户ID，名为Anonymous，任意用户均可用该用户名进行登录。当一个匿名FTP用户登录到FTP服务器时，用户可以用E-mail地址或任意字符串作为口令。

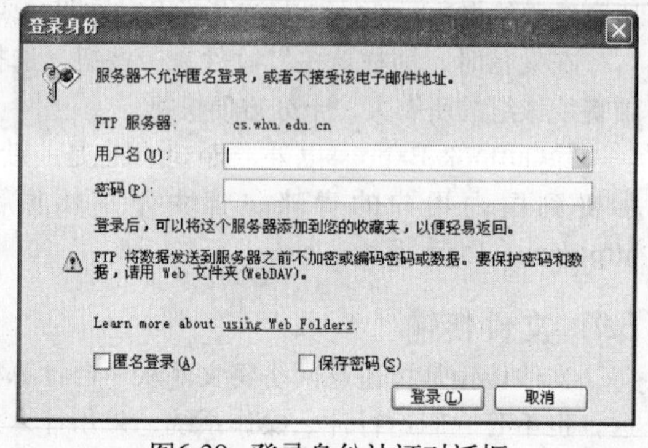

图6-39 登录身份认证对话框

当FTP客户端程序和FTP服务器程序建立连接后，首先自动尝试匿名登录。如果匿名登录成功，服务器会将匿名用户主目录下的文件清单传给客户端，然后用户可以从这个目录中下载文件。如果匿名登录失败，一些客户端程序会弹出如图6-39所示的对话框，要求用户输入用户名和密码，试图进行普通用户方式的登录。

多数FTP服务器都开辟有一个公共访问区，对公众即匿名用户提供免费的文件信息服务。Internet上的FTP服务器数量众多，用户怎样才能知道某一特定文件位于哪些匿名FTP服务器的某个目录中呢？这正是搜索引擎所要完成的工作。FTP搜索引擎的功能是搜集匿名FTP服务器提供的目录列表，对用户提供文件信息的查询服务。由于FTP搜索引擎是专门针对各种文件的，因此相对于WWW搜索引擎，寻找软件、图形图像、音乐和视频等文件使用FTP搜索引擎将更加方便直接。

最早的FTP搜索引擎是基于文本显示的Archie。Archie是Internet上用来查找其标题满足特定条件的所有文档的自动搜索服务工具。为了从匿名FTP服务器上下载一个文件，必须知道这个文件的所在地，即必须知道这个匿名FTP服务器的地址及文件所在的目录名。Archie就是帮助用户在遍及全世界的成千上万FTP服务器中寻找文件的工具。Archie Server又被称作文档查询服务器。用户只要给出所要查找文件的全名或部分名字，文档查询服务器就会指出在哪些FTP服务器上存放着这样的文件。

使用Archie服务有以下3种方法：

- 远程登录到Archie服务器，通过命令进行交互式查询。
- 使用Archie客户端程序查询。
- 通过电子邮件查询，向Archie 服务器发送一个电子邮件，Archie服务器将执行用户的请求，并将结果通过电子邮件发送回来。

WWW的出现改变了Archie在文件搜索方面的统治地位，用户更喜欢在美观、方便的WWW页面上搜索FTP文件。因此，原有的Archie服务方式已逐渐淘汰，基于Web的FTP搜索引擎大受青睐。目前国内外FTP搜索引擎网站已有不少，其中比较有影响力的是天网FTP搜索引擎。该搜索引擎由北京大学网络实验室研究开发，是国家重点科技攻关项目“中文编码和分布式中英文信息发现”的研究成果，是目前国内规模最大的FTP搜索引擎，也是国际FTP搜索引擎中的佼佼者。

各个FTP搜索引擎的使用方法基本类似，我们以天网FTP搜索引擎为例简述其使用方法。

1）使用浏览器打开天网FTP搜索网站http://file.tianwang.com。

2）输入要查找的关键词，如“一个馒头”，然后单击“搜索”按钮。

3）在显示的搜索结果中，单击希望下载的文件即可，如图6-40所示。

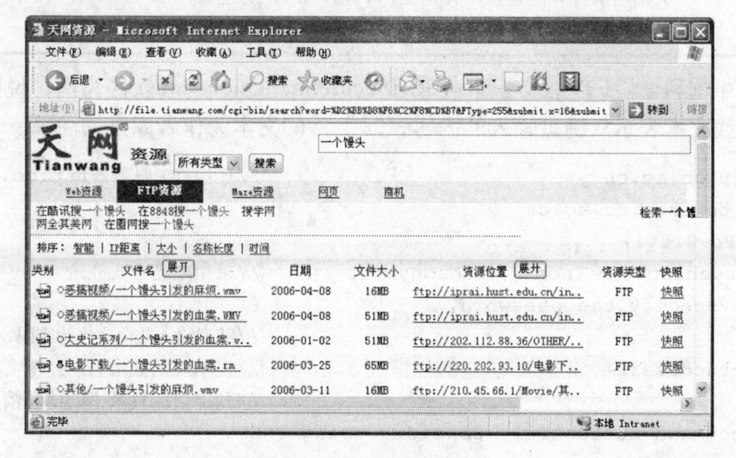

图6-40 FTP搜索

6.7.3 FTP客户端软件的使用

用户在使用FTP服务时，需要在本地计算机上运行FTP客户端软件，通过客户端软件连接FTP服务器并执行相应的操作。FTP客户端软件可以分为两种类型：一种是命令行方式的FTP客户端工具，另一种是基于图形界面的FTP客户端工具，其中后者的使用方法比较简便，并且功能也更强大。

1. 命令行方式的FTP工具

Windows系列的主流操作系统，包括Windows 2000/2003/XP都内置了命令行方式的FTP工具。用户可以在“运行”对话框中或在cmd窗口命令提示符下输入“FTP [服务器地址]”后按Enter键，打开FTP客户端程序。如图6-41所示。

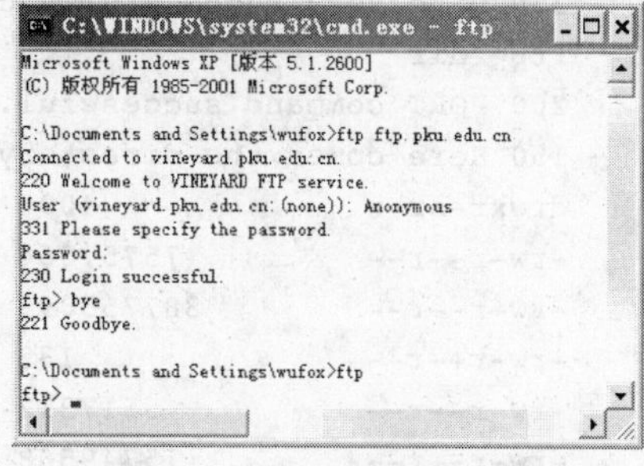

图6-41 命令行方式的FTP工具

当出现“ftp>”提示符后，就可输入相关的FTP命令。如表6-3所示列出了一些常用的FTP命令及其功能说明。

表6-3 FTP中的常用命令及功能说明

命令	功能说明
Open服务器地址	与指定的FTP服务器建立连接
Dir	列出远程计算机当前目录下的文件和子目录清单
Cd	改变远程计算机的当前工作目录
Lcd	改变本地计算机的当前工作目录

（续）

命令	功能说明
Get	从远程主机上获取单个文件
Mget	从远程主机上获取多个文件
Put	将本地的单个文件上传到远程主机
Mput	将本地的多个文件上传到远程主机
ASCII	设置传输模式为ASCII码方式，用来传输文本文件
Binary	设置传输模式为二进制方式，用来传输程序文件、压缩文件、图形文件和视音频文件等
Close	断开与远程计算机的连接
Quit（Bye）	关闭当前打开的连接，并退出FTP程序
help（？）	显示可用的FTP命令

下面通过从中国科学院FTP服务器下载SSHSecureShellClient.exe软件为例，说明FTP命令的用法。注意，下划线文本表示从键盘输入的内容，“//”后的文本为作者添加的注释。

```
C:\>ftp ftp.cc.ac.cn                                //连接FTP服务器ftp.cc.ac.cn
Connected to lsec.cc.ac.cn.
220  (vsFTPd 2.0.1)
User  (lsec.cc.ac.cn:(none)) : Anonymous            //采用匿名方式登录
331 Please specify the password.
Password:                                           //随意输入几个字作为密码，注意密码不回显！
230 Login successful.                               //提示成功登录
ftp> dir                                            //列出当前目录下的信息清单
200 PORT command successful. Consider using PASV.
150 Here comes the directory listing.
dr-xr-xr-t           4096 Apr 28  2002 incoming
lrwxrwxrwx             10 Nov 28  2001 netlib -> pub/netlib
dr-xr-sr-x           4096 Aug 19  2005 pub
226 Directory send OK.
ftp: 收到 205 字节，用时 0.00Seconds 205000.00Kbytes/sec.
ftp> cd pub/software/Windows                        //改变FTP服务器的当前目录
250 Directory successfully changed.
ftp> dir                                            //列出当前目录下的信息清单
200 PORT command successful. Consider using PASV.
150 Here comes the directory listing.
drwxr-sr-x             4096 Aug 31  2004 AcroBat6
-rw-r--r--         75757064 Apr 27  2005 CTeX-2.4.2-Basic.exe
-rw-r--r--        387755099 Apr 27  2005 CTeX-2.4.2-Full.exe
-rw-r--r--              133 Feb 24  2005 Matlab-6.5.sn.txt
-rw-r--r--          5517312 Aug 31  2004 SSHSecureShellClient.exe
-rw-r--r--         15749568 Jun 16  2005 StormCodec5.03.exe
-rw-r--r--           376832 Sep 15  2004 putty.exe
226 Directory send OK.
ftp: 收到 528 字节，用时 0.00Seconds 528000.00Kbytes/sec.
ftp> lcd d:\                                        //改变本地计算机的目录为d:\
Local directory now D:\.
ftp> binary                                         //设置传输模式为二进制
200 Switching to Binary mode.
ftp> get SSHSecureShellClient-3.2.9.exe             //下载SSHSecureShellClient.exe文件
200 PORT command successful. Consider using PASV.
```

```
150 Opening BINARY mode data connection for SSHSecureShellClient-3.2.9.exe
(5517312 bytes).
226 File send OK.
ftp: 收到 5517312 字节，用时 42.97Seconds 128.40Kbytes/sec.  //提示传输结束
ftp> close                                          //关闭与远程服务器的连接
221 Goodbye.
ftp> bye                                            //退出FTP命令行工具
C:\>
```

2. 图形界面的FTP工具

相对于FTP的命令行方式，基于图形界面的FTP工具使用起来更加方便和直观。我们可以直接利用IE浏览器访问FTP站点，换句话说，IE浏览器也可作为FTP图形客户端使用。例如，可以在IE的地址栏中输入ftp://ftp.tsinghua.edu.cn，以匿名方式访问清华大学的FTP服务器。注意，这里URL中的协议类型是FTP。

在IE中连接上FTP服务器之后，可以通过“复制+粘贴”或拖动的方式实现文件的下载和上传。如果要以非匿名的方式访问FTP服务器，则在URL地址栏里输入以下格式的信息：

ftp://用户名:密码@FTP服务器地址

如：ftp://wu:hello2006@ftp.cc.ac.cn

但这种访问方式不太安全，用户名和密码都是明文显示在地址栏中，容易被他人看见。我们可以在IE的“文件”菜单中选择“登录”命令，打开如图6-39所示的“登录身份”对话框，在其中输入用户名和密码，然后单击“登录”按钮连接FTP服务器。

在实际的文件传输应用中，往往会由于各种原因造成文件传送的中断。使用IE浏览器下载文件虽然简单易用，但不支持断点续传，遇到这种情况只能从头开始再传一次。所以我们推荐大家使用第三方的FTP客户端软件，如CuteFTP、AbsoluteFTP、WS_FTP Pro、LeapFTP、FlashFXP等，它们基本上都支持断点续传功能，这样就可以接着上次的断点进行传输，避免传送重复的数据，节省下载或上传的时间。限于篇幅，下面只介绍使用较广泛的CuteFTP的用法。

（1）CuteFTP界面

CuteFTP软件可到其网站www.cuteftp.com下载，也可在各大软件网站下载。下面以CuteFTP7.1版本为例，介绍CuteFTP的界面和用法。直接运行下载后的安装文件，按照向导提示完成CuteFTP的安装。双击桌面上的CuteFTP 7 Professional图标，或选择“开始”|“所有程序”|GlobalSCAPE|CuteFTP Professional|CuteFTP 7 Professional命令，启动CuteFTP，弹出FTP连接向导，系统打开CuteFTP主程序，其主界面如图6-42所示。

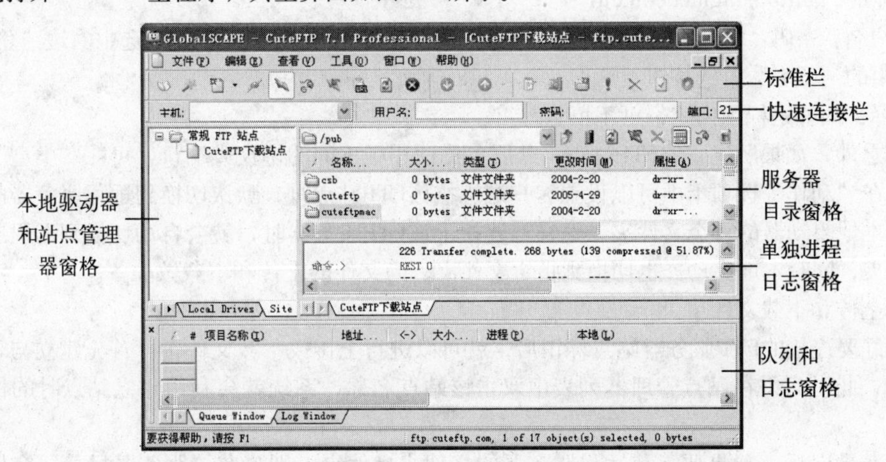

图6-42 CuteFTP主界面

下面对CuteFTP主界面的主要组成部分作简要介绍。

• 标准栏：排列常用的工具按钮，单击这些按钮可以快速完成相应命令。
• 快速连接栏：在该栏中输入主机地址、用户名、密码、端口号，就可以快速连接到某一FTP站点。
• 本地驱动器和站点管理器窗格：该窗格包括两个标签，分别是Local Drives（本地驱动器）和Site Manager（站点管理器），单击标签可实现快速切换。其中，本地驱动器窗格中默认显示的是整个磁盘目录，而站点管理器则保存各个FTP服务器的相关信息。
• 服务器目录窗格：用于显示FTP服务器上的目录信息，在列表中可以看到文件名称、大小、类型、最后更改日期等信息。窗格上面是用来操作目录或文件的工具栏按钮（后退、刷新、重连等）。
• 单独进程日志窗格：显示当前服务器（通过下方的选项卡来切换当前服务器）目录窗格所显示的FTP服务器上的各种日志信息，如连接、登录、切换目录、文件传输等。
• 队列和日志窗格：该窗格包括两个标签，分别是Queue Window（队列窗口）和Log Window（日志窗口）。用户可以将准备上传的目录或文件放到队列窗口中依次上传，此外，配合任务计划的使用还能达到自动上传的目的。日志窗口与上面介绍的“单独进程日志”窗格功能类似，只是可以在该窗格中选择不同的进程查看多个日志，更加方便快捷。

除此之外，CuteFTP主界面上还有菜单栏和状态栏，因和其他Windows应用程序功能类似，在此不一一介绍。

（2）建立FTP站点

无论是要上传还是下载文件都需要先建立FTP站点标识，即建立相应FTP服务器的相关信息。在“本地驱动器和站点管理器”窗格中单击“Site Manager”标签切换到站点管理器，右击要在其下建立FTP站点标识的文件夹，在弹出的快捷菜单中选择“新建”|“FTP站点”命令，或者单击工具栏里的“新建”按钮，打开“站点属性”对话框，如图6-43所示。

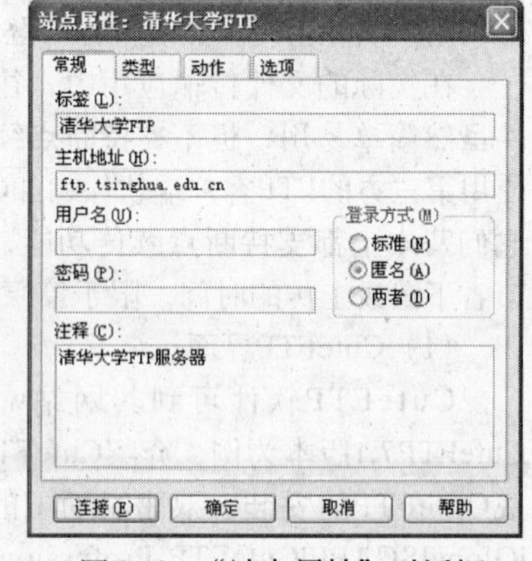

图6-43 “站点属性”对话框

在“站点属性”对话框的“常规”标签中填入以下内容：

• 标签：可以输入一个方便记忆和分辨的名字，只是起到一个标示作用，如“清华大学FTP”。
• 主机地址：FTP服务器的主机地址，可以是域名形式或IP地址，如ftp.tsinghua.edu.cn。
• 用户名、密码：输入给定的登录验证信息，如果使用的是匿名服务，则选中右边“登录方式”栏中的“匿名”单选按钮。
• 注释：同样是标识内容，可不填。

除此之外，如果所建立的FTP站点，其服务器使用了不同的协议或端口，可在“类型”选项卡中设置；在“动作”选项卡中可以设置客户端连接该FTP站点时，默认切换到远程服务器的哪个文件夹以及本地驱动器的哪个文件夹，这样当连接上该FTP服务器时，就会自动切换到远程服务器的指定文件夹，同时本地驱动器也切换到指定文件夹，为文件的上传和下载做准备。

（3）上传和下载文件

建立好要连接的FTP服务器站点标识后，就可以进行上传或下载文件了。首先建立与目标服务器的连接，此时只需在站点管理器列表中双击该站点名称，系统就会利用建立站点时的信息进行连接。

成功登录以后，如果要下载远程服务器的文件或文件夹，则先在“服务器目录”窗格中找到它们的位置，选中后右击鼠标，在弹出的快捷菜单中选择“下载”命令，则所选内容会下载到默认的本地文件夹中。如果不想将文件保存在默认本地文件夹，则可以在使用“下载”命令前，先在“本地驱动器”窗格中切换好要存放的位置再进行下载。

上传文件的操作与下载刚好相反，如果要将文件上传到非远程默认文件夹里，则先在“服务器目录”窗格中选好要上传到服务器上的位置，然后在“本地驱动器”窗格中选中要上传的文件或文件夹，右击鼠标，在弹出的快捷菜单中选择“上传”命令即可。

上面的上传和下载文件的操作在选好源文件和目标位置后，也可通过标准栏上的“下载”和“上传”按钮完成。

CuteFTP还为不了解FTP原理的用户设计了更简单的上传和下载文件的方法。无论是上传还是下载，都可以在选好源文件（或文件夹）后，右击鼠标，在弹出的快捷菜单中选择“复制”命令，然后再执行“粘贴”命令将其复制到目标位置，就好像所有的操作都在本地文件夹实现一样。

如果在右击鼠标后选择快捷菜单中的“下载高级”或“上传高级”命令，则还可以选择不同的下载/上传方式，如多线程、手工、过滤以及任务计划等，因篇幅原因，在此不一一赘述。

6.7.4 P2P方式的文件传输

1. P2P方式文件传输简介

P2P是peer-to-peer的缩写，peer在英语里是对等者的意思，因此P2P也可称为对等网络或者对等联网。与对等联网方式相对的主要是指Client/Server（客户端/服务器）结构的联网方式，例如上面介绍的FTP服务器和FTP客户端就是Client/Server构架。在Client/Server模式中，各种各样的资源（如文字、图片、音乐、电影）都存储在中心服务器上，用户把自己的计算机作为客户端连接到服务器上检索、下载、上传数据或请求运算。不难看出，这种模式中，服务器性能的好坏直接关系到整个系统的性能，当大量用户请求服务器提供服务时，服务器就可能成为系统的瓶颈，大大降低系统的性能。

P2P改变了这种模式，其本质思想是整个网络结构中的传输内容不再被保存在中心服务器中，每一节点（Peer）都同时具有下载、上传和信息追踪这三方面的功能，每一个节点的权利和义务都是大体对等的。目前最常用的P2P软件是第三代P2P技术的代表，它的特点是强调了多点对多点的传输，充分利用了用户在下载时空闲的上传带宽，在下载的同时也能进行上传。换句话说，同一时间的下载者越多，上传者也越多。这种多点对多点的传输方式，大大提高了传输效率和对带宽的利用率，因此特别适合用来下载字节数很大的文件。第三代P2P技术中还恢复了服务器的参与，这是因为多点对多点的传输需要通过服务器进行调度。

P2P文件传输中有一些特殊的术语，现介绍如下：

- BT下载：BT原是BitTorrent的简称，中文全称为比特流，又称“变态”下载，既是一个多点下载的P2P软件，也是一种传输协议。广义的BT下载即是指采用基于BitTorrent协议进行文件传输的软件来进行文件下载。
- BT服务器：也称Tracker服务器，它能够追踪到底有多少人同时在下载或上传同一个文件。客户端连上Tracker服务器，就会获得一个正在下载和上传的用户的信息列表（通常包括IP地址、端口、客户端ID等信息），根据这些信息，BT客户端会自动连上别的用户进行下载和上传。普通下载用户并不需要安装或运行Tracker服务器程序。
- BT客户端：泛指运行在用户自己电脑上的支持BitTorrent协议的程序。
- torrent文件：扩展名为.torrent的文件，包含了一些BT下载所必需的信息，如对应的发布文件的描述信息、该使用哪个Tracker、文件的校验信息等。BT客户端通过处理BT文件来找到下载源和进行相关的下载操作。torrent文件通常很小，大约几十KB。

• 种子：种子就是提供P2P下载文件的用户，而这个文件有多少种子就是有多少个用户在下载/上传，通常种子越多，下载越快。

2. BitComet的使用

要进行BT下载，需要安装BT客户端软件，目前流行的BT客户端软件有多款，如BitComet、BitSpirit、贪婪ABC、BitTorrent等，在此以BitComet 0.60版为例，介绍BT客户端软件的使用方法。

（1）BitComet主界面

在各大软件下载网站都可以下载BitComet软件，经过简单的安装之后，启动BitComet，即可看到其主界面，如图6-44所示。

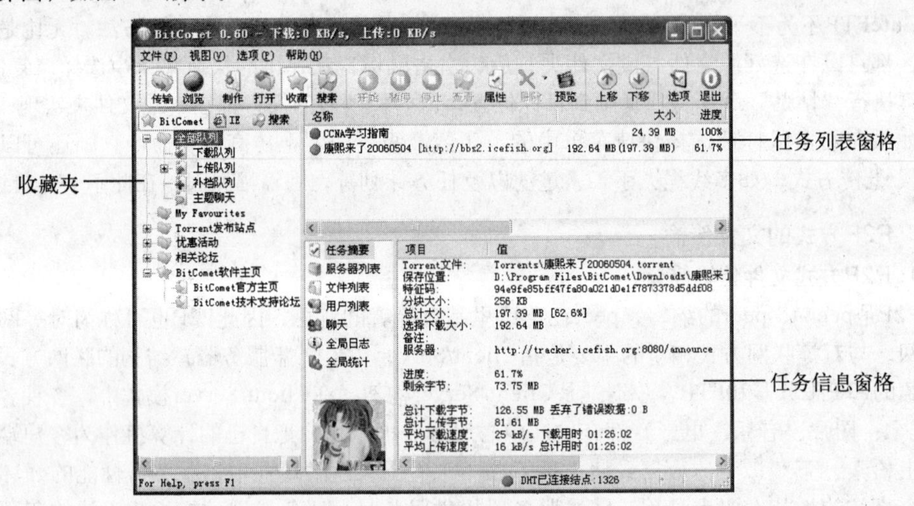

图6-44　BitComet主界面

除常见的菜单栏、工具栏、状态栏外，BitComet的主界面主要由3个窗格组成：收藏夹、任务列表窗格和任务信息窗格。通过收藏夹，可以分类查看当前的任务列表，查找torrent文件，链接到BT相关论坛、网站等。任务列表窗格则列出了已下载或正在下载/上传的任务。单击任务列表窗格中的某项任务，就可以在任务信息窗格中查看该项任务的详细信息，如任务摘要、服务器列表、文件列表、用户列表等。

（2）下载文件

要下载文件，首先需要到torrent文件发布站点找到相应的torrent文件。如果不知道哪些网站提供torrent文件，可打开BitComet界面收藏夹的“Torrent发布站点”文件夹，里面列出了很多常用的BT网站，双击其中的某一站点，就可以打开相应的网页，在其中进行搜索即可查找到所需的torrent文件。当然“Torrent发布站点”文件夹中并没有包含所有的BT站点，如教育网用户常选用的5q地带BT频道（http://bt.5qzone.net）站点就不在其列。

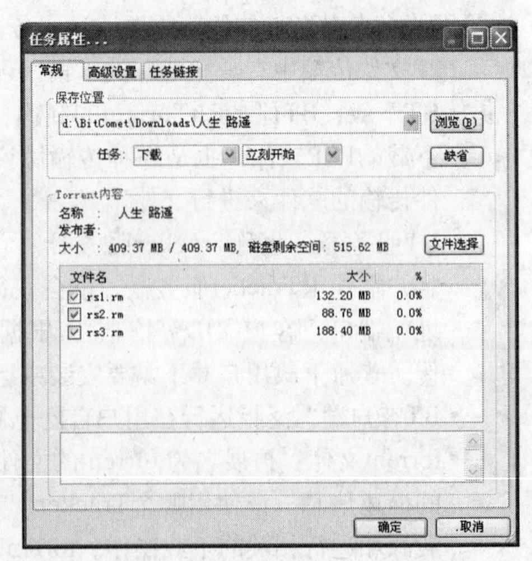

图6-45　“任务属性”对话框

找到要下载的torrent文件后，只需直接单击该文件链接，就会弹出如图6-45所示的“任务属性”对话框，或者将torrent文件保存到本地后，再双击其图标，也会打开相同的对话框。

在“任务属性”对话框的“常规”选项卡中可以

选择目标文件要保存的位置、是否立即开始下载，同时还显示出所包含的文件个数、名称、大小等信息，如果只想下载其中的某一部分文件，可只勾选相应文件前的复选框。单击“确定”按钮后，即可在BitComet主界面的任务列表窗格中看到该任务，如果连接正常并且有活动的种子供下载，则会出现跳动的进度百分比，经过一段时间后，当百分比达到100%时，表示已下载成功。下载过程中可以随时右击该任务，在弹出的快捷菜单中选择“暂停”、“继续”、“停止”、“开始”等命令来手动暂停、继续、停止、开始文件的下载。如果文件还未完成下载时需要关闭BitComet，也不会影响已下载的部分，下次重新启动BitComet后，可以继续该文件的下载。

另外，在用户下载文件的同时，可以在主界面上看到文件也同时在被上传，供其他用户下载。如果文件下载结束后，用户没有关闭BitComet，也没有停止该任务，此文件会继续被上传。

下载的文件存放在指定的保存位置处，如忘记设置的保存位置，也可在任务列表窗格中右击该任务，在弹出的快捷菜单中选择“浏览下载文件夹”命令，则会自动打开下载文件所在的文件夹，供用户进行下一步的操作。

(3) 参数设置

选择BitComet主界面中“选项”菜单下的“选项”命令，打开“选项”对话框，在其中可以对BitComet的一些参数进行设置，如图6-46所示。

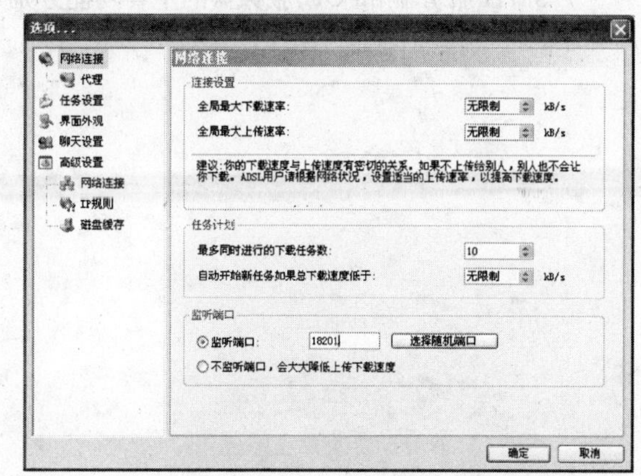

图6-46 “选项”对话框

在“选项”对话框的左侧列有参数设置的分类，单击不同的类别，右面板会出现不同的参数设置。因篇幅所限，这里主要介绍“网络连接”参数设置，其他设置细节可参见BitComet的帮助页面（http://wiki.bitcomet.com/help-zh/）。

连接设置

在“连接设置”中可以设置全局最大下载速率（默认为无限制，最低为1KB/s），以及全局最大上传速率（默认为无限制，最低为3KB/s）。BT下载的原则是上传越多下载越快，普通宽带用户使用默认无限制设置即可。ADSL用户由于上传速率过大会影响下载，建议适当限制上传速度，一般为最大上传速度的80%。

任务计划

在“任务计划”中可以设置最多同时进行的下载任务数（默认为10），此设置仅针对下载任务，上传任务不列入控制范围。超过设定值之后，打开的下载任务将自动进入队列排队等候。但如果手动启动队列中等待的任务，可不受该参数限制。

另外，还可以设置“自动开始新任务如果总下载速度低于”（默认为无限制）参数，这一参数表示如果在一段时间内总下载速度小于设定值，则会自动将队列中等待的第一个任务变成下载状态，但手动停止的任务不能被自动开始。合理设置该项，可有效避免流量浪费。

监听端口

该项参数通常不必修改默认设置，一般用什么端口都没有区别，如果已经在路由器上设置了端口映射，则在选项框中输入相应的端口即可。

本章小结

本章一方面介绍了计算机网络的基础知识，包括计算机网络的体系结构、常用的传输介质、网络设备、IP地址、子网掩码、默认网关和域名地址等内容；另一方面从应用的角度介绍了如何构建Windows局域网和设置网络共享，接入Internet的几种典型方式，以及三种最常用的Internet服务。要求学生重点掌握TCP/IP的体系结构、IP地址和子网划分、常用网络测试命令等；熟悉WWW、FTP、E-mail等Internet服务的使用方法；了解网络设备和无线接入等知识。

思考题

1. 在计算机网络中，主要使用的传输介质是哪些？
2. TCP/IP协议框架分为几层？各层的作用是什么？
3. 什么是IP地址？它有什么特点？
4. 什么是子网掩码？子网掩码的作用是什么？
5. 采用ADSL方式虚拟拨号接入Internet通常需要哪些设备？
6. 什么是Web服务器？什么是URL？
7. SMTP服务器和POP3服务器的主要功能分别是什么？
8. P2P与FTP有何区别？

第7章　多媒体技术基础

多媒体计算机技术的发展给人类社会和生活带来了深远的影响。譬如，包括图、文、声、像在内的多媒体电子邮件将会受到更多用户的欢迎，在此基础上发展起来的可视电话、视频会议系统将为人们提供更全面、更方便的信息服务。采用计算机支持的协同工作环境可以使不同地点的多个用户看到对方形象、自由交谈等。在此条件下，人们就可以在家里上班，从而极大地减小了交通运输的负担，提高工作效率。从眼前看，多媒体计算机技术的最大贡献是改善了人—机界面，拓宽了计算机的应用领域；从长远看，多媒体计算机技术有可能对计算机机理和体系结构产生深远的影响。

本章介绍多媒体的基本知识、常用技术和制作工具，包括多媒体系统的组成、数字音频、图形和图像处理、计算机动画制作、数字视频和多媒体网络，以及虚拟现实等。

7.1　引例

在现代信息社会，人们常常要对图形、图像、文字、动画、声音、音乐和视频等多种媒体进行综合处理及表现，主要体现在以下几方面。

1. 教育和培训

利用多媒体的集成性和交互性特点编制出的计算机辅助教学软件，能给学生创造图文并茂、有声有色、生动逼真的教学环境，激发学生的学习积极性和主动性，提高学习兴趣和效率。多媒体课件能集各种教学经验于一体，提高教学效果。这类软件为学生的学习增加了不依赖教室、训练指导人员及严格的教学计划的自主独立性。

2. 商业和服务行业

多媒体技术越来越广泛地应用到商业和服务行业中，例如产品的广告、商品的查询与展示系统、各种服务系统和旅游产品的促销演示等。

3. 家庭娱乐和休闲

家庭娱乐和休闲产品（如音乐、影视和游戏）是多媒体技术应用较广的领域。

4. 电子出版业

多媒体技术和计算机的普及大大促进了电子出版业的发展。以CD-ROM形式发行的电子图书具有容量大、体积小、重量轻和成本低等优点，而且集文字、图画、图像、声音、动画和视频于一身，这是普通书籍所无法比拟的。

5. 视频会议系统

根据通信节点的数量，视频会议系统可分为点对点视频会议系统和多点视频会议系统两种。

点对点视频会议系统支持两个通信节点间视频会议通信功能，它的主要业务有：可视电话、台式机-台式机视频会议、会议室-会议室视频会议等。

多点视频会议系统允许三个或三个以上不同地点的参加者同时参与会议。多点视频会议系统的一个关键技术是多点控制问题，多点控制单元在通信网络上控制各个点的视频、音频、通用数据和信号的流向，使与会者可以接收到相应的视频、音频等信息，维持会议正常进行。

视频会议系统主要由视频会议终端、多点控制器、网络信道和控制管理软件组成。

6. Internet上的应用

多媒体技术在Internet上的应用是其最成功的表现之一。不难想象，如果Internet只能传送字符，就不会受到这么多人的青睐了。

常见的多媒体产品有：

- 宣传光盘。
- 教学培训光盘。
- 产品使用说明和技术资料光盘。
- 触摸一体机，可用于政府、企业、商业信息查询、商场导购和展览会导览。
- 宽带网站。
- 电子图书和电子相册。

多媒体技术集声音、图像、文字于一体，集电视录像、光盘存储、电子印刷和计算机通信技术之大成，将把人类引入更加直观、更加自然、更加广阔的信息领域。

7.2 多媒体基础知识

多媒体诞生于20世纪90年代，是计算机技术发展的产物，它将信息学、心理学、传播学和美学等融于一体。多媒体技术是计算机领域的一支新秀，它综合了图、文、声、像，即图形图像、文字、声音、动画和视频等多种媒体元素。多媒体是近几年计算机工业中发展最快的技术之一，它已在教育、宣传、训练、仿真等方面得到了广泛的应用。

7.2.1 多媒体的基本概念

1. 媒体

所谓媒体，是指承载信息的载体，我们所看到的报纸、杂志、电影、电视，都是以各自的媒体传播信息的。例如，报纸、杂志以文字、图形等作为媒体；电影、电视是以文字、声音、图形、图像作为媒体。

媒体在计算机领域中有两种含义：一是指用以存储信息的实体，如磁带、磁盘、光盘和半导体存储器；另一种是指多媒体技术中的媒体，即信息载体，如文本、音频、视频、图形、图像、动画等。多媒体技术中的媒体指的是后者——信息的表示形式。

通常概念的“媒体”，可分为以下5种类型：

（1）感觉媒体

直接作用于人的感官，产生视、听、嗅、味或触觉的媒体称为感觉媒体。例如，语言、音乐、音响、图形、动画、数据、文字、文件等都是感觉媒体或传播媒体。

（2）表示媒体

为了对感觉媒体进行有效的传输，以便于进行加工和处理，而人为地构造出的一种媒体称为表示媒体。例如，语言编码、静止和活动图像编码以及文本编码等都称为表示媒体。

（3）显示媒体

显示媒体是显示感觉媒体的设备。显示媒体又分为两类，一类是输入显示媒体，如话筒、摄像机、光笔以及键盘等，另一种为输出显示媒体，如扬声器、显示器以及打印机等。

（4）传输媒体

传输媒体是指传输信号的物理载体，例如，同轴电缆、光纤、双绞线以及电磁波等都是传输媒体。

（5）存储媒体

用于存储表示媒体，即存放感觉媒体数字化后的代码的媒体称为存储媒体，例如磁盘、光盘、磁带、纸张等。

2. 多媒体

“多媒体”一词译自英文“Multimedia”，即“Multiple”和“Media”的合成，其核心词是媒体。多媒体是多种媒体的集成，主要包括文本、声音、图形、图像、动画、视频等。它集成了文字、图像、动画、影视、音乐等多种媒体的特点，结合计算机的交互功能，图文并茂，生动活泼。优雅的文字、生动的画面、奇妙的动画、优美的解说、充满动感和活力的表达方式能够紧紧抓住人们的注意力，产生强烈的冲击力。巨大的信息容量和交互式的阅读方式可以满足人们的各种信息需求。它既具有平面的特点，又能达到影视的效果，还能使人们参与其中，是兼三者之长，最为理想的整合媒体。

多媒体与传统媒体相比，有几个突出的特点：

(1) 数字化

传统媒体信息基本上是模拟信息，而多媒体处理的信息都是数字化信息，这正是多媒体信息能够集成的基础。

模拟信号传输时，是用高低电平不同的脉冲来表示数据的，而且传输介质一般是采用金属导体，这样随着传输距离的增长，途中信号的衰减也越来越严重，即使加上信号增强设备，也无法达到起初的效果；而数字信号则刚好解决了这些难题，抗干扰的能力也更强了，因为模拟信号的电平在传输时会产生电磁场，进而受到外界磁场的干扰，而数字信号一般由同轴电缆或光纤传输，几乎不受任何干扰，传输距离也更长，理论上光纤为无限。并且，光的速度是3×10^8m/s，是电信号无法相比的。

计算机中的数据是以0和1的数字形式存在的，所以当模拟数据要输入输出计算机时，都要进行数模转换，这样会造成不必要的麻烦，还会引起信号衰减，而数字信号则可以直接或非常快捷地与计算机进行输入输出操作。数字化还有其他优点，例如，复制会减少损耗，编辑也节省时间。所以，当今的趋势就是数字化。不仅视频信号，音频和其他的信息都可以数字化。

(2) 集成性

所谓集成性是指将多种媒体信息有机地组织在一起，共同表达一个完整的多媒体信息，使文字、图形、声音和图像一体化。如果只是将不同的媒体存储在计算机中，而没有建立媒体间的联系，比如，只能实现对单一媒体的查询和显示，则不是媒体的集成，只能称为图形系统或图像系统。

(3) 交互性

传统媒体只能让人们被动接受，而多媒体则可利用计算机的交互功能使人们对系统进行干预。比如，电视观众无法改变节目顺序，而多媒体用户却可以随意挑选光盘上的内容播放。

(4) 实时性

在多媒体中，有些媒体（如声音和图像）是与时间密切相关的，这就要求多媒体必须支持实时处理。

多媒体的众多特点中，集成性和交互性是最重要的，它们是多媒体的精髓。从某种意义上讲，多媒体的目的就是把电视技术所具有的视听合一的信息传播能力，同计算机系统的交互能力结合起来，产生全新的信息交流方式。

商业性多媒体制作流程如下：

1）需求咨询。客户（甲方）通过电话、电子邮件、传真等方式，与制作方（乙方）取得联系，介绍公司的一些情况，提出自己的要求；同时，制作方就客户在多媒体制作要求方面的相关问题提供咨询。

2）双方签订协议。通过与客户的联系，充分了解客户需求，解决方案和报价针对客户的具体情况和具体需求，提供具体实施方案和报价，双方针对制作方案和报价进行协商。合作意向确定后，双方拟订《多媒体制作合同》，客户支付预付款。

3）素材准备。根据方案要求向甲方提出相应资料需求，客户应尽量详尽地提供所需的资料（如图片资料、文字资料、录像等）。

4）多媒体制作。制作并确定出主画面和分画面的风格，具体制作阶段，双方需由专人经常沟通，以保证制作效率。

5）用户审核。项目初步制作完成后，根据协议进行审核，并提交完整修改意见一份，制作方将据此完成项目成品。若以后还提出其他修改，将视具体情况收取制作费用。

6）制作完成。项目制作完成，委托方再次审核无误则签字通过，交付成品或刻录光盘，付清余款。

3. 多媒体技术的发展

多媒体技术是一个不断发展和不断完善的过程。如今，多媒体技术的发展已成为信息技术发展的重要组成部分。

1984年，美国Apple公司在研制Macintosh计算机时，为了改善人机交互界面，创造性地使用了图形窗口界面，并引入鼠标作为配合图形界面交互操作的设备，极大地方便了计算机用户。

1985年，微软公司推出了界面友好的多窗口图形操作环境——Windows操作系统。经过不断升级发展，Windows已形成一系列产品，成为当今普遍使用的操作系统。同年，美国Commodore个人计算机公司率先推出世界上第一台多媒体计算机系统——Amiga。它配有图形处理、音响处理和视频处理三个专用芯片，具有下拉菜单、多窗口和图符等功能。1986 年，Philips 公司和Sony 公司共同推出交互式压缩光盘系统（Compact Disc Interactive，CD-I），同时公布该系统所采用的CD-ROM 数据存储格式。各种多媒体信息以数字形式按照该格式存入650MB光盘。人们可以通过计算机读取光盘中的数据，播放多媒体信息。

1987年，美国RCA公司推出交互式数字视频系统（Digital Video Interactive，DVI）。它以计算机技术为基础，用标准光盘片存储和检索静态图像、活动图像、声音和其他数据。该技术最终为Intel公司所有。随后，Intel公司与IBM公司于1989年合作推出Action Media 750多媒体开发平台，并将其投放市场。

从20世纪90 年代开始，多媒体技术逐渐走向成熟。由于多媒体技术涉及的领域和行业广泛，技术交叉与共享问题十分突出，制定一系列标准来规范和推进多媒体技术的发展与应用迫在眉睫，因此标准化成为这一阶段的主要特征。

1990年，由微软公司联合一些主要的个人计算机厂商组成了多媒体个人计算机市场联盟，简称多媒体个人计算机（Multimedia Personal Computer，MPC）联盟。建立联盟的主要目的是建立多媒体个人计算机的硬件最低功能标准，即MPC技术规范。MPC 1.0技术规范规定了多媒体个人计算机的组成规范，它规定多媒体个人计算机的最低配置为：80386 SX/16 MHz 的CPU，2 MB的RAM和640×480像素16色的图形显示，特别是它规定了1X的CD-ROM 和8位的声卡，强调了多媒体计算机的基本组成要求。

1993年，由IBM和Intel等数十家软硬件公司组成的多媒体个人计算机市场协会（Multimedia PC Marketing Council，MPMC）发布了MP C2.0技术规范。它与MPC 1.0技术规范相比，对CPU和RAM的配置要求更高，而且对声卡的配置要求达到了16位，对CD-ROM的速度要求也提高了一倍，图形显示达到65536色。随后，MPMC又相继推出了MPC 3.0技术规范和MPC 4.0技术规范，它们对多媒体个人计算机的最低配置要求不断提升，并且采用Windows 95系统做支持，形成了较完善的多媒体个人计算机系统。

近十年来，随着多媒体计算机软硬件技术的飞速发展，多媒体功能已成为个人计算机的基本功能，因此没有再发布MPC新技术规范的必要，但这些技术规范对促进多媒体技术的发展起到了巨大的推动作用。

多媒体计算机的关键技术是多媒体数据的压缩编码和解码技术。目前广泛使用的国际技术规范包括静态图像的压缩编码标准JPEG、运动图像的压缩编码系列标准MPEG和面向可视电话与电视会议系统的视频压缩标准H.26X等。此外，还有音频的压缩编码、CD-ROM和DVD存储编码等许多技术规范。正是这些技术规范推动了多媒体的飞速发展，形成目前普及化的应用发展局面。

由于多媒体系统需要将不同的媒体数据表示成统一的结构数据流，然后对其进行变换、重组和分析处理，以进行进一步的存储、传送、输出和交互控制。所以，多媒体的传统关键技术主要集中在以下4类中：数据压缩技术、大规模集成电路（VLSI）制造技术、大容量的光盘存储器(CD-ROM)、实时多任务操作系统。因为这些技术取得了突破性的进展，多媒体技术才得以迅速地发展，而成为像今天这样具有强大的处理声音、文字、图像等媒体信息的能力的高科技技术。

关于互联网络的多媒体关键技术，有些专家却认为可以按层次分为媒体处理与编码技术、多媒体系统技术、多媒体信息组织与管理技术、多媒体通信网络技术、多媒体人机接口与虚拟现实技术，以及多媒体应用技术这6个方面，而且还包括多媒体同步技术、多媒体操作系统技术、多媒体中间件技术、多媒体交换技术、多媒体数据库技术、超媒体技术、基于内容检索技术、多媒体通信中的QoS管理技术、多媒体会议系统技术、多媒体视频点播与交互电视技术、虚拟实景空间技术等。

7.2.2 多媒体计算机系统的组成

多媒体计算机（MPC）是一种能对多媒体信息进行获取、编辑、存取、处理和输出的计算机系统。20世纪80年代末和90年代初，几家主要PC厂商联合组成的MPC委员会制定了MPC的三个标准，按当时的标准，多媒体计算机除了应该配置高性能的微机外，还需配置的多媒体硬件有：CD-ROM驱动器、声卡、视频卡和音箱（或耳机）。显然，对于当前的PC机来讲，这些已经都是常规配置了。可以说，目前的微型机几乎都是多媒体计算机。

对于从事多媒体应用开发的行业来说，多媒体计算机系统除较高的微机配置外，还要配备一些必需的插件，如视频捕获卡、语音卡等。此外，要有采集和播放视频和音频信息的专用外部设置，如数码相机、数字摄像机、扫描仪和触摸屏等。

当然，除了基本的硬件配置外，多媒体系统还配置了相应的软件：首先包括支持多媒体的操作系统，如Windows XP、Windows Server 2003等；其次包括多媒体开发工具和压缩、解压缩软件等。由于声音和图像数字化之后会产生大量的数据，一分钟的声音信息就要存储10MB以上的数据，因此必须对数字化后的数据进行压缩，即去掉冗余或非关键信息，待播放时再根据数字信息重构原来的声音或图像，即解压缩。

7.3 数字音频技术

无论现在的多媒体计算机功能如何强大，其内部也只能处理数字信息。而人们听到的声音都是模拟信号，怎样才能让计算机也能处理这些声音数据呢？模拟音频与数字音频有什么不同呢？数字音频究竟有些什么优点呢？

7.3.1 声音的基本概念

声音是由空气中分子的振动而产生的。自然界的声音是一个随时间而变化的连续信号，可近似地看成是一种周期性的函数。通常用模拟的连续波形描述声波的形状，单一频率的声波可用一条正弦波表示，如图7-1所示。

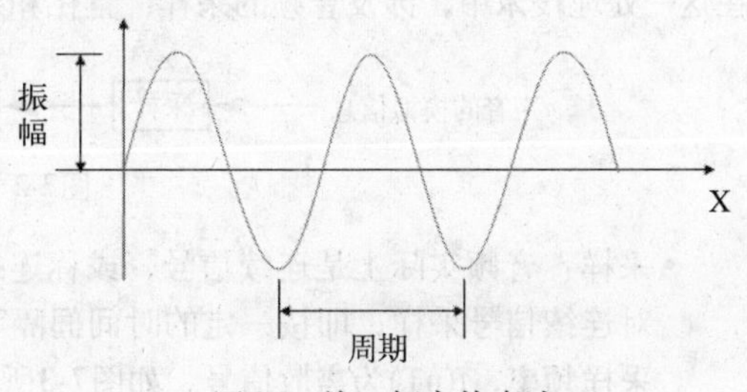

图7-1 单一频率的声波

声波振动一周所传播的距离叫“波长”，用λ

表示。

声波一秒钟传播的距离叫“波速”，用c表示。

声波一秒钟振动的次数叫“频率”，用f表示。

它们之间的关系：$\lambda=c/f$。

声波的振幅表示声音信号的强弱程度。声波的频率反映出声音的音调，声音尖细表示频率高，声音粗哑表示频率低。

振幅和频率不变的声音信号称为单音，单音一般只能由专用电子设备产生。在日常生活中，我们听到的自然界的声音一般都属于复音，其声音信号由不同的振幅与频率合成而得到。复音中的最低频率称为复音的基频（基音），是决定声调的基本要素，它通常是个常数。复音中还存在一些其他频率，是复音中的次要成分，通常称为谐音。基频和谐音合成复音，决定了特定的声音音质和音色。

众所周知，人们之所以能够听到声音，是由于声波振动引起的，并通过传声媒质，例如空气、水、混凝土等弹性物质，传播进入人耳。从声源或振动源直接传入人耳的叫“直达声”，声音通过物体反射传入人耳的叫“反射声”。

人耳的听音范围是20Hz~20KHz。低于20Hz的声波叫次声波，高于20KHz的声波叫超声波。

声波在传输过程中具有相互干涉作用。两个频率相同、振动方向相同且步调一致的声源发出的声波相互叠加时就会出现干涉现象。

好在语言和音乐不是正弦波，而是复杂的波形，这种复杂的波形可展开成多个不同频率、不同幅度的正弦波。

综上所述，声音为一串串稀疏稠密交替变化的波，而疏和密就是空气压强的变化，再通过人的耳膜对空气压力的反映传入大脑，从而听到声音。声波是声音的物理现象，它具有 “波”的一切性质，常用波形表示。产生声音的必要条件有两个：

- 必须要有振动体或振动源。
- 声波的传递必须依靠传播媒介。

7.3.2 声音数字化

声波是随时间而连续变化的物理量，通过能量转换装置，可用随声波变化而改变的电压或电流信号来模拟。模拟电压的幅度表示声音的强弱。音频是随振幅和频率变化的声音信号。为使计算机能处理音频，必须对声音信号数字化。

声音是机械振动，振动越强，声音越大。话筒把机械振动转换成电信号，模拟音频技术中以模拟电压的幅度表示声音强弱。

模拟声音在时间上是连续的，而数字音频是一个数据序列，在时间上是断续的。数字音频是通过采样和量化，把模拟量表示的音频信号转换成由许多二进制数1和0组成的数字音频信号。

把模拟音频信号转换成有限个数字表示的离散序列，称为编码或声音数字化。如图7-2所示，在这一处理技术中，涉及音频的采样、量化和编码。

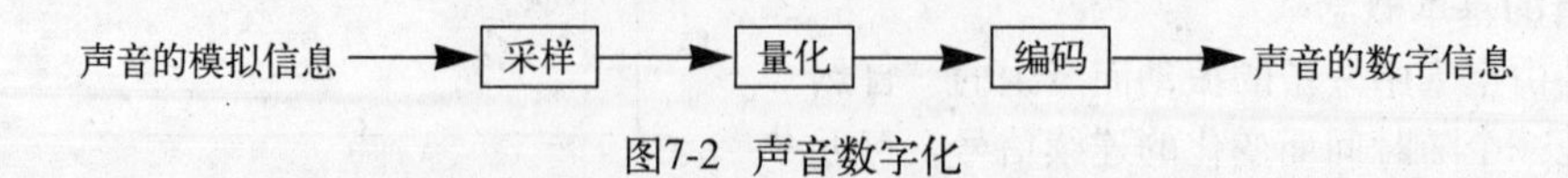

图7-2 声音数字化

- 采样：音频实际上是连续信号，或称连续时间函数f(t)。用计算机处理这些信号时，必须先对连续信号采样，即按一定的时间间隔T取值，得到f(nT)，n为整数。T为采样周期，1/T为采样频率，f(nT)为离散信号。如图7-3所示。

• 量化：为了把采样序列f(nT)存入计算机，通常用二进制数字表示量化后的样值。用B位二进制可以表示2B个不同的量化电平（0和1）。这些0和1便构成了数字音频文件。数字音频文件的数据量是十分庞大的。

• 编码：对数字音频文件进行剪切、复制和修改。

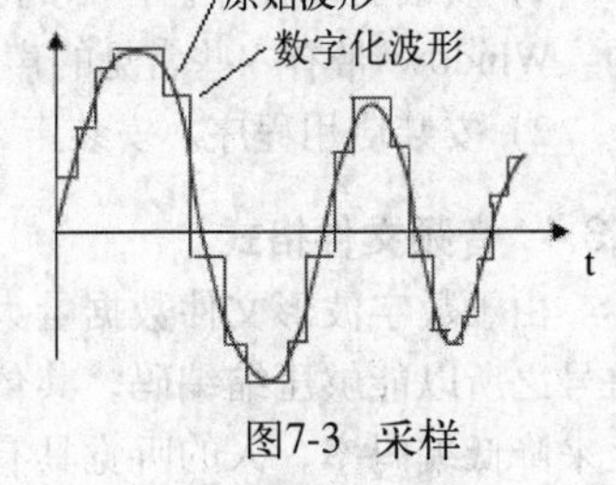

图7-3 采样

7.3.3 音频的获取与处理

音频数据的获取方法主要有以下两种：

1）使用声卡录制或采集声音信息，并以文件的形式存储在计算机中。

2）使用声卡及MIDI设备在计算机上创作乐曲。

使用声卡可以对模拟音频信号进行采样和量化成数字信号。采样频率、量化位数和声道数影响录音波形文件的质量。数字波形信号占很大的存储空间，为提高计算机处理音频信号的效率，可以使用多种编码对其进行压缩。利用MIDI设备和声卡，作曲家可在计算机上作曲，并且可以灵活地编辑，如改变音色、音调、乐曲速度等。

使用声卡可以录制来自麦克风的声音，接收录放机的输出、MIDI设备创作的乐曲或音频光盘播放的音频，并且保存到音频文件中。

利用音频编辑软件可以轻松地在音频文件中进行剪切、粘贴、合并、重叠声音操作，并且提供多种放大、降低噪音、延迟、失真和调整音调等特效处理。

例如，启动录音软件，经过麦克风获取模拟音频信号，再由声卡上的Wave合成器（模/数转换器）对模拟音频采样后，量化编码为一定字长的二进制序列，并在计算机内传输和存储。在数字音频播放时，再由数字到模拟的转化器解码可将二进制编码恢复成原始的声音信号，通过音响设备输出，如图7-4所示。

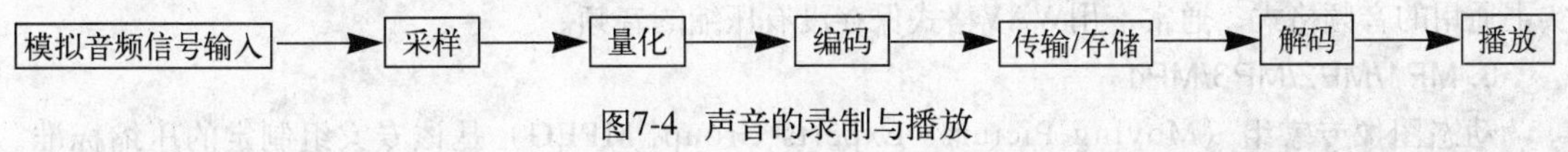

图7-4 声音的录制与播放

声卡的主要功能包括音频的录制与播放、编辑与合成、MIDI接口、CD-ROM接口和游戏接口等。

声卡一般由Wave合成器、MIDI合成器、混合器、MIDI电路接口、CD-ROM接口和DSP数字信号处理器等组成。简述如下：

• Wave合成器：声卡上的数据处理器件，实现模/数转换和数/模转换。

• MIDI合成器：标准的多媒体计算机通过MIDI合成器播放MIDI文件。

• 混音器：声卡上的混音器芯片可以对

数字化声音（DAC）、调频FM合成音乐（FM）、CD音频（CD-ROM）、线路输入（AUX）、话筒输入（MIC）和PC声音输出（SPK）等音源进行混合。

MIDI接口：声卡能够接收、录制及输出MIDI信号，MIDI接口是电子音乐设备与声卡之间的信号传输通道，通过软件控制可以演奏MIDI音乐设备上的音乐。反之，也可以将电子音乐设备上演奏的音乐录制成MIDI数据文件，在计算机中进行模拟演奏或修改。

CD-ROM接口：CD-ROM接口提供了从CD-ROM的CD-DA的输出信号到声卡音源输入的通路，CD-ROM播放CD唱盘的音频时，将音频信号直接通过声卡的功放送到扬声器，通过调节声卡的音量控制，即可控制CD唱盘的音量。

DSP数字信号处理器：用作对数字音频信号的实时压缩和解压缩，以及用于语音朗读、语音识别等特殊音频信号的处理。

对不同的声卡，软件的安装方法不完全相同，需要按照说明书安装。

1）安装驱动程序。声卡的驱动程序是控制声卡工作的必要程序，不同的声卡驱动程序是不同的。Windows带有一些常见的声卡驱动程序，往往能够自动安装。

2）安装应用程序。安装声卡的应用程序，例如混音器、录音师和MIDI编辑软件等。

7.3.4 音频文件格式

由于数字波形文件数据量大，因此数字音频的编码必须采用高效的数据压缩编码技术。音频信号之所以能够压缩编码，其依据有两个：一是声音信号存在着数据冗余；二是利用人的听觉特性来降低编码率，人的听觉具有一个强音，能抑制一个同时存在的弱音现象，这样就可以抑制与信号同时存在的量化噪声；另外，人耳对低频端比较敏感，而对高频端不太敏感。

音频信号的压缩编码方式可分为波形编码、参数编码和混合编码3种。混合编码是把波形编码的高质量和参数编码的低数据率结合在一起，取得了较好效果。

常用的音频文件和音频压缩文件格式有CD、WAV、MP3、OGG、RealAudio、ASF、WMA、MIDI等。

1. CD

CD（Compact Disc）意为激光唱片，其专业术语原为“数字化精密型唱片及放唱系统”。CD是光盘家族中最早的成员，是光盘声频系统第一种成功的产品，1979年由荷兰飞利浦公司和日本索尼公司共同开发，1982年10月投放市场，它是完全不同于模拟唱片（LP）和盘式音带的数字音频唱片，它的技术指标非常高，节目检索方便，体积小，放唱时间长，耐磨损，保存时间长达10年以上，它可以说是所有音频文件中音质最好的，不过它的最大弱点就是容量太大。

2. WAV

WAV是Microsoft Windows本身提供的音频格式，由于Windows的影响力，该格式已经成为事实上通用的音频格式。通常，用WAV格式保存没有压缩的音频。

3. MP1/MP2/MP3/MP4

动态图像专家组（Moving Pictures Experts Group, MPEG）是该专家组制定的压缩标准。MPEG音频文件指的是MPEG标准中的声音部分，即MPEG音频层。MPEG音频文件根据压缩质量和编码复杂程度的不同可分为3层，即MP1、MP2和MP3。这3种声音文件相对应的MPEG音频编码具有很高的压缩率。MP1和MP2 的压缩率分别为4:1和6:1~8:1，而MP3的压缩率则高达10:1~12:1。也就是说，一分钟CD音质的音乐未经压缩需要10MB存储空间，而经过MP3压缩编码后只有1MB左右。同时，其音质基本保持不失真。因此，目前Internet上的音乐格式以MP3最为常见。

MP3是第一个实用的有损音频压缩编码。在MP3出现之前，一般的音频编码即使以有损方式进行压缩，而能达到4:1的压缩比例已经非常不错了。但是，MP3可以实现12:1的压缩比例，这使得MP3迅速地流行起来。

此时，文件更小、音质更佳的MP4就应运而生了。MP3和MP4之间其实并没有必然的联系。MP3是一种音频压缩的国际技术标准，而MP4却是一个商标的名称，其压缩比最大可达到20:1，而不影响音乐的实际听感，每首MP4乐曲就是一个扩展名为.exe的可执行文件。在Windows里直接双击就可以运行播放，十分方便。

4. OGG

OGG是一种新的音频压缩格式，类似于MP3等现有的音乐格式。但有一点不同的是，它是完全免费、开放和没有专利限制的。Vorbis是这种音频压缩机制的名字，而OGG则是一个计划的名字，该计划意图设计一个完全开放性的多媒体系统。目前该计划只实现了OGG这一部分。OGG Vorbis文件的扩展名是.ogg。这种文件的设计格式是非常先进的。现在创建的ogg文件可以在未来的任何播放器上播放，因此，这种文件格式可以不断地进行大小和音质的改良，而不影响旧有的编码器或播放器。

5. RealAudio

RealAudio是RealNetworks公司开发的网上流式数字音频压缩技术，其文件扩展名为.ra或.rma，是目前网络上的主流多媒体文件格式之一。它通过很高的压缩比，使用流式播放媒体技术，从而使人们能够在网上实时收听音频。

6. ASF和WMA

ASF和WMA都是微软公司开发的新一代网上流式数字音频压缩技术，这种压缩技术的特点是同时兼顾了保真度和网络传输需求。

7. MIDI

MIDI（Musical Instrument Digital Interface）是乐器数字接口的缩写，泛指数字音乐的国际标准，始于1982年。MIDI是音乐与计算机结合的产物。多媒体Windows操作系统支持在多媒体节目中使用MIDI文件。MIDI系统将电子乐器键盘上的弹奏信息记录下来，包括键名、力度、时值长短等，是乐谱的一种数字式描述。当需要播放时，只需从相应的MIDI文件中读出MIDI消息，生成所需要的声音波形，经放大后由扬声器输出即可，如图7-5所示。

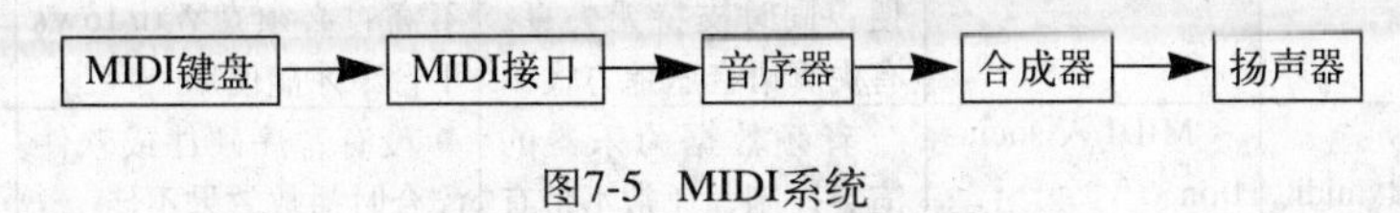

图7-5 MIDI系统

其中，产生和处理MIDI音频信息的MIDI设备包括：

- MIDI键盘：用于MIDI乐曲演奏，MIDI键盘本身并不发出声音，当作曲人员触动键盘上的按键时，就发出按键信息，所产生的仅仅是MIDI音乐消息，从而由音序器录制生成MIDI文件。
- MIDI接口：一台MID设备可以有1～3个MIDI接口，分别为MIDI In、MIDI Out、MIDI Thru。它们的作用如下。
- MIDI In：接收来自其他MIDI设备的MIDI信息。
- MIDI Out：发送本设备生成的MIDI信息到其他设备。
- MIDI Thru：将从MIDI In端口传来的信息转发到相连的另一台MIDI设备上。
- 音序器：用于记录、编辑、播放MIDI的声音文件，音序器有以硬件形式提供的，目前大多为软件音序器。音序器可捕捉MIDI消息，将其存入MIDI文件，MIDI文件扩展名为.MID。音序器还可编辑MIDI文件。
- 合成器：MIDI文件的播放是通过MIDI合成器，合成器执行MIDI文件中的指令符号，生成所需要的声音波形，经放大后由扬声器输出，声音的效果比较丰富。

MIDI文件的特点如下：

1）MIDI文件只是一系列指令的集合，因此它比数字波形文件小得多，大大节省了存储空间。

2）使用MIDI文件，其声卡上必须含有硬件音序器或者配置有软件音序器。

3）MIDI声音适用于重现打击乐或一些电子乐器的声音，利用MIDI声音方式可用计算机来进行作曲。

4）对MIDI的编辑很灵活，在音序器的帮助下，用户可以自由地改变音调、音色以及乐曲速度等，以达到需要的效果。

如表7-1所示对各种常用的音频媒体格式的特点进行了比较和概括。

表7-1 各种常用的音频媒体格式的特点

媒体格式	扩展名	相关公司或组织	主要优点	主要缺点	适用领域
WAV	wav	Microsoft	可通过增加驱动程序而支持各种各样的编码技术	不适用于传播和聆听；支持的编码技术大部分只能在Windows平台下使用	音频原始素材保存
MP3	mp3	Fraunhofer-IIS	在低于128Kbit/s的比特率下提供接近CD音质的音频质量；被广泛支持	出现得比较早，因此音质不是很好	一般聆听和高保真聆听
Ogg	ogg	Xiph Foundation	在低至64Kbit/s的比特率下提供接近CD音质的音频质量；跨平台	发展较慢，推广力度不足	一般聆听和高保真聆听
RealAudio（实时音频）	ra、rma	RealNetworks	在极低的比特率环境下提供可听的音频质量	不适用于除网络传播之外的用途；音质不是很好	网络音频流传输
Windows Media	wma、asf	Microsoft	功能齐全，使用方便；同时支持无失真、有失真语音压缩方式	失真压缩方式下音质不高；必须在Windows平台下才能使用	音频档案级别保存；一般聆听；网络音频流传输
MIDI	mid、midi、rmi、xmi等	MIDI Association	音频数据为乐器的演奏控制，通常不带有音频采样	没有音序硬件或软件配合时播放效果不佳	与电子乐器的数据交互、乐曲创作等

7.3.5 常用音频处理软件

音频处理是指音频数据的编辑、压缩、转换或制作。

音频数据的编辑包括声音的剪辑（删除片段、插入声音、混入声音）、特殊效果的添加等操作。除了Windows XP系统自带的“录音机”程序可进行简短音频的制作编辑外，目前广泛使用的音频处理软件可从网上搜索、下载、安装和使用。例如，Adobe发布的新款专业级音频录制、混合、编辑和控制软件Adobe Audition 3.0。Adobe Audition 3.0的主窗口如图7-6所示。

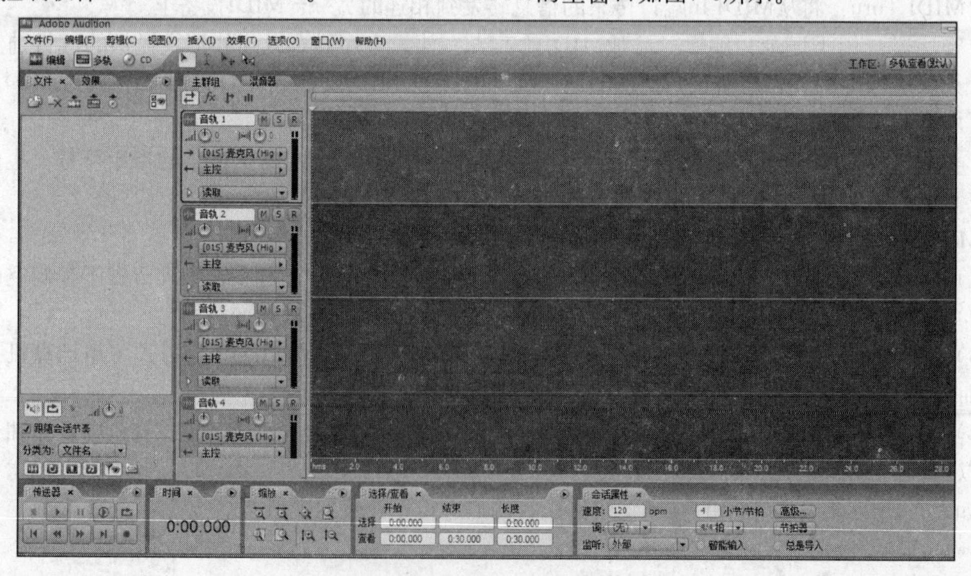

图7-6 Adobe Audition 3.0主窗口

Adobe Audition 的前身为Syntrillium公司的Cool Edit。Adobe Audition 3.0可以充分满足个人录制工作室的需求，它提供了一系列灵活、强大的工具，可以录制、混合、编辑和控制数字音频文件，也可轻松创建音乐，制作广播短片，修复录制缺陷，整理电影的制作音频，为视频游戏设计声音。通过与Adobe视频应用程序的智能集成，Adobe Audition还可将音频和视频内容结合在一起。

7.4 图形和图像处理

因为图形和图像可以承载大量而丰富的信息，具有生动直观的视觉特性，所以人们常常利用图形和图像表现和传达信息。有效设计的图形和图像既能充分展示主题，又能启发人的思维，引起共鸣，这正是图形和图像的视觉意义所在。

所以，不仅要学会利用图形和图像表达意图，同时也要能利用图形和图像设计恰当地和创造性地表达需求。

7.4.1 图形和图像的基本概念

通常，人们认为图形和图像没有什么区别。但是在计算机的处理领域，它们是两个既有本质区别又有密切联系的概念。从本质上讲，图形和图像是计算机对处理对象的不同描述方式，它们分别有各自的特点和适用范围，在一定的条件下也可以相互转化。所以，有必要区别图形和图像的概念，深刻理解其内在的联系。

图形是指由外部轮廓线条构成的几何图形，有时还要使用实心或有等级变化和色彩填充的区域。几何图形也称为向量图或矢量图，它是由数学的坐标和公式来描述的，其特点是：文件量通常较小，描述的对象可以任意缩放而不会失真，一般只能描述轮廓不是非常复杂、色彩不是很丰富的对象，例如几何图形、工程图纸等，否则文件量将变得很大，而效果却不理想。

图像则是指由许多点构成的点阵图，也称为位图或光栅图。点阵图是用大量单个点构成的图像，是对视觉信号在空间和亮度上做数字化处理后获得的数字图像。点阵图由若干个像素组成，把描述图像中各个像素点的亮度和颜色的数位值对应一个矩阵进行存储，这些矩阵值就映射成图像。点阵图可以装入内存直接显示，例如Windows画图程序所产生的BMP位图文件。其特点是：文件量通常较大，所描述的对象会因为缩放而损失细节或产生“锯齿”。

可见，位图（BMP）图像是将整个图像分割成如棋盘的方格点，并且储存每一个点的信息。位图图像文件可以压缩成各种格式的图像压缩文件，如GIF、JPG等。

图形和图像在一定的条件下是可以转化的。这种转化可以从两个方面来说明：一是对象和输入输出设备之间的硬转化，二是对象文件格式之间的软转化。

1. 图形和图像的硬转化

硬转化是指输入输出设备对图形和图像进行的转化。

比如，有一张工程图纸，一般认为它是图形，其实在它被输入计算机以前还不能称它为图形或图像，当用扫描仪将它输入到图形图像处理软件Photoshop后，它就变成图像信息，因为这时是位图；当用数字化仪将它输入到计算机辅助设计软件AutoCAD后，它就变成图形信息，因为这时是向量图。也就是说，同一个对象既可以被作为图形处理，也可以被作为图像处理。

又如，用AutoCAD做好了一张图，较合理的方法是用绘图机将它输出，但是也可以用打印机将它输出，这时计算机必须先将图形（向量图）转化为打印机的扫描线，这个过程称为光栅化(点阵化)，从本质上讲是图形转化为图像的过程。

2. 图形和图像的软转化

软转化是指软件对图形和图像进行的转化。有的软件几乎提供所有文件格式之间的转化，但千万不要认为可以转化就可以随意互换，事实上许多转化是不可逆的，转化的次数越多，丢失的信息就越多，特别是在图形和图像之间的转化。用户应该根据自己处理对象的特点，选择或转化为相应的文件格式，以及选择相应的输入输出设备。

与图像处理有关的几个名词如下：

• 色调：表示颜色的种类，如红、橙、黄、绿、蓝、紫等色彩，也称为色相。
• 饱和度：表示颜色的纯净程度。
• 亮度：指色彩所引起的人眼对明暗程度的感觉。
• 对比度：指图像中的明暗变化或亮度大小的差别。
• 模糊：指通过减少相邻像素的对比度平滑图像。
• 锐化：通过增加相邻像素之间的对比度突出图像。
• 边缘柔化：对在图像上所加的一个物体的边缘进行的柔化。
• 灰度系数：图像中间颜色的对比度。
• 渐变填充：使填充区域从一种颜色逐渐改变到另一种颜色。

7.4.2 图形和图像数字化

传统的绘画、照片、录像带或印刷品等称为模拟图像（Image），它们不能直接用电脑进行处理，需要转化成用一系列数据表示的数字图像。将模拟图像转化成数字图像就是图形和图像数字化。

描述一幅图像需要使用图像的属性。图像的属性包含分辨率、色彩深度、真/伪彩色、图像的表示法和种类等。

1. 分辨率

经常遇到的分辨率有两种，即显示分辨率和图像分辨率。

1）显示分辨率是指显示屏上能够显示出的像素数目。例如，显示分辨率为1024×768表示显示屏分成768行（垂直分辨率），每行（水平分辨率）显示1024个像素，整个显示屏就含有796432个显像点。屏幕能够显示的像素越多，说明显示设备的分辨率越高，显示的图像质量越高。

2）图像分辨率是指一幅图像的像素密度，也是用水平和垂直的像素表示，即用每英寸多少点（dpi）表示数字化图像的大小。例如，用200dpi来扫描一幅2×2.5英寸的彩色照片，那么得到一幅400×500个像素点的图像。它实质上是数字化的采样间隔，由它确立组成一幅图像的像素数目。对同样大小的一幅图，如果组成该图像的像素数目越多，则说明图像的分辨率越高，图像看起来就越逼真。相反，图像显得越粗糙。因此，分辨率不同，图像清晰度也会不同。

图像分辨率与显示分辨率是两个不同的概念。图像分辨率确定的是组成一幅图像像素数目，而显示分辨率确定的是显示图像的区域大小。它们之间的关系是：

①图像分辨率大于显示分辨率时，在屏幕上只能显示部分图像。例如，当图像分辨率为800×600，屏幕分辨率为640×480时，屏幕上只能显示一幅图像的64%左右。

②图像分辨率小于屏幕分辨率时，图像只占屏幕的一部分。例如，当图像分辨率为320×240，屏幕分辨率为640×480时，图像只占屏幕的四分之一。

2. 色彩深度

色彩深度是指存储每个像素所用的位数，它也是用来度量图像的色彩分辨率的。色彩深度确定彩色图像的每个像素可能有的颜色数，或者确定灰度图像的每个像素可能有的灰度级数。它决定了彩色图像中可出现的最多颜色数，或灰度图像中的最大灰度等级。如一幅图像的色彩深度为b位，则该图像的最多颜色数或灰度级为2^b种。显然，表示一个像素颜色的位数越多，它能表达的颜色数或灰度级就越多。例如，只有1个颜色分量的单色图像，若每个像素有8位，则最大灰度数目为2^8=256；一幅彩色图像的每个像素用R、G、B 3个分量表示，若3个分量的像素位数分别为4、4、2，则最大颜色数目为$2^{4+4+2}=2^{10}$=1024，也就是说像素的深度为10位，每个像素可以是2^{10}种颜色中的一种。可见，一个像素的位数越多，它能表达的颜色数目就越多，它的深度就越深。

3. 真彩色和伪彩色

真彩色（True Color）是指一幅彩色图像的每个像素值中有R、G、B 3个基色分量，每个基色分量直接决定显示设备的基色强度，这样产生的彩色称为真彩色。例如，用RGB8:8:8的方式表示一幅彩色图像，也就是R、G、B分量都用8位来表示，可生成的颜色数就是2^{24}种，每个像素的颜色就是由其中的数值直接决定的。这样得到的色彩可以反映原图像的真实色彩，一般认为是真彩色。通常，在一些场合，把RGB8:8:8方式表示的彩色图像称为真彩色图像或全彩色图像。

为了减少彩色图形的存储空间，在生成图像时，对图像中的不同色彩进行采样，产生包含各种颜色的颜色表，即彩色查找表。图像中每个像素的颜色不是由3个基色分量的数值直接表达，而是把像素值作为地址索引，在彩色查找表中查找这个像素实际的R、G、B分量，人们将图像的这种颜色表达方式称为伪彩色。需要说明的是，对于这种伪彩色图像的数据，除了保存代表像素颜色的索引数据外，还要保存一个彩色查找表（调色板）。彩色查找表可以是一个预先定义的表，也可以是对图像进行优化后产生的色彩表。常用的256色的彩色图像使用了8位的索引，即每个像素占用一个字节。

7.4.3 图形和图像的获取与处理

将现实世界的景物或物理介质上的图形和图像输入计算机的过程称为获取（Capturing）。在多媒体应用中的图形和图像可通过不同的方式获得。一般来说，可以直接利用数字图像库的图像，也可以利用绘图软件创建图像，还可以利用数字转换设备采集图像。

1. 利用数字图像库的图像

在光盘和互联网上的图像库中，图像的内容较丰富，图像尺寸和色彩深度可选的范围也较广。用户可根据需要选择已有的图像，或再做进一步的编辑和处理。

2. 利用绘图软件创建图像

目前，Windows环境的大部分图像编辑软件都具有一定的绘图功能。这些软件大多具有较强的功能和很好的图形用户接口，用户还可以利用鼠标、画笔及画板来绘制各种图形，并进行彩色、纹理、图案等的填充和加工处理。对于一些小型的图形、图标、按钮等，直接制作很方便，但这不足以描述自然景物和人像。也有一些较专业的绘画软件，通过数字化画板和画笔在屏幕上绘画。这种软件要求绘画者具有一定的美术知识及创意基础。

3. 利用数字转换设备采集图像

数字转换设备可以把采集到的图像转换成计算机能够记录和处理的数字图像数据。例如，对印刷品、照片或照相底片等进行扫描，用数字相机或数码摄像机对选定的景物进行拍摄等。

数字转换设备获取图像的过程实质上是信号扫描和数字化的过程，它的处理步骤大体分为以下3步。

1）采样。将一幅画面划分为M × N个网格，每个网格称为一个取样点，用其亮度值来表示。这样，一幅连续的图像就转换为以取样点值组成的一个阵列（矩阵）。

2）量化。将扫描得到的离散的像素点对应的连续色彩值进行A/D转换（模/数转换，即量化），量化的等级参数即为色彩深度。于是，像素矩阵中的每个点（xn,yn）都有对应的离散像素值fn。

3）编码。把离散的像素矩阵按一定方式编成二进制码组。最后，把得到的图像数据按某种图像格式记录在图像文件中。

扫描生成一幅图像时，实际上就是按一定的图像分辨率和一定的色彩深度对模拟图片或照片进行采样，从而生成一幅数字化的图像。图像的分辨率越高，色彩深度越深，则数字化后的图像效果越逼真，图像数据量越大。如果按照像素点及其深度映射的图像数据大小采样，可用下面的公式估算数据量：

图像数据量=图像的总像素 × 色彩深度/8 （字节）

其中，图像的总像素为图像的水平方向像素数乘以垂直方向像素数。

例如，一幅640 × 480的256色图像，其文件大小约为640 × 480 × 8/8 ≈ 300KB。

可见，数字图像的数据量也很大，需要很大的空间存储图像数据。因此，采用压缩编码技术，减少图像的数据量，是减少存储空间和提高网络传输速度的重要手段。

由于数字图像中数据的相关性很强，或者说，数据的冗余度很大，因此对数字图像进行大幅度的数据压缩是完全可能的。而且，人眼的视觉有一定的局限性，即使压缩前后的图像有一定失真，只要限制在人眼允许的误差范围之内也是允许的。

数据压缩可分成两类，一类是无损压缩，另一类是有损压缩。无损压缩利用数据的统计冗余进行压缩，可以保证在数据压缩和还原过程中，图像信息没有损耗或失真，图像还原（解压缩）时，可完全恢复，即重建后的图像与原始图像完全相同，例如，在多媒体应用中常用行程长度编码（RLC）、增量调制编码（DM）、霍夫曼（Huffman）编码、LZW编码等。

图形和图像的处理包括编辑、制作、压缩或转换，通过图形和图像的处理软件实现。

7.4.4 图形和图像文件格式

计算机中使用的图像压缩编码方法有多种国际标准和工业标准。目前广泛使用的编码及压缩标准有JPEG、MPEG和H.261。

- JPEG标准。JPEG（Joint Photographic Experts Group）是一个由ISO和IEC两个组织机构联合组成的一个专家组，负责制定静态和数字图像数据压缩编码标准，这个专家组地区性的算法称为JPEG算法，并且成为国际上通用的标准，因此又称为JPEG标准。JPEG是一个适用范围很广的静态图像数据压缩标准，既可用于灰度图像，又可用于彩色图像。JPEG专家组开发了两种基本的压缩算法，一种是以离散余弦变换为基础的有损压缩算法，另一种是采用以预测技术为基础的无损压缩算法。使用有损压缩算法时，在压缩比为25:1的情况下，压缩后还原得到的图像与原始图像相比较，人们难以察觉它们之间的区别，因此得到了广泛的应用。
- MPEG标准。MPEG（Moving Pictures Experts Group）动态图像压缩标准是由ISO和IEC两个组织机构联合组成的一个活动图像专家组，它于1990年形成了一个标准草案，将MPEG标准分成两个阶段：第一阶段（MPEG-1）是针对传输率为1 ~ 1.5Mbit/s的普通电视质量的视频信号的压缩；第二阶段（MPEG-2）目标则是对每秒30帧的720 × 572分辨率的视频信号进行压缩，在扩展模式下，MPEG-2可以对分辨率达1440 × 1152的高清晰度电视（HDTV）的信号进行压缩。MPEG标准分成MPEG视频、MPEG音频和视频音频同步3个部分。1999年，该图像专家组发布了MPEG-4多媒体应用标准，还推出了MPEG-7多媒体内容描述接口标准等。每个新标准的产生都极大地推动了数字视频的发展和更广泛的应用。
- H.261标准。H.261视频通信编码标准是由国际电话电报咨询委员会（Consultative Committee on International Telephone and Telegraph，CCITT）于1998年提出的电话/会议电视的建议标准。CCITT推出的H.263标准用于低位速率通信的电视图像编码。

数字图形和图像在计算机中存储时，文件格式繁多，下面简单介绍几种常用的文件格式。

1. BMP文件

BMP（Bitmap-File）图像文件是Windows操作系统采用的图像文件格式，在Windows环境下运行的所有图像处理软件几乎都支持BMP图像文件格式。它是一种与设备无关的位图格式，目的是为了让Windows能够在任何类型的显示设备上输出所存储的图像。BMP采用位映射存储格式，除了色彩深度可选以外，一般不采用其他任何压缩，所以占用的存储空间较大。BMP文件的色彩深度可选1位、4位、8位及24位，即有黑白、16色、256色和真彩色之分。

2. GIF文件

GIF是CompuServe公司开发的图像文件格式。GIF文件格式采用了无损压缩算法，按扫描行压缩图像数据。它可以在一个文件中存放多幅彩色图像，每一幅图像都由一个图像描述符、可选的局部彩色表和图像数据组成。如果把存储于一个文件中的多幅图像逐幅读出来显示到屏幕上，可以像播放幻灯片那样显示或者构成简单的动画效果。GIF的色彩深度从1位到8位，即最多支持256种色彩的图像。目前，GIF文件格式在HTML网页文档中广泛使用。

3. TIFF文件

TIFF（.TIF）文件是由Aldus和Microsoft公司为扫描仪和桌面出版系统研制开发的一种较为通用的图像文件格式。TIFF是电子出版CD-ROM中的一个重要的图像文件格式。TIFF格式非常灵活易变，它又定义了4类不同的格式：TIFF-B适用于二值图像；TIFF-G适用于黑白灰度图像；TIFF-P适用于带调色板的彩色图像；TIFF-R适用于RGB真彩图像。

4. PCX文件

PCX文件是PC Paintbrush（PC画笔）的图像文件格式。PCX的色彩深度可选为1位、4位、8位，对应单色、16色及256色，不支持真彩色。PCX文件中存放的是压缩后的图像数据。

5. PNG文件

PNG文件是作为GIF的替代品而开发的，它能够避免使用GIF文件所遇到的常见问题。它从GIF那里继承了许多特征，增加了一些GIF文件所没有的特性。

6. JPEG文件

JPEG（.JPG）文件采用一种有损压缩算法，其压缩比约为1:5～1:50，甚至更高。对一幅图像按JPEG格式进行压缩时，可以根据压缩比与压缩效果要求选择压缩质量因子。JPEG格式文件的压缩比例很高，非常适用于要处理大量图像的场合，它是一种有损压缩的静态图像文件存储格式，压缩比例可以选择，支持灰度图像、RGB真彩色图像和CMYK真彩色图像。

7. Targe文件

Targe（.TGA）文件格式用于存储彩色图像，可支持任意大小的图像，最高彩色数可达32位。专业图形用户经常使用TGA点阵格式保存具有真实感的三维有光源图像。

8. WMF文件

WMF文件只在Windows中使用，它保存的不是点阵信息，而是以矢量格式存放的文件，是Windows系统下与设备无关的最好格式，但是解码复杂，其效率比较低。

9. EPS文件

EPS文件是用PostScript语言描述的ASCII图形文件，在PostScript图形打印机上可打印出高品质的图形，能够表示32位图形（图像）。EPS文件格式分为Photoshop EPS格式和标准EPS格式，其中标准EPS格式又可分为图形格式和图像格式。

10. DIF文件

DIF文件是AutoCAD中的图形，它以ASCII方式存储图像，表现图形在尺寸大小方面十分精确，可以被CorelDRAW、3ds Max等软件调用编辑。

7.4.5 常用图形图像处理软件

常用图形图像处理软件有画图、Office Visio和专业的Photoshop、Fireworks等。

Photoshop是Adobe公司的数字图像编辑软件，是迄今为止在Macintosh和Windows平台上运行得最优秀的图像处理软件，应用领域涉及平面设计、插画绘制、产品包装、网页设计、效果图制作等。其强大的功能和无限的创意空间，在平面设计中扮演着不可或缺的角色。

Photoshop主要具有以下功能：

• 绘图功能：它提供了许多绘图及色彩编辑工具。
• 图像编辑功能：包括对已有图像或扫描图像进行编辑，例如放大和裁剪等。
• 创意功能：许多原来要使用特殊镜头或滤光镜才能得到的特技效果用Photoshop软件就能完成，也可产生美学艺术绘画效果。

Photoshop的主窗口如图7-7所示。

图7-7 Photoshop的主窗口

Photoshop主窗口由标题栏、菜单栏、工具箱、图像窗口、控制面板等几部分组成。

Photoshop的图像模式由“图像”菜单中的“模式”设定。其中最常用的有4种模式：黑白二值图、灰度图、RGB彩色图、CMYK彩色图。

• 黑白二值图：只能有黑、白两色，常用于线图。
• 灰度图：有黑到白的各种灰度层次，常用8位的灰度。
• RGB彩图：用RGB（Red、Green、Blue）3种颜色的不同比例配合合成所需要的任意颜色，适用于显示器屏幕显示的彩图。RGB模式的彩图在印刷时某些颜色可能出现与设计色偏差。
• CMYK（Cyan、Yellow、Magenta、Black）彩图模式：用于彩图印刷。

Photoshop支持多种图像文件格式，其中常用的有PSD、BMP、EPS、TIFF、JPEG、GIF格式。

一个Photoshop创作的图像可以想象成是由若干张包含有图像各个不同部分的不同透明度的纸叠加而成的。每张“纸”称为一个“图层”。由于每个层以及层内容都是独立的，所以在不同的层中进行设计或修改等操作不影响其他层。利用“图层”面板可以方便地控制图层的增加、删除、显示和顺序关系。图像设计者对绘画满意时，可将所有的图层合并成一层。

Photoshop用“通道”来存储色彩信息和选择区域。颜色通道数由图像模式来定，例如，对RGB模式的图像文件，有R、G、B 3个颜色通道，对CMYK模式的图像文件，则有C、M、Y、K 4色通道。

灰度图由一个黑色通道组成。用户在不同的通道间进行图像处理时，可利用“通道”面板来增加、删除或合并通道。

Photoshop图像文件中可以有几十个通道，通道之间可以进行多种运算操作。通道不仅用于存放图像的颜色信息，还用来建立和存储选择区域。

7.5 计算机动画制作

动画制作分为二维动画与三维动画技术，网上流行的Flash动画大多是二维动画；三维动画片、电视广告片头、建筑动画等都要运用三维动画技术。二维动画可以看成一个分支，在Flash的带领下，它目前在网上得到了非常广泛的应用。现在，三维动画软件功能愈来愈强大，操作起来相对容易，使得三维动画也有了更广泛的运用。

7.5.1 动画的基本概念

动画是将静态的图像、图形及图画等按一定时间顺序显示而形成连续的动态画面。从传统意义上说，动画是通过在连续多格的胶片上拍摄一系列画面，并将胶片以一定的速度放映，从而产生动态视觉的技术和艺术。电影放映的标准是每秒放映24帧（画面），每秒遮挡24次，刷新率是每秒48次。

动画的本质是运动，即动画最基本的一点就是能够随一定的时间间隔而变化。根据运动的控制方式，将计算机动画分为渐变动画和逐帧动画两种。渐变动画用算法实现物体的运动；逐帧动画是在传统动画基础上引申而来的，也即通过一帧一帧显示动画的图像序列而实现运动的效果。根据视觉空间的不同，将计算机动画分为矢量动画、二维动画和三维动画。

1. 渐变动画

渐变动画采用各种算法来实现运动物体的运动控制，它是利用“起点”和“终点”的两个关键影格（关键帧）中物体的变化来产生动画效果。例如，在采用Flash制作渐变动画时，动画制作者只要设定“起点”和“终点”的两个关键影格，Flash就会自动生成关键影格之间的图形。

2. 逐帧动画

逐帧动画需要动画制作者设定动画中的每一幅图像，并且通过显示动画中已设定的一帧一帧图像，实现运动的效果。

可见，帧是动画中最小单位的单幅影像画面，也称为影格，相当于电影胶片上的每一格镜头。在动画软件的时间轴上，帧表现为一格或一个标记。

关键帧相当于二维动画中的原画，指角色或者物体运动或变化中的关键动作所处的那一帧。两个关键帧之间的动画可以由软件来创建，叫做过渡帧或者中间帧。

在动画制作中，只要高级动画制作者建立制作动画的关键帧位置，计算机便会自动画出中间帧来。

然而，使角色活起来的能力不仅是只会些动画制作原理就可以了，一个成功的动画制作者还应对时限（Timing）的把握有很好的理解。

3. 矢量动画

矢量动画是由矢量图衍生出的动画形式。矢量图是利用数学函数来记录和表示图形线条、颜色、尺寸、坐标等属性，矢量动画通过各种算法实现各种动画效果，如位移、变形、变色等。也就是说，矢量动画是通过计算机的处理，使矢量图产生运动效果而形成的动画。利用矢量动画可以使一个物体在屏幕上运动，并改变其形状、大小、颜色、透明度、旋转角度以及其他一些属性参数。矢量动画采用实时绘制的方式显示一幅矢量图，当图形放大或缩小时，都保持光滑的线条，不会影响质量，也不会改变文件的容量。

4. 二维动画

二维动画是对传统动画的一个改进，它不仅具有模拟传统动画制作的功能，而且可以发挥计算机所特有的功能，例如，生成的图像可以复制、粘贴、翻转、放大、缩小、任意移位以及自动计算等。图形、图像技术都是计算机动画处理的基础。图像是指用像素点组成的画面，而图形是指由几何形体组成的画面。在二维动画处理中，图像技术有利于绘制实际景物，可用于绘制关键帧、画面叠加、数据生成；图形技术有利于处理线条组成的画面，可用于自动或半自动中间画面的生成。

5. 三维动画

三维画面中的景物有正面，也有侧面和反面，调整三维空间的视点能看到不同的内容。二维画面则不然，无论怎么看，画面的内容都是不变的。三维与二维动画的区别主要在于采用不同的方法获得动画中的景物运动效果。三维动画的制作过程不同于传统动画制作。根据剧情的要求，首先要建立角色、实物和景物的三维数据模型，再对模型进行光照着色（真实感设计），然后使模型动起来，即模型可以在计算机控制下在三维空间中运动，或近或远，或旋转或移动，或变形或变色等，最后对运动的模型重新生成图像并刷新屏幕，形成运动图像。

三维计算机动画的制作过程包括一系列具体的步骤：建模、激活和渲染着色。

7.5.2 常用动画制作软件

Adobe Flash是Adobe公司收购Macromedia公司后，将享誉盛名Macromedia Flash更名为Adobe Flash后开发的一款动画软件。Flash软件可以实现多种动画特效，动画都是由一帧一帧的静态图片在短时间内连续播放而造成的视觉效果，是表现动态过程、阐明抽象原理的一种重要媒体。尤其在医学等CAI课件中，使用设计合理的动画，不仅有助于学科知识的表达和传播，使学习者加深对所学知识的理解，提高学习兴趣和教学效率，同时也能为课件增加生动的艺术效果，特别对于以抽象教学内容为主的课程来说更具有特殊的应用意义。

Flash动画具备了5种重要的元素，那就是：影片（Movie）、场景（Scene）、图层（Layer）、影格（Frame）、元件（Symbol），当然更少不了你这位导演。

- 元件（Symbol）：动画上各式各样的图片或文字，亦可翻译为“角色”。
- 帧（Frame）：像卡通影片中每一个人物的各个分解动作，而每一个分解动作画面就是一个帧，在Flash中是以时间轴来表示其影格。
- 图层（Layer）：由数个帧所组成，它记录着每一个元件所要进场演出的时间及出场时间。
- 场景（Scene）：场景包含了所有制作动画的基本设定，例如动画的尺寸、背景色。
- 影片（Movie）：整个动画要如何演出必须在你的脑中构思成形，并且排练过一遍，再借助Flash惊人的技术将它表现出来，因此，要设计一个可看性高的动画，应将整个细节记录下来，将有助于动画的制作。

Flash的动画类型可区分为两大类，分别是“连续帧动画”（Frame-by-Frame Animation）与“渐变动画”（Tweening Animation）。“连续帧动画”也称为“逐帧动画”。

如图7-8所示，“连续帧动画”在制作时必须手动修改每一个关键影格（关键帧）处的元件图形，再利用逐格播放的方式来产生动画的效果，制作上较为繁琐。

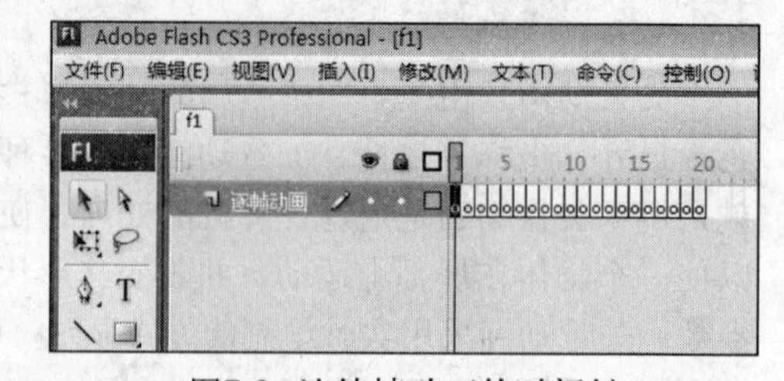

图7-8 连续帧动画的时间轴

如图7-9所示，“渐变动画”的制作属于较为简单的一种，主要是利用“起点”和“终点”两个关键影格（关键帧）中元件的变化来产生动画效果。动画制作者只要设定两个关键影格处的元件，Flash就会自动生成关键影格之间的图形。在时间轴上，对已插入的关键帧用“圆圈”表示。可见，关键帧是设计者为每一小段动画指定的“起点”和“终点”帧。

GIF Movie Gear是一个非常好用的GIF动画制作软件，它的操作非常简单，可以将动画图片文件减肥。除了可将编辑好的图片文件存成动画GIF外，还可以输出成AVI或ANI动画游标的文件格式。

举一个生动的例子：有两个人，一个是电脑专家，一个是艺术专家，他们同时学动画软件。一个月后，电脑专家学会了很多动画命令，而艺术专家只学会了简单的东西。但是，艺术家设计出来的作品比电脑专家设计出的作品不知好多少倍。这就说明，学动画软件，首先要学会画画，不用多，但不能不学，如果没有学过绘画，永远也达不到大师级的水平，就只能是小小师的水平了，因为艺术效果太差了。

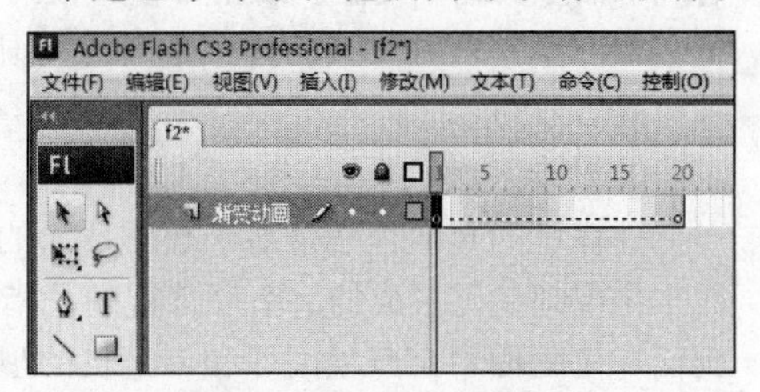

图7-9 渐变动画的时间轴

7.6 数字视频技术

一幅图像称为一帧，帧是构成视频信息的基本单元。视频与动画一样，是由一幅幅帧序列组成，它以每秒约30帧的速率播放，使观看者得到连续运动的感觉。视频是指活动的、连续的图像序列。视频以其直观和生动等特点得到广泛的应用。

7.6.1 视频的基本概念

要了解数字视频，首先要了解模拟视频。

1. 模拟视频

电视是当代最有影响的多媒体信息传播工具，在综合文、图、声、像等作为信息传播媒体这一点上完全与多媒体系统相同，不同的是，电视系统不具备交互性，传播的信号是模拟信号。电视信号记录的是连续的图像或视像以及伴音（声音）信号。电视信号通过光栅扫描的方法显示在荧光屏（屏幕）上，扫描从荧光屏的顶部开始，一行一行地向下扫描，直至荧光屏的最底部，然后返回到顶部，重新开始扫描。这个过程产生的一个有序的图像信号的集合，组成了电视图像中的一幅图像，称为一帧，连续不断的图像序列就形成了动态视频图像。水平扫描线所能分辨出的点数称为水平分辨率，一帧中垂直扫描的行数称为垂直分辨率。一般来说，点越小，线越细，分辨率越高。每秒钟所扫描的帧数就是帧频，一般在每秒25帧时人眼就不会感觉到闪烁。彩色电视系统采用相加混色，使用RGB三基色进行配色，产生R、G、B三个输出信号。RGB信号可以分别传输，也可以组合起来传输。根据亮色度原理，任何彩色信号都可以分解为亮度和色度。

2. 彩色电视的制式

电视信号的标准也称为电视的制式，目前世界各地使用的标准不完全相同，制式的区分主要在于其帧频的不同、分辨率的不同、信号带宽及载频的不同、彩色空间的转换关系不同等。世界上现行的彩色电视制式主要有NTSC制、PAL制和SECAM制3种，如表7-2所示。美国、加拿大、日本、韩国、中国台湾、菲律宾等国家和地区采用NTSCM制式；德国、英国、中国内地、中国香港、新西兰等国家和地区采用PAL制式；法国、东欧、中东一带采用SECAM制式。

表7-2 彩色数字电视制式

TV制式	帧频（Hz）	行/帧	……
NTSC	30	525	
PAL	25	625	
SECAM	25	625	

我国电视制式（PAL）采用625行隔行扫描光栅，分两场扫描。行扫描频率为15625Hz，周期为64μs，场扫描频率为50Hz，周期为20ms；帧频是25Hz，周期为40ms。在发送电视信号时，每一行中传送图像的时间是52.2μs，对应行扫描的正程时间，其余的11.8μs不传送图像。

采用隔行扫描比采用逐行扫描所占用的信号传输带宽要减少一半，这样有利于信道的利用，有利于信号传输和处理。采用每秒25帧的帧频（25 Hz）能以最少的信号容量有效地满足人眼的视觉残留特性。采用50Hz的场频是因为我国的电网频率为50Hz，采用50Hz的场刷新频率可有效地去掉电网信号的干扰。

3. 数字视频

计算机的数字视频是基于数字技术的图像显示标准，它是将模拟视频信号输入到计算机进行数字化视频编码形成的。全屏幕视频是指显示的视频图像充满整个屏幕，能以30帧/秒的速度刷新画面，使画面不会产生闪烁和不连贯的现象。电视机、激光视盘、摄像机等都可提供丰富多彩的模拟视频信号，常常需要把这些信号与计算机图形图像结合在一个共同的空间，通过处理达到最佳的效果，然后输出到计算机的显示器或其他电视设备上。

7.6.2 视频数字化

模拟视频信号是用模拟摄像机拍摄的信号或者由胶片转换成的信号，它必须被转换成数字信息，也就是被数字化，才能够在电脑中对其进行操作。

视频数字化就是将视频信号经过视频采集卡转换成数字视频文件存储在数字载体——硬盘中。在使用时，首先将数字视频文件从硬盘中读出，再还原成为电视图像加以输出。需要指出的一点是：视频数字化的概念是建立在模拟视频占主角的时代，现在通过数字摄像机摄录的信号本身已是数字信号，只不过需要从磁带上转到硬盘中，视频数字化的涵义更确切地指的是这个过程。

对视频信号的采集，尤其是动态视频信号的采集需要很大的存储空间和数据传输速度，这就需要在采集和播放过程中对图像进行压缩和解压缩处理，一般都利用硬件进行压缩。目前大多使用的是带有压缩芯片的视频采集卡。

为了存储视觉信息，模拟视频信号的山峰和山谷必须通过数字/模拟（D/A）转换器来转变为数字的“0”或“1”。这个转变过程就是我们所说的视频捕捉（或采集过程）。如果要在电视机上观看数字视频，则需要一个数字/模拟转换器将二进制信息解码成模拟信号，才能进行播放。

这种未压缩的数字视频数据量对于目前的计算机和网络来说无论是存储或传输都是不现实的，因此在多媒体中应用数字视频的关键问题是数字视频的压缩技术。

视频采集卡是将模拟摄像机、录像机、LD视盘机、电视机等输出的视频数据或者视频音频的混合数据输入电脑，并转换成电脑可辨别的数字数据存储在电脑中，成为可编辑处理的视频数据文件。

视频采集卡按照其用途可分为广播级视频采集卡、专业级视频采集卡、民用级视频采集卡，它们档次的高低主要是由于采集图像的质量不同。

由于模拟视频输入端可以提供不间断的信息源，视频采集卡要采集模拟视频序列中的每帧图像，并在采集下一帧图像之前把这些数据传入PC系统，因此，实现实时采集的关键是每一帧所需的处理时间。如果每帧视频图像的处理时间超过相邻两帧之间的相隔时间，则会出现数据的丢失，即丢帧现象。采集卡都是把获取的视频序列先进行压缩处理，然后再存入硬盘，也就是说视频序列的获取和压缩是在一起完成的，免除了再次进行压缩处理的不便。不同档次的采集卡具有不同质量的采集压缩性能。

对于开始流行的数码摄像机这类数码视频源，通过它们上面的IEEE 1394端口，不必再添加任何采集卡，就可以通过电脑上的IEEE 1394端口进行视频采集。

7.6.3 视频的获取与处理

数字视频的来源有很多，如来自于摄像机、录像机、影碟机等视频源的信号，包括从家用级到专业级、广播级的多种素材，还包括计算机软件生成的图形、图像和连续的画面等。

1. DV（数字视频）摄影

对于用数码摄像机、摄像机等拍摄的录像，首先是采样，然后进行模/数（A/D）转换，视频编辑包括压缩、存储、解压等，最后进行数/模（D/A）转换，存放在录像带等存储介质中或者是通过普通电视播放（数字电视是不需要后期的D/A转换的）。

2. 视频录制

除摄像机之外的可摄像设备的摄录方法以技巧为主，包括摄像头、手机、数码相机等，还包括电脑屏幕录制、在线直播影视录制等。

3. 采集复制

从DV、摄像机、录像机、影碟等普通影视设备中采集视频，从手机、MP4等设备复制视频文件。

4. 网络下载

包括FLV等流媒体下载，3GP、MP4、电影等视频下载，P2P方式下载等。

高质量的原始素材是获得高质量最终视频产品的基础。首先提供模拟视频输出的设备，如录像机、电视机、电视卡等；然后提供可以对模拟视频信号进行采集、量化和编码的设备，这一般由专门的视频采集卡来完成；最后，由多媒体计算机接收和记录编码后的数字视频数据。在这一过程中起主要作用的是视频采集卡，它不仅提供接口以连接模拟视频设备和计算机，而且具有把模拟信号转换成数字数据的功能。

7.6.4 视频文件格式

自1948年首次提出视频数字化概念后，经过几十年的探索，国际上一些专业组织机构陆续公布或提出了一系列有关数字电视的国际标准和建议：1982年提出了电视演播室数字编码的国际标准（CCIR 601号建议）；1988年又提出了第一个实用化的、适应于会议电视和可视电话要求的H.261标准，随后又公布了较高图像质量的H.262标准，以及用于极低速率图像传输的H.263标准和H.263+标准；1993年公布了活动图像的编码压缩标准MPEG-1；1994年发表了MPEG-2标准，该标准向下兼容MPEG-1，向上兼容HDTV的图像质量；1998年11月公布了MPEG-4标准。另外，还发表了有关数字电视传输、超高清晰度成像（HRI）数据格式等相关建议。

1. GIF文件

GIF（Graphics Interchange Format）是CompuServe公司推出的一种高压缩比的彩色图像文件。GIF格式采用无损压缩方法中效率较高的LZW算法，主要用于图像文件的网络传输。考虑到网络传输的实际情况，GIF图像格式除了一般的逐行显示方式之外，还增加了渐显方式，也就是说，在图像传输过程中，可以先看到图像的大致轮廓，然后随着传输过程的继续而逐渐看清图像的细节部分，从而适应了用户的观赏心理。目前，互联网上大量采用的彩色动画文件多为这种GIF格式。

2. FLV文件

FLV（Flash Video）文件是动画制作软件和互联网上采用的彩色动画视频文件格式。

3. AVI文件

AVI（Audio Video Interleaved）是Microsoft公司开发的一种符合RIFF文件规范的数字音频与视频文件格式，可以被Windows等多数操作系统直接支持。AVI格式允许视频和音频交错在一起同步播放，支持256色和RLE压缩，但AVI文件并未限定压缩标准。

4. Quick Time文件

Quick Time（.MOV/.QT）是Apple公司开发的一种音频、视频文件格式，用于保存音频和视频信息，具有先进的视频和音频功能，被Windows等主流平台支持。Quick Time文件支持25位彩色，支持RLE、JPEG等领先的集成压缩技术，提供150多种视频效果，并配有提供了200多种MIDI兼容音响和设备的声音装置。新版本的Quick Time进一步扩展了原有功能，包含了基于Internet应用的关键特性，能够通过Internet提供实时的数字化信息流、工作流与文件回放功能。此外，Quick Time还采用了Quick Time VR（QTVR）技术的虚拟现实技术，通过鼠标或键盘的交互式控制，可以观察某一地点周围360°的景象，或者从空间任何角度观察某一物体。Quick Time以其领先的多媒体技术和跨平台特性、较小的存储空间要求、技术细节的独立性以及系统的高度开放性，得到了广泛的认可和应用。

5. MPEG文件

MPEG（.MPEG/.MPG/.DAT）文件格式是运动图像压缩算法的国际标准，它包括MPEG视频、MPEG音频和MPEG系统（视频、音频同步）3个部分。MPEG压缩标准是针对运动图像设计的，其基本方法是：单位时间内采集并保存第一帧信息，然后只存储其余帧对第一帧发生变化的部分，从而达到压缩的目的。MPEG的平均压缩比为50:1，最高可达200:1，压缩效率非常高，同时图像和音响的质量也非常好，并且在PC机上有统一的标准格式，兼容性相当好。

6. RealVideo文件

RealVideo（.RM）文件是Real Networks公司开发的一种新型流式视频文件格式，它包含在Real Networks公司所制定的音频视频压缩规范RealVideo中，主要用来在低速率的广域网上实时传输活动视频影像，可以根据网络数据传输速率的不同而采用不同的压缩比率，从而实现影像数据的实时传输和实时播放。RealVideo除了可以以普通的视频文件形式播放之外，还可以与RealVideo服务器相配合，在数据传输过程中一边下载一边播放视频影像，而不必像大多数视频文件那样，必须先下载然后才能播放。

7.6.5 常用视频处理和播放软件

Windows Movie Maker使制作家庭电影充满乐趣。使用Movie Maker，可以在个人电脑上创建、编辑和分享自己制作的家庭电影。通过简单的拖放操作，精心地筛选画面，然后添加一些效果、音乐和旁白，家庭电影就初具规模了。制作完成后，就可以通过Web、电子邮件、个人电脑或 CD，甚至 DVD，与大家分享了，还可以将电影保存到录影带上，在电视上或者摄像机上播放。

“会声会影”是一个功能强大的“视频编辑”软件，具有图像抓取和编修功能，可以抓取、转换MV、DV、V8、TV和实时记录抓取画面文件，并提供有超过100多种的编制功能与效果，可制作DVD、CD光盘，支持各类编码，是一套专为个人及家庭所设计的数字影片剪辑软件，可将MV、DV、V8、TV所拍下来的如成长写真、国外旅游、个人MTV、生日派对、毕业典礼等精彩生活剪辑出独一无二的鲜活影片,并制作成CD、DVD影音光碟、电子邮件或网络流媒体影片与大家一同分享。

7.7 多媒体网络和虚拟现实

网络具备传播信息的强大功能，并且在实际生活中扮演了媒体的角色。国内各种机构都已开辟了网上传播的新领域，网络报纸杂志、网络广播娱乐、网上教育、电子商务等业务应运而生，互联网逐渐达到了作为大众传播媒体的标准。

虚拟现实（Virtual Reality，VR）将是继多媒体、计算机网络之后最具有应用前景的一种技术，它可应用于建模与仿真、科学计算可视化、设计与规划、教育与训练、医学、艺术与娱乐等方面。

7.7.1 超媒体和流媒体

在网页中，具有超链接功能的多媒体就是超媒体。超媒体不仅包含文字，而且还可以包含图形、图像、动画、声音和影视图像片断，这些媒体之间也是用超链接组织的，而且它们之间的链接也是错综复杂的。超媒体与超文本之间的不同是：超文本主要是以文字的形式表示超链接，而超媒体除使用文本外，还使用图形、图像、动画、声音或影视片段等多种媒体来表示超链接，建立的是图形、图像、动画、声音或影视片段等多种媒体之间的链接关系。

网页是Web站点上的文档。在Web网页上，为了区分有链接关系和没有链接关系的文档元素，对有链接关系的文档元素通常用不同颜色或下划线来表示。

流媒体是指在网络中使用流式传输技术的连续时基媒体，而流媒体技术是指把连续的影像和声音信息经过压缩处理之后放到专用的流服务器上，让浏览者一边下载一边观看、收听，而不需要等到整个多媒体文件下载完成就可以即时观看和收听的技术。流媒体融合了多种网络以及音视频技术，在网络中要实现流媒体技术，必须完成流媒体的制作、发布、传播、播放等环节。

1）流媒体系统通过某种流媒体技术，完成流媒体文件的压缩生成，经过服务器发布，然后在客户端完成流媒体文件的解压播放的整个过程。因此，一个流媒体系统一般由三部分组成：

- 流媒体开发工具：用来生成流式格式的媒体文件。
- 流媒体服务器组件：用来通过网络服务器发布流媒体文件。
- 流媒体播放器：用于客户端对流媒体文件的解压和播放。

目前应用比较广泛的流媒体系统主要有暴风影音系统、Real System系统和Quick Time系统等。

2）流媒体的传输一般采用建立在用户数据报协议（User Datagram Protocol, UDP）之上的实时传输协议和实时流协议（RTP/RTSP）来传输实时的影音数据。RTP是针对多媒体数据流的一种传输协议，它被定义为在一对一或一对多的传输情况下工作，提供时间信息和实现流同步。RTSP协议定义了一对多应用程序如何有效地通过IP网络传送多媒体数据。

3）流式文件格式与多媒体压缩文件有所不同，编码的目的是为了适合在网络环境中边下载边播放。将压缩文件编码成流式文件，还要增加许多附加信息，以便使客户端接收到的数据包可以重新有序地播放。在实际的网络应用环境中，并不包含流媒体数据文件，而是流媒体发布文件，例如.RAM和.ASX等，它们本身不提供压缩格式，也不描述影视数据，其作用是以特定的方式安排影视数据的播放。不同的流媒体系统具有不同的流式文件格式，例如，Real System系统支持的文件格式有.RM、.RA、.RP和.RT；Windows Media系统支持的文件格式有.ASF和.ASX。

4）媒体播放器是一个应用软件，主要功能是用于播放多种格式的音频、视频序列，它可以作为单独的应用程序运行，或作为一个复合文档中的嵌入对象。

7.7.2 多媒体网络及其应用

计算机网络将多个计算机连接起来，以实现计算机通信以及多媒体信息共享，就构成了多媒体网络。由于网络具备传播信息的强大功能，在实际生活中扮演了媒体的角色，所以一般的网络都是多媒体网络。

多媒体网络（Multimedia Networking）技术在互联网上有很多应用，大致可分成两类：一类是以文本为主的数据通信，包括文件传输、电子邮件、网络新闻和Web等；另一类是以声音和视频图像为主的通信，通常把任何一种声音通信或图像通信的网络应用称为多媒体网络应用。

通常，声音或视频文件放在Web服务器上，由Web服务器通过HTTP协议把文件传送给用户，也可将声音或视频文件放在声音/视频流式播放服务器（Streaming Server）上，由流式播放服务器通过流放协议把文件传送给用户。流式播放服务器简称流放服务器。

目前，声音和视频点播应用还没有完全直接集成到Web浏览器中，所以一般采用媒体播放器来播放声音、音乐、动画和影视。典型的媒体播放器具有解压缩、消除抖动、错误纠正、用户播放控制等功能。现在可以将多媒体应用插件（Plug in）嵌入浏览器内部，与浏览器软件协同工作。这种技术把媒体播放器的用户接口软件放在Web客户机的用户界面上，浏览器在当前Web页面上为其保留屏幕空间，并且由媒体播放器来管理。客户机可使用多种方法来读取声音和影视文件，其中常见的方法有如下三种。

（1）通过Web浏览器把声音/影视文件从Web服务器传送给媒体播放器

客户机读取声音/影视文件的最简单的方法是将声音/影视文件放到Web服务器上，然后通过浏览器把文件传送给客户机中的媒体播放器，其结构如图7-10所示。

图7-10 浏览器/Web服务器结构

具体过程如下：

1）Web浏览器与Web服务器建立连接，然后提交请求，请求传送声音/影视文件。

2）Web服务器向Web浏览器发送响应请求消息以及请求的声音/影视文件。

3）Web浏览器检查响应消息中的内容类型，调用相应的媒体播放器，然后把声音/影视文件或者是指向文件的指针传递给媒体播放器。

4）媒体播放器播放声音/影视文件。

采用这种方法时，媒体播放器必须通过Web浏览器才能从Web服务器上得到声音/影视文件，需要把整个或部分文件下载到浏览器之后再把它传送给媒体播放器。这样就产生了播放延迟，影响了播放。

（2）直接把声音/影视文件从Web服务器传送给媒体播放器

采用媒体播放器与Web服务器直接建立链接的方法，可以改进通过Web浏览器产生的延迟。在Web服务器和媒体播放器之间建立直接的连接，可以把声音/影视文件直接传送给媒体播放器。

具体过程如下：

1）通过超级链接以请求传送声音/影视文件。

2）这个超级链接不是直接指向声音/影视文件，而是指向一个播放说明文件，这个文件包含有实际的声音/影视文件的地址（URL）。播放文件被封装在消息中。

3）Web浏览器接收响应消息中的内容的类型，调用相应的媒体播放器，然后把响应消息中的播放说明文件传送给媒体播放器。

4）媒体播放器直接与Web服务器建立连接，然后把传送声音/影视文件的请求消息发送到连接上。

5）在响应消息中把声音/影视文件传送给该媒体播放器并开始播放。

这种方法依然要传送文件，不容易获得用户与Web服务器满意的交互性能，如暂停或从头开始播放。

（3）通过流媒体服务器将声音/影视文件传送给媒体播放器

采用Web服务器和流媒体服务器将声音/影视文件直接传送给媒体播放器的方法，Web服务器用于Web页面服务，流媒体服务器用于声音/影视文件服务。采用这种结构，媒体播放器向流媒体服务器请求传送文件，而不是向Web服务器请求传送文件，媒体播放器和流媒体服务器之间使用流媒体协议进行通信，声音/影视文件可以使用UDP（用户数据包协议）直接从流媒体服务器传送给媒体播放器。

7.7.3 虚拟现实

虚拟现实技术是一项综合的技术，涉及计算机科学、电子学、心理学、计算机图形学、人机接口技术、传感技术及人工智能技术等。这种技术的特点在于，运用计算机对现实世界进行全面仿真，创建与现实社会类似的环境，通过多种传感设备使用户“投入”到该环境中，与该环境直接进行自然交互。因此，虚拟现实技术表现出以下几个重要特征。

1. 多感知

多感知就是说除了一般计算机所具有的视觉感知外，还有听觉感知、力觉感知、触觉感知、运动感知，甚至包括味觉感知、嗅觉感知等。理想的虚拟现实就是应该具有人所具有的感知功能。

2. 沉浸

沉浸（临场感）是指用户感到作为主角存在于模拟环境中的真实程度。理想的模拟环境应该达到使用户难以分辨真假的程度。

3. 交互

交互是指用户对模拟环境内物体的可操作程度和从环境得到反馈的自然程度（包括实时性）。例如，可以用手去直接抓取环境中的物体，这时手有握着东西的感觉，并可以感觉物体的重量，视场中的物体也会随着手的移动而移动。

将现实世界的多维信息映射到计算机的数字空间，并生成相应的虚拟世界，主要包括基本模型构建、空间跟踪、声音定位、视觉跟踪和视点感应等关键技术。

在虚拟环境中获取视觉、听觉、力觉和触觉等感官认知，是为了保证虚拟世界中的事物所产生的各种刺激以尽可能自然的方式反馈给用户。

1）视觉感知。虚拟环境中大部分具有一定形状的物体或现象，可以通过多种途径使用户产生真实感很强的视觉感知。CRT显示器、大屏幕投影、多方位电子墙、立体眼镜、头盔显示器（HMD）等是VR系统中常见的显示设备。不同的头盔显示器具有不同的显示技术，根据光学图像提供的方式，头盔显示设备可分为投影式和直视式。

2）听觉感知。听觉是仅次于视觉的感知途径，虚拟环境的声音效果可以弥补视觉效果的不足，增强环境逼真度。用户所感受的三维立体声音有助于用户在操作中对声音定位。

3）力觉和触觉感知。能否让用户产生“沉浸”感的关键因素之一是用户能否在操纵虚拟物体的同时，感受到虚拟物体的反作用力，从而产生触觉和力觉感知。例如，当用手扳动虚拟驾驶系统的汽车档位杆时，手能感觉到档位杆的震动和松紧。力觉感知主要由计算机通过力反馈手套、力反馈操纵杆对手指产生运动阻尼，从而使用户感受到作用力的方向和大小。由于人的力觉感知非常敏感，因此对力反馈装置的精度要求很高。如果没有触觉反馈，当用户接触到虚拟世界的某一物体时，容易使手穿过物体。解决这种问题的有效方法是在用户的交互设备中增加触觉反馈。触觉反馈主要是基于视觉、气压感、振动触感、电子触感和神经肌肉模拟等方法来实现的。

普通意义上的虚拟现实，是需要大型计算机、头盔式显示器、立体眼镜、数据手套、洞穴式投影、密封舱等一系列传感辅助设施来实现的一种三维现实，人们通过这些设施以自然的方式（如头的转动、手的运动等）向计算机送入各种动作信息，并且通过视觉、听觉以及触觉设施使人们得到三维的视觉、听觉及触觉等感觉世界，随着人们不同的动作，这些感觉也随之改变。根据用户参与VR的不同形式以及沉浸的不同程度，可以把各种类型的虚拟现实技术大致划分为以下4类：

1）桌面虚拟现实。桌面虚拟现实利用PC机或工作站进行仿真，将计算机的屏幕作为用户观察虚拟境界的一个窗口，通过各种输入设备实现与虚拟现实世界的充分交互，这些外部设备包括鼠标、追踪球、力矩球等。桌面虚拟现实要求用户使用输入设备，通过计算机屏幕观察360°范围内的虚拟境界，并操纵其中的物体，但这时用户缺少完全的沉浸，因为他们仍然会受到周围现实环境的干扰。桌面虚拟现实最大的特点是缺乏真实的现实体验，但是成本也相对较低，因而，应用比较广泛。常见的桌面虚拟现实技术有基于静态图像的虚拟现实QuickTime VR、虚拟现实造型语言VRML、桌面三维虚拟现实、MUD等。

2）完全沉浸的虚拟现实。高级虚拟现实系统提供完全沉浸的体验，使用户有一种置身于虚拟境界之中的感觉。它利用头盔式显示器或其他传感设备，把用户的视觉、听觉和其他感觉封闭起来，提供一个新的、虚拟的感觉空间，并利用位置跟踪器、数据手套、其他手控输入设备、声音等使用户产生一种身临其境、全心投入和沉浸其中的感觉。常见的沉浸式系统有基于头盔式显示器的系统、投影式虚拟现实系统、远程存在系统等。

3）增强现实性的虚拟现实。增强现实性的虚拟现实不仅是利用虚拟现实技术来模拟现实世界、仿真现实世界，而且要利用它来增强用户对真实环境的感受，也就是增强现实中无法感知或不方便的感受。

4）分布式虚拟现实。分布式虚拟现实系统是基于网络的虚拟环境，在这个环境中，位于不同物理环境位置的多个用户或多个虚拟环境通过网络相连接，或者多个用户同时参加一个虚拟现实环境，通过计算机与其他用户进行交互，并共享信息。在分布式虚拟现实系统中，多个用户可通过网络对同一虚拟世界进行观察和操作，以达到协同工作的目的。

本章小结

本章介绍了多媒体系统、数字音频、图形和图像处理、计算机动画制作、数字视频和多媒体网络，以及虚拟现实的基本知识，以便大家进一步了解和掌握多媒体常用技术和制作工具。

多媒体集成了文字、图像、动画、影视、音乐等多种媒体的特点，结合计算机的交互功能，图文并茂，生动活泼。多媒体计算机是一种能对多媒体信息进行获取、编辑、存取、处理和输出的计算机系统。文字、图像、动画、影视和音乐等都可以通过相应的硬件和软件数字化成各种文件，还可以进行编辑、压缩和播放等。

虚拟现实技术是一项综合性更强的技术，它运用计算机对现实世界进行全面仿真，创建与现实社会类似的环境，通过多种传感设备使用户“投入”到该环境中，与该环境直接进行自然交互。

思考题

1. 什么是多媒体？
2. 多媒体计算机由哪些部分组成？
3. 什么是视频会议系统？
4. 数字化有哪些优点和环节？
5. 图形和图像有哪些区别和联系？
6. 位图有什么特点？
7. 什么是流媒体？它有什么特点？
8. 多媒体和虚拟现实有哪些区别和联系？

第8章 信息安全

随着信息技术的迅猛发展和广泛应用，社会信息化进程不断加快，社会对信息化的依赖性也越来越强，但信息和信息技术的发展同样也带来了一系列的问题，特别是信息安全的问题。由于各种网络安全隐患和威胁的存在，目前，国内乃至全世界的网络安全形势都面临着严峻的考验，计算机网络及信息系统的安全问题也愈加突出，并逐渐成为社会性问题，而且还会危及政治、军事、经济和文化等各方面的安全。没有信息安全，就没有真正的政治、军事和经济安全，也就没有完整意义上的国家安全。因此，研究信息安全问题十分必要。

8.1 信息安全概况

8.1.1 信息安全内容

信息安全本身包括的范围很大，大到国家军事、政治等机密安全，小到防范商业/企业机密泄露、防范青少年浏览不良信息、防范个人信息泄露等。网络环境下的信息安全体系是保证信息安全的关键，包括计算机安全操作系统、各种安全协议、安全机制（数字签名、信息认证、数据加密等），直至安全系统，其中任何一个安全漏洞都能威胁全局安全。信息安全服务至少应该包括支持信息网络安全服务的基本理论，以及基于新一代信息网络体系结构的网络安全服务体系结构。

网络信息安全是一个涉及计算机科学、网络技术、通信技术、密码技术、信息安全技术、应用数学、数论、信息论等多种学科的边缘学科。从广义上讲，凡是涉及网络上信息的保密性、完整性、可用性、真实性和可控性的相关技术和理论都是网络信息安全所要研究的领域。

网络信息安全通用的定义为：网络系统的硬件、软件及其系统中的数据受到保护，不受偶然的或者恶意的原因而遭到破坏、更改、泄露，系统能够连续、可靠、正常地运行，网络服务不中断。

信息安全是指：保证信息系统中的数据在存取、处理、传输和服务过程中的保密性、完整性和可用性，以及信息系统本身能连续、可靠、正常地运行，并且在遭到破坏后还能迅速恢复正常使用的安全过程。

为保证网络信息的安全，安全系统要满足以下5个基本特性：保密性、完整性、可用性、不可抵赖性和可控性。

1. 保密性

保密性是指信息不被泄露给非授权的用户、实体或过程，或供其利用的特性，即防止信息泄露给非授权个人或实体，信息只为授权用户使用的特性。保密性是保障网络信息安全的重要手段。

常用的保密技术包括防侦收、防辐射、信息加密、物理保密等。

2. 完整性

完整性是指保证信息未经授权不能被改变的特性，即信息在存储或传输过程中保持不被偶然或蓄意地删除、修改、伪造、乱序、重放、插入等破坏和丢失的特性。完整性是一种面向信息的安全性，它要求保持信息的原样，即信息的正确生成、存储和传输。

完整性与保密性不同，保密性要求信息不被泄露给未授权的人，而完整性则要求信息不致受到各种原因的破坏。影响信息完整性的主要因素有设备故障、误码、人为攻击、计算机病毒等。

保障网络信息完整性的主要方法有：

• 协议：通过各种安全协议，可以有效地检测出被复制的信息、被删除的字段、失效的字段和被修改的字段。

• 纠错编码方法：由此完成检错和纠错功能。最简单和常用的纠错编码方法是奇偶校验法。
• 密码校验方法：是抗篡改和传输失败的重要手段。
• 数字签名：保障信息的真实性。
• 公证：请求网络管理或中介机构证明信息的真实性。

3. 可用性

可用性是网络信息可被授权实体访问并按需求使用的特性，即网络信息服务在需要时，允许授权用户或实体使用的特性，或者是网络部分受损或需要降级使用时，仍能为授权用户提供有效服务的特性。可用性是网络信息系统面向用户的安全性能。网络信息系统最基本的功能是向用户提供服务，而用户的需求是随机的、多方面的，有时还有时间要求。可用性一般用系统正常使用时间和整个工作时间之比来度量。

可用性还应该满足以下要求：

• 身份识别与确认。
• 访问控制：对用户的权限进行控制，只能访问相应权限的资源，防止或限制经隐蔽通道的非法访问，包括自主访问控制和强制访问控制。
• 业务流控制：利用均分负荷方法，防止业务流量过度集中而引起网络阻塞。
• 路由选择控制：选择那些稳定可靠的子网、中继线或链路等。
• 审计跟踪：把网络信息系统中发生的所有安全事件情况存储在安全审计跟踪之中，以便分析原因，分清责任，及时采取相应的措施。审计跟踪的信息主要包括事件类型、被管客体等级、事件时间、事件信息、事件回答以及事件统计等方面的信息。

4. 不可抵赖性

不可抵赖性也称作不可否认性，在网络信息系统的信息交互过程中，确信参与者的真实同一性，即所有参与者都不可能否认或抵赖曾经完成的操作和承诺。利用信息源证据可以防止发信方否认已发送信息，利用递交接收证据可以防止收信方事后否认已经接收的信息。

5. 可控性

可控性是指可以控制授权范围内的信息的流向及行为方式，如对信息的访问、传播及内容具有控制能力。首先，系统需要控制谁能够访问系统或网络上的信息，以及如何访问，即是否可以修改信息还是只能读取信息。这首先要通过采用访问控制表等授权方法得以实现；其次，即使拥有合法的授权，系统仍需要对网络上的用户进行验证，以确保确实是他所声称的那个人，通过握手协议和信息加密进行身份验证；最后，系统还要将用户的所有网络活动记录在案，包括网络中机器的使用时间、敏感操作和违纪操作等，为系统进行事故原因查询、定位，事故发生前的预测、报警，以及为事故发生后的实时处理提供详细可靠的依据或支持。

8.1.2 威胁网络信息安全的因素

影响计算机网络信息安全的因素很多，有些因素可能是有意的，也可能是无意的；可能是人为的，也可能是自然的；可能是外来黑客对网络系统资源的非法使用。归结起来，针对网络信息安全的威胁主要可以分为来自计算机系统内部的因素和来自计算机外部的攻击。

1. 人为因素

人为因素主要包括：

1）人为的失误。如操作员安全配置不当造成的安全漏洞，用户安全意识不强，用户口令选择不慎，用户将自己的账号随意转借他人或与别人共享等都会给网络安全带来威胁。

2）人为的恶意攻击。这是计算机网络所面临的最大威胁，敌手的攻击和计算机犯罪就属于这一类。此类攻击又可以分为以下两种：一种是主动攻击，它以各种方式有选择地破坏信息的有效性和完整性；另一类是被动攻击，它是在不影响网络正常工作的情况下，进行截获、窃取、破译以获得重要机密信息。这两种攻击均可对计算机网络造成极大的危害，并导致机密数据的泄露。

2. 物理安全因素

物理安全是保护计算机网络设备、设施以及其他媒体免遭地震、水灾、火灾等环境事故、人为操作失误或错误以及各种计算机犯罪行为导致的破坏过程。为保证信息网络系统的物理安全，还要防止系统信息在空间的扩散。

3. 软件漏洞和“后门”

计算机软件不可能是百分之百无缺陷和无漏洞的，然而，这些漏洞和缺陷恰恰是黑客进行攻击的首选目标。曾经出现过黑客攻入网络内部的事件，这些事件大部分就是安全措施不完善所招致的苦果。另外，软件的“后门”都是软件公司的设计编程人员为了自便而设置的，一般不为外人所知，但一旦“后门”洞开，其造成的后果将不堪设想。

（1）操作系统

操作系统不安全是计算机网络不安全的根本原因，目前流行的许多操作系统均存在网络安全漏洞。操作系统不安全主要表现为以下几个方面：

1）操作系统结构体制本身的缺陷。操作系统的程序是可以动态连接的。I/O的驱动程序与系统服务都可以用打补丁的方式进行动态连接，有些操作系统的版本升级也采用打补丁的方式进行。

2）创建进程也存在着不安全因素。进程可以在网络的节点上被远程创建和激活，更为重要的是被创建的进程还可继承创建进程的权利。这样可以在网络上传输可执行程序，再加上远程调用的功能，就可以在远端服务器上安装“间谍”软件。另外，还可以把这种间谍软件以打补丁的方式加在一个合法用户上，尤其是一个特权用户上，以便系统进程与作业监视程序都看不到间谍软件的存在。

3）操作系统中通常都有一些守护进程，这种软件实际上是一些系统进程，它们总是在等待一些条件的出现，一旦这些条件出现，程序便继续运行下去，这些软件常常被黑客利用。这些守护进程在UNIX、Windows操作系统中具有与其他操作系统核心层软件同等的权限。

4）操作系统提供的一些功能也会带来一些不安全因素。例如，支持在网络上传输文件，在网络上加载与安装程序，包括可以执行文件的功能；操作系统的Debug和Wizard功能。许多精通于Patch和Debug工具的黑客利用这些工具几乎可以做成想做的所有事情。

5）操作系统自身提供的网络服务不安全。例如，操作系统都提供远程过程调用（RPC）服务，而提供的安全验证功能却很有限；操作系统提供网络文件系统（NFS）服务，NFS系统是一个基于RPC的网络文件系统，如果NFS设置存在重大问题，则几乎等于将系统管理权拱手交出。

6）操作系统安排的无口令入口，是为系统开发人员提供的便捷入口，但这些入口也可能被黑客利用。

7）操作系统还有隐蔽的“后门”，存在着潜在的危险。

尽管操作系统的缺陷可以通过版本的不断升级来克服，但往往黑客对系统漏洞的攻击会早于“系统补丁”的发布，使用户的计算机遭到攻击和破坏。

（2）软件组件

以前，安全漏洞最多的是Windows操作系统，但随着Internet的普及和网络应用的日益广泛，出现了大量的网络应用软件，而这些软件或多或少都存在一些安全漏洞，如IE浏览器、百度搜霸、暴风影音、RealPlayer等流行软件的漏洞都曾被利用，而且，用户往往只注意对操作系统“打补丁”，而忽视应用软件的安全补丁。现在，由于应用软件的漏洞而使计算机系统遭到攻击和破坏的案例越来越多。

(3) 网络协议

随着Internet/Intranet的发展，TCP/IP协议被广泛地应用到各种网络中，但采用的TCP/IP协议族软件本身缺乏安全性，使用TCP/IP协议的网络所提供的FTP、E-mail、RPC和NFS都包含许多不安全的因素，存在着许多漏洞。

网络的普及使信息共享达到了一个新的层次，信息被暴露的机会大大增多。特别是由于Internet网络是一个开放的系统，可能通过未受保护的外部环境和线路访问系统内部，发生随时搭线窃听、远程监控和攻击破坏等事件。

另外，数据处理的可访问性和资源共享的目的性之间是矛盾的，它造成了计算机系统保密性难，拷贝数据信息很容易且不留任何痕迹。例如，一台远程终端上的用户可以通过Internet连接其他任何一个站点，在一定条件下可以随意进行复制、删改乃至破坏该站点的资源。

(4) 数据库管理系统

现在，数据库的应用十分广泛，已深入到各个领域，但随之而来产生了数据的安全问题。各种应用系统的数据库中大量数据的安全问题、敏感数据的防窃取和防篡改问题，越来越引起人们的高度重视。数据库系统作为信息的聚集体，是计算机信息系统的核心部件，其安全性至关重要，关系到企业兴衰、成败。因此，如何有效地保证数据库系统的安全，实现数据的保密性、完整性和有效性，已经成为业界人士探索研究的重要课题之一。

大量的信息存储在各种各样的数据库中，然而，有些数据库系统在安全方面考虑很少。数据库管理系统的安全必须与操作系统的安全相配套。例如，数据库管理系统的安全级别是B2级，那么操作系统的安全级别也应该是B2级，但实际中往往不是这样做的。

8.1.3 计算机安全级别

计算机安全级别有两个含义：一个是主客体信息资源的安全类别，分为有层次的安全级别和无层次的安全级别；另一个是访问控制系统实现的安全级别。这里主要指第二层含义。

1. 中国计算机安全级别

依据我国计算机信息系统安全保护等级划分准则，计算机信息系统安全保护分为5个等级。计算机信息系统安全保护能力随着安全保护等级的增高而逐渐增强。

按计算机信息系统安全程度从最低到最高的排序如下。

(1) 第一级：用户自主保护级

本级的计算机防护系统能够把用户和数据隔开，使用户具备自主的安全防护的能力。用户可以根据需要采用系统提供的访问控制措施来保护自己的数据，避免其他用户对数据的非法读写与破坏。

(2) 第二级：系统审计保护级

与用户自主保护级相比，本级的计算机防护系统访问控制粒度更细，使得允许或拒绝任何用户访问单个文件成为可能，它通过登录规则、审计安全性相关事件和隔离资源，使用户对自己的行为负责。

(3) 第三级：安全标记保护级

本级计算机防护系统具有系统审计保护级的所有功能。此外，还提供有关安全策略模型、数据标记以及严格访问控制的非形式化描述。系统中的每个对象都有一个敏感性标签，而每个用户都有一个许可级别。许可级别定义了用户可处理的敏感性标签。系统中的每个文件都按内容分类并标有敏感性标签。任何对用户许可级别和成员分类的更改都受到严格控制。

(4) 第四级：结构化保护级

本级计算机防护系统建立在一个明确的形式化安全策略模型上，它要求第三级系统中的自主和强制访问控制扩展到所有的主体（引起信息在客体上流动的人、进程或设备）和客体（信息的载体）；系统的设计和实现要经过彻底的测试和审查；系统应结构化为明确而独立的模块，实施最少特权原则；必须对所有目标和实体实施访问控制政策，要有专职人员负责实施；要进行隐蔽信道分析；系统必须维护一个保护域，保护系统的完整性，防止外部干扰；系统具有相当的抗渗透能力。

（5）第五级：访问验证保护级

本级的计算机防护系统满足访问监控器的需求。访问监控器仲裁主体对客体的全部访问。访问监控器本身是抗篡改的；必须足够小，能够分析和测试。为了满足访问监控器需求，计算机防护系统在构造时，排除那些对实施安全策略来说并非必要的部件，在设计和实现时，从系统工程角度将其复杂性降到最低程度。支持安全管理员职能；扩充审计机制，当发生与安全相关的事件时发出信号；提供系统恢复机制；系统具有很高的抗渗透能力。

2. 美国计算机安全级别

美国国防部为计算机安全的不同级别制订了4个准则。橙皮书（可信任计算机标准评估标准）中给出了计算机安全级别的分类。

（1）D级别

D级别是最低的安全级别，对系统提供最小的安全防护。系统的访问控制没有限制，无需登录系统就可以访问数据，这个级别的系统包括DOS、Windows 98等。

（2）C级别

C级别有两个子系统，C1级和C2级。C1级称为选择性保护级，可以实现自主安全防护、对用户和数据的分离，保护或限制用户权限的传播。

C2级具有访问控制环境的权力，比C1级的访问控制划分得更为详细，能够实现受控安全保护、个人账户管理、审计和资源隔离。这个级别的系统包括UNIX、Linux和Windows NT系统。

C级别属于自由选择性安全保护，在设计上有自我保护和审计功能，可对主体行为进行审计与约束。C级别的安全策略主要是自主存取控制，可以实现以下几点：

1）保护数据，确保非授权用户无法访问。

2）对存取权限的传播进行控制。

3）个人用户数据的安全管理。

（3）B级别

B级别包括B1、B2和B3三个级别，B级别能够提供强制性安全保护和多级安全。强制防护是指定义及保持标记的完整性，信息资源的拥有者不具有更改自身的权限，系统数据完全处于访问控制管理的监督下。

B1级称为标识安全保护，指这一安全保护安装在不同级别的系统（网络、应用程序、工作站等）中，它对敏感信息提供更高级的保护。例如，安全级别可以分为解密、保密和绝密级别。

B2级称为结构保护级别，要求访问控制的所有对象都有安全标签，以确保低级别的用户不能访问敏感信息，对于设备、端口等也应标注安全级别。

B3级称为安全域保护级别，这个级别使用安装硬件的方式来加强域的安全，比如用内存管理硬件来防止无授权访问。B3级别可以实现以下几点：

1）引用监视器参与所有主体对客体的存取，以保证不存在旁路。

2）审计跟踪能力强，可以提供系统恢复过程。

3）支持安全管理员角色。

4）用户终端必须通过可信话通道才能实现对系统的访问。

5）防止篡改。

（4）A级别

A级别称为验证设计级，是目前计算机系统中最高的安全级别，在A级别中，安全的设计必须给出形式化设计说明和验证，需要有严格的数学推导过程，同时应该包含秘密信道和可信分布的分析，也就是说要保证系统的部件来源有安全保证，例如，对这些软件和硬件在生产、销售、运输过程中进行严密跟踪和严格的配置管理，以避免出现安全隐患。

8.2 计算机病毒及其防范

8.2.1 计算机病毒概述

1. 计算机病毒的定义

1994年2月28日出台的《中华人民共和国计算机安全保护条例》中对病毒的定义如下：计算机病毒，是指编制，或者在计算机程序中插入的、破坏计算机功能或者毁坏数据、影响计算机使用并能自我复制的一组计算机指令或者程序代码。

计算机病毒与生物医学上的病毒同样有传染和破坏的特性，因此这一名词是由生物医学上的“病毒”概念引申而来。计算机病毒有许多破坏行为，可以攻击系统数据区，如攻击计算机硬盘的主引导扇区、Boot扇区、FAT表、文件目录等内容；可以攻击文件，如删除文件、修改文件名称、替换文件内容、删除部分程序代码等；可以攻击内存，如占用大量内存、改变内存总量、禁止分配内存等；可以干扰系统运行，如不执行用户指令、干扰指令的运行、内部栈溢出、占用特殊数据区、自动重新启动计算机、死机等；可以占用系统资源，使计算机速度明显下降；可以攻击磁盘数据、不写盘、写操作变读操作、写盘时丢字节等；可以扰乱屏幕显示；可以封锁键盘，抹掉缓存区字符；对CMOS区进行写入动作，破坏系统CMOS中的数据等。

因此，计算机病毒是一种特殊的危害计算机系统的程序，它能在计算机系统中驻留、繁殖和传播，具有类似于生物学中病毒的某些特征：传染性、隐蔽性、潜伏性、破坏性、可触发性、变种性等。

2. 计算机病毒的特性

（1）可执行性

计算机病毒与其他合法程序一样，是一段可执行程序，但它不是一个完整的程序，而是寄生在其他可执行程序上，因此它享有一切程序所能得到的权力。在病毒运行时，与合法程序争夺系统的控制权。计算机病毒只有当它在计算机内得以运行时，才具有传染性和破坏性等活性。也就是说，计算机CPU的控制权是关键问题。若计算机在正常程序控制下运行，而不运行带病毒的程序，则这台计算机总是可靠的，整个系统是安全的。相反，计算机病毒一经在计算机上运行，在同一台计算机内，病毒程序与正常系统程序或某种病毒与其他病毒程序争夺系统控制权时，往往会造成系统崩溃，导致计算机瘫痪。反病毒技术就是要提前取得计算机系统的控制权，识别出计算机病毒的代码和行为，阻止其取得系统控制权。反病毒技术的优劣就是体现在这一点上。一个好的抗病毒系统应该不仅能可靠地识别出已知计算机病毒的代码，阻止其运行或旁路掉其对系统的控制权（实现安全带毒运行被感染程序），还应该识别出未知计算机病毒在系统内的行为，阻止其传染和破坏系统的行动。

（2）传染性

计算机病毒的传染性是指病毒具有把自身复制到其他程序中的特性，是计算机病毒最重要的特征，是判断一段程序代码是否为计算机病毒的依据。病毒可以附着在其他程序上，通过磁盘、光盘、计算机网络等载体进行传染，被传染的计算机又成为病毒生存的环境及新传染源。

病毒程序一旦侵入计算机系统就开始搜索可以传染的程序或者磁介质，然后通过自我复制迅速传播。由于目前计算机网络日益发达，计算机病毒可以在极短的时间内，通过像Internet这样的网络传遍世界。

(3) 隐蔽性

计算机病毒是一种具有很高编程技巧、短小精悍的可执行程序，一般只有几百KB或几KB。它通常黏附在正常程序中或磁盘引导扇区中，或者磁盘上标为坏簇的扇区中，以及一些空闲概率较大的扇区中，这是它的非法可存储性。病毒想方设法隐藏自身，就是为了防止用户察觉。

计算机病毒的隐蔽性表现在两个方面：

1）传染的隐蔽性。大多数病毒在进行传染时速度是极快的，一般不具有外部表现，不易被人发现。

2）病毒程序存在的隐蔽性。一般的病毒程序都夹在正常程序之中，很难被发现，而一旦病毒发作出来，往往已经给计算机系统造成了不同程度的破坏。

(4) 潜伏性

计算机病毒的潜伏性是指计算机病毒具有依附其他媒体而寄生的能力。依靠病毒的寄生能力，病毒传染合法的程序和系统后，不立即发作，而是悄悄隐藏起来，然后在用户不察觉的情况下进行传染。这样，病毒的潜伏性越好，它在系统中存在的时间也就越长，病毒传染的范围也越广，其危害性也越大。

潜伏性的第一种表现是指病毒程序不用专用检测程序是检查不出来的，第二种表现是指，计算机病毒的内部往往有一种触发机制，不满足触发条件时，计算机病毒除了传染外不做其他破坏。触发条件一旦得到满足，计算机病毒才开始破坏系统。

(5) 非授权可执行性

用户通常调用执行一个程序时，把系统控制交给这个程序，并分配给他相应的系统资源，如内存，从而使其能够运行，完成用户的需求。因此，程序执行的过程对用户是透明的。而计算机病毒是非法程序，正常用户是不会明知是病毒程序，而故意调用执行的。但由于计算机病毒具有正常程序的一切特性：可存储性、可执行性，且隐藏在合法的程序或数据中，当用户运行正常程序时，病毒伺机窃取到系统的控制权，得以抢先运行，然而此时用户还认为在执行正常程序。

(6) 破坏性

无论何种病毒程序，一旦侵入系统，都会对操作系统的运行造成不同程度的影响，即使不直接产生破坏作用的病毒程序也要占用系统资源（如占用内存空间、磁盘存储空间以及系统运行时间等）。而绝大多数病毒程序要显示一些文字或图像，影响系统的正常运行，还有一些病毒程序会删除文件、加密磁盘中的数据，甚至摧毁整个系统和数据，使之无法恢复，造成无可挽回的损失。因此，病毒程序的副作用轻者降低系统工作效率，重者导致系统崩溃、数据丢失。病毒程序的破坏性体现了病毒设计者的真正意图。

(7) 可触发性

计算机病毒一般都有一个或者几个触发条件。满足其触发条件或者激活病毒的传染机制，或者激活病毒的表现部分或破坏部分，都可以使病毒传染。触发的实质是一种条件的控制，病毒程序可以依据设计者的要求在一定条件下实施攻击。这个条件可以是敲入特定字符，使用特定文件，某个特定日期或特定时刻，或者是病毒内置的计数器达到一定次数等。

(8) 变种性

某些病毒可以在传播的过程中自动改变自己的形态，从而衍生出另一种不同于原版病毒的新病毒，这种新病毒称为病毒变种。有变形能力的病毒能更好地在传播过程中隐蔽自己，使之不易被反病毒程序发现及清除。有的病毒能产生几十种甚至更多的变种病毒，这种变种病毒造成的后果可能比原版病毒严重得多。

3. 计算机病毒的分类

按照计算机病毒的特点及特性，计算机病毒的分类方法有许多种。因此，同一种病毒可能有多种不同的分法。

(1) 按寄生方式分类

引导型病毒

引导型病毒会改写磁盘上的引导扇区（BOOT）的内容，软盘或硬盘都有可能感染病毒。另外，还可以改写硬盘上的分区表（FAT）。如果用已感染病毒的软盘来启动的话，则会感染硬盘。

引导型病毒是一种在ROM BIOS之后、系统引导时出现的病毒，它先于操作系统，依托的环境是BIOS中断服务程序。引导型病毒是利用操作系统的引导模块放在某个固定的位置，并且控制权的转交方式是以物理地址为依据，而不是以操作系统引导区的内容为依据，因而病毒占据该物理位置即可获得控制权，而将真正的引导区内容搬家转移或替换，待病毒程序被执行后，将控制权交给真正的引导区内容，使得这个带病毒的系统看似正常运转，而病毒已隐藏在系统中伺机传染、发作。引导型病毒几乎清一色都会常驻在内存中，差别只在于内存中的位置。

文件型病毒

文件型病毒主要以感染文件扩展名为.com、.exe和.ovl等可执行程序为主。它的安装必须借助于病毒的载体程序，即要运行病毒的载体程序，方能把文件型病毒引入内存。已感染病毒的文件执行速度会减缓，甚至完全无法执行。有些文件遭感染后，一执行就会被删除。大多数的文件型病毒都会把它们自己的代码复制到其宿主的开头或结尾处。

感染病毒的文件被执行后，病毒通常会趁机再对下一个文件进行感染。有的高明一点的病毒会在每次进行感染时，针对其新宿主的状况而编写新的病毒码，然后才进行感染。因此，这种病毒没有固定的病毒码。以扫描病毒码的方式来检测病毒的查毒软件，遇上这种病毒也束手无策。但反病毒软件随病毒技术的发展而发展，针对这种病毒现在也有了有效手段。

随着微软公司Office软件的广泛使用和Internet的推广普及，病毒家族又出现一种新成员，这就是宏病毒。宏病毒是一种寄存于文档或模板的宏中的计算机病毒。一旦打开这样的文档，宏病毒就会被激活，转移到计算机上，并驻留在模板上。从此以后，所有自动保存在计算机上的文档都会“感染”上这种宏病毒，而且如果其他用户打开了感染病毒的文档，宏病毒又会转移到他的计算机上。

复合型病毒

复合型病毒是指具有引导型病毒和文件型病毒寄生方式的计算机病毒。这种病毒扩大了病毒程序的传染途径，它既感染磁盘的引导记录，又感染可执行文件。当染有此种病毒的磁盘用于引导系统或调用执行染毒文件时，病毒就会被激活。因此在检测、清除复合型病毒时，必须全面彻底地根治，如果只发现该病毒的一个特性，仅把它当作引导型或文件型病毒进行清除，虽然看起来是清除了，但还留有隐患。

(2) 按破坏性分类

良性病毒

良性病毒是指那些只是为了表现自身，并不彻底破坏系统和数据，但会占用大量CPU，增加系统开销，降低系统工作效率的一类计算机病毒。这种病毒多数是恶作剧者的产物，他们的目的不是为了破坏系统和数据，而是为了让使用染有病毒的计算机用户通过显示器或扬声器看到或听到病毒设计者的编程技术。还有一些人利用病毒的这些特点宣传自己的政治观点和主张，也有一些病毒设计者在其编制的病毒发作时进行人身攻击。

恶性病毒

恶性病毒是指那些一旦发作后就会破坏系统或数据，造成计算机系统瘫痪的一类计算机病毒。

这种病毒危害性极大，有些病毒发作后可以给用户造成不可挽回的损失。

(3) 按计算机病毒的链接方式分类

由于计算机病毒本身必须有一个攻击对象，以实现对计算机系统的攻击，计算机病毒所攻击的对象是计算机系统可执行的部分。

源码型病毒

该病毒攻击高级语言编写的程序，该病毒在高级语言所编写的程序编译前插入到原程序中，经编译成为合法程序的一部分。

嵌入型病毒

这种病毒是将自身嵌入到现有程序中，把计算机病毒的主体程序与其攻击的对象以插入的方式链接。这种计算机病毒是难以编写的，一旦侵入程序体后也较难消除。如果同时采用多态性病毒技术、超级病毒技术和隐蔽性病毒技术，将给当前的反病毒技术带来严峻的挑战。

外壳型病毒

外壳型病毒将其自身包围在主程序的四周，对原来的程序不作修改。这种病毒最为常见，易于编写，也易于发现，一般测试文件的大小即可知。

操作系统型病毒

这种病毒用它自己的程序意图加入或取代部分操作系统进行工作，具有很强的破坏力，可以导致整个系统的瘫痪。圆点病毒和大麻病毒就是典型的操作系统型病毒。

这种病毒在运行时，用自己的逻辑部分取代操作系统的合法程序模块，根据病毒自身的特点和被替代的操作系统中合法程序模块在操作系统中运行的地位与作用以及病毒取代操作系统的取代方式等，对操作系统进行破坏。

4. 计算机病毒的传播

计算机病毒的传播途径主要有以下几种：

1）通过不可移动的计算机硬件设备进行传播，这些设备通常有计算机的专用ASIC芯片和硬盘等。这种病毒虽然极少，但破坏力却极强，目前尚没有较好的检测手段对付。

2）通过移动存储设备来传播这些设备，包括软盘、光盘、U盘等。在移动存储设备中，U盘是使用最广泛、移动最频繁的存储介质，因此也成了计算机病毒寄生的“温床”。

3）通过计算机网络进行传播。现代信息技术的巨大进步已使空间距离不再遥远，但也为计算机病毒的传播提供了新的“高速公路”。计算机病毒可以通过网页浏览、电子邮件、文件下载等多种方式感染计算机系统。目前，在网络使用越来越普及的情况下，这种方式已成为最主要的传播途径。

4）通过点对点通信系统和无线通道传播。目前，这种传播途径还不是十分广泛，但预计在未来的信息时代，这种途径很可能与网络传播途径一样成为病毒扩散的主要途径。

5. 网络时代计算机病毒的特点

在网络环境下，网络病毒除了具有可传播性、可执行性、破坏性、可触发性等计算机病毒的共性外，还具有一些新的特点：

(1) 传播的形式复杂多样

计算机病毒在网络上传播的形式复杂多样。从当前流行的计算机病毒来看，绝大部分病毒都可以利用邮件系统和网络进行传播。

(2) 传播速度极快、扩散面广

在单机环境下，病毒只能通过软盘从一台计算机带到另一台计算机，而在网络中则可以通过网络通信机制迅速扩散，由于病毒在网络中扩散非常快，扩散范围很大，不但能迅速传染局域网内所有计算机，还能在瞬间迅速通过国际互联网传播到世界各地，将病毒扩散到千里之外。如

"爱虫"病毒在一两天内迅速传播到世界的主要计算机网络，并造成欧美等国家的计算机网络瘫痪，"冲击波"病毒也是在短短的几小时内感染了全球各地区的许多主机。

(3) 危害性极大

网络上的病毒将直接影响网络的工作，轻则降低速度，影响工作效率，重则使网络崩溃，或者造成重要数据丢失，还可能造成计算机内储存的机密信息被窃取，甚至计算机信息系统和网络被控制，破坏服务器信息，使多年工作毁于一旦。CIH、"求职信"、"红色代码"、"冲击波"等病毒都给世界计算机信息系统和网络带来了灾难性的破坏。

(4) 变种多

目前，很多病毒使用高级语言编写，如"爱虫"是脚本语言病毒，"美丽莎"是宏病毒。因此，它们容易编写，并且很容易被修改，生成很多病毒变种。"爱虫"病毒在十几天中出现30多种变种。"美丽莎"病毒也生成三四种变种，并且此后很多宏病毒都是利用了"美丽莎"的传染机理。这些变种的主要传染和破坏的机理与母本病毒一致，只是某些代码作了改变。

(5) 难于控制

利用网络传播、破坏的计算机病毒，一旦在网络中传播、蔓延，是很难控制的。往往用户准备采取防护措施时，可能已经遭受病毒的侵袭，除非关闭网络服务，但是这样做很难被人接受，同时，关闭网络服务可能会蒙受更大的损失。

(6) 难以彻底清除，容易引起多次疫情

单机上的计算机病毒有时可通过删除带毒文件、低级格式化硬盘等措施将病毒彻底清除。在网络中，只要有一台工作站未能消毒干净，就可能使整个网络重新被病毒感染，甚至刚刚完成清除工作的一台工作站就有可能被网上另一台带毒工作站所感染。"美丽萨"病毒最早在1999年3月爆发，人们花了很多精力和财力控制住了它。但是，它又常常死灰复燃，再一次形成疫情，造成破坏。之所以出现这种情况，一是由于人们放松了警惕性，新投入的系统未安装防病毒软件；二是使用了以前保存的曾经感染病毒的文档，激活了病毒，使其再次流行。

(7) 具有病毒、蠕虫和后门（黑客）程序的功能

随着网络技术的普及和发展，计算机病毒的编制技术也在不断提高和变化。过去病毒最大的特点是能够复制自身给其他的程序。现在，计算机病毒具有了蠕虫的特点，可以利用网络进行传播，如利用E-mail。同时，有些病毒还具有了黑客程序的功能，一旦侵入计算机系统后，病毒控制者可以从入侵的系统中窃取信息，远程控制这些系统。计算机病毒功能呈现出了多样化，因而，更具有危害性。

6. 计算机病毒的预防

计算机病毒及反病毒是两种以软件编程技术为基础的技术，它们的发展是交替进行的，因此对计算机病毒应以预防为主，防止病毒的入侵要比病毒入侵后再去发现和排除要好得多。根据计算机病毒的传播特点，防治计算机病毒关键要注意以下几点：

1）要提高对计算机病毒危害的认识。计算机病毒再也不是像过去那样无关紧要的小把戏了，在计算机应用高度发达的社会，计算机病毒对信息网络破坏造成的危害越来越大。

2）养成使用计算机的良好习惯，有效地防止病毒入侵。不在计算机上乱插乱用盗版光盘和来路不明的软盘和U盘，经常用杀毒软件检查硬盘和每一张外来磁盘等，慎用公用软件和共享软件；给系统盘和文件加以写保护；不用外来软盘引导机器；不在系统盘上存放用户的数据和程序；保存所有重要软件的复制件；主要数据要经常备份；新引进的软件必须确认不带病毒方可使用。

3）充分利用和正确使用现有的杀毒软件，定期检查硬盘及所用到的软盘和U盘，及时发现病毒，消除病毒，并及时升级杀毒软件。

4）及时了解计算机病毒的发作时间，特别是在大的计算机病毒爆发前夕，要及时采取措施。

大多数计算机病毒的发作是有时间限定的。

5）开启计算机病毒查杀软件的实时监测功能，这样特别有利于及时防范利用网络传播的病毒，如一些恶意脚本程序的传播。

6）加强对网络流量等异常情况的监测，对于利用网络和操作系统漏洞传播的病毒，在清除后要及时采取打补丁和系统升级等安全措施。

7）有规律地备份系统关键数据，保证备份的数据能够正确、迅速地恢复。

8.2.2 蠕虫病毒

蠕虫病毒是一种通常以执行垃圾代码以及发动拒绝服务攻击，令计算机的执行效率极大程度地降低，从而破坏计算机正常使用的一种病毒。与电脑病毒不同的是，它不会附在别的程序内。通常，蠕虫病毒根据其面对的对象分成两种：一种是面对大规模计算机使用网络发动拒绝服务的蠕虫病毒；另一种是针对个人用户的执行大量垃圾代码的蠕虫病毒。

有些蠕虫病毒不具有跨平台性，但是在其他平台下，可能会出现其平台特有的非跨平台性的蠕虫病毒。第一个被广泛关注的蠕虫病毒名为“莫里斯蠕虫”，由罗伯特·泰潘·莫里斯编写，于1988年11月2日释出第一个版本。这个蠕虫病毒间接和直接地造成了近1亿美元的损失，引起了各界对蠕虫病毒的广泛关注。

蠕虫病毒的传播过程是：蠕虫程序常驻于一台或多台机器中，通常它会扫描其他机器是否感染同种蠕虫病毒，如果没有，就会通过其内置的传播手段进行感染，以达到使计算机瘫痪的目的。其通常会以宿主机器作为扫描源，采用垃圾邮件、漏洞传播这两种方法来传播。

当网络迅速发展时，蠕虫病毒引起的危害开始显现。蠕虫病毒和一般的病毒有着很大的区别。蠕虫是一种通过网络传播的恶性病毒，它具有病毒的一些共性，如传播性、隐蔽性、破坏性等，同时具有自己的一些特征，如不利用文件寄生，对网络造成拒绝服务，以及和黑客技术相结合等。在产生的破坏性上，蠕虫病毒也不是普通病毒所能比拟的，网络的发展使得蠕虫可以在短短的时间内蔓延整个网络，造成网络瘫痪。

根据使用者情况可将蠕虫病毒分为两类，一种是面向企业用户和局域网而言，这种病毒利用系统漏洞主动进行攻击，可以对整个互联网造成瘫痪性的后果，以“红色代码”、“尼姆达”、“sql蠕虫王”为代表。另外一种是针对个人用户的，通过网络（主要是电子邮件、恶意网页形式）迅速传播的蠕虫病毒，以爱虫病毒、求职信病毒为例。在这两类蠕虫病毒中，第一类具有很大的主动攻击性，而且爆发也有一定的突然性，但相对来说，查杀这种病毒并不是很难；第二种病毒的传播方式比较复杂和多样，少数利用了微软应用程序的漏洞，更多的是利用社会工程学对用户进行欺骗和诱使，这样的病毒造成的损失是非常大的，同时也是很难根除的，比如求职信病毒，在2001年就已经被各大杀毒厂商发现，但直到2002年底依然排在病毒危害排行榜的首位。

蠕虫发作的一些特点和发展趋势如下：

1）利用操作系统和应用程序的漏洞主动进行攻击。此类病毒主要是“红色代码”、“尼姆达”，以及“求职信”等。由于IE浏览器的漏洞（Iframe Execcomand），使得感染了“尼姆达”病毒的邮件在不去手工打开附件的情况下就能激活病毒，而此前即便是很多防病毒专家也一直认为，带有病毒附件的邮件，只要不去打开附件，病毒不会有危害。“红色代码”是利用了微软IIS服务器软件的漏洞（idq.dll远程缓存区溢出）来传播。Sql蠕虫王病毒则是利用了微软数据库系统的一个漏洞进行大肆攻击。

2）传播方式多样。如“尼姆达”病毒和“求职信”病毒，可利用的传播途径包括文件、电子邮件、Web服务器、网络共享等。

3）病毒制作技术与传统的病毒不同的是，许多新病毒是利用当前最新的编程语言与编程技术实现的，易于修改以产生新的变种，从而逃避反病毒软件的搜索。另外，新病毒利用Java、

ActiveX、VB Script等技术，可以潜伏在HTML页面里，在用户上网浏览时触发。

4）与黑客技术相结合。这种方式潜在的威胁和损失更大，以红色代码为例，感染后机器的Web目录的\scripts下将生成一个root.exe，可以远程执行任何命令，从而使黑客能够再次进入。

8.2.3 木马病毒

木马（Trojan）这个名字来源于古希腊传说，即特洛伊木马。

“木马”程序是目前比较流行的病毒文件，但和一般的病毒有所不同，它不会自我繁殖，也并不“刻意”地去感染其他文件，它通过将自身伪装吸引用户下载执行，向施种木马者提供打开被种者电脑的门户，使施种者可以任意毁坏、窃取被种者的文件，甚至远程操控被种者的电脑。“木马”与计算机网络中常常要用到的远程控制软件有些相似，但由于远程控制软件是“善意”的控制，因此通常不具有隐蔽性；“木马”则完全相反，木马要达到的是“偷窃”性的远程控制，如果没有很强的隐蔽性的话，那就是“毫无价值”的。

木马是通过一段特定的程序（木马程序）来控制另一台计算机，它通常有两个可执行程序：一个是客户端，即控制端；另一个是服务器端，即被控制端。植入被种者电脑的是“服务器”部分，而所谓的“黑客”正是利用“控制器”进入运行了“服务器”的电脑。运行了木马程序的“服务器”以后，被种者的电脑就会有一个或几个端口被打开，使黑客可以利用这些打开的端口进入电脑系统，安全和个人隐私也就全无保障了！木马的设计者为了防止木马被发现，而采用多种手段隐藏木马。木马的服务一旦运行并被控制端连接，其控制端将享有服务器端的大部分操作权限，例如给计算机增加口令，浏览、移动、复制、删除文件，修改注册表，更改计算机配置等。

随着病毒编写技术的发展，木马程序对用户的威胁越来越大，尤其是一些木马程序采用了极其狡猾的手段来隐蔽自己，使普通用户很难在中毒后发觉。

1. 网络游戏木马

随着网络在线游戏的普及和升温，我国拥有规模庞大的网游玩家。网络游戏中的金钱、装备等虚拟财富与现实财富之间的界限越来越模糊。与此同时，以盗取网游账号密码为目的的木马病毒也随之发展泛滥起来。

网络游戏木马通常采用记录用户键盘输入、Hook游戏进程API函数等方法获取用户的密码和账号。窃取到的信息一般通过发送电子邮件或向远程脚本程序提交的方式发送给木马作者。

网络游戏木马的种类和数量在国产木马病毒中是数量最多的。流行的网络游戏无一不受网游木马的威胁。一款新游戏正式发布后，往往在一到两个星期内，就会有相应的木马程序制作出来。大量的木马生成器和黑客网站的公开销售也是网游木马泛滥的原因之一。

2. 网银木马

网银木马是针对网上交易系统编写的木马病毒，其目的是盗取用户的卡号、密码，甚至安全证书。此类木马种类数量虽然比不上网游木马，但它的危害更加直接，受害用户的损失更加惨重。

网银木马通常针对性较强，木马作者可能首先对某银行的网上交易系统进行仔细分析，然后针对安全薄弱环节编写病毒程序。如2004年的“网银大盗”病毒，在用户进入工行网银登录页面时，会自动把页面换成安全性能较差、但依然能够运转的老版页面，然后记录用户在此页面上填写的卡号和密码；“网银大盗3”利用招行网银专业版的备份安全证书功能，盗取用户的安全证书；2005年的“新网银大盗”，采用API Hook等技术干扰网银登录安全控件的运行。

随着我国网上交易的普及，受到外来网银木马威胁的用户也在不断增加。

3. 即时通信软件木马

现在，即时通信软件百花齐放，QQ、MSN、新浪UC、网易泡泡、盛大圈圈等，网上聊天的用户群十分庞大。常见的即时通信类木马一般有以下3种：

1）发送消息型。通过即时通信软件自动发送含有恶意网址的消息，目的在于让收到消息的用户点击网址中毒，用户中毒后又会向更多好友发送病毒消息。此类病毒常用的技术是搜索聊天窗口，进而控制该窗口自动发送文本内容。

2）盗号型。主要目标在于即时通信软件的登录账号和密码，工作原理和网游木马类似。病毒作者盗得他人账号后，可能偷窥聊天记录等隐私内容，或将账号卖掉。

3）传播自身型。

4. 网页点击类木马

网页点击类木马会恶意模拟用户点击广告等动作，在短时间内可以产生数以万计的点击量。病毒作者的编写目的一般是为了赚取高额的广告推广费用。此类病毒的技术简单，一般只是向服务器发送HTTP GET请求。

5. 下载类木马

这种木马程序的体积一般很小，其功能是从网络上下载其他病毒程序或安装广告软件。由于体积很小，下载类木马更容易传播，传播速度也更快。通常功能强大、体积也很大的后门类病毒，如“灰鸽子”、“黑洞”等，传播时都单独编写一个小巧的下载型木马，用户中毒后会把后门主程序下载到本机运行。

6. 代理类木马

用户感染代理类木马后，会在本机开启HTTP、SOCKS等代理服务功能。黑客把受感染的计算机作为跳板，以被感染用户的身份进行黑客活动，达到隐藏自己的目的。

据CNCERT/CC监测发现，2007年我国内地被植入木马的主机IP数量增长惊人，是2006年的22倍，木马已成为互联网的最大危害。随着病毒产业链的发展和完善，木马程序窃取的个人资料从QQ 密码、网游密码到银行账号、信用卡账号等，任何可以换成金钱的东西，都成为黑客窃取的对象。同时，越来越多的黑客团伙利用电脑病毒构建“僵尸网络”（Botnet），用于敲诈和受雇攻击等非法牟利行为。木马在互联网上的泛滥导致大量个人隐私信息和重要数据的失窃，给个人带来严重的名誉和经济损失；此外，木马还越来越多地被用来窃取国家机密和工作秘密，给国家和企业带来无法估量的损失。

一般来说，如果一种杀毒软件程序的木马专杀程序能够查杀某某木马的话，那么它自己的普通杀毒程序也当然能够杀掉这种木马，因为在木马泛滥的今天，为木马单独设计一个专门的木马查杀工具，那是能提高该杀毒软件的产品档次的，对其声誉也大大的有益，实际上，一般的杀毒软件里都包含了对木马的查杀功能。把查杀木马程序单独剥离出来可以提高查杀效率，现在很多杀毒软件里的木马专杀程序只对木马进行查杀，不去检查普通病毒库里的病毒代码，也就是说，当用户运行木马专杀程序时，程序只调用木马代码库里的数据，而不调用病毒代码库里的数据，这样大大提高了木马查杀速度。

8.2.4 病毒防治

检查和清除病毒的一种有效方法是使用各种防治病毒的软件。一般来说，无论是国外还是国内的杀毒软件，都能够不同程度地解决一些问题，但任何一种杀毒软件都不可能解决所有问题。

因为到目前为止，世界上没有一家杀毒软件生产商敢承诺可以查杀所有已知的病毒。

如何选择计算机病毒防治产品呢？一般用户应选择具备以下特点的产品：

- 有发现、隔离并清除病毒功能的计算机病毒防治产品。
- 产品具有实时报警（包括文件监控、邮件监控、网页脚本监控等）功能。
- 多种方式及时升级。
- 统一部署防范技术的管理功能。

• 对病毒清除彻底，文件修复后完整、可用。

• 产品的误报、漏报率较低。

• 占用系统资源合理，产品适应性较好。

• 查毒速度快。

• 不仅可以根据用户需要扫描，还要有实时监控、网络查毒的能力。

对于企业用户而言，要选择能够从一个中央位置进行远程安装、升级，能够轻松、自动、快速地获得最新病毒代码、扫描引擎和程序文件，使维护成本最小化的产品；产品提供详细的病毒活动记录，跟踪病毒并确保在有新病毒出现时能够为管理员提供警报；为用户提供前瞻性的解决方案，防止新病毒的感染；通过基于Web和Windows的图形用户界面提供集中的管理，最大限度地减少网络管理员在病毒防护上所花费的时间。

下面介绍几种流行的杀毒软件。

1. 瑞星杀毒软件

瑞星杀毒软件（http://www.rising.com.cn）采用杀毒软件、漏洞扫描系统、个人防火墙、数据修复系统“四合一”套装的产品形态，从多个角度、多个层面考虑到了反病毒及用户信息安全的需求，设计开发了大量的实用功能，通过各种技术手段实现“整体防御，立体防毒”。

瑞星杀毒软件适用于企业服务器与客户端，支持 Windows NT/2000/XP、UNIX、Linux等多种操作平台，全面满足企业整体反病毒需要。瑞星杀毒软件创立并实现了“分布处理、集中控制”技术，以系统中心、服务器、客户端、控制台为核心结构，成功地实现了远程自动安装、远程集中控管、远程病毒报警、远程卸载、远程配置、智能升级、全网查杀、日志管理、病毒溯源等功能，它将网络中的所有计算机有机地联系在一起，构筑成协调一致的立体防毒体系。瑞星杀毒软件采用国际上最先进的结构化多层可扩展技术设计研制的第五代引擎，实现了从预杀式无毒安装、漏洞扫描、特征码判断查杀已知病毒，到利用瑞星专利技术行为判断查杀未知病毒，并通过可疑文件上报系统、嵌入式即时安全信息中心与瑞星中央病毒判别中心构成的信息交互平台，改被动查杀为主动防御，为网络中的个体计算机提供点到点的立体防护。

瑞星杀毒软件在网络版2010中首度加入了“云安全”技术，部署之后，企业可享受“云安全”的成果。世界级反病毒虚拟机也在瑞星网络版2010被成功应用，其采用的“超级反病毒虚拟机”已经达到世界先进水平，它应用分时技术和硬件MMU辅助的本地执行单元，在纯虚拟执行模式下，每秒钟可执行超过2000万条虚拟指令，结合硬件辅助后，更可以把效率提高200倍。除了两大核心技术之外，瑞星杀毒软件网络版2010中还加入了非常实用的多项功能。

2. 卡巴斯基杀毒软件

卡巴斯基（http://www.kaspersky.com.cn/）最新版本将众多的计算机安全模块有机地结合在一起，避免了同时安装大量安全软件可能带来的软件冲突和系统性能的降低，使得软件对于各种能力水平的用户来说都十分易于使用和管理。比起风靡2007年的卡巴斯基互联网安全套装7.0来说，现如今的卡巴斯基无论是在安全性，还是在功能上，都有了非常大的提升。

卡巴斯基全功能安全软件采用了全新的反病毒引擎，该引擎对于恶意程序的检测具有非常卓越的能力，特别是针对双核和四核CPU平台，极大地提高了系统扫描速度，是世界上处理速度最快和系统资源占用最少的反病毒引擎之一。它启用了开创性的4D安全防御体系，在全新的应用程序过滤模块融入了主动防御技术和集成的防火墙，能够自动为应用程序的安全级别进行分类，针对不同级别的应用程序采用不同的安全策略和访问控制，保护用户电脑系统和其中的隐私文件不受所有已知和未知安全威胁的侵害。

此外，针对不同层次的用户需求，卡巴斯基全功能安全软件在设计中体现了“便利性与技术性”平衡，为专业计算机用户提供了更加灵活和技术化的自定义设置。专业用户可以通过创建详细的和指定的报告，十分方便地获知关于特定事件或安全威胁的综合情况。网络数据包括分析、信任区域、信息统计等功能，更是其为专业用户所准备的非常有用的功能。

卡巴斯基全功能安全软件所使用的独一无二的保护技术可以全面提升程序功能，根据需要轻松自定义保护功能：

- 独特的安全免疫区：可以在该环境中运行可疑网站和应用程序，以增强系统安全。
- 应用程序活动控制：将全面监控已安装应用程序的所有活动。
- 隐私信息保护：对系统中重要的数据提供额外保护。
- 卡巴斯基工具栏：在浏览器中嵌入卡巴斯基工具栏，可过滤危险网站。
- 更高级的隐私信息保护：如虚拟键盘保护功能更强大。
- 紧急检测系统：能够实时阻止快速传播的各种威胁。
- 新一代的主动防御技术：可以更好地防御零日攻击和未知威胁。
- 贴心设计的游戏模式：玩家玩游戏时程序将暂停更新、扫描等任务以避免打扰玩家。

3. 360杀毒软件

360杀毒（http://www.360.cn）已经通过了公安部的信息安全产品检测，并于2009年12月及2010年4月两次通过了国际权威的VB100认证，成为国内首家初次参加VB100即获通过的杀毒产品。

360杀毒无缝整合了国际知名的BitDefender病毒查杀引擎，以及360安全中心潜心研发的云查杀引擎。它采用双引擎智能调度，提供完善的病毒防护体系，不但查杀能力出色，而且能第一时间防御新出现的病毒木马。

另外，360杀毒完全免费，无需激活码，轻巧快速不卡机，误杀率也很低，能为用户的电脑提供全面保护。360杀毒推出时间不长，但已经成为中国用户量最大的安全软件之一。

360杀毒软件具有如下的功能和特点：

- 领先双引擎，强力杀毒。
- 具有领先的启发式分析技术。
- 独有可信程序数据库，防止误杀。
- 快速升级及时获得最新防护能力。
- 全面防御U盘病毒。

另外，360安全卫士是当前功能较强、效果较好、深受用户欢迎的上网安全软件。360安全卫士运用云安全技术，在杀木马、打补丁、保护隐私、保护网银和游戏的账号密码安全、防止电脑变“肉鸡”等方面表现出色，被誉为“防范木马的第一选择”。360安全卫士自身非常轻巧，查杀速度比传统的杀毒软件快数倍。同时还可优化系统性能，大大加快电脑运行速度。

8.3 网络攻击与入侵检测

8.3.1 黑客

黑客是英文hacker的译音，原意为热衷于电脑程序的设计者，指对于任何计算机操作系统的奥秘都有强烈兴趣的人。黑客大都是程序员，他们具有操作系统和编程语言方面的高级知识，了解系统中的漏洞及其原因所在，他们不断追求更深的知识，并公开他们的发现，与其他人分享，并且从来没有破坏数据的企图。黑客在微观的层次上考察系统，发现软件漏洞和逻辑缺陷。黑客出于改进的愿望，编写程序去检查软件的完整性和远程机器的安全体系，这种分析过程是创造和提高的过程。

现在，“黑客”一词的普遍含义是指计算机系统的非法入侵者，是指利用某种技术手段，非法进入其权限以外的计算机网络空间的人。随着计算机和Internet的迅速发展，黑客的队伍逐渐壮大起来，其成员也日益变得复杂多样，黑客已经成为一个群体，他们公开在网上交流，共享强有力的攻击工具，而且个个都喜欢标新立异、与众不同。因此，要给现今的黑客一个准确的定位十分困难。有的黑客为了证明自己的能力，不断挑战网络的极限；有的则以在网上骚扰他人为乐；有的则是一种渴望报复社会的变态心理等。所以，今天的“黑客”几乎就是网络攻击者和破坏者的代名词。

8.3.2 网络攻击常用手段

通常的网络攻击一般是侵入或破坏网上的服务器主机，盗取服务器的敏感数据或干扰，破坏服务器对外提供的服务，也有直接破坏网络设备的网络攻击，这种破坏影响较大，会导致网络服务异常甚至中断。

1. 网络攻击步骤

尽管黑客攻击系统的技能有高低之分，入侵的手法多种多样，但它们对目标系统实施攻击的流程却大致相同。其攻击过程可归纳为以下9个步骤：踩点、扫描、模拟攻击、获取访问权、权限提升、窃取、掩盖踪迹、创建后门、拒绝服务攻击。

(1) 踩点

“踩点”原意为策划一项盗窃活动的准备阶段，在黑客攻击领域，踩点的主要目标为收集被攻击方的有关信息，分析被攻击方可能存在的漏洞。通过“踩点”可能获取如下信息：网络域名、网络地址分配、域名服务器、邮件交换主机、网关等关键系统的位置及软硬件信息，内部网络的独立地址空间及名称空间，网络连接类型及访问控制，各种开放资源（如雇员配置文件）等。

(2) 扫描

收集或编写适当的扫描工具，并在对攻击目标的软硬件系统进行分析的基础上，在尽可能短的时间内对目标进行扫描。通过扫描可以直接截获数据包进行信息分析、密码分析或流量分析等，通过分析获取攻击目标的相关信息（如开放端口、注册用户及口令）和存在的安全漏洞（如FTP漏洞、NFS输出到未授权程序中、不受限制的X服务器访问、不受限制的调制解调器、Sendmail的漏洞、NIS口令文件访问等）。

扫描分手工扫描和利用端口扫描软件扫描。手工扫描是利用各种命令（如Ping、Tracert、Host等）扫描，使用端口扫描软件是利用专门的扫描器进行扫描。

(3) 模拟攻击

根据上一步所获得的信息建立模拟环境，然后对模拟目标机进行一系列的攻击。通过检查被攻击方的日志，可以了解攻击过程中留下的“痕迹”。这样，攻击者就知道需要删除哪些文件来毁灭其入侵证据了。

(4) 获取访问权

攻击者要想入侵一台主机，首先要有该主机的一个账号和密码，否则连登录都无法进行。因此，在搜索到目标系统的足够信息后，下一步要完成的工作是得到目标系统的访问权，进而完成对目标系统的入侵。

(5) 权限提升

一旦攻击者通过前面的几步工作获得了系统上任意普通用户的访问权限后，攻击者就会试图将普通用户权限提升至超级用户权限，以便完成对系统的完全控制。权限提升所采取的技术主要有通过得到的密码文件，利用现有的工具软件，破解系统上的其他用户名及口令，利用不同的操作系统及服务的漏洞，利用管理员不正确的系统配置等。

(6) 窃取

一旦攻击者得到了系统的完全控制权，接下来将完成的工作是窃取，即进行一些敏感数据的篡改、添加、删除、复制等，并通过对敏感数据的分析，为进一步攻击应用系统做准备。

(7) 掩盖踪迹

黑客一旦侵入系统，必然留下痕迹。此时，黑客需要做的首要工作就是清除所有入侵痕迹，避免自己被检测出来，以便能够随时返回被入侵系统继续干坏事或作为入侵其他系统的中继跳板。掩盖踪迹的主要工作有禁止系统审计、清空事件日志、隐藏作案工具及用新的工具替换常用的操作系统命令等。

(8) 创建后门

黑客的最后一招便是在受害系统上创建一些后门及陷阱，以便入侵者一时兴起时卷土重来，并能以特权用户的身份控制整个系统。创建后门的主要方法有创建具有特权用户权限的虚假用户账号、安装批处理、安装远程控制工具、使用木马程序替换系统程序、安装监控机制及感染启动文件等。

(9) 拒绝服务攻击

如果未能获取系统访问权限，那么黑客所能采取的最恶毒的手段便是拒绝服务攻击。即使用精心准备好的漏洞代码攻击系统使目标服务器资源耗尽或资源过载，以至于没有能力再向外提供服务。攻击所采用的技术主要是利用协议漏洞及不同系统实现的漏洞。

2. 网络攻击常用手段

网络攻击可分为拒绝服务型攻击、扫描窥探攻击和畸形报文攻击三大类。

(1) 拒绝服务型攻击

拒绝服务型（DoS）攻击是使用大量的数据包攻击系统，使系统无法接受正常用户的请求，或者主机挂起不能提供正常的工作。主要的DoS攻击有SYN Flood、Fraggle等。拒绝服务攻击和其他类型的攻击不大一样，攻击者并不是去寻找进入内部网络的入口，而是去阻止合法的用户访问资源或路由器。

(2) 扫描窥探攻击

扫描窥探攻击是利用ping扫射（ICMP和TCP）来标识网络上存活着的系统，从而准确地指出潜在的攻击目标。它利用TCP和UCP端口扫描，就能检测出操作系统和监听者的潜在服务。攻击者通过扫描窥探就能大致了解目标系统提供的服务种类和潜在的安全漏洞，为进一步侵入系统做好准备。

(3) 畸形报文攻击

畸形报文攻击是通过向目标系统发送有缺陷的IP报文使目标系统在处理这样的IP包时会出现崩溃，给目标系统带来损失。主要的畸形报文攻击有Ping of Death攻击、Tear Drop攻击、超大的ICMP报文等。

8.3.3 网络攻击的基本工具

1. 扫描器

网络安全扫描技术是一种基于Internet远程检测目标网络或本地主机安全性脆弱点的技术。通过网络安全扫描，系统管理员能够发现所维护的Web服务器的各种TCP/IP端口的分配、开放的服务、Web服务软件版本和这些服务及软件呈现在Internet上的安全漏洞。网络安全扫描技术也是采用积极的、非破坏性的办法来检验系统是否有可能被攻击崩溃。它利用了一系列的脚本模拟对系统进行攻击的行为，并对结果进行分析。这种技术通常被用来进行模拟攻击实验和安全审计。网络安全扫描技术与防火墙、安全监控系统互相配合，就能够为网络提供很高的安全性。

在Internet安全领域，扫描器是最出名的破解工具。所谓扫描器，实际上是自动检测远程或本地主机安全性弱点的程序。扫描器扫描目标主机的TCP/IP端口和服务，并记录目标机的回答，以此获得关于目标机的信息。理解和分析这些信息，就可能发现破坏目标机安全性的关键因素。常用的扫描器有很多，有些可以在Internet上免费得到，如NSS（网络安全扫描器）、Strobe（超级优化TCP端口检测程序）、SATAN（安全管理员的网络分析工具）、XSCAN等。

扫描器还在不断发展变化，每当发现新的漏洞，检查该漏洞的功能就会被加入已有的扫描器中。扫描器不仅是黑客用作网络攻击的工具，也是维护网络安全的重要工具。系统管理人员必须学会使用扫描器。

2. 口令入侵工具

所谓口令入侵，是指破解口令或屏蔽口令保护。但实际上，真正的加密口令是很难逆向破解的。黑客们常用的口令入侵工具所采用的技术是仿真对比，利用与原口令程序相同的方法，通过对比分析，用不同的加密口令去匹配原口令。

黑客们破解口令的过程大致如下：首先将大量字表中的单词用一定规则进行变换，再用加密算法进行加密，看是否与/etc/passwd文件中加密口令相匹配者，若有，则口令很可能被破解。单词变换的规则一般有大小写交替使用；把单词正向、反向拼写后，接在一起（如cannac）；在每个单词的开头和/或结尾加上数字1等。同时，在Internet上有许多字表可用。如果用户选择口令不恰当，口令落入了字表库，则黑客们获得了/etc/passwd文件，基本上就等于完成了口令破解任务。

3. 特洛伊木马

所谓特洛伊程序是指任何提供了隐藏的、用户不希望的功能的程序。它可以以任何形式出现，可能是任何由用户或客户引入到系统中的程序。特洛伊程序提供或隐藏了一些功能，这些功能可以泄露一些系统的私有信息，或者控制该系统。

特洛伊程序表面上是无害的、有用的程序，但实际上潜伏着很大的危险性。特洛伊程序可以导致整个系统被侵入，因为首先它很难被发现。在它被发现之前，可能已经存在几个星期甚至几个月了。其次，在这段时间内，具备了管理员权限的入侵者可以将系统按照它的需要进行修改。这样即使这个特洛伊程序被发现了，在系统中也留下了系统管理员可能没有注意到的漏洞。

4. 网络嗅探器

计算机网络是共享通信通道的。共享意味着计算机能够接收到发送给其他计算机的信息。捕获在网络中传输的数据信息就称为sniffing（窃听）。

通常，在同一个网段的所有网络接口都有访问在物理媒体上传输的所有数据的能力，而每个网络接口都还应该有一个硬件地址，该硬件地址不同于网络中存在的其他网络接口的硬件地址，同时，每个网络至少还有一个广播地址。在正常情况下，一个合法的网络接口应该只响应以下两种数据帧：

1）帧的目标区域具有和本地网络接口相匹配的硬件地址。

2）帧的目标区域具有“广播地址”。

在接受到上面两种情况的数据包时，网卡通过CPU产生一个硬件中断，该中断能引起操作系统注意，然后将帧中所包含的数据传送给系统进一步处理。

而网络嗅探器（Sniffer）就是一种能将本地网卡状态设成“混杂”模式的软件，当网卡处于这种“混杂”模式时，该网卡具备“广播地址”，它对所有遭遇到的帧都产生一个硬件中断，以便提醒操作系统处理流经该物理媒体上的每一个报文包。

Sniffer用来截获网络上传输的信息，用在以太网或其他共享传输介质的网络上。放置Sniffer可使网络接口处于广播状态，从而截获网上传输的信息，还可截获口令、秘密的和专有的信息，用来攻击相邻的网络。Sniffer的威胁还在于无法被攻击方发现，它是被动的程序，本身在网络上不留下任何痕迹。

常用的Sniffer有Gobbler、ETHLOAD、Netman、Esniff.c、Linux Sniffer.c、NitWitc等。

5. 破坏系统工具

常见的破坏装置有邮件炸弹和病毒等。其中邮件炸弹的危害性较小，而病毒的危害性则很大。

邮件炸弹是指不停地将无用信息传送给攻击方，填满对方的邮件信箱，使其无法接收有用信息。另外，邮件炸弹也可以导致邮件服务器的拒绝服务。常用的E-mail炸弹有UpYours、KaBoom、Avalanche、Unabomber、eXtreme Mail、Homicide、Bombtrack、FlameThrower等。

病毒程序与特洛伊木马程序有明显的不同。特洛伊木马程序是静态的程序，存在于另一个无害的被信任的程序之中。特洛伊木马程序会执行一些未经授权的功能，如把口令文件传递给攻击者，或给它提供一个后门。攻击者通过这个后门可以进入那台主机，并获得控制系统的权力。病毒程序则具有自我复制的功能，它的目的就是感染计算机。在任何时候病毒程序都是清醒的，监视着系统的活动。一旦系统的活动满足了一定的条件，病毒就活跃起来，把自己复制到那个活动的程序中去。

8.3.4 入侵检测系统

入侵检测是通过从计算机网络系统中的若干关键点收集信息并对其进行分析，从中发现违反安全策略的行为和遭到攻击的迹象，并做出自动的响应。其主要功能是对用户和系统行为的监测与分析、系统配置和漏洞的审计检查、重要系统和数据文件的完整性评估、已知的攻击行为模式的识别、异常行为模式的统计分析、操作系统的审计跟踪管理及违反安全策略的用户行为的识别。入侵检测通过迅速地检测入侵，在可能造成系统损坏或数据丢失之前，识别并驱除入侵者，使系统迅速恢复正常工作，并且阻止入侵者进一步的行动。同时，入侵检测收集有关入侵的技术资料，用于改进和增强系统抵抗入侵的能力。

入侵检测可分为基于主机型、基于网络型、基于代理型三类。从20世纪90年代至今，代写英语论文已经开发出一些入侵检测的产品，其中比较有代表性的产品有ISS公司的Realsecure、NAI公司的Cybercop和Cisco公司的NetRanger。

1. 入侵检测技术

入侵检测为网络安全提供实时检测及攻击行为检测，并采取相应的防护手段。例如，实时检测通过记录证据来进行跟踪、恢复、断开网络连接等控制；攻击行为检测注重于发现信息系统中可能已经通过身份检查的形迹可疑者，进一步加强信息系统的安全力度。入侵检测的步骤如下：

（1）收集系统、网络、数据及用户活动的状态和行为的信息

入侵检测一般采用分布式结构，在计算机网络系统中的若干不同关键点（不同网段和不同主机）收集信息，一方面扩大检测范围，另一方面通过多个采集点信息的比较来判断是否存在可疑现象或发生入侵行为。

入侵检测所利用的信息一般来自以下4个方面：系统和网络日志文件、目录和文件中不期望的改变、程序执行中的不期望行为、物理形式的入侵信息。

（2）根据收集到的信息进行分析

常用的分析方法有模式匹配、统计分析、完整性分析。模式匹配是将收集到的信息与已知的网络入侵和系统误用模式数据库进行比较，从而发现违背安全策略的行为。

统计分析方法首先给系统对象（如用户、文件、目录和设备等）创建一个统计描述，统计正常使用时的一些测量属性。测量属性的平均值将被用来与网络、系统的行为进行比较。当观察值超出正常值范围时，就有可能发生入侵行为。该方法的难点是阈值的选择，阈值太小可能产生错误的入侵报告，阈值太大可能漏报一些入侵事件。

完整性分析主要关注某个文件或对象是否被更改，包括文件和目录的内容及属性。该方法能有效地防范特洛伊木马的攻击。

2. 入侵检测的分类

入侵检测通过对入侵和攻击行为的检测，查出系统的入侵者或合法用户对系统资源的滥用和误用。代写工作总结根据不同的检测方法，将入侵检测分为异常入侵检测和误用入侵检测。

（1）异常检测

异常检测又称为基于行为的检测。其基本前提是：假定所有的入侵行为都是异常的。首先建立系统或用户的“正常”行为特征轮廓，通过比较当前的系统或用户的行为是否偏离正常的行为特征轮廓来判断是否发生了入侵。此方法不依赖于是否表现出具体行为来进行检测，是一种间接的方法。

常用的具体方法有统计异常检测方法、基于特征选择异常检测方法、基于贝叶斯推理异常检测方法、基于贝叶斯网络异常检测方法、基于模式预测异常检测方法、基于神经网络异常检测方法、基于机器学习异常检测方法、基于数据采掘异常检测方法等。

采用异常检测的关键问题有如下两个方面：

特征量的选择

在建立系统或用户的行为特征轮廓的正常模型时，选取的特征量既要能准确地体现系统或用户的行为特征，又能使模型最优化，即以最少的特征量即可涵盖系统或用户的行为特征。

参考阈值的选定

由于异常检测是以正常的特征轮廓作为比较的参考基准，因此，参考阈值的选定是非常关键的。

阈值设定得过大，则漏警率会很高；阈值设定得过小，则虚警率就会提高。合适的参考阈值的选定是决定这一检测方法准确率至关重要的因素。

由此可见，异常检测技术难点是“正常”行为特征轮廓的确定、特征量的选取、特征轮廓的更新。由于这几个因素的制约，异常检测的虚警率很高，但对于未知的入侵行为的检测非常有效。此外，由于需要实时地建立和更新系统或用户的特征轮廓，这样所需的计算量很大，对系统的处理性能要求很高。

（2）误用检测

误用检测又称为基于知识的检测。其基本前提是：假定所有可能的入侵行为都能被识别和表示。首先，对已知的攻击方法进行攻击签名（攻击签名是指用一种特定的方式来表示已知的攻击模式）表示，然后根据已经定义好的攻击签名，通过判断这些攻击签名是否出现来判断入侵行为的发生与否。这种方法是依据是否出现攻击签名来判断入侵行为，是一种直接的方法。

常用的具体方法有基于条件概率误用入侵检测方法、基于专家系统误用入侵检测方法、基于状态迁移分析误用入侵检测方法、基于键盘监控误用入侵检测方法、基于模型误用入侵检测方法。误用检测的关键问题是攻击签名的正确表示。

误用检测是根据攻击签名来判断入侵的，根据对已知的攻击方法的了解，用特定的模式语言来表示这种攻击，使得攻击签名能够准确地表示入侵行为及其所有可能的变种，同时又不会把非入侵行为包含进来。由于多数入侵行为是利用系统的漏洞和应用程序的缺陷，因此，通过分析攻击过程的特征、条件、排列以及事件间的关系，即可具体描述入侵行为的迹象。这些迹象不仅对分析已经发生的入侵行为有帮助，而且对即将发生的入侵也有预警作用。

误用检测将收集到的信息与已知的攻击签名模式库进行比较，从中发现违背安全策略的行为。由于只需要收集相关的数据，这样系统的负担明显减少。该方法类似于病毒检测系统，其检测的准确率和效率都比较高，但是它也存在以下一些缺点。

不能检测未知的入侵行为

由于其检测机理是对已知的入侵方法进行模式提取，因此对于未知的入侵方法就不能进行有效的检测。也就是说漏警率比较高。

与系统的相关性很强

对于不同实现机制的操作系统，由于攻击的方法不尽相同，因此很难定义出统一的模式库。另外，误用检测技术也难以检测出内部人员的入侵行为。

目前，由于误用检测技术比较成熟，因此多数的商业产品主要是基于误用检测模型的。不过，为了增强检测功能，不少产品也加入了异常检测的方法。

3. 入侵检测的发展方向

随着信息系统对一个国家的社会生产与国民经济的影响越来越大，再加上网络攻击者的攻击工具与手法日趋复杂化，信息战已逐步被各个国家重视。近年来，入侵检测有如下几个主要发展方向：

（1）分布式入侵检测与通用入侵检测架构

传统的IDS一般局限于单一的主机或网络架构，对异构系统及大规模的网络监测明显不足，且不同的IDS系统之间不能很好地协同工作。为解决这一问题，需要采用分布式入侵检测技术与通用入侵检测架构。

（2）应用层入侵检测

许多入侵的语义只有在应用层才能理解，然而目前的IDS仅能检测到诸如Web之类的通用协议，而不能处理LotusNotes、数据库系统等其他的应用系统。许多基于客户/服务器结构、中间件技术及对象技术的大型应用，也需要应用层的入侵检测保护。

（3）智能的入侵检测

入侵方法越来越多样化与综合化，尽管已经有智能体、神经网络与遗传算法在入侵检测领域应用研究，但是，这只是一些尝试性的研究工作，需要对智能化的IDS加以进一步的研究，以解决其自学习与自适应能力。

（4）入侵检测的评测方法

用户需对众多的IDS系统进行评价，评价指标包括IDS检测范围、系统资源占用、IDS自身的可靠性，从而设计出通用的入侵检测测试与评估方法和平台，实现对多种IDS的检测。

8.4 数据加密

8.4.1 概述

数据加密是将要保护的信息变成伪装信息，使未授权者不能理解它的真正含义，只有合法接收者才能从中识别出真实信息。所谓伪装，就是对信息进行一组可逆的数学变换。伪装前的信息称为明文（Plaintext），伪装后的信息称为密文（Ciphertext），伪装的过程即把明文转换为密文的过程，称为加密（Encryption）。加密是在加密密钥（Key）的控制下进行。用于对数据加密的一组数学变换称为加密算法。发送者将明文数据加密成密文，然后将密文数据送入数据通信网络或存入计算机文件。授权的接收者接收到密文后，施行与加密变换相逆的变换，去掉密文的伪装信息，恢复出明文，这一过程称为解密（Decryption）。解密是在解密密钥的控制下进行。用于解密的一组数学变换称为解密算法。由于数据以密文的形式存储在计算机文件中，或在数据通信网络中传输，因此即使数据被未授权者非法窃取或因系统故障和操作人员误操作而造成数据泄露，未授权者也不能理解它的真正含义，从而达到数据保密的目的。同样，未授权者也不能伪造合理的密文，因而不能篡改数据，从而达到确保数据真实性的目的。

通常一个密码系统由以下5个部分组成：

- 明文空间M：它是全体明文的集合。
- 密文空间C：它是全体密文的集合。
- 密钥空间K：它是全体密钥的集合。其中每个密钥K均由加密密钥Ke和解密密钥Kd组成，即

K=<Ke，Kd>。

• 加密算法E：它是一簇由M到C的加密变换，每一特定的加密密钥Ke确定一特定的加密算法；

• 解密算法D：它是一簇由C到M的解密变换，每一特定的解密密钥Kd确定一特定的解密算法。

对于每一确定的密钥K=<Ke，Kd>，加密算法将确定一个具体的加密变换，解密算法将确定一个具体的解密变换，且解密变换是加密变换的逆过程。对于明文空间M中的每一个明文M，加密算法在加密密钥Ke的控制下将M加密成密文C：

$$C=E(M, Ke)$$

而解密算法在解密密钥Kd的控制下从密文C中解出同一明文M：

$$M=D(C, Kd)=D(E(M, Ke), Kd)$$

一个密码通信系统的基本模型图如图8-1所示。

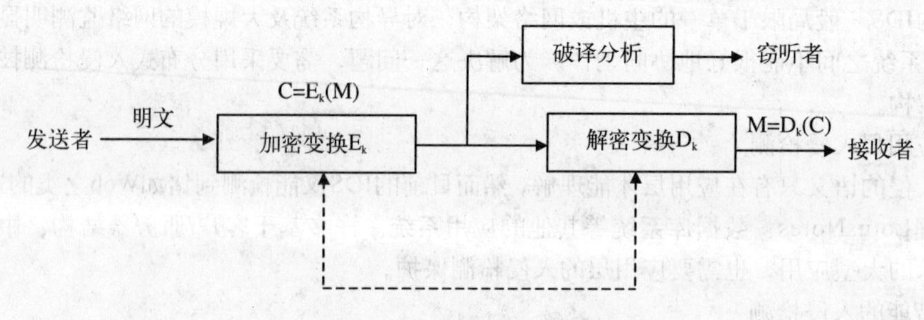

图8-1 密码通信的系统模型

密码学是信息安全的核心。要保证信息的保密性，使用密码对其加密是最有效的办法。要保证信息的完整性，使用密码技术实施数字签名，进行身份认证，对信息进行完整性校验是当前实际可行的办法。保障信息系统和信息为授权者所用，利用密码进行系统登录管理，存取授权管理是有效的办法。保证信息系统的可控性也可以有效地利用密码和密钥管理来实施。数据加密作为一项基本技术，是所有通信安全的基石，数据加密过程是由各种各样的加密算法来具体实施，它以很小的代价提供很重要的安全保护。密码技术是信息网络安全最有效的技术之一，在很多情况下，数据加密是保证信息保密性的唯一方法。

8.4.2 数据加密原理和体制

如果按照收发双方密钥是否相同来分类，可以将这些加密系统分为对称密钥密码系统（传统密码系统）和非对称密钥密码系统（公钥密码系统）。

1. 对称密钥密码系统

在对称密钥密码系统中，收信方和发信方使用相同的密钥，并且该密钥必须保密。发送方用该密钥对待发报文进行加密，然后将报文传送至接收方，接收方再用相同的密钥对收到的报文进行解密。这一过程可以表现为如下数学形式，发送方使用的加密函数encrypt有两个参数：密钥K和待加密报文M，加密后的报文为E。

$$E=encrypt(K, M)$$

接收方使用的解密函数decrypt把这一过程逆过来，就产生了原来的报文：

$$M=decrypt(K, E)$$

数学上，decrypt和encrypt互为逆函数。

对称密钥加密系统如图8-2所示。

在众多的对称密钥密码系统中影响最大的是DES密码算法，该算法加密时把明文以64位为单位分成块，而后密钥把每一块明文转化为同样64位长度的密文块。

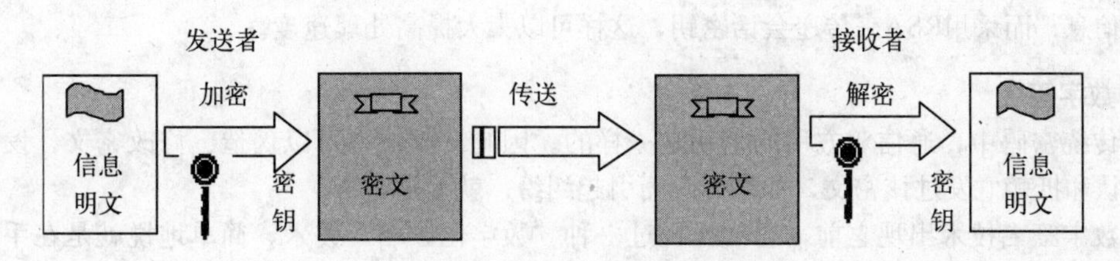

图8-2　对称密钥加密图

对称密钥密码系统具有加解密速度快、安全强度高等优点，如果用每微秒可进行一次DES加密的机器来破译密码需要2000年。所以，对称密钥密码系统在军事、外交及商业应用中使用越来越普遍。但其密钥必须通过安全的途径传送，因此，其密钥管理成为系统安全的重要因素。

2. 非对称密钥密码系统

在非对称密钥密码系统中，它给每个用户分配两把密钥：一个称私有密钥，是保密的；一个称公共密钥，是众所周知的。该方法的加密函数必须具有如下数学特性：用公共密钥加密的报文除了使用相应的私有密钥外很难解密；同样，用私有密钥加密的报文除了使用相应的公共密钥外也很难解密；同时，几乎不可能从加密密钥推导解密密钥，反之亦然。这种用两把密钥加密和解密的方法可以表示成如下数学形式，假设M表示一条报文，pub-ul表示用户L的公共密钥，prv-ul表示用户L的私有密钥，那么有：

E=encrypt(pub-u1，M)

收到E后，只有用prv-ul才能解密。

M=decrypt(prv-ul，E)

这种方法是安全的，因为加密和解密的函数具有单向性质。也就是说，仅知道了公共密钥并不能伪造由相应私有密钥加密过的报文。可以证明，公共密钥加密法能够保证保密性。只要发送方使用接收方的公共密钥来加密待发报文，就只有接收方能够读懂该报文，因为要解密，必须要知道接收方的私有密钥。因此，这个方案可确保数据的保密性，因为只有接收方能解密报文。非对称密钥加密系统如图8-3所示。

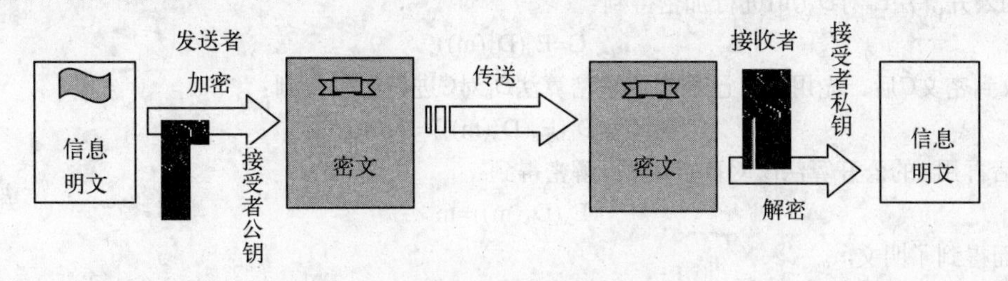

图8-3　公钥加密图

在公钥密码中，最有影响的公钥密码算法是RSA，它能抵抗到目前为止已知的所有密码攻击。公钥密码的优点是可以适应网络的开放性要求，且密钥管理问题也较为简单，尤其可方便地实现数字签名和验证。但其算法计算复杂度高，加密数据的速率较低，大量数据加密时，对称密钥加密算法的速度比公钥加密算法快100～1000倍。尽管如此，随着现代电子技术和密码技术的发展，公钥密码算法是一种很有前途的网络安全加密体制。公钥加密算法常用来对少量关键数据进行加密，或者用于数字签名。

使用最广的公钥加密算法是RSA，其密钥长度从40～2048位可变，密钥越长，加密效果越好。

在实际应用中，通常将传统密码和公钥密码结合在一起使用，实现最佳性能，即用公钥技术在通信双方之间传送对称密钥，而用对称密钥来对实际传输的数据加密、解密。例如，利用DES

来加密信息，而采用RSA来传递会话密钥，这样可以大大提高处理速度。

8.4.3 数字签名

在传统密码中，通信双方用的密钥是一样的。因此，收信方可以伪造、修改密文，发信方也可以否认和抵赖它发过该密文，如果因此而引起纠纷，就无法裁决。

在数字签名技术出现之前，曾经出现过一种“数字化签名”技术，简单地说就是在手写板上签名，然后将图像传输到电子文档中，这种“数字化签名”可以被剪切，然后粘贴到任意文档上，这样非法复制变得非常容易，所以这种签名的方式是不安全的。

数字签名技术与数字化签名技术是两种截然不同的安全技术，数字签名与用户的姓名和手写签名形式毫无关系，它实际使用了信息发送者的私有密钥变换所需传输的信息。对于不同的文档信息，发送者的数字签名并不相同，没有私有密钥，任何人都无法完成非法复制。利用公开密钥加密方法可以用于验证报文发送方，这种技术称为数字签名。要在一条报文上签名，发送方只要使用其私有密钥加密即可。接收方使用相反的过程解密。由于只有发送方才拥有用于加密的密钥，因此接收方知道报文的发送者。

数字签名可以解决否认、伪造、篡改及冒充等问题，是通信双方在网上交换信息时用公钥密码防止伪造和欺骗的一种身份认证，即发送者事后不能否认发送的报文签名；接收者能够核实发送者发送的报文签名；接收者不能伪造发送者的报文签名；接收者不能对发送者的报文进行部分篡改；网络中的某一用户不能冒充另一用户作为发送者或接收者。数字签名的应用范围十分广泛，凡是需要对用户的身份进行判断的情况都可以使用数字签名，比如加密信件、商务信函、定货购买系统、远程金融交易、自动模式处理等。

公共密钥系统是怎样提供数字签名的呢？发送方使用私有密钥加密报文来进行签名，接收方查阅发送方公共密钥，并使用它来解密，从而对签名进行验证。由于只有发送方才知道自己的私有密钥，因此只有发送方才能加密那些可由公共密钥解密的报文。

在公钥密码体制中的每个用户都有两个密钥，实际上有两个算法，一个是加密算法，一个是解密算法。若A用户向B用户发送信息m，A可用自己保密的解密算法D_A对m进行加密得到$D_A(m)$，再用B的公开算法E_B对$D_A(m)$进行加密得到：

$$C=E_B(D_A(m))$$

B收到密文C后，先用它自己拥有的解密算法D_B对C进行解密得到：

$$D_B(C)=D_B(E_B(D_A(m)))=D_A(m)$$

然后再用A的公开算法E_A对$D_A(m)$进行解密得到：

$$E_A(D_A(m))=m$$

从而得到了明文m。

由于C只能由A产生，B无法伪造或修改C，所以A就不能抵赖或否认，这样即可达到签名的目的。

8.4.4 认证技术

在信息技术中，所谓“认证”，是指通过一定的验证技术，确认系统使用者身份，以及系统硬件（如计算机）的数字化代号真实性的整个过程。其中，对系统使用者的验证技术过程称为“身份认证”。

身份认证一般会涉及两方面的内容，一个是识别，一个是验证。所谓识别，就是要明确访问者是谁？即必须对系统中每个合法的用户具有识别能力。要保证识别的有效性，必须保证任意两个不同的用户都不能具有相同的识别符。所谓验证，是指访问者声称自己的身份后，系统还必须对它声称的身份进行验证，以防止冒名顶替者。识别符可以是非秘密的，而验证信息必须是秘密的。

目前主要的认证技术包括以下几种：

1. 口令核对

鉴别用户身份最常见也是最简单的方法就是口令核对法：系统为每一个合法用户建立一个用户名/口令对，当用户登录系统或使用某项功能时，提示用户输入自己的用户名和口令，系统通过核对用户输入的用户名、口令与系统内已有的合法用户的用户名/口令对（这些用户名/口令对在系统内是加密存储的）是否匹配，如与某一项用户名/口令对匹配，则该用户的身份得到了认证。

2. 基于智能卡的身份认证

在认证时，认证方要求一个硬件——智能卡。智能卡具有硬件加密功能，有较高的安全性。每个用户持有一张智能卡，智能卡存储用户个性化的秘密信息，同时，在验证服务器中也存放该秘密信息。智能卡中存有秘密的信息，通常是一个随机数，只有持卡人才能被认证。前面介绍的动态口令技术实质上也是一种智能卡技术，这样可以有效地防止口令被猜测。

3. 基于生物特征的身份认证

利用人类自身的生理和行为特征，如指纹、掌形、虹膜、视网膜、面容、语音、签名等来识别个人身份，其优越性是明显的。例如指纹，其先天性、唯一性、不变性，使认证系统更安全、更准确、更便利，用户使用时无需记忆，更不会被借用、盗用和遗失。

人的生物特征是唯一的，是可测量或可自动识别和验证的生理特征，生物测定技术的基本工作就是对这些基本的特征进行统计分析。而对于生物特征采集仪的基本工作就是分析这些特征。所有的工作大多进行了这样4个步骤：抓图、抽取特征、比较和匹配。

生物识别系统捕捉到生物特征的样品，唯一的特征将会被提取并且被转化成数字的符号，接着，这些符号被存成那个人的特征模板，这种模板可能会在识别系统中，也可能在各种各样的存储器中，如计算机的数据库、智能卡或条码卡中，人们同识别系统交互进行他或她的身份认证，以确定匹配或不匹配。

在实际应用中，认证方案的选择应当从系统需求和认证机制的安全性能两个方面来综合考虑，安全性能最高的不一定是最好的。当然，认证理论和技术还在不断发展之中，尤其是移动计算环境下的用户身份认证技术和对等实体的相互认证机制发展还不完善。另外，如何减少身份认证机制和信息认证机制中的计算量和通信量，而同时又能提供较高的安全性能，是信息安全领域的研究人员需要进一步研究的课题。

8.4.5 虚拟专用网的安全技术

近年来，虚拟专用网（Virtual Private Network, VPN）技术随着Internet的发展而迅速发展起来。许多企业趋向于利用Internet来替代它们私有的数据网络。这种利用Internet来传输私有信息而形成的逻辑网络就称为虚拟专用网。虚拟专用网实际上就是将Internet看作一种公有数据网，这种公有网和PSTN网在数据传输上没有本质的区别，从用户观点来看，数据都被正确传送到了目的地。相对地，企业在这种公共数据网上建立的用以传输企业内部信息的网络被称为私有网。目前，VPN主要采用4项技术来保证安全，这4项技术分别是隧道技术、加解密技术、密钥管理技术、使用者与设备身份认证技术。

隧道技术是一种通过使用互联网络的基础设施在网络之间传递数据的方式。使用隧道传递的数据（或负载）可以是不同协议的数据帧或包。隧道协议将这些其他协议的数据帧或包重新封装在新的包头中发送。隧道技术是指包括数据封装、传输和解包在内的全过程。

加解密技术对通过公共互联网络传递的数据必须经过加密，确保网络其他未授权的用户无法读取该信息。加解密技术是数据通信中一项较成熟的技术，VPN可直接利用现有技术。

密钥管理技术的主要任务是如何在公用数据网上安全地传递密钥而不被窃取。现行密钥管理技术又分为SKIP与ISAKMP/OAKLEY两种。SKIP主要是利用Diffie-Hellman的演算法则在网络上传输密钥；在ISAKMP中，双方都有两把密钥，分别用于公用、私用。

使用者与设备身份认证技术VPN方案必须能够验证用户身份并严格控制只有授权用户才能访问VPN。另外，方案还必须能够提供审计和计费功能，显示何人在何时访问了何种信息。身份认证技术最常用的是使用名称与密码或卡片式认证等方式。

8.4.6 信息隐藏与数字水印技术

1. 信息隐藏

信息隐藏不同于传统的密码学技术。密码技术主要是研究如何将机密信息进行特殊的编码，以形成不可识别的密码形式（密文）进行传递；而信息隐藏则主要研究如何将某一机密信息秘密隐藏于另一公开的信息中，然后通过公开信息的传输来传递机密信息。对加密通信而言，可能的监测者或非法拦截者可通过截取密文，并对其进行破译，或将密文进行破坏后再发送，从而影响机密信息的安全；但对信息隐藏而言，可能的监测者或非法拦截者则难以从公开信息中判断机密信息是否存在，难以截获机密信息，从而能保证机密信息的安全。多媒体技术的广泛应用，为信息隐藏技术的发展提供了更加广阔的领域。

我们称待隐藏的信息为秘密信息，它可以是版权信息或秘密数据，也可以是一个序列号；而公开信息则称为载体信息，如视频、音频片段。这种信息隐藏过程一般由密钥来控制，即通过嵌入算法将秘密信息隐藏于公开信息中，而隐蔽载体（隐藏有秘密信息的公开信息）则通过信道传递，然后检测器利用密钥从隐蔽载体中恢复或检测出秘密信息。

信息隐藏技术主要由下述两部分组成：

1）信息嵌入算法，它利用密钥来实现秘密信息的隐藏。

2）隐蔽信息检测/提取算法（检测器），它利用密钥从隐蔽载体中检测/恢复出秘密信息。在密钥未知的前提下，第三者很难从隐蔽载体中得到或删除，甚至发现秘密信息。

信息隐藏不同于传统的加密，因为其目的不在于限制正常的资料存取，而在于保证隐藏数据不被侵犯和发现。因此，信息隐藏技术必须考虑正常的信息操作所造成的威胁，即要使机密资料对正常的数据操作技术具有免疫能力。这种免疫力的关键是要使隐藏信息部分不易被正常的数据操作（如通常的信号变换操作或数据压缩）所破坏。根据信息隐藏的目的和技术要求，该技术存在以下特性:

（1）鲁棒性

指不因图像文件的某种改动而导致隐藏信息丢失的能力。这里所谓“改动”包括传输过程中的信道噪音、滤波操作、重采样、有损编码压缩、D/A或A/D转换等。

（2）不可检测性

指隐蔽载体与原始载体具有一致的特性。如具有一致的统计噪声分布等，以便使非法拦截者无法判断是否有隐蔽信息。

（3）透明性

利用人类视觉系统或人类听觉系统属性，经过一系列隐藏处理，使目标数据没有明显的降质现象，而隐藏的数据却无法人为地看见或听见。

（4）安全性

指隐藏算法有较强的抗攻击能力，即它必须能够承受一定程度的人为攻击，而使隐藏信息不会被破坏。

（5）自恢复性

由于经过一些操作或变换后，可能会使原图产生较大的破坏，如果只从留下的片段数据仍能恢复隐藏信号，而且恢复过程不需要宿主信号，这就是所谓的自恢复性。信息隐藏学是一门新兴的交叉学科，在计算机、通信、保密学等领域有着广阔的应用前景。数字水印技术作为其在多媒体领域的重要应用，已受到人们越来越多的重视。

2. 数字水印

随着数字技术和因特网的发展，各种形式的多媒体数字作品（图像、视频、音频等）纷纷以网络形式发表，其版权保护成为一个迫切需要解决的问题。由于数字水印（DigitalWatermark）是实现版权保护的有效办法，因此如今已成为多媒体信息安全研究领域的一个热点，也是信息隐藏技术研究领域的重要分支。数字水印技术是指用信号处理的方法在数字化的多媒体数据中嵌入隐蔽的标记，这种标记通常是不可见的，只有通过专用的检测器或阅读器才能提取。该技术即是通过在原始数据中嵌入秘密信息——水印来证实该数据的所有权。这种被嵌入的水印可以是一段文字、标识、序列号等，而且这种水印通常是不可见或不可察的，它与原始数据（如图像、音频、视频数据）紧密结合并隐藏其中，并可以经历一些不破坏源数据使用价值或商用价值的操作而保存下来。数字水印技术除了应具备信息隐藏技术的一般特点外，还有着其固有的特点和研究方法。在数字水印系统中，隐藏信息的丢失即意味着版权信息的丢失，从而也就失去了版权保护的功能，也就是说，这一系统就是失败的。由此可见，数字水印的技术必须具有较强的鲁棒性、安全性和透明性。

目前，数字水印的主要应用领域包括以下几个方面：

（1）版权保护

即数字作品的所有者可用密钥产生一个水印，并将其嵌入原始数据，然后公开发布他的水印版本作品。当该作品被盗版或出现版权纠纷时，所有者从盗版作品或水印版作品中获取水印信号作为依据，从而保护所有者的权益。

（2）加指纹

为避免未经授权的拷贝制作和发行，出品人可以将不同用户的ID或序列号作为不同的水印（指纹）嵌入作品的合法拷贝中。一旦发现未经授权的拷贝，就可以根据此拷贝所恢复出的指纹来确定它的来源。

（3）标题与注释

即将作品的标题、注释等内容（如一幅照片的拍摄时间和地点等）以水印形式嵌入该作品中，这种隐式注释不需要额外的带宽，且不易丢失。

（4）篡改提示

当数字作品被用于法庭、医学、新闻及商业时，常需确定它们的内容是否被修改、伪造或特殊处理过。为实现该目的，通常可将原始图像分成多个独立块，再将每个块加入不同的水印。同时可通过检测每个数据块中的水印信号，来确定作品的完整性。与其他水印不同的是，这类水印必须是脆弱的，并且检测水印信号时，不需要原始数据。

（5）使用控制

这种应用的一个典型的例子是DVD防拷贝系统，即将水印信息加入DVD数据中，这样DVD播放机即可通过检测DVD数据中的水印信息而判断其合法性和可拷贝性。从而保护制造商的商业利益。

8.5 防火墙技术

8.5.1 防火墙的概念

防火墙技术是为了保证网络路由安全性而在内部网和外部网之间的界面上构造一个保护层。所有的内外连接都强制性地经过这一保护层接受检查过滤，只有被授权的通信才允许通过。防火墙的安全意义是双向的，一方面可以限制外部网对内部网的访问，另一方面也可以限制内部网对外部网中不健康或敏感信息的访问。同时，防火墙还可以对网络存取访问进行记录和统计，对可疑动作告警，以及提供网络是否受到监视和攻击的详细信息。防火墙系统的实现技术一般分为两种，一种是分组过滤技术，一种是代理服务技术。分组过滤基于路由器技术，其机理是由分组过滤路由器对IP分组进行选择，根据特定组织机构的网络安全准则过滤掉某些IP地址分组，从而保护内部网络。代理服务技术是由一个高层应用网关作为代理服务器，对于任何外部网的应用连接请求首先进行安全检查，然后再与被保护网络应用服务器连接。代理服务技术可使内、外网络信息流动受到双向监控。

防火墙通常是包含软件部分和硬件部分的一个系统或多个系统的组合。内部网络被认为是安全和可信赖的，而外部网络（通常是Internet）被认为是不安全和不可信赖的。防火墙的作用是通过允许、拒绝或重新定向经过防火墙的数据流，防止不希望的、未经授权的通信进出被保护的内部网络，并对进、出内部网络的服务和访问进行审计和控制，本身具有较强的抗攻击能力，并且只有授权的管理员方可对防火墙进行管理，通过边界控制来强化内部网络的安全。防火墙在网络中的位置通常如图8-4所示。防火墙可以是软件，也可以是硬件，还可以是软硬件的组合。

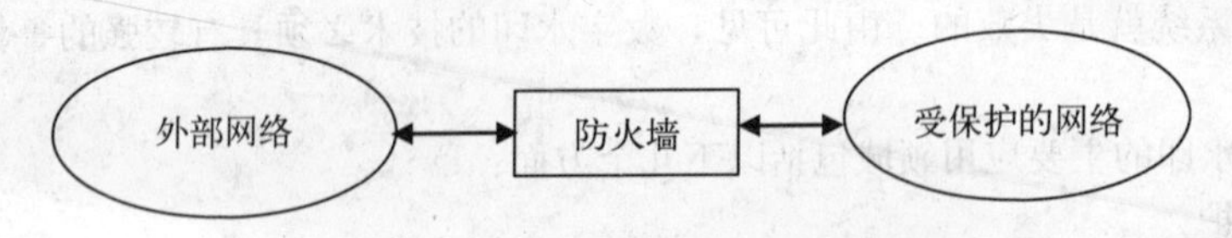

图8-4 防火墙在网络中的位置

如果没有防火墙，则整个内部网络的安全性完全依赖于每个主机，因此，所有的主机都必须达到一致的高度安全水平，也就是说，网络的安全水平是由安全水平最低的主机决定的，这就是所谓的“木桶原理”，木桶能装多少水由最短的那块木板决定。网络越大，对主机进行管理使它们达到统一的安全级别水平就越不容易。

防火墙隔离了内部网络和外部网络，它被设计为只运行专用的访问控制软件的设备，而没有其他的服务，因此也就意味着相对少一些缺陷和安全漏洞。此外，防火墙也改进了登录和监测功能，从而可以进行专用的管理。如果采用了防火墙，内部网络中的主机将不再直接暴露给来自Internet的攻击。因此，对整个内部网络的主机的安全管理就变成了防火墙的安全管理，这样就使安全管理变得更方便，易于控制，也会使内部网络更加安全。

防火墙一般安放在被保护网络的边界，要使防火墙起到安全防护的作用，必须做到以下几点：

1）所有进出被保护网络的通信都必须通过防火墙。

2）所有通过防火墙的通信必须经过安全策略的过滤或者防火墙的授权。

3）防火墙本身是不可侵入的。

总之，防火墙是在被保护网络和非信任网络之间进行访问控制的一个或一组访问控制部件。防火墙是一种逻辑隔离部件，而不是物理隔离部件，它所遵循的原则是，在保证网络畅通的情况下，尽可能地保证内部网络的安全。防火墙是在已经制定好的安全策略下进行访问控制，所以一般情况下它是一种静态安全部件，但随着防火墙技术的发展，防火墙或通过与IDS（入侵检测系统）进行联动，或自身集成IDS功能，它能够根据实际情况进行动态的策略调整。

8.5.2 防火墙的功能

防火墙具有如下功能：

（1）访问控制功能

这是防火墙最基本也是最重要的功能，通过禁止或允许特定用户访问特定资源，保护网络的内部资源和数据。防火墙禁止非授权的访问，因此需要识别哪个用户可以访问何种资源。

（2）内容控制功能

根据数据内容进行控制，例如，防火墙可以在电子邮件中过滤掉垃圾邮件，可以过滤掉内部用户访问外部服务的图片信息，也可以限制外部访问，使它们只能访问本地Web服务器中的一部分信息。简单的数据包过滤路由器不能实现这样的功能，但是代理服务器和先进的数据包过滤技术可以做到。

（3）全面的日志管理功能

防火墙的日志功能很重要。防火墙要完整地记录网络访问情况，包括内外网进出的情况，需要记录访问是什么时候进行了什么操作，以检查网络访问情况。一旦网络发生了入侵或者遭到破坏，就可以对日志进行审计和查询。

（4）集中管理功能

防火墙是一个安全设备，针对不同的网络情况和安全需要，需要制定不同的安全策略，然后在防火墙上实施，使用中还需要根据情况的变化改变安全策略，而且在一个安全体系中，防火墙可能不止一台，所以防火墙应该是易于集中管理的，以便于管理员方便地实施安全策略。

（5）自身的安全性和可用性

防火墙要保证自身的安全，不被非法入侵，保证正常的工作，如果防火墙被入侵，防火墙的安全策略被修改，这样内部网络就变得不安全。防火墙也要保证可用性，否则网络就会中断。

8.5.3 防火墙的分类

防火墙有如下几种基本类型：嵌入式防火墙、基于软件的防火墙、基于硬件的防火墙、SOHO软件防火墙、SOHO硬件防火墙和特殊防火墙。

（1）嵌入式防火墙

嵌入式防火墙是内嵌于路由器或交换机的防火墙，它是某些路由器的标准配置。用户也可以购买防火墙模块，安装到已有的路由器或交换机中。嵌入式防火墙也被称为阻塞点防火墙。由于互联网使用的协议多种多样，所以不是所有的网络服务都能得到嵌入式防火墙的有效处理。嵌入式防火墙工作于IP层，无法保护网络免受病毒、蠕虫和特洛伊木马程序等来自应用层的威胁。就本质而言，嵌入式防火墙常常是无监控状态的，它在传递信息包时并不考虑以前的连接状态。

（2）基于软件的防火墙

基于软件的防火墙是能够安装在操作系统和硬件平台上的防火墙软件包。如果用户的服务器装有企业级操作系统，购买基于软件的防火墙则是合理的选择。如果用户是一家小企业，并且想把防火墙与应用服务器（如网站服务器）结合起来，添加一个基于软件的防火墙就是合理之举。

（3）基于硬件的防火墙

基于硬件的防火墙是一个已经装有软件的硬件设备，也分为家庭办公型和企业型两种类型。

（4）特殊防火墙

特殊防火墙是侧重于某一应用的防火墙产品。例如，某类防火墙是专门为过滤内容而设计的。

8.6 安全管理与相关的政策法规

计算机及其网络系统的安全管理是计算机安全的重要组成部分，安全管理贯穿于网络系统设计和运行的各个阶段。它既包括了行政手段，也含有技术措施。在系统设计阶段，在软硬件设计的同时，应规划出系统安全策略；在工程设计中，应按安全策略的要求确定系统的安全机制；在系统运行中，应强制执行安全机制所要求的各项安全措施和安全管理原则，并经风险分析和安全审计来检查、评估，不断补充、改进、完善安全措施。

8.6.1 安全策略和安全机制

安全策略是指在一个特定的环境里，为保证提供一定级别的安全保护所必须遵守的规则。实现网络安全，不但要靠先进的技术，而且也得靠严格的安全管理、法律约束和安全教育。

计算机及其网络系统大而复杂，安全问题涉及的领域广泛，问题很多。安全策略只是概括说明系统安全方面考虑的问题和安全措施的实现，它建立在授权行为的概念上。

在安全策略中，一般都包含“未经授权的实体，信息不可给予、不被访问、不允许引用、不得修改”等要求，这是按授权区分不同的策略。按授权性质，安全策略可分为基于规则的安全策略和基于身份的安全策略。授权服务分为管理强加的和动态选取的两种。安全策略将确定哪些安全措施需强制执行，哪些安全措施可根据用户需要选择。大多数安全策略应该是强制执行的。

安全策略确定后，需要有不同的安全机制来实施。安全机制可单独实施，也可组合使用，通常包括3类：预防、检测、恢复。

种种形式的防护措施均离不开人的掌握和实施，系统安全最终是由人来控制的。因此，安全离不开人员的审查、控制、培训和管理等，要通过制定、执行各项管理制度等来实现。

8.6.2 国家有关法规

互联网空间虽然是虚拟的世界，但它对信息社会和人类文明的影响却越来越大。尤其是互联网具有的跨国界性、无主管性、不设防性，使网络在为人们提供便利、带来效益的同时，也带来风险。网络发展中出现的法律问题应引起全社会的足够重视。

近年来，网络知识产权纠纷此起彼伏，利用网络进行意识形态与文化观念的渗透，从事违反法律、道德的活动等问题日益突出，计算机病毒和“黑客”攻击网络事件屡有发生，从而对各国的主权、安全和社会稳定构成了威胁。随着我国加入WTO后对外开放进一步扩大，网络安全将面临更大的压力和挑战。因此，全社会应当广泛关注国家网络安全问题和法制建设，提高全民网络与信息安全意识，加快完善我国网络安全立法和法律防范机制，维护国家的整体利益，促进信息产业的健康发展。

目前，我国互联网的管理方式已引发很多社会问题，受到政府和公众的普遍关注。现在充斥于网络中的有害信息，包括危害国家安全、危害社会安全、扰乱公共秩序、侵犯他人合法权益、破坏文化传统和伦理道德及有伤风化的信息，在社会上负面影响很大。

互联网立法严重滞后，是造成网络犯罪的重要原因之一。由于互联网发展迅速，而且是一个无国界、无时空的虚拟世界，因此现行《刑法》以及《计算机信息系统安全保护条例》等法律法规在许多方面都跟不上发展。另外，目前网络上的操作系统软件存在的漏洞也是造成网络犯罪频发的诱因之一。犯罪分子通过黑客软件非法侵入他人的计算机系统或网络公司而窃得他人用户资料或账号，或自己使用或转卖他人，从而盗用网络服务或从中盈利。而且这些犯罪嫌疑人文化程度较高，大多受过高等教育，甚至有硕士研究生、博士研究生。

黑客攻击、病毒入侵等网络犯罪的日益增多与网络信息安全法制不健全和对网络犯罪的惩治不力密不可分。因此为了保护我国的信息安全，国务院和有关部门已经陆续出台了一系列与网络信息安全有关的法规，主要有：

- 《计算机软件保护条例》（1992年）
- 《中华人民共和国计算机信息系统安全保护条例》（1994年）
- 《中华人民共和国计算机信息网络国际联网管理暂行规定》（1997年）
- 《计算机信息网络国际联网安全保护管理办法》（1997年）
- 《商用密码管理条例》（1999年）
- 《计算机病毒防治管理办法》（2000年）
- 《计算机信息系统国际联网保密管理规定》（2002年）等。

此外，1997年3月颁布的新《刑法》第285、286、287条，也对非法侵入计算机信息系统罪、破坏计算机信息系统罪，以及利用计算机实施金融诈骗、盗窃、贪污、挪用公款、窃取国家机密等犯罪行为做出了规定。

8.6.3 软件知识产权

软件知识产权保护是软件产业健康发展的必要条件。提高社会公众的知识产权意识，建立一个尊重知识、尊重知识产权的良好市场秩序是政府、企业和用户的共同愿望。作为软件使用者，应该洞悉软件知识产权内容，从而正确使用软件和维护自己的切身利益。作为软件开发者，应该了解自己拥有的权利以及如何保护自己的权利免受侵害。软件知识产权保护可以使软件开发者和使用者的利益获得有效保障。

1. 软件知识产权

知识产权是人们对自己的智力劳动成果所依法享有的权利，是一种无形财产。知识产权分为工业产权和版权两大类，工业产权包括专利权、商标权、制止不当竞争等。随着科技的进步，知识产权外延将不断扩大。

如第1章所述，计算机软件是指计算机程序及其有关文档。计算机程序是指为了得到某种结果而可以由计算机等具有信息处理能力的装置执行的代码化指令序列，或者可以被自动转换成代码化指令序列的符号化指令序列或符号化语句序列；同一计算机程序的源程序和目标程序视为同一作品。

目前，大多数国家采用著作权法来保护软件，将包括程序和文档的软件作为一种作品。源程序是编制计算机软件的最初步骤，它如同搞发明创造、进行艺术创作一样花费大量的人力、物力和财力，是一项艰苦的智力劳动。文档是指用来描述程序的内容、组成、设计、功能规格、开发情况、测试结果及使用方法的文字资料和图表等，如程序设计说明书、流程图、用户手册等，是为程序的应用而提供的文字性服务资料，使普通用户能够明白如何使用软件，其中包含了许多软件设计人的技术秘密，具有较高的技术价值，是文字作品的一种。

2. 软件著作权的内容

为了保护计算机软件著作权人的权益，调整计算机软件在开发、传播和使用中发生的利益关系，鼓励计算机软件的开发与应用，促进软件产业和国民经济信息化的发展，国务院根据《中华人民共和国著作权法》，特别制定了《计算机软件保护条例》（见附录B）。

与一般著作权一样，软件著作权包括人身权和财产权，这是法律授予软件著作权的专有权利。人身是指发表权、开发者身份权；财产权是指使用权、许可权和转让权。

- 使用权是指在不损害社会公共利益的前提下，以复制、展示、发行、修改、翻译以及注释等方式使用其软件的权利。
- 许可权是指权利人许可他人行使上述使用权的部分权利或全部权利，并因此获得报酬。
- 转让权是指权利人向他人转让使用权和许可权，即将所有的财产权让予他人，仅仅保留人身权。

3. 侵权行为

下述行为是法律所禁止的，属于违法行为，应当尽量避免：

- 未经权利人的同意，修改、翻译、注释其软件作品。
- 未经权利人同意，复制或者部分复制其软件产品。
- 未经权利人同意，向公众发行、展示其软件的复制品。
- 未经权利人的同意，向任何第三方办理其软件的许可使用或者转让事宜。
- 使用盗版软件或未经许可协议特别许可，同时在两台或多台计算机上运行他人软件。
- 单位有意或无意地允许、鼓励或强迫员工制作、使用或分发非法复制的软件。
- 复制借来的软件或出借出租软件作复制用途。

- 制造、进口、持有或买卖用于破坏软件保护程序的技术。
- 以盈利为目的，销售明知侵权的软件复制品，或将未经许可的软件预装在计算机硬盘上销售。
- 未经许可下载网络上的有版权软件，或未经许可上装别人拥有版权的软件。

4. 使用盗版软件的危害

(1) 计算机病毒的危害

破坏有用数据是使用盗版软件的最大危害之一。由于盗版软件中可能存在着计算机病毒，因此，盗版软件能迅速将计算机病毒传染给个人计算机和网络系统。病毒的传染不仅会使计算机陷于困境，还会破坏数据资源和整个计算机系统，造成严重的损失。

(2) 具体危害

使用盗版软件的危害还在于以下几个方面：

- 没有准确全面的文档。
- 没有操作使用培训。
- 没有技术支持和服务。
- 难以得到升级版本。
- 病毒的侵害和传播，毁坏个人计算机、网络系统或者整个商业操作系统，浪费时间和金钱。
- 盗版软件没有任何质量保障，无法帮助用户更有效地使用计算机，提高工作效率。
- 有损公司的良好声誉及形象，受公众舆论谴责。
- 需要承担令人难堪的民事责任或经济赔偿。
- 可能受到刑事制裁。
- 减少了软件开发经费，阻碍了技术的进步。
- 阻碍了软件质量的提高。
- 妨碍了国家软件产业和信息化建设的发展。

5. 使用正版软件的益处

使用正版软件可以使用户得到下列保证：

- 可靠的质量和操作使用培训。
- 可靠的技术支持和服务。
- 以优惠价格得到升级版本。
- 使用户更有效地使用计算机，提高工作效率。
- 避免病毒的侵入和传播、数据的丢失、时间的浪费和金钱的损失。
- 不存在违法的危险性。

6. 保护软件知识产权的意义

软件的开发需要大量的智力和财力的投入，软件本身是高度智慧的结晶，与有形财产一样，也应受到法律的保护，以提高开发者的积极性和创造性，促进软件产业的发展，从而促进人类文明的进步。打击侵权盗版，保护软件知识产权，建立一个尊重知识，尊重知识产权的良好的市场环境是政府的意向，也是软件企业的愿望，它将关系到中国软件产业的发展和软件企业的存亡。特别是随着我国加入WTO，软件知识产权的保护显得更为突出。作为新一代的青年大学生，更应该主动和自觉地加入到软件知识产权保护的队伍中来。

实际上，软件的保护是一个综合的保护，用户还可以通过专利法、合同法和反不正当竞争法来进行保护。

本章小结

本章介绍了信息安全问题，包括信息安全的概念、特性和出现的原因，并重点介绍了计算机病毒、网络攻击和入侵检测技术、密码技术、防火墙技术以及国家相关的政策法规，旨在让学生在了解网络安全全貌的基础上能够解决相关的网络安全问题。

思考题

1. 信息安全的主要特性有哪些？
2. 什么是计算机病毒？计算机病毒的主要特点是什么？
3. 请简述网络攻击的主要流程。
4. 什么是对称密钥？什么是非对称密钥？
5. 什么是防火墙？

附录A　ASCII码表

下表是ASCII码的具体码表。

<table>
<tr><th>高位 键名 低位</th><th>0</th><th>1</th><th>2</th><th>3</th><th>4</th><th>5</th><th>6</th><th>7</th></tr>
<tr><td>0</td><td>NUL</td><td>DLE</td><td>空格</td><td>0</td><td>@</td><td>P</td><td>、</td><td>p</td></tr>
<tr><td>1</td><td>SOH</td><td>DC1</td><td>!</td><td>1</td><td>A</td><td>Q</td><td>a</td><td>q</td></tr>
<tr><td>2</td><td>STX</td><td>DC2</td><td>“</td><td>2</td><td>B</td><td>R</td><td>b</td><td>r</td></tr>
<tr><td>3</td><td>ETX</td><td>DC3</td><td>#</td><td>3</td><td>C</td><td>S</td><td>c</td><td>s</td></tr>
<tr><td>4</td><td>EOT</td><td>DC4</td><td>$</td><td>4</td><td>D</td><td>T</td><td>d</td><td>t</td></tr>
<tr><td>5</td><td>EDQ</td><td>NAK</td><td>%</td><td>5</td><td>E</td><td>U</td><td>e</td><td>u</td></tr>
<tr><td>6</td><td>ACK</td><td>SYN</td><td>&</td><td>6</td><td>F</td><td>V</td><td>f</td><td>v</td></tr>
<tr><td>7</td><td>BEL</td><td>ETB</td><td>‘</td><td>7</td><td>G</td><td>W</td><td>g</td><td>w</td></tr>
<tr><td>8</td><td>BS</td><td>CAN</td><td>(</td><td>8</td><td>H</td><td>X</td><td>h</td><td>x</td></tr>
<tr><td>9</td><td>HT</td><td>EM</td><td>)</td><td>9</td><td>I</td><td>Y</td><td>i</td><td>y</td></tr>
<tr><td>A</td><td>LF</td><td>SUB</td><td>*</td><td>:</td><td>J</td><td>Z</td><td>j</td><td>z</td></tr>
<tr><td>B</td><td>VT</td><td>ESC</td><td>+</td><td>;</td><td>K</td><td>[</td><td>k</td><td>{</td></tr>
<tr><td>C</td><td>FF</td><td>FS</td><td>,</td><td><</td><td>L</td><td>\</td><td>l</td><td>|</td></tr>
<tr><td>D</td><td>CR</td><td>GS</td><td>_</td><td>=</td><td>M</td><td>]</td><td>m</td><td>}</td></tr>
<tr><td>E</td><td>SO</td><td>RS</td><td>.</td><td>></td><td>N</td><td>^</td><td>n</td><td>~</td></tr>
<tr><td>F</td><td>SI</td><td>US</td><td>/</td><td>?</td><td>O</td><td>-</td><td>o</td><td>DEL</td></tr>
</table>

说明：表中的高位是指ASCII码二进制的前3位，低位是指ASCII码二进制的后4位，此处以十六进制数表示，由高位和低位合起来组成一个完整的ASCII码。例如：大字字母A的ASCII码可以这样查：高位是4，低位是1，合起来组成的ASCII码为41（十六进制），转换成十进制数为65。

附录B 全国人大常委会关于维护互联网安全的决定

（2000年12月28日第九届全国人民代表大会常务委员会第十九次会议通过）

我国的互联网，在国家大力倡导和积极推动下，在经济建设和各项事业中得到日益广泛的应用，使人们的生产、工作、学习和生活方式已经开始并将继续发生深刻的变化，对于加快我国国民经济、科学技术的发展和社会服务信息化进程具有重要作用。同时，如何保障互联网的运行安全和信息安全问题已经引起全社会的普遍关注。为了兴利除弊，促进我国互联网的健康发展，维护国家安全和社会公共利益，保护个人、法人和其他组织的合法权益，特作如下决定：

一、为了保障互联网的运行安全，对有下列行为之一，构成犯罪的，依照刑法有关规定追究刑事责任：

（一）侵入国家事务、国防建设、尖端科学技术领域的计算机信息系统；

（二）故意制作、传播计算机病毒等破坏性程序，攻击计算机系统及通信网络，致使计算机系统及通信网络遭受损害；

（三）违反国家规定，擅自中断计算机网络或者通信服务，造成计算机网络或者通信系统不能正常运行。

二、为了维护国家安全和社会稳定，对有下列行为之一，构成犯罪的，依照刑法有关规定追究刑事责任：

（一）利用互联网造谣、诽谤或者发表、传播其他有害信息，煽动颠覆国家政权、推翻社会主义制度，或者煽动分裂国家、破坏国家统一；

（二）通过互联网窃取、泄露国家秘密、情报或者军事秘密；

（三）利用互联网煽动民族仇恨、民族歧视，破坏民族团结；

（四）利用互联网组织邪教组织、联络邪教组织成员，破坏国家法律、行政法规实施。

三、为了维护社会主义市场经济秩序和社会管理秩序，对有下列行为之一，构成犯罪的，依照刑法有关规定追究刑事责任：

（一）利用互联网销售伪劣产品或者对商品、服务作虚假宣传；

（二）利用互联网损坏他人商业信誉和商品声誉；

（三）利用互联网侵犯他人知识产权；

（四）利用互联网编造并传播影响证券、期货交易或者其他扰乱金融秩序的虚假信息；

（五）在互联网上建立淫秽网站、网页，提供淫秽站点链接服务，或者传播淫秽书刊、影片、音像、图片。

四、为了保护个人、法人和其他组织的人身、财产等合法权利，对有下列行为之一，构成犯罪的，依照刑法有关规定追究刑事责任：

（一）利用互联网侮辱他人或者捏造事实诽谤他人；

（二）非法截获、篡改、删除他人电子邮件或者其他数据资料，侵犯公民通信自由和通信秘密；

（三）利用互联网进行盗窃、诈骗、敲诈勒索。

五、利用互联网实施本决定第一条、第二条、第三条、第四条所列行为以外的其他行为，构成犯罪的，依照刑法有关规定追究刑事责任。

六、利用互联网实施违法行为，违反社会治安管理，尚不构成犯罪的，由公安机关依照《治安管理处罚条例》予以处罚；违反其他法律、行政法规，尚不构成犯罪的，由有关行政管理部门依法给予行政处罚；对直接负责的主管人员和其他直接责任人员，依法给予行政处分或者纪律处分。利用互联网侵犯他人合法权益，构成民事侵权的，依法承担民事责任。

七、各级人民政府及有关部门要采取积极措施，在促进互联网的应用和网络技术的普及过程中，重视和支持对网络安全技术的研究和开发，增强网络的安全防护能力。有关主管部门要加强对互联网的运行安全和信息安全的宣传教育，依法实施有效的监督管理，防范和制止利用互联网进行的各种违法活动，为互联网的健康发展创造良好的社会环境。从事互联网业务的单位要依法开展活动，发现互联网上出现违法犯罪行为和有害信息时，要采取措施，停止传输有害信息，并及时向有关机关报告。任何单位和个人在利用互联网时，都要遵纪守法，抵制各种违法犯罪行为和有害信息。人民法院、人民检察院、公安机关、国家安全机关要各司其职，密切配合，依法严厉打击利用互联网实施的各种犯罪活动。要动员全社会的力量，依靠全社会的共同努力，保障互联网的运行安全与信息安全，促进社会主义精神文明和物质文明建设。

附录C 中华人民共和国计算机信息系统安全保护条例

第一章 总则

第一条 为了保护计算机信息系统的安全，促进计算机的应用和发展，保障社会主义现代化建设的顺利进行，制定本条例。

第二条 本条例所称的计算机信息系统，是指由计算机及其相关的和配套的设备、设施（含网络）构成的，按照一定的应用目标和规则对信息进行采集、加工、存储、传输、检索等处理的人机系统。

第三条 计算机信息系统的安全保护，应当保障计算机及其相关的和配套的设备、设施（含网络）的安全，运行环境的安全，保障信息的安全，保障计算机功能的正常发挥，以维护计算机信息系统的安全运行。

第四条 计算机信息系统的安全保护工作，重点维护国家事务、经济建设、国防建设、尖端科学技术等重要领域的计算机信息系统的安全。

第五条 中华人民共和国境内的计算机信息系统的安全保护，适用本条例。

未联网的微型计算机的安全保护办法，另行制定。

第六条 公安部主管全国计算机信息系统安全保护工作。

国家安全部、国家保密局和国务院其他有关部门，在国务院规定的职责范围内做好计算机信息系统安全保护的有关工作。

第七条 任何组织或者个人，不得利用计算机信息系统从事危害国家利益、集体利益和公民合法利益的活动，不得危害计算机信息系统的安全。

第二章 安全保护制度

第八条 计算机信息系统的建设和应用，应当遵守法律、行政法规和国家其他有关规定。

第九条 计算机信息系统实行安全等级保护。安全等级的划分标准和安全等级保护的具体办法，由公安部会同有关部门制定。

第十条 计算机机房应当符合国家标准和国家有关规定。

在计算机机房附近施工，不得危害计算机信息系统的安全。

第十一条 进行国际联网的计算机信息系统，由计算机信息系统的使用单位报省级以上人民政府公安机关备案。

第十二条 运输、携带、邮寄计算机信息媒体进出境的，应当如实向海关申报。

第十三条 计算机信息系统的使用单位应当建立健全安全管理制度，负责本单位计算机信息系统的安全保护工作。

第十四条 对计算机信息系统中发生的案件，有关使用单位应当在24小时内向当地县级以上人民政府公安机关报告。

第十五条　对计算机病毒和危害社会公共安全的其他有害数据的防治研究工作，由公安部归口管理。

第十六条　国家对计算机信息系统安全专用产品的销售实行许可证制度。

具体办法由公安部会同有关部门制定。

第三章　安全监督

第十七条　公安机关对计算机信息系统安全保护工作行使下列监督职权：

（一）监督、检查、指导计算机信息系统安全保护工作；

（二）查处危害计算机信息系统安全的违法犯罪案件；

（三）履行计算机信息系统安全保护工作的其他监督职责。

第十八条　公安机关发现影响计算机信息系统安全的隐患时，应当及时通知使用单位采取安全保护措施。

第十九条　公安部在紧急情况下，可以就涉及计算机信息系统安全的特定事项发布专项通令。

第四章　法律责任

第二十条　违反本条例的规定，有下列行为之一的，由公安机关处以警告或者停机整顿：

（一）违反计算机信息系统安全等级保护制度，危害计算机信息系统安全的；

（二）违反计算机信息系统国际联网备案制度的；

（三）不按照规定时间报告计算机信息系统中发生的案件的；

（四）接到公安机关要求改进安全状况的通知后，在限期内拒不改进的；

（五）有危害计算机信息系统安全的其他行为的。

第二十一条　计算机机房不符合国家标准和国家其他有关规定的，或者在计算机机房附近施工危害计算机信息系统安全的，由公安机关会同有关单位进行处理。

第二十二条　运输、携带、邮寄计算机信息媒体进出境，不如实向海关申报的，由海关依照《中华人民共和国海关法》和本条例以及其他有关法律、法规的规定处理。

第二十三条　故意输入计算机病毒以及其他有害数据危害计算机信息系统安全的，或者未经许可出售计算机信息系统安全专用产品的，由公安机关处以警告或者对个人处以5000元以下的罚款、对单位处以15 000元以下的罚款；有违法所得的，除予以没收外，可以处以违法所得1至3倍的罚款。

第二十四条　违反本条例的规定，构成违反治安管理行为的，依照《中华人民共和国治安管理处罚条例》的有关规定处罚；构成犯罪的，依法追究刑事责任。

第二十五条　任何组织或者个人违反本条例的规定，给国家、集体或者他人财产造成损失的，应当依法承担民事责任。

第二十六条　当事人对公安机关依照本条例所作出的具体行政行为不服的，可以依法申请行政复议或者提起行政诉讼。

第二十七条　执行本条例的国家公务员利用职权，索取、收受贿赂或者有其他违法、失职行为，构成犯罪的，依法追究刑事责任；尚不构成犯罪的，给予行政处分。

第五章　附则

第二十八条　本条例下列用语的含义:计算机病毒，是指编制或者在计算机程序中插入的破坏计算机功能或者毁坏数据，影响计算机使用，并能自我复制的一组计算机指令或者程序代码。

计算机信息系统安全专用产品，是指用于保护计算机信息系统安全的专用硬件和软件产品。

第二十九条　军队的计算机信息系统安全保护工作，按照军队的有关法规执行。

第三十条　公安部可以根据本条例制定实施办法。

第三十一条　本条例自发布之日起施行。

参考文献

[1] 徐惠民．大学计算机基础[M]．北京：人民邮电出版社，2006．
[2] 林卓然，张兵，莫秉戈．计算机基础教程（Windows XP与Office 2003）[M]．广州：中山大学出版社，2008．
[3] 彭澎．计算机基础[M]．北京：清华大学出版社，2007．
[4] 相万让．计算机基础[M]．北京：人民邮电出版社，2004．
[5] 无师通：Word 2007电子文档处理编委会．无师通：Word 2007电子文档处理[M]．北京：电子工业出版社，2007．
[6] John Walkenbach, Herb Tyson, Eaithe Wempen, Cary N Prague, Michacl R Groh, Peter G Aitken, Lisa A Bucki．Office 2007宝典[M]．安晓梅，黄湘情，邵书旺，译．北京：人民邮电出版社，2008．
[7] 傅靖，李冬．Excel 2007公式、函数与图表宝典[M]．北京：电子工业出版社，2007．
[8] 成秀莲．Office 2007中文版完全应用指南[M]．北京：兵器工业出版社，2007．
[9] 王正成，尹晓东，张剑．PowerPoint 2007中文版入门实战与提高 [M]．北京：电子工业出版社，2008．
[10] 神龙工作室．新编PowerPoint 2007公司办公入门与提高[M]．北京：人民邮电出版社，2008．
[11] Faithe Wempen．PowerPoint 2007宝典[M]．田玉敏，侯晓敏，译．北京：人民邮电出版社，2008．
[12] 何恩基，骆毅．多媒体技术应用基础[M]．北京：清华大学出版社，北京交通大学出版社，2006．
[13] 卢湘鸿．文科计算机教程[M]．3版．北京：高等教育出版社，2008．
[14] GB/T 70207-2002 信息分类和编码的基本原则与方法[S]．北京：中国标准出版社．
[15] GB 18030-2000 信息技术　信息交换用汉字编码字符集　基本集的扩充[S]．北京：中国标准出版社．

教师服务登记表

尊敬的老师：

您好！感谢您购买我们出版的 ________________________ 教材。

机械工业出版社华章公司本着为服务高等教育的出版原则，为进一步加强与高校教师的联系与沟通，更好地为高校教师服务，特制此表，请您填妥后发回给我们，我们将定期向您寄送华章公司最新的图书出版信息。为您的教材、论著或译著的出版提供可能的帮助。欢迎您对我们的教材和服务提出宝贵的意见，感谢您的大力支持与帮助！

个人资料（请用正楷完整填写）

教师姓名		□先生 □女士	出生年月		职务		职称：□教授 □副教授 □讲师 □助教 □其他
学校			学院			系别	
联系电话	办公： 宅电： 移动：			联系地址及邮编			
				E-mail			
学历		毕业院校		国外进修及讲学经历			
研究领域							

主讲课程	现用教材名	作者及出版社	共同授课教师	教材满意度
课程： □专 □本 □研 人数： 学期：□春□秋				□满意 □一般 □不满意 □希望更换
课程： □专 □本 □研 人数： 学期：□春□秋				□满意 □一般 □不满意 □希望更换

样书申请			
已出版著作		已出版译作	
是否愿意从事翻译/著作工作 □是 □否		方向	
意见和建议			

填妥后请选择以下任何一种方式将此表返回：（如方便请赐名片）

地 址：北京市西城区百万庄南街1号 华章公司营销中心 邮编：100037

电 话：(010) 68353079 88378995 传真：(010)68995260

E-mail:hzedu@hzbook.com markerting@hzbook.com 图书详情可登录http://www.hzbook.com网站查询